高 等 学 校 教 材

# 冲压工艺与模具设计

主　编　姜奎华

副主编　杨裕国

参　编（按姓氏笔划为序）

　　　　刘　杰　　李天佑　　汪富均

　　　　赵振铎　　袁国定　　黄尚宇

　　　　常志华　　戴翔九

主　审　周士能

机 械 工 业 出 版 社

本书对冲压工艺与模具设计的基本问题作了系统论述。全书共十章，介绍了冲压成形原理与成形极限、冲裁工艺与模具设计、弯曲工艺与模具设计、拉深工艺与模具设计、胀形工艺与模具设计、其他成形工艺与模具设计、冲压工艺过程设计、冲模结构与设计、特种冲压模具设计、冲模CAD/CAM及实验部分。每章后还附有习题。

本书是高等学校模具设计与制造专业和塑性成形工艺及设备专业本科、专科教材，也可供从事冲压工作的科技人员参考。

**图书在版编目（CIP）数据**

冲压工艺与模具设计/姜奎华主编. —北京：机械工业出版社，1998.5（2025.1重印）

高等学校教材

ISBN 978-7-111-05292-0

Ⅰ.冲… Ⅱ.姜… Ⅲ.①冲压-工艺-高等学校-教材②冲模-设计-高等学校-教材 Ⅳ.TG38

中国版本图书馆 CIP 数据核字（2000）第 66705 号

机械工业出版社（北京市百万庄大街 22 号 邮政编码 100037）
责任编辑：杨 燕 倪少秋 版式设计：张世琴 责任校对：肖新民
封面设计：郭景云 责任印制：单爱军
北京虎彩文化传播有限公司印刷
2025 年 1 月第 1 版第 21 次印刷
184mm×260mm · 19.25 印张 · 466 千字
标准书号：ISBN 978-7-111-05292-0
定价：49.00 元

电话服务 网络服务
客服电话：010-88361066 机 工 官 网：www.cmpbook.com
010-88379833 机 工 官 博：weibo.com/cmp1952
010-68326294 金 书 网：www.golden-book.com
封底无防伪标均为盗版 机工教育服务网：www.cmpedu.com

# 前　言

本书系根据 1993 年 12 月第三次全国高等学校锻压专业教学指导委员会模具专门化协作组召开的教材编写研讨会所拟定的编写大纲，并参照 1983 年全国锻压专业（现改名为"塑性成形工艺及设备"专业）教材分编审委员会制订的"冲压工艺学"教学大纲编写的。全书除分别讨论了冲裁、弯曲、拉深、胀形和其他成形工艺的基本理论、工艺特点、工艺计算等内容外，还介绍了相应工艺的典型模具结构与设计。在编写上，既侧重各工艺方法的特点，又注意它们之间的内在联系以及在工艺设计和模具设计中带有共性的问题，力求全书体系的完整性。此外，还尽可能地在书中反映出当今冲压成形与模具的研究成果。

本书由武汉汽车工业大学姜奎华主编，无锡轻工业大学杨裕国副主编，华中理工大学周士能主审。具体分工如下：绪论、第一章第四～六节由姜奎华编写；第一章第一～三节由刘杰、常志华（武汉汽车工业大学）共同编写；第二章由袁国定（江苏理工大学）编写；第三、五章和第四章第四节由常志华编写；第四章（除第四节外）由杨裕国（无锡轻工业大学）编写；第六章由戴翔九（合肥工业大学）编写；第七章由汪富钧（合肥工业大学）编写；第八章由李天佑（太原重型机械学院）编写；第九章由赵振铎（山东工业大学）编写；第十章由杨裕国、黄尚宇（武汉汽车工业大学）共同编写。本书实验由李开彩（武汉汽车工业大学）协助编写，仅供各校教学实验参考。

本书除请周士能教授主审外，还经杨玉英教授（哈尔滨工业大学）、王孝培教授（重庆大学）、卢险峰教授（南昌大学）认真审阅，对他们所提出的宝贵意见表示衷心感谢！由于编者水平有限，本书不足之处在所难免，敬希读者不吝指正。

编　者

# 目　录

# 绪　　论

　　冲压是通过模具对板材施加压力或拉力，使板材塑性成形，有时对板料施加剪切力而使板材分离，从而获得一定尺寸、形状和性能的一种零件加工方法。由于冲压加工经常在材料冷状态下进行，因此也称冷冲压。冲压加工的原材料一般为板材或带材，故也称板材冲压。

　　冲压加工需研究冲压工艺和模具两个方面的问题。根据通用的分类方法，冲压工艺可以分成分离工序和成形工序两大类。其具体的工序分类可参见表 1 和表 2。

**表 1　分离工序**

| 工序名称 | 简　　图 | 特 点 及 应 用 范 围 |
|---|---|---|
| 落　料 | 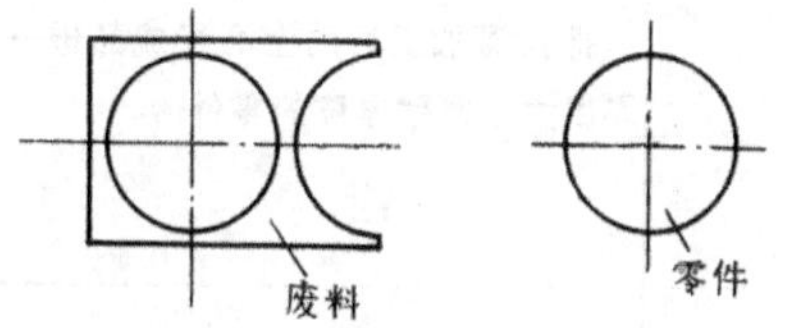 | 用冲模沿封闭轮廓曲线冲切，冲下部分是零件，用于制造各种形状的平板零件 |
| 冲　孔 | 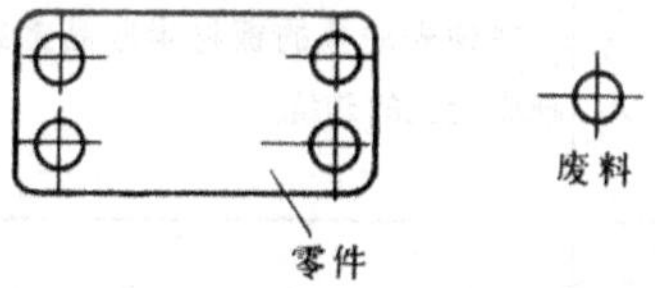 | 用冲模按封闭轮廓曲线冲切，冲下部分是废料 |
| 切　断 | 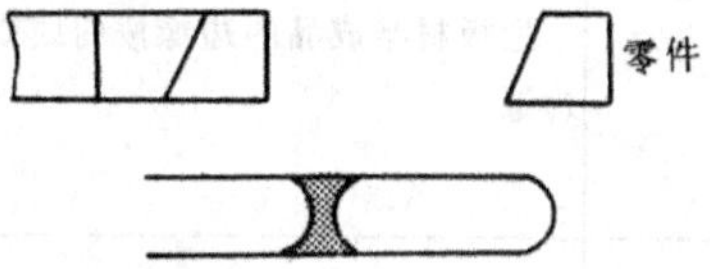 | 用剪刀或冲模沿不封闭曲线切断，多用于加工形状简单的平板零件 |
| 切　边 | 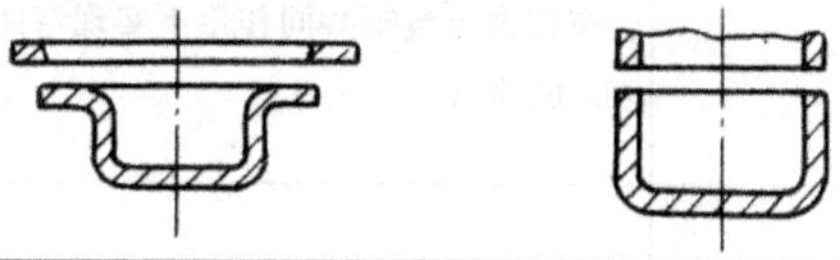 | 将成形零件的边缘修切整齐或切成一定形状 |
| 剖　切 | 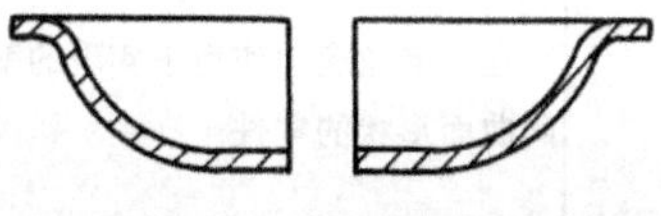 | 把冲压加工成的半成品切开成为二个或数个零件，多用于不对称零件的成双或成组冲压成形之后 |

**表 2　成形工序**

| 工序名称 | 简　　图 | 特 点 及 应 用 范 围 |
|---|---|---|
| 弯　曲 | 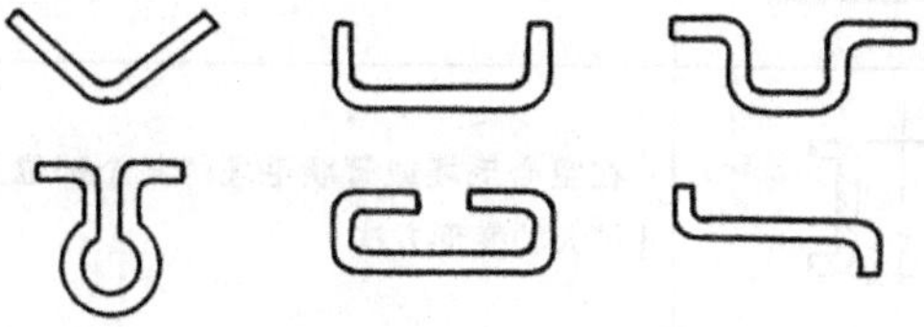 | 把板材沿直线弯成各种形状，可以加工形状极为复杂的零件 |

（续）

| 工序名称 | 简　图 | 特点及应用范围 |
|---|---|---|
| 卷　圆 | 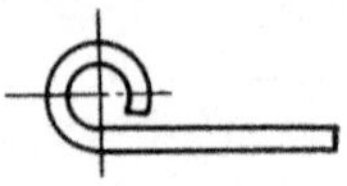 | 把板材端部卷成接近封闭的圆头，用以加工类似铰链的零件 |
| 扭　曲 | 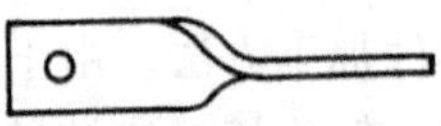 | 把冲裁后的半成品扭转成一定角度 |
| 拉　深 | 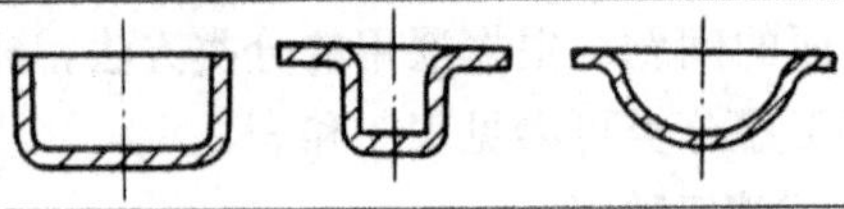 | 把板材毛坯成形制成各种空心的零件 |
| 变薄拉深 | | 把拉深加工后的空心半成品进一步加工成为底部厚度大于侧壁厚度的零件 |
| 翻　孔 | | 在预先冲孔的板材半成品上或未经冲孔的板料冲制成竖立的边缘 |
| 翻　边 | | 把板材半成品的边缘按曲线或圆弧成形成竖立的边缘 |
| 拉　弯 | 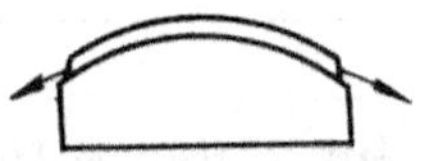 | 在拉力与弯矩共同作用下实现弯曲变形，可得精度较好的零件 |
| 胀　形 | 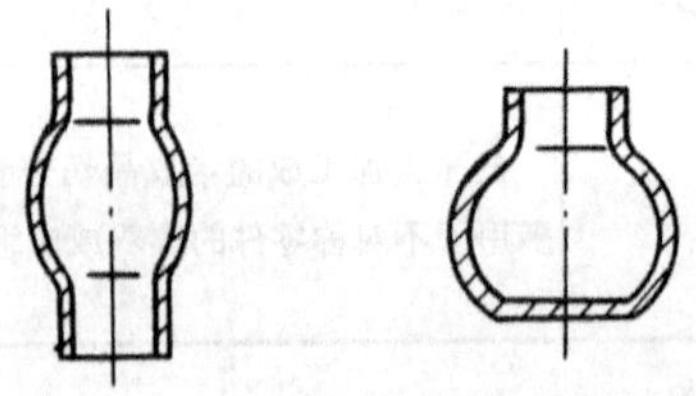 | 在双向拉应力作用下实现的变形，可以成形各种空间曲面形状的零件 |
| 起　伏 |  | 在板材毛坯或零件的表面上用局部成形的方法制成各种形状的突起与凹陷 |
| 扩　口 | | 在空心毛坯或管状毛坯的某个部位上使其径向尺寸扩大的变形方法 |

（续）

| 工序名称 | 简　图 | 特点及应用范围 |
|---|---|---|
| 缩　口 | 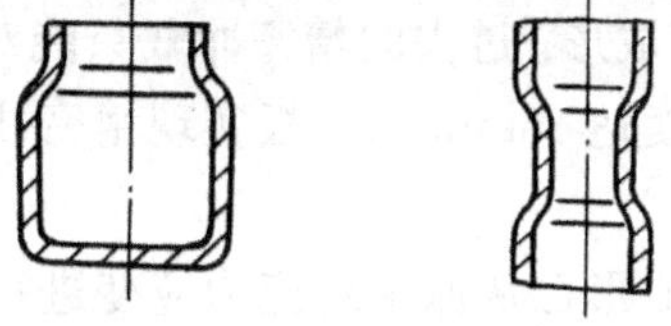 | 在空心毛坯或管状毛坯的某个部位上使其径向尺寸减小的变形方法 |
| 旋　压 | 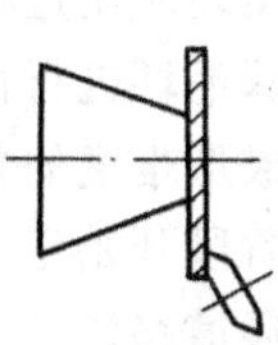 | 在旋转状态下用辊轮使毛坯逐步成形的方法 |
| 校　形 | 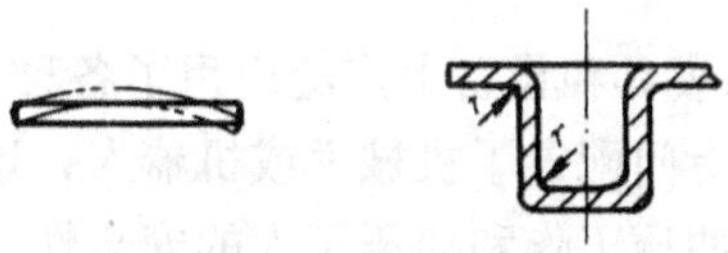 | 为了提高已成形零件的尺寸精度或获得小的圆角半径而采用的成形方法 |

冲压加工作为一个行业，在国民经济的加工工业中占有重要的地位。根据统计，冲压件在各个行业中均占相当大的比重，尤其在汽车、电机、仪表、军工、家用电器等方面所占比重更大。冲压加工的应用范围极广，从精细的电子元件、仪表指针到重型汽车的覆盖件和大梁、高压容器封头以及航空航天器的蒙皮、机身等均需冲压加工。

冲压件在形状和尺寸精度方面的互换性较好，一般情况下，可以直接满足装配和使用要求。此外，在冲压加工过程中由于材料经过塑性变形，金属内部组织得到改善，机械强度有所提高，所以，冲压件具有质量轻、刚度好、精度高和外表光滑、美观等特点。

冲压加工是一种高生产率的加工方法，如汽车车身等大型零件每分钟可生产几件，而小零件的高速冲压则每分钟可生产千件以上。由于冲压加工的毛坯是板材或卷材，一般又在冷状态下加工，因此较易实现机械化和自动化，比较适宜配置机器人而实现无人化生产。

冲压加工的材料利用率较高，一般可达 70%～85%，冲压加工的能耗也较低，由于冲压生产具有节材、节能和高生产率等特点，所以冲压件呈批量生产时，其成本比较低，经济效益较高。

当然，冲压加工与其他加工方法一样，也有其自身的局限性，例如，冲模的结构比较复杂，模具价格又偏高。因此，对小批量、多品种生产时采用昂贵的冲模，经济上不合算。目前为了解决这方面的问题，正在努力发展某些简易冲模，如聚氨酯橡胶冲模、低合金冲模以及采用通用组合冲模、钢皮模等，同时也在进行冲压加工中心等新型设备与工艺的研究。

采用冲压与焊接或胶接等复合工艺，可以使零件结构更趋合理，加工更为方便，成本更易降低，这是制造复杂形状结构件的发展方向之一。

冲压工艺，模具以及冲压设备等正在随着科学技术的发展而不断发展，从总体来看，现代冲压工艺与模具的主要发展方向可以归纳为以下几个方面：

**一、冲压成形工艺与理论研究**

近年来，冲压成形工艺有很多新的进展，特别是精密冲裁、精密成形、精密剪切、复合材料成形、超塑性成形、软模成形以及电磁成形等新工艺日新月异，冲压件的成形精度日趋精确，生产率也有极大的提高，正在把冲压加工提高到高品质的、新的发展水平。前几年的精密冲压主要指对平板零件进行精密冲裁，而现在，除了精密冲裁外还可兼有精密弯曲、精密拉深、压印等，可以进行复杂零件的立体精密成形。过去的精密冲裁只能对厚度为5～8mm以下的中板或薄板进行加工，而现在可以对厚度达25mm的厚板实现精密冲裁，并可对 $\sigma_b >$ 900MPa 的高强度合金材料进行精冲。

由于引入了计算机辅助工程（CAE），冲压成形已从原来对应力应变进行有限元等分析而逐步发展到采用计算机进行工艺过程的模拟与分析，以实现冲压过程的优化设计。在冲压毛坯设计方面也开展了计算机辅助设计，可以对排样或拉深毛坯进行优化设计。

此外，对冲压成形性能和成形极限的研究，冲压件成形难度的判定以及成形预报等技术的发展，均标志着冲压成形已从原来的经验、实验分析阶段开始走上由冲压理论指导的科学阶段，使冲压成形走向计算机辅助工程化和智能化的发展道路。

### 二、冲压加工自动化与柔性化

为了适应大批量、高效生产的需要，在冲压模具和设备上广泛应用了各种自动化的进、出料机构。对于大型冲压件，例如汽车覆盖件，专门配置了机械手或机器人，这不仅大大提高了冲压件的生产品质和生产率，而且也增加了冲压工作和冲压工人的安全性。在中小件的大批量生产方面，现已广泛应用多工位级进模、多工位压力机或高速压力机。在小批量多品种生产方面，正在发展柔性制造系统（FMS），为了适应多品种生产时不断更换模具的需要，已成功地发展了一种快速换模系统，现在，换一副大型冲压模具，仅需6～8min即可完成。此外，近年来，集成制造系统（CIMS）也正被引入冲压加工系统，出现了冲压加工中心，并且使设计、冲压生产、零件运输、仓储、品质检验以及生产管理等全面实现自动化。

### 三、冲模 CAD/CAM

自从美国 Die Comp 公司于1971年在简单级进模中首先将 CAD/CAM 技术引入到冲模设计与制造中以来，冲模 CAD/CAM 技术已成为冲压工艺与模具的主要发展方向之一。1978年日本机械工程实验室开发了 MEL 系统，采用了图形显示设备和交互图形设计技术，使 CAD 开始走向实用化。到80年代中期，人工智能技术在模具设计与制造中获得应用，美国 Purdue 大学的 G. Eshel 等于1984年开发了轴对称拉深件冲压工艺设计的专家系统。1992年印度学者 Y. K. D. V. Prasad 等在 AUTOCAD 基础上开发了普通冲裁模的 CAD/CAM 系统 CADDS，采用参数化编程技术建立了模具标准件库，但模具设计仍以交互式图形设计为主。1991年，Michael R. Doffey 等在探讨级进模的 CAD/CAM 时针对简单铰链件的冲压加工开发了一个利用特征（Feature）作为表达知识单元的系统。该系统将模具的表达分为几何实体、特征、零件、装配等四个层次。条料排样采用基于规则的推理方法及自动设计，模具结构及零件的设计分为标准件自动设计和凸、凹模等非标准件交互设计两个部分，使模具设计走向智能化方向。

我国在冲压模的 CAD/CAM 方面也取得了重大进展。上海交通大学在80年代初期开展了大规模的 ĆAD/CAM 研究开发工作，采用交互设计方法进行条料排样，模具结构及零件设计方面采用了典型结构及标准零件的自动调用和交互设计相结合的方法，开发了智能化数据库，贮存了各种冲模的典型结构、标准零件、设计经验、设计方法和步骤，并向用户开放，目前在上海交通大学已建立了模具 CAD/CAM 国家工程中心。

华中理工大学于1981年首先开始了精冲模的CAD/CAM工作。近年来，在冲压件特征建模、专家系统以及CAD/CAM系统柔性化方面都取得了卓越的成就，并建立了模具CAD/CAM国家重点实验室。

国内其他高校、研究所和大型企业在冲模CAD/CAM方面也进行了许多探索和实践，并获得了众多可喜的成果。

最后，关于冲模的破损机理与寿命分析，以及新型模具材料方面，近年来也有不少新的进展。

从以上冲压工艺与模具的各个发展方向中可以看出，"冲压工艺与模具设计"课程是一门从事现代塑性加工所必须掌握的重要课程，本课程的理论性和实用性均很强，因此，学习本课程时应从理论与实践相结合的角度来研究、探讨，并侧重加强工程实践能力。本课程主要分冲压工艺与模具设计两大部分，各校和各专业可根据本校与本专业的特点，有所侧重。

# 第一章　冲压成形原理与成形极限

## 第一节　金属塑性变形

在外力作用下，金属产生形状与尺寸的变化称为变形。金属变形分为弹性变形和塑性变形。

### 一、弹性变形与塑性变形

所有的固体金属都是晶体，原子在晶体所占的空间内有序排列。在没有外力作用时，金属中原子处于稳定的平衡状态，金属物体具有自己的形状与尺寸。施加外力，会破坏原子间原来的平衡状态，造成原子排列畸变（图1-1），引起金属形状与尺寸的变化。

假若除去外力，金属中原子立即恢复到原来稳定平衡的位置，原子排列畸变消失和金属完全恢复了自己的原始形状和尺寸，则这样的变形称为弹性变形。弹性变形时，原子离开平衡位置的位移与外力作用的大小有关，但移动之距离总是不超过相邻两原子间的距离（图1-1 b）。

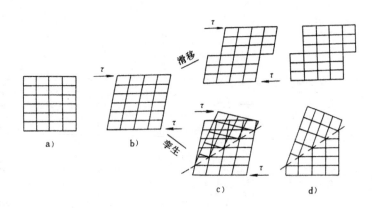

图1-1　弹性变形与塑性变形
a) 无变形　b) 弹性变形　c) 弹性变形＋塑性变形　d) 塑性变形

继续增加外力，原子排列的畸变程度增加，移动距离有可能大于受力前的原子间距离，这时晶体中一部分原子相对于另一部分产生较大的错动（图1-1 c）。外力除去以后，原子间的距离虽然仍可恢复原状，但错动了的原子并不能再回到其原始位置（图1-1 d），金属的形状和尺寸也都发生了永久改变。这种在外力作用下产生不可恢复的永久变形称为塑性变形。

受外力作用时，原子总是离开平衡位置而移动。因此，在塑性变形条件下，总变形既包括塑性变形，也包括除去外力后消失的弹性变形。

### 二、塑性变形的两种基本形式

原子离开平衡位置而产生变形，是由切应力作用引起的，通常有滑移和孪生两种形式。

（一）滑移

滑移是晶体一部分沿一定的晶面（滑移面）和晶向（滑移方向）相对于另一部分作相对移动。由于沿原子排列最密排面和方向滑移的阻力最小，所以，滑移面总是原子排列最密的面，滑移方向也总是原子排列最密的方向。一种滑移面及其面上的一个滑移方向组成一个滑移系，它是晶体滑移时可能拥有的空间位向。常见的金属晶体结构及其滑移系的数量见表1-1。

表 1-1  常见金属晶体结构及其滑移系

| 晶体结构 | 滑移面数 | 滑移方向数 | 滑移系总数 |
|---|---|---|---|
| 体心立方 | 6 | 2 | $6 \times 2 = 12$ |
| 面心立方 | 4 | 3 | $4 \times 3 = 12$ |
| 密排六方 | 1 | 3 | $1 \times 3 = 3$ |

在其他条件相同的情况下，晶体的滑移系多，则可能出现的滑移位向多，金属的塑性也好。金属塑性还与滑移面上原子密排程度和滑移方向的数目等有关，如具有体心立方结构的金属 α-Fe，滑移方向和原子密排程度均不及面心立方金属，其塑性比面心立方金属 Cu、Al、Ag 等低。

滑移往往是在许多平行的晶面上同时进行，形成滑移层，其厚度可达 $50\mu m$ 左右。若干滑移层组成滑移带，滑移带中各滑移层之间为阶梯状（图 1-2），在变形金属表面出现无数互相平行的线条，即所谓的滑移线。

（二）孪生

孪生是晶体一部分相对另一部分，对应于一定的晶面（孪晶面）沿一定方向发生转动的结果。已变形部分的晶体位向发生改变，与未变形部分以孪晶面互为对称。发生孪生时，晶体变形部分中所有与孪晶面平行的原子平面均向同一方向移动，移动距离与该原子面距孪晶面之距离成正比。虽然每个相邻原子间的位移只有一个原子间距的几分之几，但许多层晶面积累起来的位移便可形成比原子间距大许多倍的变形。

孪生与滑移的主要差别是：①滑移是一渐进过程，而孪生是突然发生的，如体心立方结构的金属变形一般采取滑移方式，但在低温或冲击载荷下易于产生孪生；②孪生所要求的临界切应力比滑移要求的临界切应力大得多，只有在滑移过程很困难时，晶体才发生孪生；③孪生时原子位置不能产生较大的错动，金属获得较大塑性变形的主要形式是滑移。

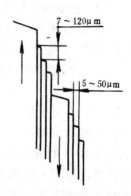

图 1-2  滑移带

三、多晶体塑性变形

实际使用的金属都是多晶体，其中包含有大小、形状、位向都不完全相同的晶粒，各晶粒之间由晶界相连接。多晶体塑性变形的基本形式也是滑移和孪生。

多晶体在受到外力作用时，塑性变形首先发生在位向最有利的晶粒中。也就是滑移面与力系引起的最大切应力作用的平面相重合，如图 1-3a 中的晶粒 A 和 B，其他晶粒（如晶粒 C 和 D）产生弹性变形与之协调。随着外力增加，作用在位向不太有利的滑移面上的切应力达到了开始塑性变形所需要的数值，于是塑性变形开始遍及越来越多的晶粒。多晶体各晶粒的变形先后不一致，有些晶粒变形较大，有些则变形较小，在同一晶粒内变形也不一致，这就造成了多晶体变形的不均匀性。

除了各晶粒本身的变形以外，多晶体中各晶粒之间也会在外力的作用下相对移动而产生变形，即晶间变形。对于塑性较差的材料，其晶间结合力弱，晶粒之间的相对移动会破坏晶界面降低晶粒之间的机械嵌合，易于导致金属的破裂。

对于多晶体金属来说，晶粒越小，具有位向不同的晶粒数目就越多，晶界面积也越大。从一般使用的角度来看，晶粒细小的材料变形抗力大，塑性好，变形较均匀。经塑性变形后的多晶体金属，会引起下述组织改变：

1. 纤维组织　各晶粒沿最大的变形方向伸长，形成纤维状的晶粒组织，即纤维组织。

2. 变形织构　塑性变形过程中晶粒形状变化的同时，部分晶粒在空间发生转动（图1-3 b），使滑移面与金属强烈流动方向趋于一致，形成变形织构。

具有变形织构的金属，各晶粒的位向非常接近，力学性能、物理性能等明显地出现各向异性，对其工艺性能和使用都有很大的影响。例如，冷轧钢板具有变形织构组织，在拉深过程中各方向的变形不等，得到的拉深件在口部不平整。

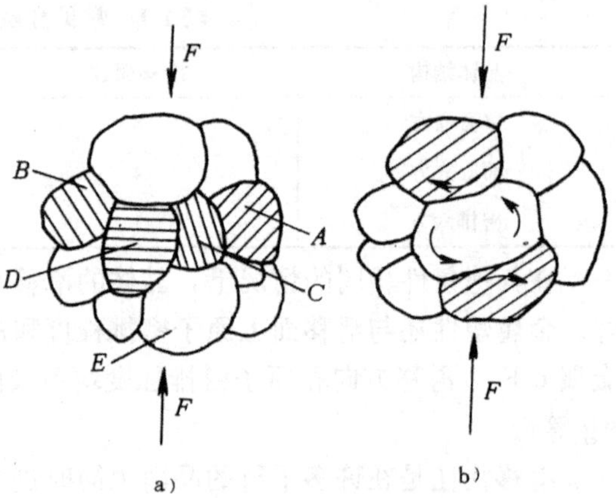

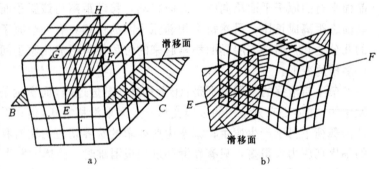

图1-3　多晶体塑性变形

a）晶内变形　b）晶间变形

### 四、塑性变形机理

早在20年代，就有人提出晶体中存在位错的假设，即认为晶体中存在一种线缺陷，它在切应力作用下容易滑移，并引起塑性变形。

（一）位错类型与柏氏矢量

位错的主要类型有刃型位错和螺型位错。如果有一原子平面中断在晶体内部，这样使滑移面一侧的原子平面的数量多于另一侧，此为刃型位错（图1-4 a）；另一种晶体错排是：晶体一部分沿滑移面被剪断，被分开的两部分彼此相对错动了一个原子间距，并引起与滑移面垂直的原子平面弯曲，此为螺型位错（图1-4 b）。

描述位错的结构和类型及位错的运动，可用柏氏矢量 $b$。围绕位错线每边移动相同的晶格作柏氏回路，自终点引向起点的矢量为柏氏矢量 $b$（图1-5）。柏氏矢量有以下重要特性：

（1）柏氏矢量 $b$ 的方向

图1-4　刃型和螺型位错示意图

a）刃型位错　b）螺型位错

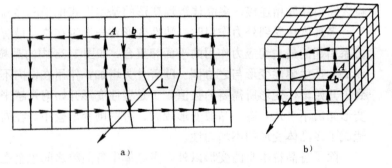

图1-5　柏氏回路和柏氏矢量

a）刃型位错的柏氏回路　b）螺型位错的柏氏回路

就是位错扫过整个滑移面产生相对滑移的方向，$b$ 的大小表征该位错运动后产生滑移量的大小，如图 1-6 所示。

（2）柏氏矢量 $b$ 与刃型位错线垂直，而与螺型位错线平行（图 1-5）。

（3）位错线在运动过程中其柏氏矢量保持不变。

（二）位错运动

晶体中的位错是一种结构形式，金属塑性变形是通过位错运动来实现的。位错运动除有位错线沿滑移面运动——滑移这种形式外，还有位错线从一个滑移面过渡到另一个滑移面的运动，即刃型位错的攀移和螺型位错的交滑移。

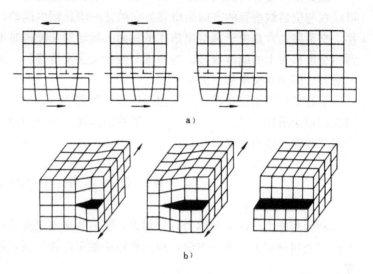

图 1-6　位错运动引起的滑移
a）刃型位错运动　b）螺型位错运动

如图 1-6 所示，真正的滑移过程并不是滑移面上的所有原子同时移动，而是滑移面上原子

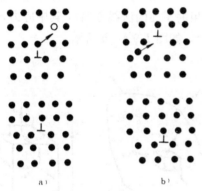

图 1-7　刃型位错攀移
a）正攀移　b）负攀移

图 1-8　螺型位错交滑移

群按先后顺序相继移动。在切应力作用下，位错线周围畸变区域的原子沿滑移方向作微小的剪位移，即可使位错的结构位置沿滑移面及滑移方向发生变化，也就是使位错的畸变中心位置——位错线的位置发生改变。刃型位错的运动方向与塑性滑移的方向平行，螺型位错的运动方向则与塑性滑移的方向垂直。

刃型位错垂直于滑移面的运动，称为位错的攀移。如图 1-7 所示，刃型位错攀移的实质是多余半原子面（在晶体一端）的扩展或收缩。半原子面扩展，是间隙原子或晶格上的原子移入半原子面的下端，使位错向半原子面下方移动，此为负攀移；半原子面收缩，是半原子面下端的原子迁入空位或移出形成间隙原子，使位错向半原子面上方移动，此为正攀移。由于位错攀移是由空位扩散离开位错或空位扩散到位错而引起的，必然需要热激活，因此攀移比位错滑移需要更大的能量，也就是说攀移比较困难。

螺型位错没有附加的半原子面，从一个滑移面过渡到另一个滑移面并不困难。螺型位错可以在与位错线垂直的方向为滑移方向的任一滑移面内运动，这种运动称为螺型位错的交滑移。交滑移通常是由于螺型位错在滑移面上运动遇到障碍时不能继续滑移，在应力作用下移到相交滑移面上的继续滑移。如果螺型位错发生交滑移后，又回到与原滑移面平行的滑移面上滑移，即为双交滑移（图1-8）。

攀移是指刃型位错而言的，螺型位错无所谓攀移；交滑移是指螺型位错而言的，刃型位错无所谓交滑移。因此，位错从一个滑移面过渡到另一个滑移面的运动，必须区分刃型位错的攀移和螺型位错的交滑移。

## 第二节　塑性变形的力学基础

物体受外力（面力和体力）作用后，其内各质点之间将产生相互作用的内力，单位面积上的内力叫做应力；另一方面，应力作用必然引起物体质点间的相对位移，即使物体产生应变。

### 一、一点的应力与应变状态

（一）一点的应力状态

假设从受力物体内任一点 $Q$ 处，取出一个正六面体为单元体，虽然在该单元体的六个平面上作用有大小和方向均不完全相同的全应力 $\sigma_{sx}$、$\sigma_{sy}$、$\sigma_{sz}$（取直角坐标系的三个坐标轴平行于正六面单元体的棱边，下标 $x$、$y$、$z$ 表示应力所作用的平面的法线方向），其中应力 $\sigma_{si}$ 又可分解为平行于坐标轴的三个分量 $\sigma_{ij}$（$i$，$j=x$，$y$，$z$），如图 1-9 a、b 所示。

因此，物体内一点的应力状态可以用九个应力分量表示，写成矩阵形式为

$$\sigma_{ij} = \begin{bmatrix} \sigma_x & \tau_{xy} & \tau_{xz} \\ \tau_{yx} & \sigma_y & \tau_{yz} \\ \tau_{zx} & \tau_{zy} & \sigma_z \end{bmatrix} \begin{matrix} \text{——作用在 } x \text{ 面上} \\ \text{——作用在 } y \text{ 面上} \\ \text{——作用在 } z \text{ 面上} \end{matrix}$$

作用方向为 $z$
作用方向为 $y$
作用方向为 $x$

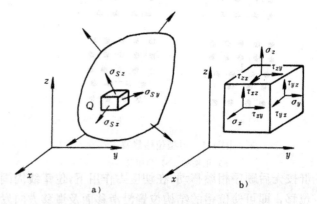

图 1-9　单元体坐标面上的应力分量

这里，$\sigma_x$、$\sigma_y$、$\sigma_z$ 为正应力分量，$\tau_{xy}$、$\tau_{xz}$、$\tau_{yx}$、$\tau_{yz}$、$\tau_{zx}$、$\tau_{zy}$ 为切应力分量。习惯上规定：若单元体平面上的外法线方向与坐标轴相同时，则令作用其上的应力分量方向与坐标轴相同者为正，反之为负。

由于单元体处于静力平衡状态，绕其各轴的合力矩等于零，因此切应力互等

$$\tau_{xy} = \tau_{yx} ; \tau_{yz} = \tau_{zy} ; \tau_{zx} = \tau_{xz} \tag{1-1}$$

式（1-1）表明，为保持单元体的平衡，切应力总是成对出现的。实质上，变形体内任一点的应力状态，只有六个独立的应力分量。

对于板材成形，经常忽略板厚方向（常用 $z$ 方向表示）的应力分量（板材弯曲成形除外），即有 $\sigma_z = \tau_{zx} = \tau_{yz} = 0$，此时应力状态为

$$\sigma_{ij} = \begin{bmatrix} \sigma_x & \tau_{xy} \\ \tau_{yx} & \sigma_y \end{bmatrix}$$

这是平面应力状态，只需要三个应力分量，此时，利用应力莫尔圆进行研究是很方便的。

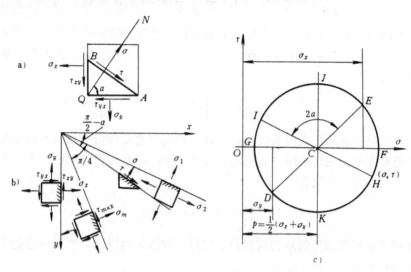

图 1-10　平面应力状态下的应力莫尔圆

a）任意平面上的应力　b）坐标旋转时的应力变化情况　c）应力莫尔圆

如图 1-10 所示，设单元体的应力分量为 $\sigma_x$、$\sigma_y$ 和 $\tau_{xy} = \tau_{yx}$。有任一平面 $AB$，其法线方向 $N$ 与 $x$ 轴夹角为 $\alpha$，作用有正应力 $\sigma$ 及切应力 $\tau$。在单元体 $AQB$ 上，沿 $N$ 方向的合力为

$$\sigma AB - \sigma_x QB\cos\alpha - \tau_{xy}QB\sin\alpha - \sigma_y AQ\sin\alpha - \tau_{yx}AQ\cos\alpha = 0$$

因为　　　　　　　　$AQ = AB\sin\alpha \qquad QB = AB\cos\alpha$

故有　　　　　　$\sigma = \sigma_x\cos^2\alpha + \sigma_y\sin^2\alpha + 2\tau_{xy}\sin\alpha\cos\alpha$

$$= \frac{1}{2}\sigma_x(1 + \cos2\alpha) + \frac{1}{2}\sigma_y(1 - \cos2\alpha) + \tau_{xy}\sin2\alpha$$

即　　　　　　$\sigma = \frac{1}{2}(\sigma_x + \sigma_y) + \frac{1}{2}(\sigma_x - \sigma_y)\cos2\alpha + \tau_{xy}\sin2\alpha \qquad (1\text{-}2)$

单元体上垂直于 $N$ 方向的合力为

$$\tau AB + \tau_{xy}QB\cos\alpha - \sigma_x QB\sin\alpha - \tau_{xy}AQ\sin\alpha + \sigma_y AQ\cos\alpha = 0$$

得　　　　　　　　$\tau = \frac{1}{2}(\sigma_x - \sigma_y)\sin2\alpha - \tau_{xy}\cos2\alpha \qquad (1\text{-}3)$

比较式（1-2）和式（1-3），不难得出

$$\left[\sigma - \frac{1}{2}(\sigma_x + \sigma_y)\right]^2 + \tau^2 = \left[\frac{1}{2}(\sigma_x - \sigma_y)\right]^2 + \tau_{xy}^2 \qquad (1\text{-}4)$$

式（1-4）为 $\sigma\text{-}\tau$ 坐标系中圆的方程，圆心坐标为 $\left(\dfrac{\sigma_x + \sigma_y}{2}, 0\right)$，半径为

$$R = \sqrt{\left(\frac{\sigma_x - \sigma_y}{2}\right)^2 + \tau_{xy}^2} \qquad (1\text{-}5)$$

该圆可以描述任意平面上 $\sigma$、$\tau$ 的变化规律，常称应力莫尔圆。圆周上每一个点，对应于单元体一个物理平面上的应力。

不难发现：单元体存在这样的物理平面，在此面上只有正应力而无切应力的作用，如图

1-10 c 上点 $F$、$G$ 所代表的平面，称此平面为主平面。主平面上的正应力称为主应力，记作 $\sigma_1$ 和 $\sigma_2$。显然，有

$$\left.\begin{array}{c}\sigma_1\\\sigma_2\end{array}\right\}=\frac{1}{2}(\sigma_x+\sigma_y)\pm\sqrt{\frac{1}{4}(\sigma_x-\sigma_y)^2+\tau_{xy}^2}\qquad(1\text{-}6)$$

对于一点的应力状态而言，无论坐标如何选择，主应力的数值不变。换言之，一个应力状态只有一组主应力。用应力主轴（即和主应力方向一致的坐标轴）作为坐标轴时，点的应力状态可表示为

$$\sigma_{ij}=\begin{bmatrix}\sigma_1&0\\0&\sigma_2\end{bmatrix}$$

实际上，主应力就是正应力取极值。同样，切应力也随斜切平面的方向而变，一般把切应力有极值的平面称为主切平面，如图 1-10 c 上点 $J$、$K$ 所代表的平面。主切平面上作用的切应力称为主切应力，其值为

$$\left.\begin{array}{c}\tau_{12}\\\tau_{21}\end{array}\right\}=\pm\frac{1}{2}(\sigma_1-\sigma_2)\qquad(1\text{-}7)$$

在塑性加工中还常用等效应力的概念。它是一种假想的应力，表示一点的应力强度。其值为（假设 $\sigma_z=\sigma_3=0$）

$$\bar{\sigma}=\sqrt{\sigma_1^2-\sigma_1\sigma_2+\sigma_2^2}\qquad(1\text{-}8)$$

在物体的塑性变形过程中，可以根据等效应力来判断是加载还是卸载。$\bar{\sigma}$ 增加，为加载过程；反之，为卸载过程。$\bar{\sigma}$ 不变时，对理想塑性材料而言，变形仍在增加，是加载过程；对有硬化的材料而言，则是中性变载。

（二）一点的应变状态

塑性变形的大小可以用相对应变（又称工程应变）或真实应变（又称对数应变）来表示。

相对应变是以线尺寸增量与初始线尺寸之比来表示的，即

$$\varepsilon=\frac{\Delta l}{l_0}=\frac{l_1-l_0}{l_0}\qquad(1\text{-}9)$$

式中　$l_0$——初始长度尺寸；

$l_1$——变形后长度尺寸。

真实应变是变形后的线尺寸与变形前的线尺寸之比的自然对数值，即

$$e=ln\frac{l}{l_0}\qquad(1\text{-}10)$$

相对应变的主要缺陷是忽略了变化的基长对应变的影响，从而造成变形过程的总应变不等于各个阶段应变之和。例如，将 50cm 长的板试件拉伸至总长为 80cm 时，总应变 $\varepsilon=\frac{80-50}{50}=60\%$；若将此变形过程视为两个阶段，即由 50cm 拉长到 70cm，再由 70cm 拉长至 80cm，则相应的应变量为 $\varepsilon_1=\frac{70-50}{50}=40\%$，$\varepsilon_{\mathrm{I\!I}}=\frac{80-70}{70}=14.3\%$，显然有 $\varepsilon_1+\varepsilon_{\mathrm{I\!I}}\neq\varepsilon$。对数应变是无穷多个微小相对应变连续积累的结果，即

$$e=\lim_{\Delta l\to0}\sum_{i=0}^{n}\frac{\Delta l_i}{l_i}=\int_{l_0}^{l_1}\frac{\mathrm{d}l}{l}$$

因而真实应变具有可加性，更能够反映物体的实际应变程度。当然，若物体的变形很小时，相

对应变值和真实应变值是非常接近的。

物体变形时，体内质点在所有方向上都会有应变。自变形体内取出一单元体（图 1-11），变形后的单元体沿 $x$、$y$、$z$ 三个方向线尺寸伸长或缩短（此为正应变或叫线应变），分别是

$$\varepsilon_x = \frac{\delta r_x}{r_x} \qquad \varepsilon_y = \frac{\delta r_y}{r_y} \qquad \varepsilon_z = \frac{\delta r_z}{r_z}$$

此外，单元体发生畸变而引起切应变，有

$$\gamma_{xy} = \gamma_{yx} = \frac{1}{2}(\alpha_{xy} + \alpha_{yx})$$

$$\gamma_{yz} = \gamma_{zy} = \frac{1}{2}(\alpha_{yz} + \alpha_{zy})$$

$$\gamma_{zx} = \gamma_{xz} = \frac{1}{2}(\alpha_{zx} + \alpha_{xz})$$

可见，单元体的应变也有九个分量，写成矩阵形式为

$$\varepsilon_{ij} = \begin{bmatrix} \varepsilon_x & \gamma_{xy} & \gamma_{xz} \\ \gamma_{yx} & \varepsilon_y & \gamma_{yz} \\ \gamma_{zx} & \gamma_{zy} & \varepsilon_z \end{bmatrix}$$

上述中，对正应变分量 $\varepsilon_x$、$\varepsilon_y$、$\varepsilon_z$，线尺寸伸长为正，缩短为负；对切应变分量 $\gamma_{xy}$、$\gamma_{yx}$、$\gamma_{yz}$、$\gamma_{zy}$、$\gamma_{zx}$、$\gamma_{xz}$，其角标意义为：$\gamma_{xy}$ 表示 $x$ 方向的线元向 $y$ 方向偏转的角度，其余类推。

与应力状态分析相仿，从应变的角度看，没有切应变的平面是主平面，主平面法线方向（应变主轴）上的线元没有角度的偏转，只有线应变，即主应变，一般用 $\varepsilon_1$、$\varepsilon_2$、$\varepsilon_3$ 表示。

一定的应变状态，只有唯一的一组主应变（$\varepsilon_1$、$\varepsilon_2$、$\varepsilon_3$）。可以证明，这三个主应变的方向恰好互相垂直，与主应力的结论完全一样。以应变主轴作为坐标轴时，一点的应变状态可以表示为

$$\varepsilon_{ij} = \begin{bmatrix} \varepsilon_1 & 0 & 0 \\ 0 & \varepsilon_2 & 0 \\ 0 & 0 & \varepsilon_3 \end{bmatrix}$$

在与应变主轴成 $\pm45°$ 的方向上，存在三对各自相互垂直的线元，其切应变有极值，叫做主切应变，其大小为

$$\left.\begin{array}{l} \gamma_{12} \\ \gamma_{21} \end{array}\right\} = \pm\frac{1}{2}(\varepsilon_1 - \varepsilon_2)$$

$$\left.\begin{array}{l} \gamma_{23} \\ \gamma_{32} \end{array}\right\} = \pm\frac{1}{2}(\varepsilon_2 - \varepsilon_3)$$

$$\left.\begin{array}{l} \gamma_{31} \\ \gamma_{13} \end{array}\right\} = \pm\frac{1}{2}(\varepsilon_3 - \varepsilon_1)$$

如 $\varepsilon_1 \geqslant \varepsilon_2 \geqslant \varepsilon_3$，则最大与最小切应变为

$$\left.\begin{array}{l} \gamma_{\max} \\ \gamma_{\min} \end{array}\right\} = \pm\frac{1}{2}(\varepsilon_1 - \varepsilon_3)$$

塑性变形时的等效应变

$$\bar{\varepsilon} = \frac{\sqrt{2}}{3}\sqrt{(\varepsilon_1 - \varepsilon_2)^2 + (\varepsilon_2 - \varepsilon_3)^2 + (\varepsilon_3 - \varepsilon_1)^2} \tag{1-11}$$

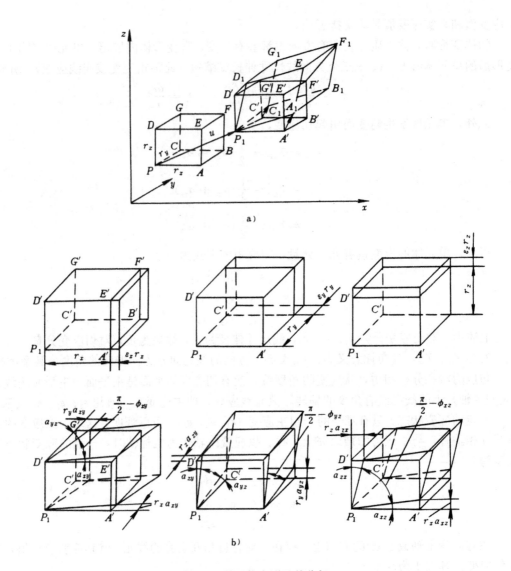

图 1-11  单元体变形及其分解

a) 单元体变形  b) 单元体变形的分解

它是作为衡量各个应变分量总的作用效果的一个可比指标，通常也称应变强度。

（三）板材冲压变形时的应力与应变状态特点

冲压变形中，大多数情况下在板材毛坯的表面上无法向的外力作用，或者作用在板面上的外力数值很小。因此，可以认为所有的冲压成形中，毛坯变形区都是属平面应力状态。如果板面内绝对值较大的主应力记为 $\sigma_{ma}$，绝对值较小的主应力记为 $\sigma_{mi}$，则比值

$$\alpha = \sigma_{mi}/\sigma_{ma} \tag{1-12}$$

可表示板材变形时的应力状态特点。$\alpha$ 的变化范围是

$$-1 \leqslant \alpha \leqslant 1$$

根据 $\alpha$ 的取值及板面内的应力 $\sigma_{ma}$ 是拉应力还是压应力，板材冲压变形时的应力状态可概括为四种基本类型（图 1-12 a）：拉-拉（$\alpha \geqslant 0$、$\sigma_{ma} > 0$）、拉-压（$\alpha < 0$、$\sigma_{ma} > 0$）、压-拉（$\alpha < 0$、$\sigma_{ma} < 0$）、压-压（$\alpha \geqslant 0$、$\sigma_{ma} < 0$）。

物体塑性变形时遵循体积不变条件，即体内任一点的三个正应变分量满足

$$\varepsilon_x + \varepsilon_y + \varepsilon_z = \varepsilon_1 + \varepsilon_2 + \varepsilon_3 = 0 \tag{1-13}$$

若以 $\varepsilon_{ma}$、$\varepsilon_{mi}$ 分别表示板面内绝对值较大与较小的主应变，比值

$$\beta = \varepsilon_{mi}/\varepsilon_{ma} \tag{1-14}$$

可用来表示板材变形时的应变状态特点，其变化范围是

$$-1 \leqslant \beta \leqslant 1$$

由于塑性变形时的三个正应变分量不可能全部是同号的，并根据 $\varepsilon_{ma}$ 与 $\varepsilon_{mi}$ 的可能取值，板材变形时的应变状态可划分为拉-拉（$\beta \geqslant 0$、$\varepsilon_{ma} > 0$）、拉-压（$\beta < 0$、$\varepsilon_{ma} > 0$）、压-拉（$\beta < 0$、$\varepsilon_{ma} < 0$）、压-压（$\beta \geqslant 0$、$\varepsilon_{ma} < 0$）四种基本类型（图 1-12 b）。

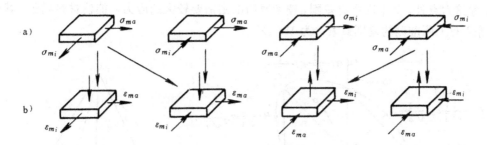

图 1-12　板材的应力与应变状态及其对应关系

a) 板材的应力状态　b) 板材的应变状态

由此可见，尽管板材的冲压成形过程是多种多样的，但都可以根据板面内应变 $\varepsilon_{ma}$ 的符号，把冲压变形分为伸长类变形和压缩类变形。$\varepsilon_{ma} > 0$ 时为伸长类变形；$\varepsilon_{ma} < 0$ 时为压缩类变形。

## 二、塑性条件

塑性条件又称屈服准则或屈服条件，它是描述不同应力状态下变形体内质点进入塑性状态并使塑性变形继续进行所必须遵循的条件。塑性条件的一般数学表达式为

$$f(\sigma_{ij}) = C \tag{1-15}$$

上式左边是应力分量的函数；右边的 $C$ 是与材料力学性能有关的常数，并与应变历史有关。$f(\sigma_{ij}) < 0$ 时，表明质点处于弹性状态；$f(\sigma_{ij}) = C$ 时，质点处于塑性状态。

（一）屈雷斯加（H. Trasca）塑性条件

屈雷斯加认为：最大切应力达到极限值 $K$ 时，材料就屈服。其表达式为

$$\tau_{max} = K \tag{1-16}$$

式中 $K$ 是取决于材料性能和变形条件的常数，与应力状态无关。数值可由试验测得，如单向拉伸时，拉应力 $\sigma = \sigma_s$ 时（$\sigma_s$ 为材料屈服强度）材料开始进入塑性状态。这时，$\tau_{max} = \dfrac{\sigma_s}{2}$，亦有

$$K = \sigma_s/2$$

板材受不同应力状态作用时的屈服条件：

（1）拉-拉（$\alpha \geqslant 0$，$\sigma_{ma} > 0$）型：$\sigma_{ma} = 2K$

（2）拉-压（$\alpha < 0$，$\sigma_{ma} > 0$）型：$\sigma_{ma} - \sigma_{mi} = 2K$

（3）压-拉（$\alpha < 0$，$\sigma_{ma} < 0$）型：$\sigma_{ma} - \sigma_{mi} = -2K$

（4）压-压（$\alpha \geqslant 0$，$\sigma_{ma} < 0$）型：$\sigma_{ma} = -2K$

（二）米塞斯（R. Mises）屈服准则

这一屈服准则认为：当质点应力状态的等效应力达到某一与应力状态无关的定值时，材料就屈服。对于板材冲压而言，有

$$\bar{\sigma} = \sqrt{\sigma_1^2 - \sigma_1\sigma_2 + \sigma_2^2} = C$$

同样，用单向拉伸屈服时的应力状态（$\sigma_s$, 0, 0）代入，可得常数 $C = \sigma_s$。因此，米塞斯屈服准则的表达式为

$$\sigma_1^2 - \sigma_1\sigma_2 + \sigma_2^2 = \sigma_s^2 \tag{1-17}$$

把屈服准则绘制在 $\sigma_1$-$\sigma_2$ 坐标系中，得到封闭曲线，此为屈服轨迹（图1-13）。米塞斯准则为一椭圆，屈雷斯加准则为内接于米塞斯椭圆的六边形。在六个角点上，两个准则是一致的；除这六点外，两个准则有差别，按米塞斯准则需要较大的应力才能使材料屈服。其中，$D$、$H$ 等六点上两准则的差别最大，为15.5%。

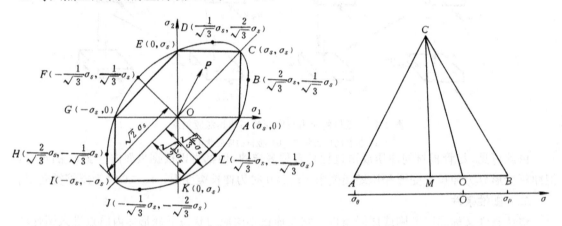

图1-13 平面应力状态的屈服轨迹　　　　图1-14 应力状态三角形

进一步分析可证实，在 $\sigma_1$ 与 $\sigma_2$ 为异号应力时，如板材拉深：$\sigma_\rho = \sigma_1 > 0$，$\sigma_\theta = \sigma_2 < 0$（参见图1-15），米塞斯准则可简化成

$$\sigma_\rho - \sigma_\theta = \beta\sigma_s \tag{1-18}$$

式中 $\beta$ 值的变化范围为 $1 \sim 1.155$。对式（1-18）证明如下（图1-14）：

取 $OB = \sigma_\rho$，$OA = \sigma_\theta$。作边长为 $AB$ 的等边三角形：$AB = BC = CA = \sigma_\rho - \sigma_\theta$。从 $C$ 点向 $AB$ 边引垂线交于 $M$，因为

$$OC = \sqrt{CM^2 + MO^2}$$

其中

$$CM = BC\sin 60°$$
$$= \frac{\sqrt{3}}{2}(\sigma_\rho - \sigma_\theta)$$
$$MO = AO - AM$$

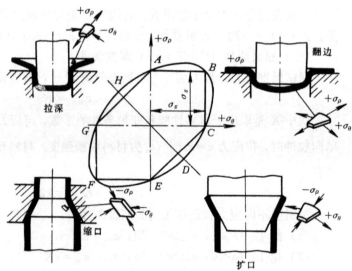

图1-15 平面应力状态屈服轨迹上的应力分区

$$= -\sigma_\theta - \frac{1}{2}(\sigma_\rho - \sigma_\theta) = -\frac{1}{2}(\sigma_\rho + \sigma_\theta)$$

所以
$$OC = \sqrt{\sigma_\rho^2 - \sigma_\rho\sigma_\theta + \sigma_\theta^2} = \sigma_s$$

由于点 $O$ 的位置只能在 $M$、$B$（或 $A$）两点间变化，故必有 $CM \leqslant CO \leqslant CB$，即 $AB = (1 \sim \frac{2}{\sqrt{3}}) OC$

（三）屈服轨迹上的应力分区

图 1-15 所示是轴对称平面应力状态下屈服轨迹上的应力分区。图中 $\sigma_\rho$、$\sigma_\theta$ 为板平面内的径向应力和切向应力。

该图第一象限（$\sigma_\rho > 0$、$\sigma_\theta > 0$）为拉-拉应力状态类型，与胀形工序及翻边工序相对应；第三象限（$\sigma_\rho < 0$、$\sigma_\theta < 0$）为压-压应力状态类型，与缩口工序相对应。在第二、四象限，$AH$ 区（$\sigma_{ma} = \sigma_\rho > 0$）和 $CD$ 区（$\sigma_{ma} = \sigma_\theta > 0$）为拉-压应力状态类型，其中 $CD$ 区对应的是扩口工序；$GH$ 区（$\sigma_{ma} = -\sigma_\theta < 0$）和 $DE$ 区（$\sigma_{ma} = -\sigma_\rho < 0$）为压-拉应力状态类型，其中 $GH$ 对应于拉深工序。

### 三、应力和应变关系

（一）增量理论

弹性变形时应力与应变之间的关系是线性的。复杂应力状态下，这种关系就是广义虎克定律。但是，在塑性变形时，虽然最终应力状态相同，如果加载途径不一样，最终的应变状态也不相同。若分析每一加载瞬间，应变增量主轴与应力主轴重合，该瞬间的应变增量由当时的应力状态唯一地确定。这就是增量理论（又叫流动理论）。在板材成形问题分析中，运用最多的是列维-米塞斯(M. Levy-R. Mises)理论。这一理论略去了大塑性变形中弹性变形的影响，其方程为

$$\frac{d\varepsilon_1}{\sigma_1 - \sigma_m} = \frac{d\varepsilon_2}{\sigma_2 - \sigma_m} = \frac{d\varepsilon_3}{\sigma_3 - \sigma_m} = d\lambda \tag{1-19}$$

式中　$\sigma_m$——平均应力，$\sigma_m = \frac{1}{3}(\sigma_1 + \sigma_2 + \sigma_3)$。

由列维-米塞斯方程，并考虑到板材成形时板厚方向应力为零（如设 $\sigma_3 = 0$），得

$$\begin{cases} d\varepsilon_1 = \frac{d\bar{\varepsilon}}{\bar{\sigma}}(\sigma_1 - \frac{1}{2}\sigma_2) \\[2mm] d\varepsilon_2 = \frac{d\bar{\varepsilon}}{\bar{\sigma}}(\sigma_2 - \frac{1}{2}\sigma_1) \\[2mm] d\varepsilon_3 = -\frac{1}{2}\frac{d\bar{\varepsilon}}{\bar{\sigma}}(\sigma_1 + \sigma_2) \end{cases} \tag{1-20}$$

式中　　　$d\bar{\varepsilon}$——等效应变增量；

$d\varepsilon_1$、$d\varepsilon_2$、$d\varepsilon_3$——主应变分量增量。

（二）全量理论

在加载过程中，如果各应力分量按同一比例增加，且应力主轴的方向始终不变，这种加载方式称为比例加载。在比例加载的条件下，对增量理论的方程积分就可得到应变和应力全量之间的关系，这叫全量理论。方程为

$$\frac{\varepsilon_1 - \varepsilon_m}{\sigma_1 - \sigma_m} = \frac{\varepsilon_2 - \varepsilon_m}{\sigma_2 - \sigma_m} = \frac{\varepsilon_3 - \varepsilon_m}{\sigma_3 - \sigma_m} = \lambda \tag{1-21}$$

式中　$\varepsilon_m$——平均应变，材料不可压缩时 $\varepsilon_m=0$。与增量理论的处理方法相同，可得

$$\varepsilon_1 = \frac{\bar{\varepsilon}}{\bar{\sigma}}(\sigma_1 - \frac{1}{2}\sigma_2)$$

$$\varepsilon_2 = \frac{\bar{\varepsilon}}{\bar{\sigma}}(\sigma_2 - \frac{1}{2}\sigma_1) \qquad (1\text{-}22)$$

$$\varepsilon_3 = -\frac{1}{2}\frac{\bar{\varepsilon}}{\bar{\sigma}}(\sigma_1 + \sigma_2)$$

由于全量理论比增量理论运算方便，实际应用过程中可并不严格限于比例加载而略可偏离。例如波波夫在缩口、翻边分析时，曾运用全量理论得出了与实验符合的结果，就是一个成功的范例。

由塑性变形时应力和应变关系的增量理论〔式（1-19）和式（1-20）〕或全量理论〔式（1-21）和式（1-22）〕知，应变 $d\varepsilon_{ma}$ 或 $\varepsilon_{ma}$ 必与应力 $\varepsilon_{ma}$ 同号。也就是说，$\sigma_{ma}$ 为拉应力时，$d\varepsilon_{ma}$ 或 $\varepsilon_{ma}$ 必为伸长应变，对应的必然是伸长类变形；$\sigma_{ma}$ 为压应力时，$d\varepsilon_{ma}$ 或 $\varepsilon_{ma}$ 必为压缩应变，对应的也必然是压缩类变形。

### 四、硬化与硬化曲线

在冲压生产过程中，毛坯形状的变化与零件形状的形成过程——即材料的塑性变形过程都是在常温下进行的。金属材料在常温下塑性变形的重要特点之一是加工硬化或称应变强化。其结果是引起材料力学性能的变化，表现为材料的强度指标（屈服强度 $\sigma_s$ 与抗拉强度 $\sigma_b$）随变形程度的增加而增加，同时塑性指标（伸长率 $\delta$ 与断面收缩率 $\psi$）随之降低。因此，在进行变形毛坯内各部分的应力分析和各种工艺参数的确定时，必须考虑到加工硬化所产生的影响。

冷变形时材料的变形抗力随变形程度的变化用硬化曲线来表示。一般可用单向拉伸试验方法得到板材的硬化曲线，但是曲线的最大应变量受到出现缩颈的限制。缩颈前变形区材料的应变基本是均匀分布的，缩颈后出现集中的局部变形，应力状态也随着发生变化，这是单向拉伸试验的缺陷。对平板毛坯用液压胀形试验，经过一些换算也可作出硬化曲线，图 1-16 所示为液压胀形自动测试装置的原理图。液压胀形时毛坯中心点受双向等拉应力的作用，其临界应变比单向拉伸的缩颈点应变大得多。图 1-17 是几种常用冲压板材的硬化曲线。

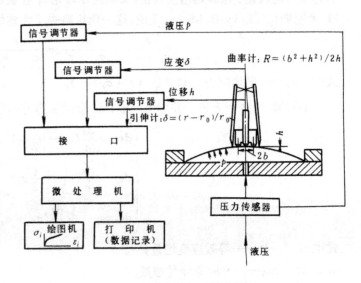

图 1-16　液压胀形自动测试系统

为了实用上的需要，有必要把硬化曲线用数学函数式表示出来。常用的数学函数的幂次式，其形式为

$$\sigma = \cdot K\varepsilon^n \qquad (1\text{-}23)$$

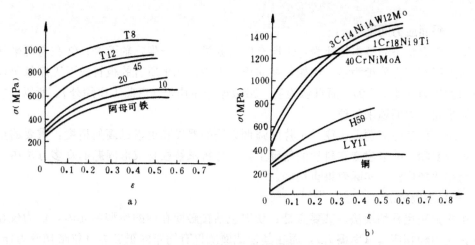

图 1-17 几种常用冲压板材的硬化曲线

$$\sigma = \sigma_0 + K_1\varepsilon^{n_1} \tag{1-24}$$

$$\sigma = K_2(\varepsilon_0 + \varepsilon)^{n_2} \tag{1-25}$$

式中 $\sigma_0$、$K_1$、$K_2$、$K$、$n_1$、$n_2$、$n$、$\varepsilon_0$ 均为材料常数。

式 (1-24) 忽略了弹性变形，适用于刚塑性板材。对于某些具有一定预应变量的板材，可采用式 (1-25)。由于解析简单，又能够满足工程分析上的精度要求，实际中式 (1-23) 是用得最普遍的。

式 (1-23) 中的 $n$ 称为材料的硬化指数 (简称 $n$ 值)，是表明材料冷变形硬化性能的重要参数，部分冲压板材的 $n$ 值和 $K$ 值列入表 1-2。硬化指数 $n$ 大时，表示在冷变形过程中材料的变形抗力随变形的增加而迅速地增大，材料的塑性变形稳定性较好，不易出现局部的集中变形和破坏，有利于提高伸长类变形的成形极限。

**表 1-2  部分板材的 $n$ 值和 $K$ 值**

| 材　　料 | $n$　值 | $K$（MPa） | 材　　料 | $n$　值 | $K$（MPa） |
|---|---|---|---|---|---|
| 08F | 0.185 | 708.76 | H62 | 0.513 | 773.38 |
| 08Al（ZF） | 0.252 | 553.47 | H68 | 0.435 | 759.12 |
| 08Al（HF） | 0.247 | 521.27 | QSn6.5-0.1 | 0.492 | 864.49 |
| 10 | 0.215 | 583.84 | Q235 | 0.236 | 630.27 |
| 20 | 0.166 | 709.06 | SPCC（日本） | 0.212 | 569.76 |
| LF2 | 0.164 | 165.64 | SPCD（日本） | 0.249 | 497.63 |
| LY12M | 0.192 | 366.29 | 1Cr18Ni9Ti | 0.347 | 1093.61 |
| T2 | 0.455 | 538.37 | L4M | 0.286 | 112.43 |

注：08Al 按其拉深质量分为三级（YB215—64）：

　　ZF（最复杂）用于拉深最复杂的零件；

　　HF（很复杂）用于拉深很复杂的零件；

　　F（复杂）用于拉深复杂的零件。

## 第三节  板材成形问题的分析方法

### 一、平面应力问题

平面应力状态的基本特征为：①所有应力分量与某一坐标轴无关；②在与此坐标轴垂直的平面上所有应力分量为零。例如，在冲压加工中，几乎所有的板材成形工序都可以不计板厚方向的应力（即 $\sigma_t = 0$），而且认为应力沿板厚分布均匀（弯曲工序除外）。所以，板材成形可作为平面应力问题来处理。

解决工程实际问题，往往并不片面强调方法的严谨和追求过高的精度，重要的是简单便利、符合实际，并应建立在科学的基础上。在分析求解板材成形问题的众多方法中，主应力法运用得比较广泛，实际效果也很好。

（一）主应力法

主应力法也称切块法。其要点是：切取包括接触面在内的典型单元体，认为仅在接触面上有正应力和切应力（摩擦力），而在其他截面上仅有均布的正应力（忽略切应力作用）。列单元体的平衡微分方程，与塑性条件联解，可求得变形区各主应力的分布情况。根据问题的需要，还可进一步求出主应变分布、成形力等。为使计算过程简化，通常还合理引进一些简化假设，如对板材成形问题，认为板材各向同性，或在板平面内各向同性，只有厚向异性；变形过程近似为比例加载，采用应变全量理论；忽略摩擦力对应力、应变主轴方向的影响等。

如图 1-18 所示，对具有轴对称变形的成形工序，当有接触摩擦力时，单元体 $ABCD$ 上作用的力有：

法向力  在断面 $AD$ 上：$(\sigma_\rho + \mathrm{d}\sigma_\rho)t(r + \mathrm{d}r)\mathrm{d}\theta$

在断面 $BC$ 上：$\sigma_\rho tr\mathrm{d}\theta$

在断面 $AB$ 和 $CD$ 上：$\sigma_\theta t\rho \ (-\mathrm{d}\varphi)$

在接触面 $ABCD$ 上：$pr\mathrm{d}\theta\rho \ (-\mathrm{d}\varphi)$

此外，作用在接触面 $ABCD$ 上的摩擦力：$\mu pr\mathrm{d}\theta\rho \ (-\mathrm{d}\varphi)$

其中，$p$ 是作用于接触面上的垂直压力，$\mu$ 为摩擦系数。

静力平衡微分方程为

沿板厚方向

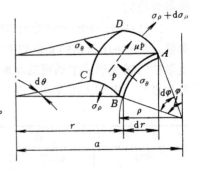

图 1-18  轴对称壳体的应力分析

$$(\sigma_\rho + \mathrm{d}\sigma_\rho)t(r + \mathrm{d}r)\mathrm{d}\theta\sin\frac{-\mathrm{d}\varphi}{2} + \sigma_\rho tr\mathrm{d}\theta \sin\frac{-\mathrm{d}\varphi}{2}$$

$$- 2\sigma_\theta t\rho(-\mathrm{d}\varphi)\sin\frac{\mathrm{d}\theta}{2}\sin\varphi - pr\mathrm{d}\theta\rho(-\mathrm{d}\varphi) = 0$$

化简后，得

$$\sigma_\rho tr - \sigma_\theta t\rho\sin\varphi - pr\rho = 0 \tag{1-26}$$

沿径线方向

$$(\sigma_\rho + \mathrm{d}\sigma_\rho)t(r + \mathrm{d}r)\mathrm{d}\theta\cos\frac{-\mathrm{d}\varphi}{2} - \sigma_\rho tr\mathrm{d}\theta\cos\frac{-\mathrm{d}\varphi}{2}$$

$$- 2\sigma_\theta t\rho(-\mathrm{d}\varphi)\sin\frac{\mathrm{d}\theta}{2}\cos\varphi + \mu pr\mathrm{d}\theta\rho(-\mathrm{d}\varphi) = 0$$

化简得

$$d(\sigma_\rho r) + \sigma_\theta \rho \cos\varphi \, d\varphi - \mu p \frac{r}{t} \rho d\varphi = 0 \tag{1-27}$$

将式（1-26）代入上式，消去 $p$ 后成为

$$r d\sigma_\rho + \sigma_\rho dr + \sigma_\theta \rho \cos\varphi \, d\varphi - \mu(\sigma_\rho r - \sigma_\theta \rho \sin\varphi) d\varphi = 0$$

由图 1-18 中的几何关系知

$$r = a - \rho \sin\varphi$$

故

$$dr = -\rho \cos\varphi \, d\varphi$$

于是有

$$r \frac{d\sigma_\rho}{dr} + \sigma_\rho - \sigma_\theta - \frac{\mu r}{\cos\varphi}\left(\frac{\sigma_\rho}{\rho} - \frac{\sigma_\theta \sin\varphi}{r}\right) = 0 \tag{1-28}$$

式(1-28)即为轴对称板材冲压变形区平衡微分方程式的一般形式。对特定的工序，均可利用此式导出。举例如下：

(1) 平板毛坯成形，如圆板毛坯拉深（图 1-19 a) 和圆孔翻边（图 1-19 b)。因系平板，$\varphi = 0°$，$\rho = \infty$，故有

$$r \frac{d\sigma_\rho}{dr} + \sigma_\rho - \sigma_\theta = 0 \tag{1-29}$$

(2) 圆管毛坯成形，如扩口（图 1-19 c) 和缩口（图 1-19 d)。因变形区为圆锥形，$\varphi = 90° - \alpha$，$\rho = \infty$，此时为

$$r \frac{d\sigma_\rho}{dr} + \sigma_\rho - \sigma_\theta$$
$$\times (1 - \mu \text{ctg}\alpha) = 0 \tag{1-30}$$

(二) 主应力法求解实例

现以拉深工序凸缘变形区的应力应变分析为例作一介绍。

平衡微分方程见式(1-29)

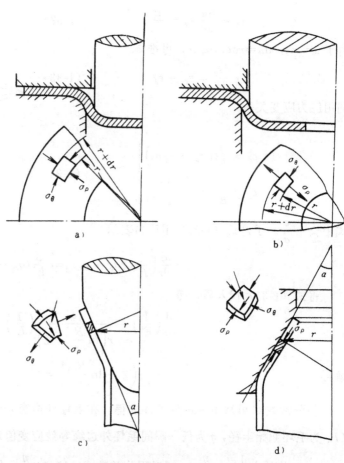

图 1-19　几种典型工序的简图

a) 拉深　b) 翻孔　c) 扩口　d) 缩口

$$\frac{d\sigma_\rho}{dr} + \frac{\sigma_\rho - \sigma_\theta}{r} = 0$$

塑性条件见式（1-18）

$$\sigma_\rho - \sigma_\theta = 1.1\sigma_s$$

联立求解以上两式得

$$\sigma_\rho = C - 1.1\sigma_s \ln r$$

$$\sigma_\theta = -1.1\sigma_s(1 + \ln r) + C$$

$C$ 为积分常数，拉深时板材边缘（$r=R_t$ 处）$\sigma_\rho=0$，所以 $C=1.1\sigma_s\ln R_t$，代入后得

$$\left.\begin{aligned}\sigma_\rho &= 1.1\sigma_s\ln\frac{R_t}{r} \\ \sigma_\theta &= -1.1\sigma_s\left(1 - \ln\frac{R_t}{r}\right)\end{aligned}\right\} \tag{1-31}$$

式（1-31）是假定材料为理想塑性体时变形区的径向应力与切向应力（$\sigma_\theta$ 为压应力）分布。如图 1-20 所示，距中心为 $r$ 的某点沿径向位移 $u$，因

$$\varepsilon_\rho = \frac{\mathrm{d}u}{\mathrm{d}r}, \varepsilon_\theta = \frac{u}{r} \tag{1-32}$$

由于 $u=r\varepsilon_\theta$，$\mathrm{d}u=r\mathrm{d}\varepsilon_\theta+\varepsilon_\theta\mathrm{d}r$，可推得

$$r\frac{\mathrm{d}\varepsilon_\theta}{\mathrm{d}r} = \varepsilon_\rho - \varepsilon_\theta \tag{1-33}$$

利用应力应变关系

$$\left.\begin{aligned}\varepsilon_\rho &= \frac{1}{E'}\left(\sigma_\rho - \frac{1}{2}\sigma_\theta\right) \\ \varepsilon_\theta &= \frac{1}{E'}\left(\sigma_\theta - \frac{1}{2}\sigma_\rho\right)\end{aligned}\right\} \tag{1-34}$$

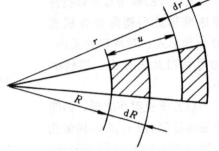

图 1-20　半径方向的位移

式中 $\frac{1}{E'}=\frac{\bar\varepsilon}{\bar\sigma}$。于是式（1-33）用应力表示

$$r\frac{\mathrm{d}}{\mathrm{d}r}\left[\frac{1}{E'}(2\sigma_\theta - \sigma_\rho)\right] = \frac{3}{E'}(\sigma_\rho - \sigma_\theta) \tag{1-35}$$

将式（1-31）代入后，得

$$\frac{\mathrm{d}}{\mathrm{d}r}\left(\frac{1}{E'}\right) - \frac{4}{r\left(\ln\frac{R_t}{r} - 2\right)}\left(\frac{1}{E'}\right) = 0$$

解得

$$\frac{1}{E'}\left(2 - \ln\frac{R_t}{r}\right)^4 = C$$

积分常数 $C$ 可从下列边界条件求得：在毛坯外边缘 $r=R_t$ 处，切向应变 $\varepsilon_\theta=\ln\frac{R_t}{R_0}=-\eta$（$R_0$ 为毛坯原始半径，$\eta$ 为任一瞬间毛坯外边缘等效应变值）；径向应力 $\sigma_\rho=0$，切向应力 $\sigma_\theta=-1.1\sigma_s$。此处之 $\frac{1}{E'}=\frac{\eta}{1.1\sigma_s}$，所以积分常数 $C\approx15.54\frac{\eta}{\sigma_s}$。代入后，知

$$\frac{1}{E'} = \frac{0.91}{\left(1 - \frac{1}{2}\ln\frac{R_t}{r}\right)^4}\frac{\eta}{\sigma_s} \tag{1-36}$$

将 $\sigma_\rho$、$\sigma_\theta$、$\frac{1}{E'}$ 之值代入式（1-34），并由体积不变条件及式（1-11），得

$$\varepsilon_\rho = \frac{1 + \ln\frac{R_t}{r}}{2\left(1 - \frac{1}{2}\ln\frac{R_t}{r}\right)^4}\eta \tag{1-37}$$

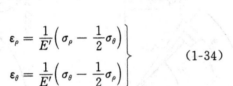

$$\varepsilon_\theta = -\frac{1}{\left(1-\frac{1}{2}\ln\frac{R_t}{r}\right)^4}\eta \tag{1-38}$$

$$\varepsilon_t = \frac{1-2\ln\frac{R_t}{r}}{2\left(1-\frac{1}{2}\ln\frac{R_t}{r}\right)^4}\eta \tag{1-39}$$

$$\bar{\varepsilon} = \frac{1}{\left(1-\frac{1}{2}\ln\frac{R_t}{r}\right)^4}\eta \tag{1-40}$$

### 二、平面应变问题

若物体内所有质点都只在同一个坐标平面内发生塑性变形，而在该平面的法线方向没有应变，则这种变形叫做平面应变。平面应变问题是塑性加工中最常见的问题之一，例如板材成形时厚度方向上的应变较板面内两个主应变的数值小得多，有时可忽略板厚在变形过程中的变化，近似看作平面应变问题处理。

求解平面应变塑性成形问题，可用滑移线法。严格地说，这种方法仅适用于处理理想刚塑性体的平面应变问题。但对于主应力为异号的平面应力状态问题，简单的轴对称问题以及有硬化的材料，也可推广应用。

（一）滑移线的基本理论

设 $z$ 方向应变 $d\varepsilon_z$ 为零，其他两个主方向在 $x$-$y$ 平面内，主应变以 $d\varepsilon_1$、$d\varepsilon_2$ 表示，有

$$d\varepsilon_2 = -d\varepsilon_1, d\varepsilon_3 = d\varepsilon_z = 0$$

由式（1-19）知：$d\varepsilon_3 = (\sigma_3-\sigma_m)d\lambda$，得

$$\sigma_z = \sigma_3 = \frac{1}{2}(\sigma_1+\sigma_2)$$

因而 
$$\sigma_m = \sigma_z = \frac{1}{3}(\sigma_1+\sigma_2+\sigma_3) = \frac{1}{2}(\sigma_1+\sigma_2) \tag{1-41}$$

所以，平面塑性流动时任一点的应力状态的莫尔圆是：大圆中心 $(\sigma_m, 0)$，半径为定值 $K$（材料的最大切应力）；两个小圆的直径相等为 $K$。如图 1-21 所示，应力分量可利用 $\sigma_m$、$K$、$\omega$ 表达

$$\begin{cases} \sigma_x = \sigma_m - K\sin2\omega \\ \sigma_y = \sigma_m + K\sin2\omega \\ \tau_{xy} = K\cos2\omega \end{cases} \tag{1-42}$$

由于变形体（或变形区）内每一点都有一对正交的最大切应力方向，将无限接近的最大切应力方向连接起来，得到两族曲线，即滑移线。滑移线是塑性变形体内各点最大切应力的轨迹。两族曲线分别用 $\alpha$ 与 $\beta$ 表示，确定的规则是：若 $\alpha$ 与 $\beta$ 线

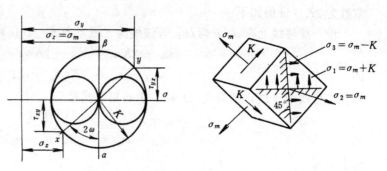

图 1-21　平面塑性流动时的应力莫尔圆

*24*

形成一右手坐标系的轴，则代数值最大的主应力 $\sigma_1$ 的作用线位于第一与第三象限（图 1-22）。此时，$\alpha$ 线两旁的最大切应力组成顺时针方向，而 $\beta$ 线两旁的最大切应力组成逆时针方向。

将式（1-42）代入平衡微分方程式

$$\left.\begin{array}{l} \dfrac{\partial\sigma_x}{\partial x} + \dfrac{\partial\tau_{xy}}{\partial y} = 0 \\[2mm] \dfrac{\partial\tau_{xy}}{\partial x} + \dfrac{\partial\sigma_y}{\partial y} = 0 \end{array}\right\} \quad (1\text{-}43)$$

得

$$\left.\begin{array}{l} \dfrac{\partial\sigma_m}{\partial x} - 2K\left(\cos2\omega\,\dfrac{\partial\omega}{\partial x} + \sin2\omega\,\dfrac{\partial\omega}{\partial y}\right) = 0 \\[3mm] \dfrac{\partial\sigma_m}{\partial y} - 2K\left(\sin2\omega\,\dfrac{\partial\omega}{\partial x} - \cos2\omega\,\dfrac{\partial\omega}{\partial y}\right) = 0 \end{array}\right\} \quad (1\text{-}44)$$

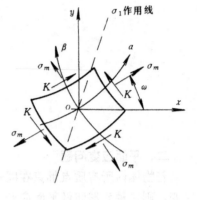

图 1-22　滑移线 $\alpha$ 和 $\beta$ 的确定

上述第一式乘以 $\cos\omega$、第二式乘以 $\sin\omega$，然后对应相加，化简后得

$$\cos\omega\,\frac{\partial\sigma_m}{\partial x} + \sin\omega\,\frac{\partial\sigma_m}{\partial y} - 2K\left(\cos\omega\,\frac{\partial\omega}{\partial x} + \sin\omega\,\frac{\partial\omega}{\partial y}\right) = 0$$

由坐标轴旋转，沿 $\alpha$ 方向的微分可用沿 $x$、$y$ 方向的微分表示，即

$$\frac{\partial}{\partial\alpha} = \frac{\partial x}{\partial\alpha}\frac{\partial}{\partial x} + \frac{\partial y}{\partial\alpha}\frac{\partial}{\partial y} = \cos\omega\,\frac{\partial}{\partial x} + \sin\frac{\partial}{\partial y} \quad (1\text{-}45)$$

于是，有

$$\frac{\partial\sigma_m}{\partial\alpha} - 2K\frac{\partial\omega}{\partial\alpha} = 0$$

因 $K$ 为常数，所以又可写作

沿 $\alpha$ 线　　　　　　$\left.\begin{array}{l}\sigma_m - 2K\omega = \zeta \\ \sigma_m + 2K\omega = \eta\end{array}\right\}$　(1-46)

同样，沿 $\beta$ 线

式（1-46）称为汉基（Henky）方程。它表明：当沿 $\alpha$ 族（或 $\beta$ 族）中同一滑移线移动时，任意函数 $\zeta$（或 $\eta$）为常数，只有从一条滑移线转到另一条时，$\zeta$（或 $\eta$）值才改变。

由汉基方程可以推出，沿同一滑移线上平均应力的变化，与滑移线的转角成正比，比例常数为 $2K$。证明如下：

设一滑移线上有 $a$、$b$ 两点，若该线为 $\alpha$ 线，由式（1-46）中的第一式，得

$$\sigma_{ma} - 2K\omega_a = \sigma_{mb} - 2K\omega_b$$

即

$$\sigma_{ma} - \sigma_{mb} = 2K(\omega_a - \omega_b)$$

若该滑移线为 $\beta$ 线，则由式（1-46）中的第二式得

$$\sigma_{ma} + 2K\omega_a = \sigma_{mb} + 2K\omega_b$$

即

$$\sigma_{ma} - \sigma_{mb} = -2K(\omega_a - \omega_b)$$

综上，有

$$\sigma_{ma} - \sigma_{mb} = \pm 2K(\omega_a - \omega_b) \quad (1\text{-}47)$$

式（1-47）具有重要的意义，它指出了滑移线上平均应力的变化规律。当滑移线的转角越大时，平均应力的变化也越大。若滑移线为直线，即转角为零，则各点的平均应力相等。如果已知滑移线上任意一点的平均应力，即可根据转角的变化，求出该滑移线上其他点的平均应力，进而利用式（1-42）确定应力分量$\sigma_x$、$\sigma_y$和$\tau_{xy}$。依此，整个滑移线场内各点的$\sigma_m$、$\sigma_x$、$\sigma_y$、$\tau_{xy}$等也就可全部确定。

（二）滑移线法求解实例

应用滑移线理论求解刚塑性体平面变形问题，可归结为根据应力边界求解滑移线场和应力状态。建立滑移线场，可采用图解法和数值积分法，也可参考现有相近的滑移线场。

常见的滑移线场有（图1-23）：

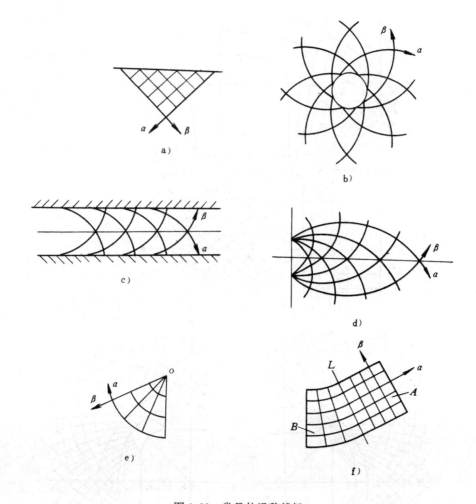

图 1-23　常见的滑移线场

（1）两族正交直线构成的滑移线场，它对应于塑性区中的均匀应力场，如图1-23a所示。对于直线形的自由边界，或该边界上仅作用有均布的法向应力，滑移线场是由与边界成45°角的正交直线所组成。

（2）两族互相正交的曲线构成的滑移线场。如图1-23b所示，当圆弧边界面为自由边界或作用有均布的法向应力时，其滑移线场为两族正交的对数螺线场。

属于这一类型的还有：正交的摆线和有心扇形场等（图1-23 c、d）。

（3）一族为直线，另一族为曲线所构成的滑移线场，这类场称为简单场（图1-23 e、f）。与均匀场相毗邻的只能是简单场。

**例1-1** 确定拉深件展开毛坯的合理形状

以方盒形件为例（图1-24），该拉深件的横截面轮廓为四条直边和四段圆弧。在圆弧附近毛坯的滑移线场为对数螺线（图1-24中的Ⅰ区）；直边附近毛坯的滑移线场是与直边成±45°交角的正交直线族（Ⅱ区）；Ⅰ、Ⅱ两区之间的过渡区，滑移线场可近似地认为是由一族直线与一族平行的对数螺线组成（Ⅲ区）；Ⅳ、Ⅴ两区分别是正交直线族滑移线场和正交对数螺线滑移线场。

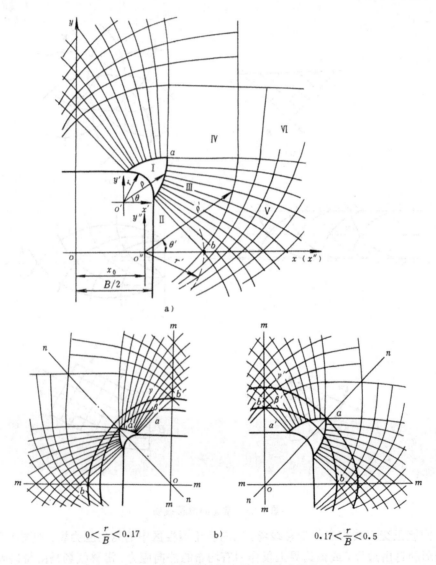

图1-24　滑移线场图及合理形状毛坯分区

a）滑移线场图　b）合理形状毛坯分区

由于拉深时毛坯周边外法线方向上应力为零，也就是说，毛坯周边代表着切向主应力的轨迹。因此，只要根据制件几何参数在滑移线场中确定一点，并从该点出发作一条闭合曲线，使该曲线上各点都与滑移线成±45°相交，那么这条闭合曲线即为毛坯合理形状的外轮廓。

图1-24中，$a$点是螺线场（Ⅰ区）与均匀场（Ⅳ区）的交汇点，$b$点是均匀场（Ⅱ区）与螺线区（Ⅴ区）的交汇点。它们与内轮廓之距离分别为$s_a$和$s_b$，有

$$s_a = r(e^{\frac{\pi}{4}} - 1) \approx 1.19r$$

$$s_b = \frac{1}{2}(B - 2r)$$

设$R_a$是毛坯上$a$点的曲率半径，且曲率中心与$r$的曲率中心重合。若毛坯上$a$、$b$两点在成形后的制件上高度分别为$H_a$和$H_b$，因为

$$R_a = s_a + r = \sqrt{r + 2rH_a}$$

$$s_b = H_b$$

式中　$r$——方盒形件圆角部分的曲率半径；

　　　$B$——方盒形件宽度。

如果$H_a = H_b$，则必有$\frac{r}{B} \approx 0.17$。所以，当方盒形件的几何参数$\frac{r}{B}$不同时，分别过$a$点和$b$点作闭合曲线（与滑移线处处成±45°交角），可把一次成形用毛坯的合理形状按图1-24 b所示分区。当$0 < \frac{r}{B} < 0.17$时，有$\alpha$区（含Ⅰ、Ⅱ、Ⅲ）、$\beta$区（含Ⅱ、Ⅲ、Ⅳ）和$\gamma$区（含Ⅲ、Ⅳ、Ⅴ）；当$0.17 < \frac{r}{B} < 0.5$时（$\frac{r}{B} = 0.5$时为圆筒形件），有$\alpha'$区（含Ⅰ、Ⅱ、Ⅲ）、$\beta'$区（含Ⅰ、Ⅲ、Ⅴ）和$\gamma'$区（含Ⅲ、Ⅳ、Ⅴ）。

不难看出，$\alpha$区与$\alpha'$区和$\gamma$区与$\gamma'$区分别由相同的滑移线场组成。因此，方盒形件的高度确定时，不管几何形状参数$\frac{r}{B}$大小如何，只要展开后的毛坯外轮廓是落在$\alpha$或$\alpha'$和$\gamma$或$\gamma'$区内，毛坯形状就应是分别相同的，差别仅仅是构成外轮廓线素的圆弧、直线和抛物线有长有短。所以，方盒形件一次拉深成形用合理形状毛坯有$\alpha$型、$\beta$型、$\beta'$型和$\gamma$型四种。

**例1-2**　方盒形件拉深的力学分析

图1-24 a中有三个坐标系。Ⅰ区对数螺线在$x'o'y'$系中的极坐标方程是

$$\rho = re^{\theta} \tag{a}$$

该螺线上任意一点$(x_1', y_1')$（$x_1' = \rho\cos\theta$，$y_1' = \rho\sin\theta$）的法线方程是

$$y' - y_1' = \frac{\text{tg}\theta - 1}{\text{tg}\theta + 1}(x' - x_1') \tag{b}$$

Ⅴ区对数螺线在$x''o''y''$系中的极坐标方程为

$$\rho' = r'e^{\theta} \tag{c}$$

该螺线上任意一点$(x_2'', y_2'')$（$x_2'' = \rho'\cos\theta'$，$y_2'' = \rho'\sin\theta'$）的法线方程为

$$y'' - y_2'' = \frac{\text{tg}\theta' - 1}{\text{tg}\theta' + 1}(x'' - x_2'') \tag{d}$$

图中三个坐标系关系如下

$$\begin{cases} x = x' + \left(\frac{B}{2} - r\right) \\ y = y' + \left(\frac{B}{2} - r\right) \end{cases} \qquad \begin{cases} x = x'' + x_0 \\ y = y'' \end{cases} \tag{e}$$

若上述两条法线完全重合，应有

$$\mathrm{tg}\theta = \mathrm{tg}\theta' \quad \text{或} \quad \theta = \theta' \tag{f}$$

由于 $\theta = \dfrac{\pi}{4}$ 时，有

$$y_1 = y_2, \quad x_2 - x_1 = \sqrt{2}\left(\frac{B}{2} - r\right)$$

即

$$\left.\begin{aligned}
&\frac{\sqrt{2}}{2}re^{\frac{\pi}{4}} + \left(\frac{B}{2} - r\right) = \frac{\sqrt{2}}{2}r'e^{\frac{\pi}{4}} \\
&\left[\frac{\sqrt{2}}{2}r'e^{\frac{\pi}{4}} + x_0\right] - \left[\frac{\sqrt{2}}{2}re^{\frac{\pi}{4}} + \left(\frac{B}{2} - r\right)\right] = \sqrt{2}\left(\frac{B}{2} - r\right)
\end{aligned}\right\} \tag{g}$$

可解得

$$\left.\begin{aligned}
&r' = r + \sqrt{2}\,e^{-\frac{\pi}{4}}\left(\frac{B}{2} - r\right) \\
&x_0 = \sqrt{2}\left(\frac{B}{2} - r\right)
\end{aligned}\right\} \tag{1-48}$$

根据图 1-24 a 中 Ⅲ 区滑移线场的性质（对数螺线族中的各线彼此平行）证得：式（1-48）为 Ⅴ 区对数螺线的基圆半径及其中心的计算式。而且，沿滑移线 $\overgroup{ABCD}$ 之转角 $\omega_{AD}$ 等于沿滑移线 $\overgroup{A'CD}$ 之转角 $\omega_{A'D}$，即有：$\omega_{AD} = \omega_{A'D}$，如图 1-25 所示。

毛坯外轮廓线于 Ⅴ 区是曲率中心为 $o''$、半径为 $R'$ 的圆弧。在 $D$ 点：$\rho' = R'$，$\sigma_{\rho D} = 0$，由塑性条件 $\sigma_{\rho D} - \sigma_{\theta D} = 2K$ 知 $\sigma_{\theta D} = -2K$（负号表示压应力，下同），于是 $\sigma_{mD} = -K$；在 $A$ 点：$\rho' = r'$，且因 $\sigma_{\rho A} - \sigma_{\theta A} = 2K$，有 $\sigma_{mA} = \sigma_{\rho A} - K$。又有 $\omega_{A'D} = \ln\dfrac{R'}{r'}$，根据汉基方程的推论式（1-47），得

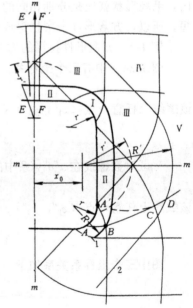

$$\sigma_{mA} = \sigma_{mD} + 2K\ln\frac{R'}{r'}$$

即

$$\sigma_{\rho A} = 2K\ln\frac{R'}{r'}$$

上式是方盒形件冲压拉深时，使变形区产生塑性变形作用于角部内边界上的径向拉应力的滑移线场解。实际上，在变形区的内边界上，作用于角部的径向拉应力数值最大。拉深破裂也总是发生在角部承载区的危险断面上。

如图 1-25 所示，以内边界直线段的中垂线 $mm$ 为对称轴，作底边长 $\mathrm{d}s$ 的曲边梯形 $E'EFF'$（由主应力 $\sigma_\rho$ 和 $\sigma_\theta$ 迹线构成）。由于该曲边梯形在拉深成形后的方盒形件侧壁上变为矩形，即有

$$H\mathrm{d}s = \left[\left(\frac{B}{2} - r\right) + \frac{1}{2}(R'^2 - r'^2)\frac{1}{r'}\right]\mathrm{d}s$$

得

$$R' = \sqrt{r'^2 + 2r'\left[H - \left(\frac{B}{2} - r\right)\right]}$$

图 1-25　方盒形件展开毛坯尺寸计算

式中 $H$ 为方盒形件高度，$r'$ 用式（1-48）计算。

当 $\dfrac{r}{B} = 0.5$，$r' = r$ 和 $R_0 = R' = \sqrt{r^2 + 2rH}$，相当于圆筒形件拉深时采用圆形毛坯。如果方盒形件的高度较低（$H < 1.91r$），角部展开后的轮廓线落入滑移线场的 I 区，则有 $\omega_{AB} = \ln \dfrac{R}{r}$（参见图 1-25），计算 $\sigma_{pA}$ 时应用 $\dfrac{R}{r}$ 替代 $\dfrac{R'}{r'}$。

据此，方盒形件的冲压拉深比定义为

$$K_s = \begin{cases} \dfrac{R}{r} & （用\ \alpha、\beta'\ 坯时）\\[2mm] \dfrac{R'}{r'} & （用\ \gamma\ 坯时） \end{cases} \tag{1-49}$$

## 第四节　板料成形区域

### 一、吉田成形区域

按照吉田清太对冲压成形区域的划分，冲压成形工艺大体可以分成拉深、胀形、翻孔和弯曲四类（图 1-26）。

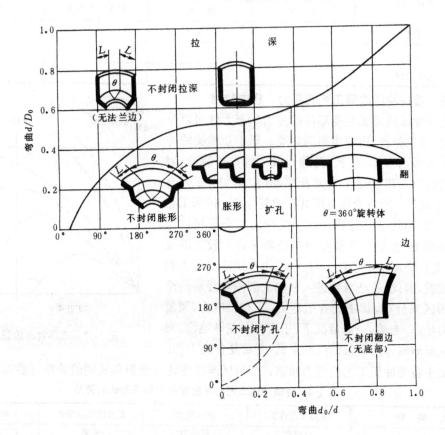

图 1-26　成形区域划分图（吉田清太）

划分冲压工艺成形区域的基本参数有三个，即拉深系数 $d/D_0$（纵坐标）；翻边系数 $d_0/d$

（横坐标）；轴对称冲压件的旋转角 $\theta$，当 $\theta < 360°$ 时属不封闭冲压成形。

从图 1-26 中可以看出当拉深系数 $d/D_0$ 从 0 增加到 1.0 时，胀形、翻边和扩孔工艺均转变为拉深，而当翻边系数 $d_0/d$ 从 0 增加到 1.0 时，成形工艺由胀形转变为扩孔，而后又变为翻边。当冲压件旋转角 $\theta$ 从 360° 逐渐减到 0° 时，则胀形、拉深工艺或胀形、扩孔和翻边工艺从封闭成形转变为不封闭成形，最后均转变为弯曲工艺。

### 二、成形破裂

破裂是拉伸类成形工艺的失效形式。按照破裂的特点，可以划分为胀形破裂和扩孔翻边破裂两类（图 1-27）。胀形破裂称为 $\alpha$ 破裂，扩孔翻边破裂称为 $\beta$ 破裂。

胀形破裂是由于冲压件壁部的变形力超过了材料强度所致，此时，冲压件的变形一般处于均匀变形阶段。破裂的最大应力为径向拉应力 $\sigma_r$，与这类破裂形式相对应的冲压工艺有拉深和胀形。扩孔翻边破裂与胀形破裂不同，它是因超过冲压件材料的变形程度所致，此时的变形力一般已经越过了最大变形力的高峰点，冲压变形已经处于不均匀变形阶段，引起破裂的最大应力为切向拉应力 $\sigma_\theta$，与这类破裂相对应的成形工艺为扩孔和翻边工艺。弯曲破裂则又有自己的特点。关于成形工艺与破裂形式的对应关系可参见表 1-3。

**表 1-3 成形工艺与破裂形式的关系**

| 破裂形式 | 成 形 工 艺 | | | |
|---|---|---|---|---|
| | 拉 深 | 胀 形 | 扩孔，孔翻边 | 弯曲 |
| $\alpha$ 破裂 | √ | √ | | |
| $\beta$ 破裂 | | | √ | |
| 弯曲破裂 | | | | √ |

### 三、板材冲压成形工艺的应力、应变特点

板材冲压成形工艺变形区的应力状态大体可以分为三类，即拉伸类、压缩类和剪切类。属于拉伸类的冲压工艺大致有胀形、扩孔、孔翻边及外缘拉伸翻边；属于压缩类的工艺有缩口，外缘压缩翻边。剪切类工艺有冲裁、剪切等。弯曲为拉与压共存的复合类。拉深工艺比较复杂，单纯从凸缘收缩部位的应力状态看可以归结为压缩类，但是在凹模圆角半径处又存在较大的拉应力，尤其是圆角半径较小时，往往由于拉应力过大而引起破裂，因此，从凸缘到进入凹模的圆角半径后的全部变形区来分析，其中既有压应力，又有拉应力，属复合应力状态。当然，一般情况下，压应力占主导地位。对有较大胀形成分的覆盖件拉深来说，则属复合类工艺。

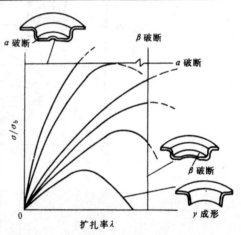

图 1-27 成形时的破裂形式

关于各类冲压工艺的应力状态，变形区厚度变化和破裂形式间的关系可参见表 1-4。

**表 1-4 各类冲压工艺与厚度变化及破坏形式的关系**

| 类 别 | 应力状态性质 | 破坏应力 | 变形区厚度变化 | 破坏形式 |
|---|---|---|---|---|
| 1 | 拉伸类 | 拉应力 | 变薄 | 破裂 |
| 2 | 压缩类 | 压应力 | 变厚 | 起皱 |
| 3 | 剪切类 | 切应力 | 不变 | 切断分离 |

冲压成形工艺的应力状态类别可以用变形区内的静水应力 $\sigma_{Sm}$ 来判别，即

$$\sigma_{Sm} > 0, 拉伸类$$

$$\sigma_{Sm} = 0, 剪切类$$

$$\sigma_{Sm} < 0, 压缩类$$

# 第五节 板料成形性能与试验

## 一、板料成形性能分类

板料成形性能是指板料适应冲压成形的能力。成形性能可以分为广义与狭义两类，它们的关系如下：

$$广义成形性能 \begin{cases} 狭义成形性能 \begin{cases} 拉伸成形性能 \\ 压缩成形性能 \\ 复合成形性能 \end{cases} \\ 形状冻结性 \\ 其他性能 \end{cases}$$

冲压成形性能的主要试验内容如下：

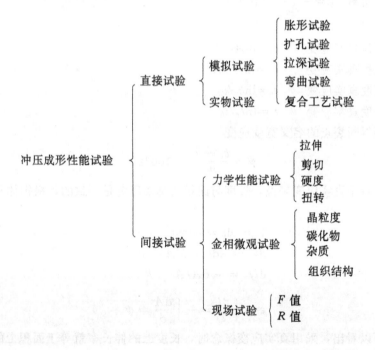

$F$ 值称为弯曲挠度值，$R$ 值称为弯曲剩余曲率值，均属现场简便试验值。

## 二、板材拉伸试验

拉伸试验的应力与伸长率的关系如图 1-28 所示。拉伸试片的规格采用国标 GB5027—85 的规定。标距 $l_0$ 一般应大于 20mm，此时标距长度对测试的 $r$ 值无显著影响。试片圆角半径 $R \geqslant 13 \sim 20mm$，此时对测试数据影响不大。拉伸试验的应变速率可采用 $0.025 \sim 0.5min^{-1}$，这时对 $r$ 值和 $n$ 值也均无显著影响。通过拉伸试验可测得以下强度指标：

屈服强度　　$\sigma_s$（或 $\sigma_{0.2}$）

抗拉强度　　$\sigma_b = F_{max}/A_0$

缩颈应力　　$\sigma_j = F_{max}/A_j$

断裂应力　　$\sigma_f = F_f/A_f$

式中　　$F_f$、$A_f$——试片断裂时的拉伸力与断裂处试片的实际面积；

　　　　$A_0$——试片初始断面积；

　　$F_{max}$、$A_j$——分别是最大拉伸力及与之对应的试片断面积。

通过拉伸试验还可测得以下塑性指标：

（1）伸长率　$\delta = \dfrac{l-l_0}{l_0} \times 100\%$，可分为：

总伸长率 $\delta$、均匀伸长率 $\delta_u$ 和局部伸长率 $\delta_l$，有 $\delta = \delta_u + \delta_l$

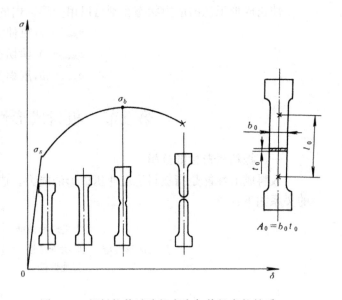

图 1-28　板材拉伸试验的应力与伸长率的关系

（2）断面收缩率　$\psi = \dfrac{A_0-A}{A_0} \times 100\%$

（3）真实应变

缩颈点的面积真实应变　　$\varepsilon_j = \ln A_0/A_j$

断裂点的面积真实应变　　$\varepsilon_f = \ln A_0/A_f$

断裂点的宽度真实应变　　$\varepsilon_b = \ln b_0/b_f$

断裂点的长度真实应变　　$\varepsilon_l = \ln l_f/l_0$

此外还可测得断裂点的名义宽度应变

$$\phi = \frac{b_0-b}{b_0} \times 100\%$$

应当指出，对于真实应变来说，长度与面积的真实应变是一致的，根据体积不变条件可知

$$V = Al = \text{const}$$
$$dV = Adl + ldA = 0$$
$$dl/l = -dA/A$$

两边积分，可得

$$\varepsilon = \int \frac{dl}{l} = -\int \frac{dA}{A} = \psi$$

从上式中可以看出，采用真实应变概念时，长度上的伸长率就等于面积上的收缩率，因此真实应变是不分伸长率与断面收缩率的。

**三、$n$ 值、$r$ 值与成形性能的关系**

**（一）硬化指数 $n$ 值**

板材的硬化曲线可以采用幂指数方程 $\sigma = K\varepsilon^n$ 来表述，式中 $K$ 为常数，$n$ 为硬化指数。硬化指数 $n$ 是板材在塑性变形过程中变形强化能力的一种量度，在双对数坐标平面上，硬化指数 $n$ 是材料真实应力应变关系曲线的斜率。硬化指数的物理意义是材料在塑性变形时的硬化强度。$n$ 值是评价板材冲压拉伸类成形性的有效实验参数。$n$ 值随试验所采用的应变速率的不同而变化，并且和材料及试验的温度有关。$n$ 值在数值上与缩颈点的长度真实应变相等，即 $n=\varepsilon_j$。

硬化指数 $n$ 与板材冲压成形性能有密切关系。由于 $n=\varepsilon_j$，而 $\varepsilon_j$ 是产生缩颈时的真实应变，也就是材料拉伸时均匀应变的极限值，因此 $n$ 大说明该材料的拉伸失稳点到来较晚，这对胀形、扩孔、翻边和拉深件底部附近的变形区等拉伸类成形来说，可获得较大的极限变形程度，从而可以减少成形工序的道数，可以推迟破裂点的到来。所以板材的 $n$ 值大，对拉伸类工艺是有利的。由于冲压成形工艺中除少量的缩口、外缘翻边和拉深凸缘变形区外，绝大多数的冲压成形工艺，包括弯曲、拉深等工艺也均含有拉伸类特征的变形区，所以，硬化指数 $n$ 对于评定冲压成形性能来说具有极为重要的实际意义。

$n$ 值的测试方法见国标 GB5027—85。

（二）塑性应变比 $r$ 值

塑性应变比 $r$ 值是评价板料性能，特别是评价板材拉深成形性能的一个重要材料参数。$r$ 值反映了板材在板平面方向和板厚方向由于各向异性而引起应变能力不一致的情况，它反映了板材在板平面内承受拉力或压力时抵抗变薄或变厚的能力。塑性应变比 $r$ 值可以用试片单向拉伸时，产生均匀变形阶段拉伸试片的宽度与厚度上的真实应变之比来表述，即

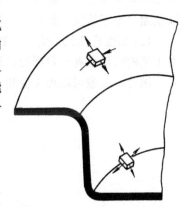

$$r = \frac{\varepsilon_b}{\varepsilon_t} = \frac{\ln\frac{b_0}{b}}{\ln\frac{t_0}{t}} = \frac{\ln\frac{b_0}{b}}{\ln\left(\frac{lb}{l_0 b_0}\right)}$$

产生均匀塑性变形阶段的伸长率通常采用 $15\%\sim20\%$。当 $r=1$ 时，显然板宽与板厚间属各向同性，而 $r\neq1$ 时，则为各向异性。$r>1$，说明该板材的宽度方向比厚度方向更易变形。

图 1-29　拉深时的应力应变状态

$r$ 值与多晶体板材中结晶选优取向有关，本质上是属于板材各向异性的一个量度。

$r$ 值的测试方法见国标 GB5028—85。

$r$ 值与冲压成形性能有密切的关系，尤其与拉深成形性能直接相关。拉深成形时，主要变形区为凸缘处的压缩变形（图 1-29）。从变形角度看，$r$ 值大表明该材料的凸缘压缩变形比较容易，有利于拉深成形。拉深时，拉深件底部圆角处同时要变薄，当板材的 $r$ 值大时，材料厚度不易变薄，胀形性能也有所改善，这也有利于拉深成形，这一点已为实验所证实。另外，从变形抗力的角度分析，根据希尔（R. H ill）各向异性屈服理论，其各向异性屈服椭圆如图 1-30 所示。平面应力时，板平面与板厚方向的各向异性屈服椭圆方程为

$$\sigma_x^2 + \sigma_y^2 - \left(\frac{2r}{1+r}\right)\sigma_x\sigma_y = \sigma_s^2$$

当塑性应变比 $r=1$ 时，上式即变为 Mises 各向同性椭圆。

拉深和胀形时，其底部圆角处的应力状态类似于图 1-30 屈服椭圆中的 $\sigma_x=\sigma_y$ 第一象限区的情况，当材料 $r>1$ 时，变形抗力增大，而且增大的幅度较大，筒壁及底部圆角处的强度增高，提高了成形程度，因此对成形有利。拉深成形凸缘处的应力状态则类似于图 1-30 屈服椭圆 $\sigma_x=-\sigma_y$ 第二象限区的情况，此时当 $r>1$ 时，变形抗力减小，有利于凸缘压缩变形，故对

凸缘收缩也起到了好的作用。由此可见，不管从应变还是从变形抗力角度分析，板材的 $r$ 值大，对胀形和拉深成形都是有利的。

大型覆盖件成形基本是拉深与胀形的复合成形，其成形性能与 $r$ 值有密切关系，因此，$r$ 值可以成为评定大型覆盖件成形性能的重要指标之一。

由于板材轧制时的方向性，所以板平面内各方向上的 $r$ 值是不同的，因此，采用 $r$ 值应取各方向上的平均值，即

$$r = \frac{r_0 + 2r_{45} + r_{90}}{4}$$

综上所述，按照理论分析与实践经验证明 $n$ 与 $r$ 值对冲压成形性能的影响可以归结为两点：

(1) 硬化指数 $n$ 值大时，能推迟拉伸失稳点的到来，因此对胀形、扩孔、翻边及拉深件壁部和底部圆角半径处等拉伸类工艺均有好的影响，且影响较大。而对拉深件凸缘收缩部分以及缩口等压缩类工艺而言，虽也有一定好处，但影响不大。

(2) 塑性应变比 $r$ 值大主要对压缩类工艺的成形有良好作用，且影响大，而对胀形等拉伸类工艺的成形虽有一定好处，但影响不大。

因此，大致可以用 $n$ 值和 $r$ 值分别反映拉伸类工艺和压缩类工艺的成形性能。

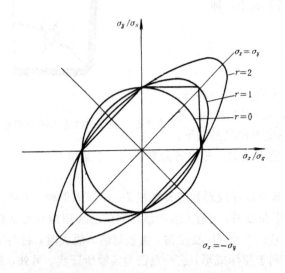

图 1-30 平面应力时各向异性材料的屈服椭圆

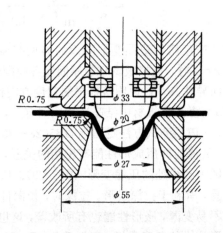

图 1-31 Erichsen 试验

## 四、冲压工艺性能试验

### （一）胀形试验

胀形试验有 Erichsen 试验、Sweden 试验和液压胀形试验等。

1. Erichsen 试验  本方法系 A. M. Erichsen 所建议，采用材料胀形深度 $h$ 值作为衡量胀形工艺的性能指标。本方法在试验时材料向凹模孔口中有一定的流入，略带一点拉深工艺的特点，因此不属于纯胀形试验。但是，正是由于这种试验方法略带某些拉深工艺的特点，比

较接近于实际生产的胀形工艺，因此其试验数据比较反映实际，再加上操作简单，所以应用广泛。试验工具及参数见图1-31所示，标准的Erichsen值如图1-32所示。我国标准见国标GB4156—84金属杯突试验。

2. Sweden试验　本方法也是用胀形深度 h 值作为衡量胀形工艺性能的指标。本方法与

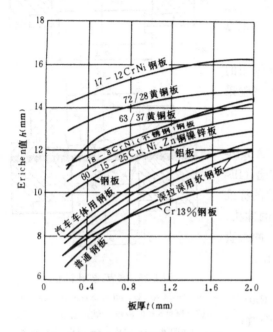

图 1-32　标准 Erichsen 值

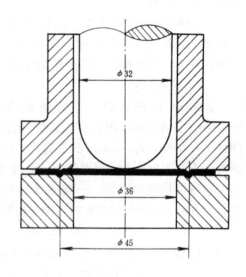

图 1-33　Sweden 试验

Erichsen 试验法不同之处仅在于在试件的外圈模具上采用拉深肋压边（图1-33），使胀形时材料不流入凹模，以反映纯胀形的工艺性能。我国国标GB4156—84金属杯突试验方法由于胀形冲头直径相对于试片毛坯尺寸小得多，因此试验时流入凹模中的材料数量很少，基本属纯胀形试验。

3. 液压胀形试验　本方法由 Jovignot 提出。上述 Erichsen 和 Sweden 试验均属机械式试验，胀形时冲头和材料间存在机械摩擦，当润滑条件与尺寸不同时，所测得的

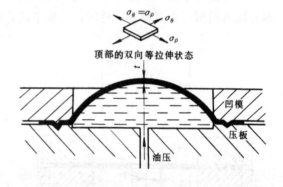

图 1-34　液压胀形试验

胀形深度 h 也不同，此外也不能确切反映双向等拉应力状态下的胀形性能，因此发展了液压胀形试验（图1-34）。但是实际冲压生产时常用刚性凸模，因此用液压胀形试验得出的数据也有不贴切反映生产实际的缺陷。

（二）扩孔试验

1. Erichsen 扩孔试验　本方法由德国 KWI（Kaiser Wihelm Institute）的 Siebel 和 A. Pomp 建议提出的，因此也称 KWI 扩孔试验（图1-35）。

扩孔试验的性能参数为扩孔率 $\lambda$

$$\lambda = \frac{\overline{d}_f - d_0}{d_0} \times 100\%$$

式中  $\overline{d}_f$——开裂时的平均直径（mm）；

  $d_0$——预制孔初始直径（mm）。

本方法的试验标准见机械部标准 JB4409.4—88。本方法在试验时由于视线被上面的凹模所阻挡，因此不易看清何时产生裂纹。

2. 福田-吉田扩孔试验  本试验（图 1-36）所采用的扩孔率及计算方法同上面 KWI 扩孔试验，但本试验采用球底冲头，试验参数可以参考文献 [6]。

（三）拉深试验

1. Swift 拉深试验  本方法也称 A-S（Anglo-Swedish）拉深试验（图 1-37）。国际深拉深研究会（ID-DRG）采用直径 $d_p = 50mm$ 的平底冲头作为试验的标准冲头，有的国家也有采用直径 19mm 或 32mm 的冲头。我国机械部标准 JB4409.3—88 称为冲杯试验，冲头直径也是 50mm。当拉深破裂时可测得极限拉深比

$$LDR = (D_0)_{max}/d_p$$

式中  LDR——极限拉深比（Limiting Drawing Ratio），

  为拉深系数 $m = d_p/(D_0)_{max}$ 的倒数；

  $(D_0)_{max}$——能拉深成形的最大毛坯直径。

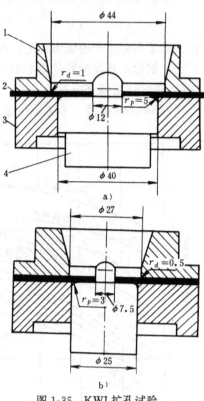

图 1-35  KWI 扩孔试验

a) 试片厚度 $t_0 < 1.2mm$  试片直径 $D_0 > 70mm$

b) 试片厚度 $t_0 < 0.8mm$  试片直径 $D_0 > 45mm$

1—凹模  2—试片  3—压板  4—凸模

本方法由于接近实际拉深工艺，因此能较好地反映材料在拉深成形时的工艺性能，但是本方法所需试片数量较多，耗时长，成本高，而且当各次试验时的压边力和润滑状况不稳定

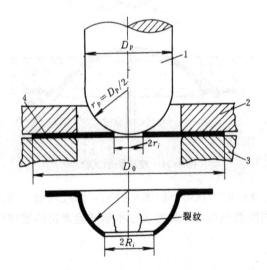

图 1-36  福田-吉田扩孔试验

1—凸模  2—压板  3—凹模  4—试片

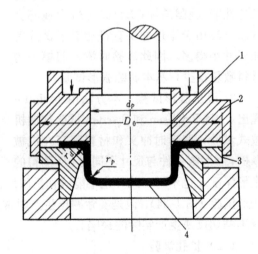

图 1-37  Swift 拉深试验

1—凹模  2—压板  3—凸模  4—试片

时，试验结果的可靠性不甚高。

2. TZP 试验　TZP 试验（Tief Ziehen Prüfung）也称 Engelhardt 试验。本方法简图见图 1-38。试验模具的凸模直径 $d$ 与试片直径 $D_0$ 的比例可采用 $d/D_0=30/52$，我国试验标准见机械部标准 JB4409.2—88。试验时，当拉深力越过最大拉深力 $F_{max}$ 后，加大压边力，使试片外圈完全压死，然后再往下拉深，这时拉深力急剧上升，直至破裂，测得破裂点的拉深力 $F_f$，采用指标 TZP 来评定材料的拉深工艺性能，即

$$\text{TZP} = \frac{F_f - F_{max}}{F_f} \times 100\%$$

### 五、板材成形性能间的相关性

（一）常规拉伸试验参数与板材成形性能间的相关性

常规拉伸试验是一种单向应力状态的薄片试验，板材的各种冲压成形工艺应力与应变的情况见表 1-5。从表 1-5 中可以看出，各冲压成形工艺的应力与应变状态大部分属拉伸类，板平面内的两个主应力 $\sigma_\rho$ 与 $\sigma_\theta$ 基本上在单拉到等双拉的应力范围内变化，但是常规的单向拉伸试片却具有单向拉伸的特征（图 1-39），这与大多数冲压成形工艺的应力与应变状态不一致。

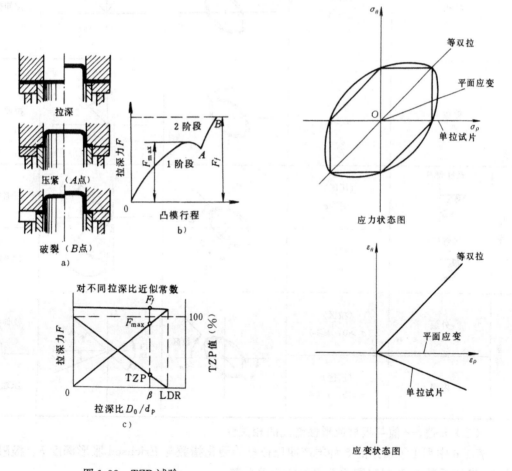

图 1-38　TZP 试验

a）试验方法　b）拉深力-行程的关系　c）TZP 试验

图 1-39　单向拉伸试片的应力与应变特点

因此，想通过单向拉伸试片的试验参数来反映复杂的冲压成形性能是不太可能的。根据实测数据的统计情况分析，除了在长度方向上的真实应变和均匀伸长率尚能在一定程度上反映胀形、扩孔等冲压工艺性能外，其余参数，如屈服强度 $\sigma_s$、局部伸长率 $\delta_l$ 等与各类冲压成形工艺性能参数的相关性均较差，基本难以用于评定冲压成形性能，因此近年来已开始提出采用平面应变或双拉应力试片的拉伸试验方法。

**表 1-5　各种冲压工艺的应力状态与应变状态区域**

| 冲压成形工艺 | 应力状态 | 应力状态区 | 应变状态区 | 应力状态类别 |
|---|---|---|---|---|
| 胀形 | $\sigma_r>0$<br>$\sigma_\theta>0$ | 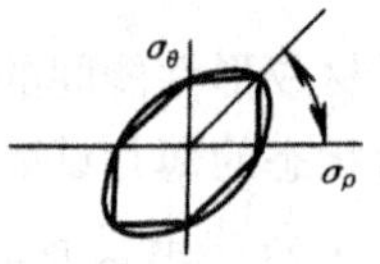 | 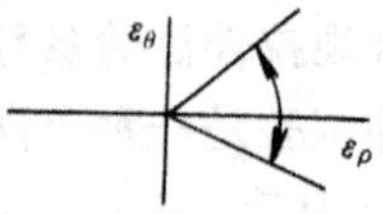 | 拉伸类 |
| 扩孔 | $\sigma_\theta>0$<br>$\sigma_r>0$ | 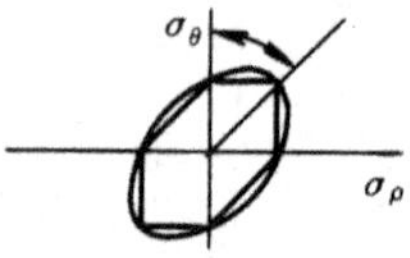 | 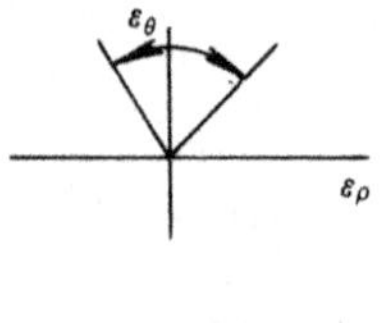 | 拉伸类 |
| 翻边 | $\sigma_\theta>0$<br>$\sigma_r>0$ | 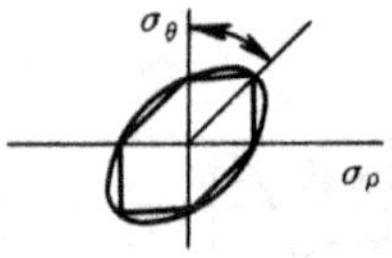 | 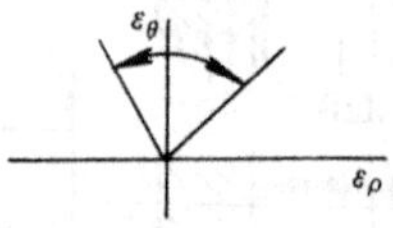 | 拉伸类 |
| 拉深 — 凸缘部分  | （压区）<br>$|\sigma_\theta|>\sigma_r$ | 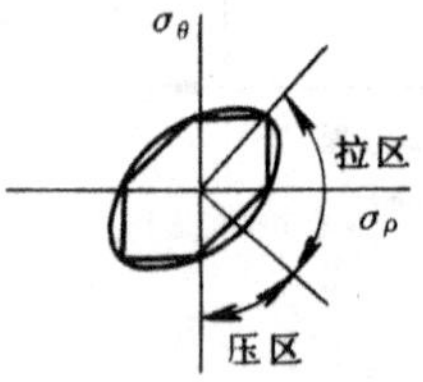 | 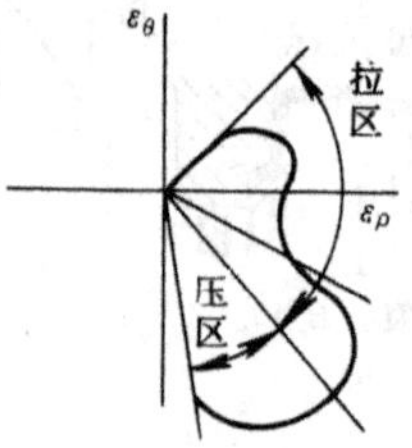 | 压缩类 |
| 拉深 — 其余部分  | （拉区）<br>$\sigma_r>|\sigma_\theta|$ | | | 拉伸类 |
| 弯曲 — 外层 | （拉区）<br>$\sigma_r>0,\ \sigma_\theta\geqslant0$ | 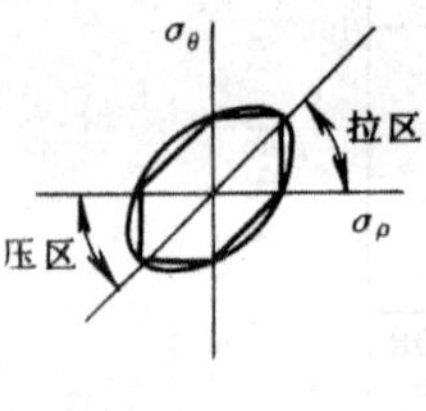 | 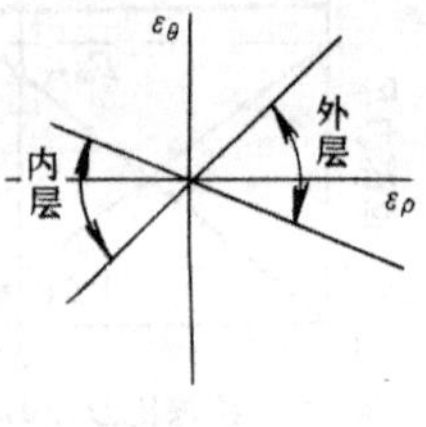 | 拉伸类 |
| 弯曲 — 内层 | （压区）<br>$\sigma_r<0,\ \sigma_\theta\leqslant0$ | | | 压缩类 |

（二）$n$ 值、$r$ 值与板材成形性能间的相关性

表 1-6 中列出了常用的 8 种国产冲压板材的硬化指数与 Erichsen 胀形深度 $h$、极限扩孔率 $\lambda$、翻边系数 $K$ 和极限翻边率 $\beta$ 间的相关系数。

**表 1-6  n 值与 h、λ、K、β 的相关系数**

| 相关系数 | h | λ | K | β |
|---|---|---|---|---|
| n | 0.8913 | 0.9233 | − 0.8849 | 0.8991 |

注: 1. 常用的 8 种国产板料牌号为 08 钢、15 钢、镀

2. 锌板、Q195、L3、T2、H62 表中 $\lambda = \dfrac{d_f - d_0}{d_0}$，$K = \dfrac{d_0}{d_f}$，$\beta = \ln \dfrac{d_0}{d_f}$

3. 测定 h、a、K、β 的试片尺寸为 80mm×80mm，每种试片均测定了 4 片，取其平均值

试验冲头半径为 R10mm，凹模孔径为 φ27mm，压边圈孔径为 φ33mm，试验设备为 BT6 杯突试验机

从表 1-6 中可以看出，材料的硬化指数 n 值与胀形深度 h、极限扩孔率 λ，极限翻边系数 K 与极限翻边率 β 等均有较好的相关性。因此，硬化指数 n 值可以大致用于评定板材的胀形、扩孔与翻边等冲压成形工艺性能。

此外，根据试验结果，08 钢、15 钢、镀锌板、T2，H62 等常用国产板材的平均塑性应变比 $\bar{r}$ 与 TZP 试验的相关系数为 0.8810。因此，可以认为，$\bar{r}$ 值可以较好地反映拉深成形性能。国际深拉深研究会的研究结果和其他研究结果也指出 r 值与 Swift 拉深试验值及拉深性能间具有较好的相关性。

## 第六节  板材成形极限

### 一、拉伸失稳与成形极限

成形极限是指材料不发生塑性失稳破坏时的极限应变值。拉伸失稳是指在拉应力作用下，材料在板平面方向内失去了塑性变形稳定性而产生缩颈，继续往下发展，就会发生破裂。拉伸失稳可分为分散失稳和集中失稳两种。分散失稳是指当缩颈刚开始时，在一个比较长的变形区段中，由于材料性能不均匀或厚度不均匀等，缩颈在变形区段的各部分交替产生，此时缩颈点不断地转移，这时的金属流动属亚稳定流动。由于缩颈的变形程度很小，变形力虽略有下降，但发展较缓慢，而且由于材料硬化的增强，变形抗力又有所提高，最后，最薄弱的环节逐渐显示出来，缩颈就逐步集中到某一狭窄区段，这样就逐渐形成了集中失稳。产生集中失稳时，缩颈点已不可能再转移出去，此时金属产生了不稳定流动，由于这时的承载面积急剧减小，变形力也就急剧下降，很快就导致破裂。

有的材料或在有的应力状态下，例如一拉一压的应力状态下，有时看不到明显的分散失稳现象而直接产生集中失稳的破裂也是正常的。

拉伸失稳又分单向拉伸失稳和双向拉伸失稳两种情况。

1. 单向拉伸失稳  单向拉伸时有

$$F = \sigma_1 A$$

式中  $F$——瞬时拉伸力；

$\sigma_1$——真实应力；

$A$——瞬时断面积。

对上式取导，并考虑到单向拉伸失稳时存在 $dF = 0$，因此可以得出

$$d\sigma_1 / \sigma_1 = - dA / A \tag{1-50}$$

此式说明，在单向拉伸失稳时，应力的增长与面积的减小相平衡。根据体积不变条件，由 $A_0 L_0 = AL$，得 $d\varepsilon_1 = -dA/A$，代入式（1-50），可得出单向拉伸失稳的条件

$$\frac{\mathrm{d}\sigma_1}{\mathrm{d}\varepsilon_1} = \sigma_1 \tag{1-51}$$

式 (1-51) 的物理意义为：失稳时，拉伸硬化所引起的应力增量 $\mathrm{d}\sigma_1$ 恰好补偿试件因面积减小而引起的应变增量 $\mathrm{d}\varepsilon_1$，而使抗力 $\sigma_1$ 保持不变，式 (1-51) 是失稳时力学与几何变形方面的一个数学表达式，它并不能指出缩颈将发生于何处。实际试验或生产时，由于各零件的尺寸不一致及性能不均匀，缩颈将在最薄弱的地点产生。

2. 双向拉伸失稳 设：

(1) $\sigma_3 = 0$，$\sigma_2 = \alpha\sigma_1$，$\alpha$ 为应力比值；

(2) 弹性应变略去不计，采用 Levy-Mises 应力应变关系；

(3) 应力主轴与应变主轴重合，在整个变形过程中，应力比值 $\alpha$ 保持常数，即 $\alpha = \sigma_2/\sigma_1 =$ const，这就是比例加载的条件。

根据 Levy-Mises 关系可得出

$$\frac{\mathrm{d}\varepsilon_1}{2-\alpha} = \frac{\mathrm{d}\varepsilon_2}{2\alpha-1} = -\frac{\mathrm{d}\varepsilon_3}{1+\alpha} \tag{1-52}$$

考虑到等效应力 $\bar{\sigma}$ 和等效应变增量 $\mathrm{d}\bar{\varepsilon}$，式 (1-52) 可以改写为

$$\frac{\mathrm{d}\bar{\varepsilon}}{2(1-\alpha-\alpha^2)^{\frac{1}{2}}} = \frac{\mathrm{d}\varepsilon_1}{2-\alpha} = \frac{\mathrm{d}\varepsilon_2}{2\alpha-1} = -\frac{\mathrm{d}\varepsilon_3}{1+\alpha} \tag{1-53}$$

设材料硬化规律满足式 (1-25)，即

$$\bar{\sigma} = K_2(\varepsilon_0 + \varepsilon_i)^n$$

取导后可得

$$\frac{\mathrm{d}\bar{\sigma}}{\mathrm{d}\varepsilon_i} = \frac{\bar{\sigma}}{z} \tag{1-54}$$

式中 $z = \dfrac{D+\bar{\varepsilon}}{n}$ 是正切的底边 (图 1-40)。

式 (1-54) 就是双向拉伸失稳的条件。注意到单向拉伸时 $z=1$，代入式 (1-54) 可得

$$\frac{\mathrm{d}\bar{\sigma}}{\mathrm{d}\bar{\varepsilon}} = \bar{\sigma} \tag{1-55}$$

在单向拉伸时，式 (1-55) 实际上就是式 (1-51)。

成形极限是指材料不发生塑性失稳破坏时的极限应变值。成形极限可以有两种定义。一种是将一开始产生缩颈的失稳点作为成形极限，另一种则将材料破裂点作为成形极限。因此，成形极限可以看成不是一个点，而是一个区间。应当指出，从产生缩颈以后，材料虽然尚未破裂，但局部已有相当大的变薄，变形已经不均匀，所以对某些要求严格的冲压件讲，质量已经成问题了。当然，并不是所有冲压件都有如此严格的要求，因此，关于成形极限的实际选定，不仅要从板材产生缩颈或破裂角度分析，而且还应根据零件的允许使用

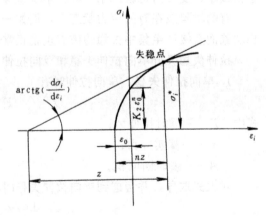

图 1-40 双向拉伸失稳时等效应力与等效应变的关系

质量的角度来分析。

## 二、成形极限曲线

### (一) 建立成形极限曲线的实验方法

成形极限曲线 (Forming Limit Curves) 也称成形极限图 (Forming Limit Diagrams)，常用 FLC 或 FLD 表示。成形极限曲线是对板材成形性能的一种定量描述，同时也是对冲压工艺成败性的一种判断曲线。

成形极限曲线或成形极限图至少有以下几方面的应用：①分析冲压件破裂的危险点位置；②为消除破裂指出应采取的工艺对策；③进行冲压件成形的极限设计；④选择冲压件的允许最大变形值，以保证冲压件在大量生产中的生产稳定性。

建立成形极限曲线的实验方法一般可采用半球头凸模对板材进行刚性胀形而测得，其实验模具见图 1-41。实验时，采用正方形或正多边形或圆形板材毛坯，改变冲头与毛坯间的不同摩擦条件，以获得 $0 < \varepsilon_2/\varepsilon_1 < 1$ 内的各个双拉胀形区域破裂时板平面内两个主应变 $\varepsilon_1$ 和 $\varepsilon_2$ 的极限值。对于一拉一压的变形区，则采用长度相同但宽度不同的矩形板材毛坯，借助于毛坯自身在变形过程中产生的不同几何约束条件来获得 $-1/2 < \varepsilon_2/\varepsilon_1 < 0$ 的拉压变形区内的板平面中的两个主应变 $\varepsilon_1$ 和 $\varepsilon_2$ 的极限值。

冲压板材表面坐标网格的制取方法较多，常用的有照相腐蚀法、电化学浸蚀法等，网格图形如图 1-42 所示。网格圆直径一般采用 2～7mm，例如试验凸模直径 100mm 左右时，网格圆直径可采用 2～2.5mm。

测定板平面内极限应变时首先要选择好破裂处的临界基准网格圆。根据临界基准网格圆 (图 1-43) 在变形前后的直径变化，便可算出板平面内两个主应变的极限值。

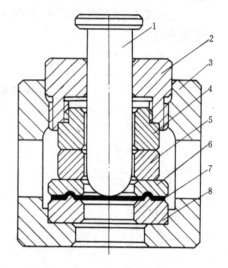

图 1-41　成形极限曲线的实验模具
1—凸模　2—压盖　3—模座　4—压头
5—垫块　6—压板　7—毛坯　8—凹模

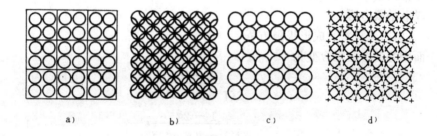

图 1-42　网格图形
a) 直线与圆间隔型　b) 五圆重叠型　c) 小圆相切型　d) 九圆重叠型

临界基准网格圆的选择有各种观点，一般可以选择与被裂纹贯穿或被缩颈横贯的网格圆相邻并且没有破裂的网格圆作为确定板材表面极限应变的临界基准网格圆。当测出变形后的长轴 $d_1$ 和短轴 $d_2$ 的长度时，根据真实应变的定义，若基准网格圆变形前的直径为 $d_0$，则可求

得板平面内两个主应变的极限值

$$\varepsilon_1 = \ln(d_1/d_0), \quad \varepsilon_2 = \ln(d_2/d_0)$$

在绘制成形极限曲线时，取 $\varepsilon_2$ 为横坐标，$\varepsilon_1$ 为纵坐标，将每个试件的极限应变点标绘在 $\varepsilon_2$-$\varepsilon_1$ 坐标平面内即得成形极限曲线（图 1-44）。

（二）影响成形极限曲线的因素

对影响成形极限曲线的各种因素进行实验研究的结果表明，硬化指数 $n$ 值增大，将使 FLC 的几何位置提高并使形状发生一定变化，而塑性应变比 $r$ 值对 FLC 的影响很小，有的研究报告指出，$r$ 值减小将会使 FLC 的几何位置降低。但是除了在平面应变状态附近，$r$ 值对 FLC 的影响并不显著。板平面内的各向异性将会改变 FLC 的对称性。塑性应变的应变速率敏感指数 $m$ 值增大，不仅会使板材的极限应变增大，而且还会使 FLC 的几何形状发生变化。

关于板材厚度对 FLC 的影响，研究结果表明，厚度增加将提高板材抗缩颈的能力，使 FLC 位置升高。

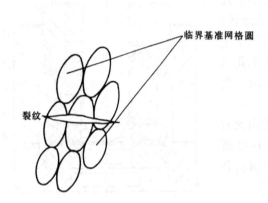

图 1-43　临界基准网格圆　　　　　　　图 1-44　成形极限曲线

关于变形路径对 FLC 的影响，很多研究工作表明，当第二次应变路径较第一次应变路径靠近等双拉应力路径时，FLC 的几何位置上升且形状也发生变化（图 1-45）。图 1-46 是高强度钢与双相钢的成形极限曲线。

**三、成形极限方程**

（一）各向同性材料的成形极限方程

板平面中的两个极限应变为

$$\varepsilon_1 = \frac{2-\alpha}{2(1-\alpha+\alpha^2)^{\frac{1}{2}}}\bar{\varepsilon} \tag{1-56}$$

$$\varepsilon_2 = \frac{1-2\alpha}{2(1-\alpha+\alpha^2)^{\frac{1}{2}}}\bar{\varepsilon} \tag{1-57}$$

当应力比值 $\alpha=\sigma_2/\sigma_1$ 的数值在 $0 \leqslant \alpha \leqslant 0.5$ 时，此时主要为集中失稳，因此可得出集中失稳时的极限应变方程

$$\varepsilon_{l_1} = \frac{2-\alpha}{1+\alpha}n \tag{1-58}$$

$$\varepsilon_{l_2} = -\frac{1-2\alpha}{1+\alpha}n \tag{1-59}$$

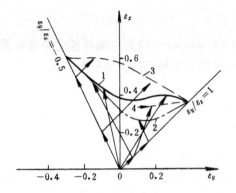

图 1-45 变形路径对成形极限的影响

1—应变路径不变条件下的FLC

2—先等双拉后单向拉伸条件下的FLC

3—先单向拉伸后等双拉条件下的FLC

4—先有等双拉变形条件下的FLC

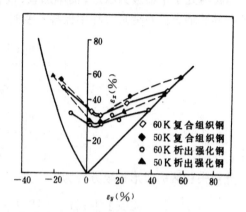

图 1-46 高强度钢与双相钢的成形极限曲线

当 $0.5 \leqslant \alpha \leqslant 1$，此时主要为分散失稳，因此可得分散失稳时的极限应变方程

$$\varepsilon_{d_1} = 2n(1 - \alpha + \alpha^2)(2 - \alpha)/(1 + \alpha)(4 - 7\alpha + 4\alpha^2) \tag{1-60}$$

$$\varepsilon_{d_2} = 2n(1 - \alpha + \alpha^2)(2\alpha - 1)/(1 + \alpha)(4 - 7\alpha + 4\alpha^2) \tag{1-61}$$

以上各式中的硬化指数在数值上等于失稳点的真实应变，即 $n = \varepsilon_{\text{inst}}$。由此可见，当材料已知，$n$ 值已知，就可算出在不同应力比值 $\alpha = \sigma_2/\sigma_1$ 下的两个主应变 $\varepsilon_1$ 和 $\varepsilon_2$ 的极限值，由此即可得出理论上的成形极限曲线。本方程的应用条件为：

（1）材料各向同性；

（2）冲压成形变形过程中应变路径不变，即应力比 $\alpha = \sigma_2/\sigma_1 = \text{const}$。

（二）厚向异性材料的成形极限方程

设材料在板平面内为各向同性，仅考虑板厚方向异性，即塑性应变比 $r$，板平面内的两个主应变为

$$\varepsilon_1 = \frac{1 - \dfrac{r}{1 + r}\alpha}{\left(1 - \dfrac{2r}{1 + r}\alpha + \alpha^2\right)^{\frac{1}{2}}}\bar{\varepsilon} \tag{1-62}$$

$$\varepsilon_2 = \frac{\alpha - \dfrac{r}{1 + r}}{\left(1 - \dfrac{2r}{1 + r}\alpha + \alpha^2\right)^{\frac{1}{2}}}\bar{\varepsilon} \tag{1-63}$$

当集中失稳时，即 $r/(1 + r) \leqslant \alpha \leqslant 1$，这时可得

$$\varepsilon_{l_1} = n\frac{[(1 + r)(1 + \alpha^2) - 2r\alpha][(1 + r) - r\alpha]}{(1 + r)^2(1 + \alpha^3) - r(2 + r)(1 + \alpha)\alpha} \tag{1-64}$$

$$\varepsilon_{l_2} = n\frac{[(1 + r)(1 + \alpha^2) - 2r\alpha][(1 + \alpha)\alpha - r]}{(1 + r)^2(1 + \alpha^3) - r(2 + r)(1 + \alpha)\alpha} \tag{1-65}$$

式中，塑性应变比 $r$ 在厚向异性条件下实际上存在 $r = r_0 = r_{45} = r_{90}$。

44

当给定板材的 $n$ 和 $r$ 时，可根据式（1-56）～（1-65）算出不同应力状态下的 $\varepsilon_1$ 和 $\varepsilon_2$，并绘出理论成形极限图。

（三）正交各向异性材料的成形极限方程

当材料处于平面应力状态、简单加载、硬化规律为 $\sigma_i = A\varepsilon_i^n$、应力主轴与各向异性轴重合、且各向异性轴方向在变形过程中保持不变时，则可得集中失稳区的成形极限方程

$$\varepsilon_{l_1} = \frac{n\left[\left(1 + \dfrac{1}{r_0}\right) - \alpha\right]}{\dfrac{1}{r_0} + \dfrac{r}{r_{90}}\alpha} \tag{1-66}$$

$$\varepsilon_{l_2} = \frac{n\left[\left(1 + \dfrac{1}{r_{90}}\right)\alpha - 1\right]}{\dfrac{1}{r_0} + \dfrac{1}{r_{90}}\alpha} \tag{1-67}$$

分散失稳区的成形极限方程为

$$\varepsilon_{d_1} = n \frac{\left[(1 + r_0) + \left(\dfrac{r_0}{r_{90}} + r_0\right)\alpha^2 - 2r_0\alpha\right][1 + r_0 - r_0\alpha]}{[(1 + r_0) - r_0\alpha]^2 + \left[\left(\dfrac{r_0}{r_{90}} + r_0\right)\alpha - r_0\right]^2\alpha} \tag{1-68}$$

$$\varepsilon_{d_2} = n \frac{\left[(1 + r_0) + \left(\dfrac{r_0}{r_{90}} + r_0\right)\alpha^2 - 2r_0\alpha\right]\left[\left(\dfrac{r_0}{r_{90}} + r_0\right)\alpha - r_0\right]}{[(1 + r_0) - r_0\alpha]^2 + \left[\left(\dfrac{r_0}{r_{90}} + r_0\right)\alpha - r_0\right]^2\alpha} \tag{1-69}$$

从式（1-66）～（1-69）可以看出，正交各向异性材料的极限应变，不仅与硬化指数 $n$、应力比 $\alpha$ 有关，而且还与材料在 0°和 90°轧制方向上的塑性应变比 $r_0$、$r_{90}$ 有关。

实验和生产实际证明，冲压成形时的实际情况往往比正交各向异性状态还要复杂，应力主轴与各向异性轴往往不能重合，裂纹与轧制方向也并不垂直，因此，实践中提出必须研究应力主轴与各向异性轴不重合时的成形极限方程，由于其推导过程复杂，当工作需要时可参见参考文献〔28〕。

（四）影响成形极限方程的参数分析

研究结果表明，当应力主轴与各向异性轴重合（$\theta = 0°$），应力比 $\alpha > 0.8$ 时，增大最大主应力方向的塑性应变比，减小次主应力方向的塑性应变比，都能提高极限应变 $\varepsilon_{d_1}$。当应力比 $\alpha$ 较小时，各向异性参数 $r_0$、$r_{90}$ 等对 $\varepsilon_{d_1}$ 影响较小，而当 $\alpha$ 为中间值，例如 $\alpha$ 在 0.6 附近时，只有 $r_0$、$r_{90}$、$F/H$ 等各向异性参数在一定组合的情况下才能获得 $\varepsilon_{d_1}$ 的极大值。而当应力主轴与各向异性轴不重合时，塑性应变比 $r_0$、$r_{90}$ 对 FLC 的影响没有 $\theta = 0°$ 时大，在 $0° \leqslant \theta \leqslant 45°$ 的范围内，随着应力主轴与各向异性轴不重合的夹角 $\theta$ 增大，这种影响逐渐减弱，当 $\theta = 45°$ 时，塑性应变比对 $\varepsilon_{d_1}$ 没有影响。

各向异性参数比值 $F/H$ 对 $\varepsilon_{d_1}$ 的影响很小，而当 $\theta = 0°$ 和 $\theta = 45°$ 时，$F/H$ 对 $\varepsilon_{d_1}$ 没有影响。

应力比 $\alpha$ 对极限应变 $\varepsilon_{d_1}$ 的影响有类似于周期函数的性质，当应力比 $\alpha$ 大致在 0.6～0.9 范围内可获得 $\varepsilon_{d_1}$ 的极大值。以上影响因素的分析对改善实际生产中的成形过程有一定的参考价值。

# 第二章　冲裁工艺与模具设计

冲裁是利用模具使板料沿一定的轮廓形状产生分离的一种冲压工序。冲裁包括：落料、冲孔、切口、切边、冲缺、剖切、整修等。其中又以冲孔、落料应用最为广泛。从板料上冲下所需形状的零件（或毛坯）称为落料（图 2-1a）。在工件上冲出所需形状的孔（冲去的为废料）称为冲孔（图 2-1b）。

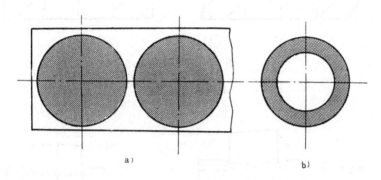

图 2-1　落料和冲孔

a）落料　b）冲孔

冲裁工艺是冲压生产的主要工艺方法之一。冲裁所得到的零件可以直接作为零件使用或用于装配部件，也可以作为弯曲、拉深、成形等其他工序的毛坯。

## 第一节　冲裁工艺分析

### 一、冲裁过程

图 2-2 是一简单冲裁模。凸模 1 与凹模 2 都具有与工件轮廓一样形状的锋利刃口，凸、凹模之间存在一定的间隙。当凸模下降至与板料接触时，板料就受到凸、凹模的作用力，凸模继续下压，板料受剪而互相分离。

板料的分离过程是在瞬间完成的。整个冲裁变形分离过程大致可分为 3 个阶段。

（一）弹性变形阶段

冲裁开始时，板料在凸模的压力下，发生弹性压缩和弯曲。凸模继续下压，板料底面相应部分材料略挤入凹模孔口内。板料与凸、凹模接触处形成很小的圆角。由于凸、凹模之间有间隙存在，使板料同时受到弯曲和拉伸的作用，凸模下的板料产生弯曲，位于凹模上的板料开始上翘，间隙越大，弯曲和上翘越严重（图 2-3）。

（二）塑性变形阶段

凸模继续下降，压力增加，当材料内部应力达到屈服点时，板料进入塑性变形阶段。此时凸模开始挤入板料，并将下部材料挤入凹模孔内，板料在凸、凹模刃口附近产生塑性剪切变形，形成光亮的剪切断面。在剪切面的边缘，由于凸、凹模间隙存在而引起的弯曲和拉伸

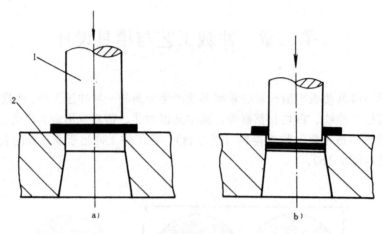

图 2-2　简单冲裁模
a) 冲裁前　b) 冲裁后
1—凸模　2—凹模

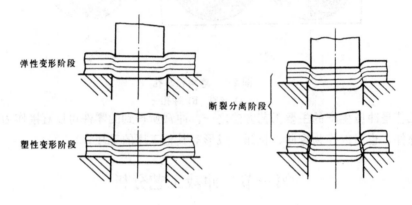

弹性变形阶段

塑性变形阶段

断裂分离阶段

图 2-3　冲裁过程
1—弹性变形阶段　2—塑性变形阶段　3—断裂分离阶段

的作用,形成圆角。随着切刃的深入,变形区向板材的深度方向发展、扩大,应力也随之增加,变形区材料的硬化加剧,载荷增加,最后在凸模和凹模刃口附近,达到极限应变与应力值时,材料便产生微裂纹,这就意味着破坏开始,塑性变形阶段结束。

（三）断裂分离阶段

此时凸模继续压入,凸、凹模刃口附近产生的微裂纹不断向板材内部扩展,若间隙合理,上、下裂纹则相遇重合,板料被拉断分离。由于拉断的结果,断面上形成一个粗糙的区域。当凸模再下行,冲落部分将克服摩擦阻力从板材中推出,全部挤入凹模洞口,冲裁过程到此结束。

冲裁过程中,材料所受外力如图 2-4 所示（此为无压边装置冲裁）。

其中

$F_p$、$F_d$——凸、凹模对板材的垂直作用力;

$F_1$、$F_2$——凸、凹模对板材的侧压力;

$\mu F_p$、$\mu F_d$——凸、凹模端面与板材间的摩擦力,其方向与间隙大小有关,但一般指向模具刃口。其中，μ是摩擦系数，下同。

$\mu F_1$、$\mu F_2$——凸、凹模侧面与板材间的摩擦力。

从此图中可看到，板材由于受到模具表面的力偶作用而弯曲，并从模具表面上翘起，使模具表面和板材的接触面仅局限在刃口附近的狭小区域，宽度约为板厚的 0.2～0.4。接触面间相互作用的垂直压力分布并不均匀，随着向模具刃口的逼近而急剧增大。

冲裁中，板材的变形是在以凸模与凹模刃口连线为中心而形成的纺锤形区域内最大，如图2-5a所示，即从模具刃口向板料中心，变形区逐步扩大。凸模挤入材料一定深度后，变形区也同样可以按纺锤形区域来考虑，但变形区被在此以前已经变形并加工硬化了的区域所包围（图2-5b）。

由于冲裁时板材弯曲的影响，其变形区的应力状态是复杂的，且与变形过程有关。图2-6所示为无卸料板压紧材料的冲裁过程中塑性变形阶段变形区的应力状态，其中：

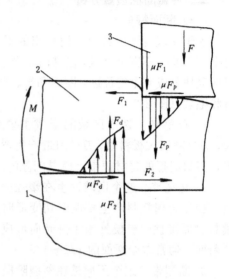

图 2-4　冲裁时作用于板材上的力
1—凹模　2—板材　3—凸模

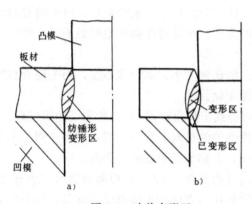

图 2-5　冲裁变形区

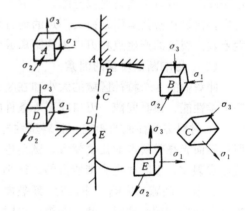

图 2-6　冲裁应力状态图

$A$ 点（凸模侧面）——$\sigma_1$ 为板材弯曲与凸模侧压力引起的径向压应力，切向应力 $\sigma_2$ 为板材弯曲引起的压应力与侧压力引起的拉应力的合成应力，$\sigma_3$ 为凸模下压引起的轴向拉应力。

$B$ 点（凸模端面）——凸模下压及板材弯曲引起的三向压缩应力。

$C$ 点（切割区中部）——$\sigma_1$ 为板材受拉伸而产生的拉应力，$\sigma_3$ 为板材受挤压而产生的压应力。

$D$ 点（凹模端面）——$\sigma_1$、$\sigma_2$ 分别为板材弯曲引起的径向拉应力和切向拉应力，$\sigma_3$ 为凹模挤压板材产生的轴向压应力。

$E$ 点（凹模侧面）——$\sigma_1$、$\sigma_2$ 为由板材弯曲引起的拉应力与凹模侧压力引起的压应力合成产生的应力，该合成应力究竟是拉应力还是压应力，与间隙大小有关，$\sigma_3$为凸模下压引起的轴向拉应力。

## 二、冲裁断面质量分析

### （一）断面特征

由于冲裁变形的特点，使冲出的工件断面与板材上下平面并不完全垂直，粗糙而不光滑。冲裁断面可明显地分成4个特征区，即圆角带、光亮带、断裂带和毛刺（图2-7）。

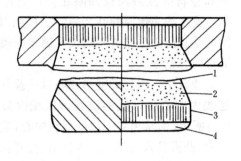

图 2-7　冲裁零件的断面状况
1—毛刺　2—断裂带　3—光亮带　4—圆角带

1. 圆角带　这个区域的形成主要是当凸模下降，刃口刚压入板料时，刃口附近产生弯曲和伸长变形，刃口附近的材料被带进模具间隙的结果。

2. 光亮带　这个区域发生在塑性变形阶段。主要是由于金属板料产生塑性剪切变形时，材料在和模具侧面接触中被模具侧面挤光而形成的光亮垂直的断面。通常占全断面的$1/2 \sim 1/3$。

3. 断裂带　这个区域是在断裂阶段形成的。是由刃口处的微裂纹在拉应力的作用下，不断扩展而形成的撕裂面，其断面粗糙，具有金属本色，且带有斜度。

4. 毛刺　毛刺的形成是由于在塑性变形阶段后期，凸模和凹模的刃口切入被加工材料一定深度时，刃口正面材料被压缩，刃尖部分为高静水压应力状态，使裂纹起点不会在刃尖处发生，而是在模具侧面距刃尖不远的地方发生，在拉应力作用下，裂纹加长，材料断裂而产生毛刺。裂纹的产生点和刃口尖的距离成为毛刺的高度。在普通冲裁中毛刺是不可避免的。

### （二）影响断面质量的因素

冲裁件的4个特征区域的大小和在断面上所占的比例大小并非一成不变，而是随着材料的力学性能、模具间隙、刃口状态等条件的不同而变化。

1. 材料力学性能的影响　材料塑性好，冲裁时裂纹出现得较迟，材料被剪切的深度较大，所得断面光亮带所占的比例就大，圆角也大。而塑性差的材料，容易拉裂，材料被剪切不久就出现裂纹，使断面光亮带所占的比例小，圆角小，大部分是粗糙的断裂面。

2. 模具间隙的影响　冲裁时，断裂面上下裂纹是否重合，与凸、凹模间隙值的大小有关。当凸、凹模间隙合适时，凸、凹模刃口附近沿最大切应力方向产生的裂纹在冲裁过程中能会合成一条线，此时尽管断面与材料表面不垂直，但还是比较平直、光滑，毛刺较小，制件的断面质量较好（图2-8b）。

当间隙过小时，最初从凹模刃口附近产生的裂纹，指向凸模下面的高压应力区，裂纹成长受到抑制而成为滞留裂纹。凸模刃口附近产生的裂纹进入凹模上面的高压应力区，也停止成长。当凸模继续下压时，在上、下裂纹中间将产生二次剪切，这样，在光亮带中部夹有残留的断裂带（图2-8a），部分材料被挤出材料表面形成高而薄的毛刺。这种毛刺比较容易去除，只要制件中间撕裂不是很深，仍可应用。

当间隙过大时，材料的弯曲和拉伸增大，接近于胀形破裂状态，容易产生裂纹，使光亮带所占比例减小。且在光亮带形成以前，材料已发生较大的塌角。材料在凸、凹模刃口处产生的裂纹会错开一段距离而产生二次拉裂。第二次拉裂产生的断裂层斜度增大，断面的垂直

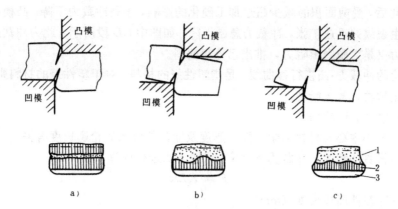

图 2-8　间隙大小对工件断面质量的影响

a) 间隙过小　b) 间隙合适　c) 间隙过大

1—断裂带　2—光亮带　3—圆角带

度差，毛刺大而厚，难以去除，使冲裁件断面质量下降（图 2-8c）。

3. 模具刃口状态的影响　模具刃口状态对冲裁过程中应力状态和冲裁件断面有较大的影响。刃口越锋利，拉力越集中，毛刺越小。当刃口磨损后，压缩力增大，毛刺也增大。毛刺按照磨损后的刃口形状，成为根部很厚的大毛刺。

另外，断面质量还与模具结构、冲裁件轮廓形状、刃口的摩擦条件等有关。

（三）提高断面质量的措施

提高冲裁件的断面质量，可通过增加光亮带的高度或采用整修工序来实现。增加光亮带高度的关键是延长塑性变形阶段，推迟裂纹的产生，这就要求材料的塑性要好，对硬质材料要尽量进行退火，求得材质均一化；同时要选择合理的模具间隙值，并使间隙均匀分布，保持模具刃口锋利；要求光滑断面的部位要与板材轧制方向成直角。

# 第二节　冲裁力、卸料力及推件力的计算

## 一、冲裁力的计算

计算冲裁力的目的是为了合理地选择压力机和设计模具，压力机的吨位必须大于所计算的冲裁力，以适应冲裁的要求。

（一）冲裁力的行程曲线

在冲裁过程中，冲裁力的大小是不断变化的，图 2-9 为冲裁时冲裁力-凸模行程曲线。图中 $AB$ 段相当于冲裁的弹性变形阶段，凸模接触材料后，载荷急剧上升，但当凸模刃口一旦挤入材料，即进入塑性变形阶段后，载荷的上升就缓慢下来，如 $BC$ 段所示。虽然由于凸模挤入材料使承受冲裁力的材料面积减小，但只要材料加工硬化的影响超过受剪面积减小的影响，冲裁力就继续上升，当两者达到相等影响的瞬间，冲裁力达最大值，即

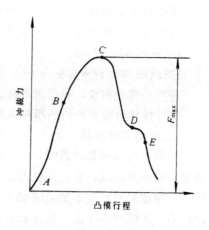

图 2-9　冲裁力-凸模行程曲线

图中 $C$ 点。此后,受剪面积的减少超过加工硬化的影响,于是冲裁力下降。凸模再继续下压,材料内部产生裂纹并迅速扩张,冲裁力急剧下降,如图中 $CD$ 段所示,此为冲裁的断裂阶段。此后所用的力仅是克服摩擦阻力,推出已分离的料。

以上讨论的冲裁力-凸模行程曲线,是指塑性好的材料,对于塑性差的材料则在冲裁力上升阶段就发生裂纹,甚至断裂。

### (二)冲裁力的计算公式

冲裁力的大小主要与材料力学性能、厚度及冲裁件分离的轮廓长度有关。

用平刃口模具冲裁时,冲裁力 $F$(N)可按下式进行计算

$$F = KLt\tau \tag{2-1}$$

式中　　$L$——冲裁件周边长度(mm);

　　　　$t$——材料厚度(mm);

　　　　$\tau$——材料抗剪强度(MPa);

　　　　$K$——系数。考虑到模具刃口的磨损,模具间隙的波动,材料力学性能的变化及材料厚度偏差等因素,一般取 $K=1.3$。

一般情况下,材料的 $\sigma_b = 1.3\tau$,为计算方便,也可用下式计算冲裁力 $F$(N)

$$F = Lt\sigma_b \tag{2-2}$$

式中　　$\sigma_b$——材料的抗拉强度(MPa)。

### 二、降低冲裁力的方法

在冲裁高强度材料或厚度大、周边长的工件时,所需的冲裁力较大。如果超过现有压力机吨位,就必须采取措施降低冲裁力,主要有以下几种方法:

### (一)阶梯凸模冲裁

在多凸模冲裁模具中,为避免各凸模冲裁力的最大值同时出现,可根据凸模尺寸的大小,做成不同高度,形成如图 2-10 所示的阶梯布置,从而减少总的冲裁力。当几个凸模的直径相差悬殊而相距又很近时,应把小凸模做得短些,这样可以避免小直径凸模

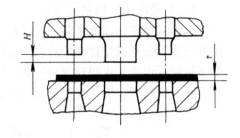

图 2-10　阶梯凸模冲裁

由于承受材料流动挤压力作用而产生倾斜或折断,以利于提高模具寿命。

凸模间的高度差 $H$ 取决于材料厚度

$t < 3\text{mm}$ 时,$H = t$

$t > 3\text{mm}$ 时,$H = 0.5t$

各层凸模的布置,要尽量对称,使模具受力平衡。

这种模具的缺点是长凸模插入凹模较深,容易磨损,修磨刃口也比较麻烦。

### (二)斜刃口冲裁

在用平刃口模具冲裁时,整个刃口同时与冲裁件周边接触,同时切断,所需冲裁力大。若采用斜刃模具冲裁,也就是将凸模(或凹模)刃口做成有一定倾斜角度 $\varphi$ 的斜刃,如图 2-11 所示,冲裁时刃口就不是同时切入,而是逐步切入材料,逐步切断,这样,所需的冲裁力可以减小,并能减小冲击、振动和噪声,对于大型冲压件,斜刃冲裁用得比较广泛。

图 2-11 为各种斜刃的形式。为了得到平整的零件,落料时应将凹模做成斜刃,凸模做成

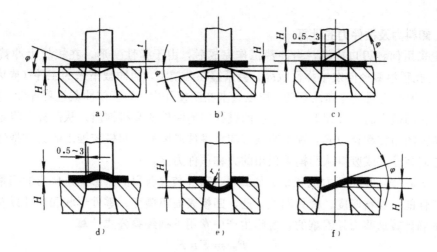

图 2-11 各种斜刃形式

平口,如图 2-11a、b 所示。冲孔时则应将凸模做成斜刃,凹模做成平口,如图 2-11c、d 所示。冲裁弯曲状工件时,可采用有圆头的凸模,如图 2-11e 所示。一般,斜刃应对称布置,以免冲裁时模具刃口单侧受压而发生偏移,啃坏刃口。单边斜刃冲裁,只适用于切口折弯,如图2-11f所示。冲裁复杂轮廓时,不宜用斜刃模。

斜刃角 $\varphi$ 与斜刃高度 $H$ 一般可按表 2-1 选取。

表 2-1 常用斜刃参数

| 材料厚度 $t$（mm） | 斜刃高度 $h$（mm） | 斜刃角 $\varphi$（°） |
|---|---|---|
| <3 | $2t$ | <5 |
| 3～10 | $t$ | <8 |

斜刃冲模的冲裁力（N）可用斜刃剪切公式近似计算

$$F_{斜} = K \frac{0.5t^2\tau}{\text{tg}\varphi} \approx \frac{0.5t^2\sigma_b}{\text{tg}\varphi} \tag{2-3}$$

式中 $K$ —— 系数,一般取 1.3;

$\varphi$ —— 斜刃角。

也可用下式计算

$$F_{斜} = KLt\tau \tag{2-4}$$

式中 $K$—— 系数,其值与斜刃高度 $h$ 有关。

当 $h=t$ 时,$K=0.4\sim0.6$,

$h=2t$ 时,$K=0.2\sim0.4$。

上述式中符号意义同前。

斜刃冲裁降低了冲裁力,使压力机能在比较柔和、平稳的条件下工作。但模具制造与修磨比较复杂,增加了困难,刃口容易磨损,工件不够平整,一般只用于大型工件冲裁及厚板冲裁。

除上述两种方法外,将材料加热冲裁也是一种行之有效的降低冲裁力的方法,因为材料在加热状态下的抗剪强度有明显下降。但材料加热后产生氧化皮,且因为要加热,劳动条件差。另外,在保证冲裁件断面质量的前提下,也可通过适当增大冲裁间隙等方法来降低冲裁力。

### 三、卸料力及推件力的计算

无论采用何种刃口冲模，当冲裁工作完成后，由于弹性变形，在板材上冲裁出的废料（或工件）孔径沿着径向发生弹性收缩，会紧箍在凸模上。而冲裁下来的工件（或废料）径向会扩张，并因要力图恢复弹性穹弯，所以会卡在凹模孔内。为了使冲裁过程连续，操作方便，就需把套在凸模上的材料卸下，把卡在凹模孔内的冲件或废料推出。从凸模上将零件或废料卸下来所需的力称卸料力 $F_卸$，顺着冲裁方向将零件或废料从凹模腔推出的力称推件力 $F_推$，逆着冲裁方向将零件或废料从凹模腔顶出的力称顶件力 $F_顶$。

$F_卸$、$F_推$、$F_顶$ 是由压力机和模具的卸料、顶件装置获得的。影响这些力的因素主要有材料的力学性能、材料厚度、模具间隙、凸、凹模表面粗糙度、零件形状和尺寸以及润滑情况等。要准确计算这些力是困难的，实际生产中常用下列经验公式计算

$$F_卸 = K_卸 F$$
$$F_推 = K_推 F$$
$$F_顶 = K_顶 F$$

式中 　　$F$ —— 冲裁力 （N）；

$F_卸$、$F_推$、$F_顶$ —— 分别为卸料力、推件力、顶件力系数，其值见表 2-2。

**表 2-2　卸料力、推件力和顶件力系数**

| 料　厚（mm） | | $K_卸$ | $K_推$ | $K_顶$ |
|---|---|---|---|---|
| 钢 | ≤0.1 | 0.065～0.075 | 0.1 | 0.14 |
| | >0.1～0.5 | 0.045～0.055 | 0.063 | 0.08 |
| | >0.5～2.5 | 0.04～0.05 | 0.055 | 0.06 |
| | >2.5～6.5 | 0.03～0.04 | 0.045 | 0.05 |
| | >6.5 | 0.02～0.03 | 0.025 | 0.03 |
| 铝　铝合金 | | 0.025～0.08 | 0.03～0.07 | |
| 紫铜　黄铜 | | 0.02～0.06 | 0.03～0.09 | |

注：卸料力系数 $K_卸$ 在冲多孔、大搭边和轮廓复杂时取上限值。

实际生产时，凹模孔口中会同时卡有好几个工件，所以在计算推件力时应考虑工件数目。设 $h$ 为凹模孔口直壁的高度，$t$ 为材料厚度，则工件数 $n = h/t$。

冲裁时，所需冲压力为冲裁力、卸料力和推件力之和，这些力在选择压力机时是否要考虑进去，应根据不同的模具结构区别对待。

采用刚性卸料装置和下出料方式的冲裁模的总冲压力为

$$F_总 = F_冲 + F_推$$

采用弹性卸料装置和下出料方式的总冲压力为

$$F_总 = F_冲 + F_卸 + F_推$$

采用弹性卸料装置和上出料方式的总冲压力为

$$F_总 = F_冲 + F_卸 + F_顶$$

**例 2-1** 计算冲裁图 2-12 所示零件所需的冲压力。材料为 Q235 钢，料厚 $t = 2$mm，采用弹性卸料装置和下出料方式，凹模刃口直壁高度 $h = 6$mm

**解**：冲裁力：由表查出 $\tau = 304 \sim 373$MPa，取 $\tau = 345$MPa。

$$L = 〔(220 - 70) \times 2 + \pi \times 70 + 140 + 40 \times 2〕 \text{ mm}$$

$$=740\text{mm}$$

$$F_{冲}=KLt\tau$$

$$=1.3\times740\times2\times345\text{N}=663780\text{N}$$

卸料力：由表 2-2 查得 $K_{卸}=0.04$

$$F_{卸}=K_{卸}F_{冲}=0.04\times663780\text{N}=26551.2\text{N}$$

推件力：由表 2-2 查得 $K_{推}=0.055$

$$n=h/t=6/2=3$$

$$F_{推}=K_{推}nF_{冲}=0.055\times3\times663780\text{N}$$

$$=36507.9\text{N}$$

总冲压力

$$F_{总}=F_{冲}+F_{卸}+F_{推}$$

$$=(663780+26551.2+36507.9)\text{N}$$

$$=726839\text{N}=7.27\times10^5\text{N}$$

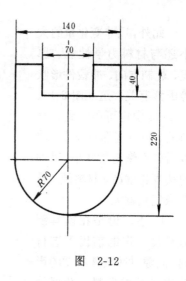

图 2-12

# 第三节 冲 裁 间 隙

冲裁间隙是指冲裁模的凸模和凹模刃口之间的间隙。冲裁间隙分单边间隙和双边间隙，单边间隙用 $C$ 表示，双边间隙用 $Z$ 表示。

间隙值的大小对冲裁件质量、模具寿命、冲裁力的影响很大，是冲裁工艺与模具设计中的一个极其重要的工艺参数。

## 一、间隙的影响

### （一）对冲裁件质量的影响

冲裁件的质量主要是指断面质量、尺寸精度和形状误差。断面应平直、光滑；圆角小；无裂纹、撕裂、夹层和毛刺等缺陷。零件表面应尽可能平整。尺寸应在图样规定的公差范围之内。影响冲裁件质量的因素有：凸、凹模间隙值的大小及其分布的均匀性，模具刃口锋利状态、模具结构与制造精度，材料性能等，其中，间隙值大小与分布的均匀程度是主要因素。

间隙对冲裁件断面质量的影响已在前面阐明，下面主要讨论间隙对冲裁件尺寸精度的影响。

冲裁件的尺寸精度是指冲裁件实际尺寸与标称尺寸的差值（$\delta$），差值越小，精度越高。这个差值包括两方面的偏差，一是冲裁件相对凸模或凹模尺寸的偏差，二是模具本身的制造偏差。

冲裁件相对凸模或凹模尺寸的偏差，主要是由于冲裁过程中，材料受拉伸、挤压、弯曲等作用引起的变形，在加工结束后工件脱离模具时，会产生弹性恢复而造成的。偏差值可能是正的，也可能是负的。影响这一偏差值的因素主要是凸、凹模的间隙。

间隙大小对冲裁件尺寸偏差的影响规律可见图 2-13、图 2-14。

当间隙较大时，材料所受拉伸作用增大，冲裁完毕后，因材料的弹性恢复，冲裁件尺寸向实体方向收缩，使落料件尺寸小于凹模尺寸，而冲孔件的孔径则大于凸模尺寸。当间隙较小时，凸模压入板料接近于挤压状态，材料受凸、凹模挤压力大，压缩变形大，冲裁完毕后，材料的弹性恢复使落料件尺寸增大，而冲孔件的孔径则变小。

此外，尺寸变化量的大小还与材料力学性能、厚度、轧制方向、冲裁件形状等因素有关。这从图 2-13、图 2-14 中也可以看到，材料软，弹性变形量较小，冲裁后弹性恢复量就小，零件的精度也就高。材料硬，弹性恢复量就大。

上述讨论是在模具制造精度一定的前提下进行的，间隙对冲裁件精度的影响比模具本身制造精度的影响要小得多，若模具刃口制造精度低，冲裁出的工件精度也就无法得到保证。模具的制造精度与冲裁件精度之间的关系见表 2-3。模

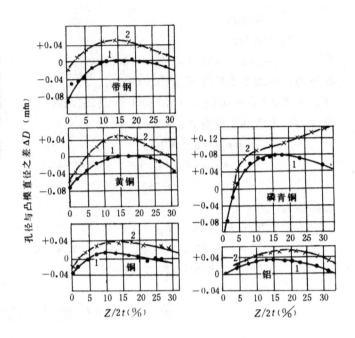

图 2-13 间隙与冲孔弹性变形的关系

料厚 1.6mm φ18mm 1—轧制方向 2—垂直轧制方向

具的磨损及模具刃口在压力作用下产生的弹性变形也会影响到间隙及冲裁件应力状态的改变，对冲裁件的质量会产生综合性影响。

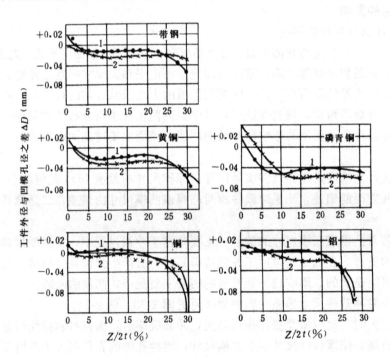

图 2-14 间隙与落料弹性变形的关系

料厚 1.6mm φ18mm 1—轧制方向 2—垂直轧制方向

表 2-3　冲裁件精度

| 冲模制造精度 | 材　料　厚　度　t（mm） | | | | | | | | | | | |
| --- | --- | --- | --- | --- | --- | --- | --- | --- | --- | --- | --- | --- |
| | 0.5 | 0.8 | 1.0 | 1.5 | 2 | 3 | 4 | 5 | 6 | 8 | 10 | 12 |
| IT6～IT7 | IT8 | IT8 | IT9 | IT10 | IT10 | — | — | — | — | — | — | — |
| IT7～IT8 | — | IT9 | IT10 | IT10 | IT12 | IT12 | IT12 | — | — | — | — | — |
| IT9 | — | — | IT12 | IT12 | IT12 | IT12 | IT12 | IT12 | IT14 | IT14 | IT14 | IT14 |

（二）对模具寿命的影响

冲裁模具的寿命以冲出合格制品的冲裁次数来衡量，分两次刃磨间的寿命与全部磨损后总的寿命。冲裁过程中，模具的损坏有磨损、崩刃、折断、啃坏等多种形式。

影响模具寿命的因素很多，有模具间隙；模具制造材料和精度、表面粗糙度；被加工材料特性；冲裁件轮廓形状和润滑条件等。模具间隙是其中的一个主要因素。

因为冲裁过程中，模具端面受到很大的垂直压力与侧压力，而模具表面与材料的接触面仅局限在刃口附近的狭小区域，这就意味着即使整个模具在许用压应力下工作，但在模具刃口处所受的压力也非常大。这种高的压力会使冲裁模具和板材的接触面之间产生局部附着现象，当接触面发生相对滑动时，附着部分便发生剪切而引起磨损——附着磨损。其磨损量与接触压力、相对滑动距离成正比，与材料屈服强度成反比。它被认为是模具磨损的主要形式。当模具间隙减小时，接触压力（垂直力、侧压力、摩擦力）会随之增大，摩擦距离随之增长，摩擦发热严重，因此模具磨损加剧（图 2-15），甚至使模具与材料之间产生粘结现象。而接触压力的增大，还会引起刃口的压缩疲劳破坏，使之崩刃。小间隙还会产生凹模胀裂，小凸模折断，凸、凹模相互啃刃等异常损坏。这些都导致模具寿命大大降低。因此，适当增大模具间隙，可使凸、凹模侧面与材料间摩擦减小，并减缓间隙不均匀的不利因素，从而提高模具寿命。但间隙过大时，板料的弯曲拉伸相应增大，使模具刃口端面上的正压力增大，容易产生崩刃或产生塑性变形使磨损加剧，降低模具寿命。同时，间隙过大，卸料力会随之增大，也会增加模具的磨损。所以间隙是影响模具寿命的一个重要因素。

从图 2-15 可看出，凹模端面的磨损比凸模大，这是由于凹模端面上材料的滑动比较自由，而凸模下面的材料沿板面方向的移动受到限制的原因，而图中所看到的凸模侧面的磨损最大，是因为从凸模上卸料，长距离摩擦加剧了侧面的磨损，若采用较大间隙可使孔径在冲裁后因回弹增大，卸料时减少与凸模的摩擦，从而减少凸模侧面的磨损。

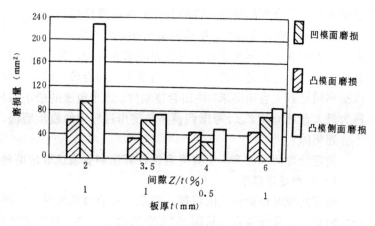

图 2-15　间隙与磨损的关系

模具刃口磨损，带来刃口的钝化和间隙的增加，使制件尺寸精度降低，冲裁能量增大，断面粗糙。刃口的钝化会使裂纹发生点由刃口端面向侧面移动，发生在刃口磨损部分终点处，从而产生大小和磨损量相当的毛刺（凸模刃口磨钝，毛刺产生在落料件上，凹模刃口磨钝，毛刺产生在孔上），所以必须注意尽量减少模具的磨损。为提高模具寿命，一般需采用较大间隙，若制件精度要求不高时，采用合理大间隙，使 $2/t$ 达到 $15\%\sim25\%$，模具寿命可提高 $3\sim5$ 倍，若采用小间隙，就必须提高模具硬度与模具制造精度，在冲裁刃口进行充分的润滑，以减少磨损。

（三）对冲裁力及卸料力的影响

当间隙减小时，凸模压入板材的情况接近于挤压状态，材料所受拉应力减小，压应力增大，板料不易产生裂纹，因此最大冲裁力增大。当间隙增大时，材料所受拉应力增大，材料容易产生裂纹，因此冲裁力减小。继续增大间隙值，凸、凹模刃口产生的裂纹不相重合，会发生二次断裂，冲裁力下降变缓（图2-16）。

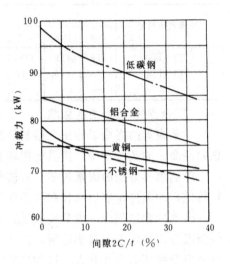

图 2-16　间隙大小对冲裁力的影响

间隙大小对卸料力的影响可见图 2-17。当间隙增大时，冲裁件光亮带窄，落料件尺寸偏差为负，冲孔件尺寸偏差为正，因而使卸料力、推件力或顶件力减小。间隙继续增大时，制件毛刺增大，卸料力、顶件力迅速增大。

**二、合理间隙的选用**

由以上分析可知，凸、凹模间隙是冲裁过程最重要的工艺参数，它对冲裁件质量、模具寿命、冲裁力和卸料力等都有很大的影响，因此，设计模具时，一定要选择一个合理的间隙，使冲裁件的断面质量好，尺寸精度高，模具寿命长，所需冲裁力小。但严格说

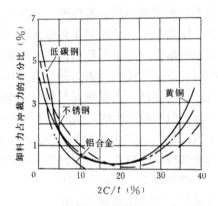

图 2-17　间隙大小对卸料力的影响

来，并不存在一个同时满足所有理想要求的合理间隙。考虑到模具制造中的偏差及使用中的磨损，生产中通常是选择一个适当的范围作为合理间隙，只要模具间隙在这个范围内，就可以基本满足以上各项要求，冲出合格制件。这个范围的最小值称为最小合理间隙 $Z_{\min}$，最大值称为最大合理间隙 $Z_{\max}$。考虑到模具在使用过程中的逐步磨损，设计和制造新模具时应采用最小合理间隙。

确定合理间隙的方法主要有理论计算法和查表选取法两种。

（一）理论计算法

确定间隙时理论计算的依据主要是：在合理间隙情况下冲裁时，材料在凸、凹模刃口处产生的裂纹成直线会合。从图 2-18 所示的几何关系可得出计算合理间隙的公式

$$Z=2\ (t-h_0)\ \mathrm{tg}\beta=2t\ (1-h_0/t)\ \mathrm{tg}\beta \tag{2-5}$$

式中　$h_0$——产生裂纹时的凸模压入深度（mm）；

　　　$t$——料厚（mm）；

$\beta$——最大切应力方向与垂线间夹角

（即裂纹方向角）。

由上式可知，间隙 $Z$ 与板材厚度、相对压入深度 $h_0/t$、裂纹方向角 $\beta$ 有关。而 $h_0$、$\beta$ 又与材料性质有关，表 2-4 为常用材料的 $h_0/t$ 与 $\beta$ 的近似值。由表中可看到，影响间隙值的主要因素是板材力学性能及其厚度。板材越厚、越硬或塑性越差，$h_0/t$ 值越小，合理间隙值越大。材料越软，$h_0/t$ 值越大，合理间隙值越小。材料硬化后，$h_0/t$ 之比值较之表中值要小 $10\%$ 左右。式（2-5）中，令 $K = 2\,(1-h_0/t)\,\mathrm{tg}\beta$，称为材料的品质系数。

由于这种方法应用起来不方便，所以目前生产上普遍使用的是查表选取法。

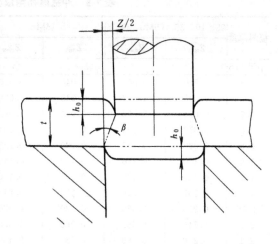

图 2-18　合理冲裁间隙的确定

表 2-4　$h_0/t$ 与 $\beta$ 值　　　　　（mm）

| 材　料 | $h_0/t$（%） | | | | $\beta$ |
|---|---|---|---|---|---|
| | $t<1$ | $t=1\sim2$ | $t=2\sim4$ | $t>4$ | |
| 软　钢 | 75～70 | 70～65 | 65～55 | 50～40 | 5°～6° |
| 中硬钢 | 65～60 | 60～55 | 55～48 | 45～35 | 4°～5° |
| 硬　钢 | 54～47 | 47～45 | 44～38 | 35～25 | 4° |

（二）查表选取法

如上所述，间隙的选取主要与材料的种类、厚度有关，但由于各种冲压件对其断面质量和尺寸精度的要求不同，以及生产条件的差异，在生产实践中就很难有一种统一的间隙数值，各种资料中所给的间隙值并不相同，有的相差较大，选用时应按使用要求分别选取。对于断面质量和尺寸精度要求高的工件，应选用较小间隙值，而对于精度要求不高的工件，则应尽可能采用大间隙，以利于提高模具寿命、降低冲裁力。同时，还必须结合生产条件，根据冲裁件尺寸与形状、模具材料和加工方法、冲压方法和生产率等，灵活掌握、酌情增减。例如：冲小孔而凸模导向又较差时，凸模易折断，间隙可取大些。凹模刃口为斜壁时，间隙应比直壁小。高速冲裁时，模具易发热，间隙应增大，如每分钟行程超过 200 次，间隙值可增大 $10\%$ 左右，热冲时材料强度低，间隙应比冷冲时减小，硬质合金冲模，间隙可比钢模大。电火花加工凹模型腔时，间隙可比磨削加工小。同样条件下，非圆形比圆形的间隙大，冲孔间隙比落料略大。当采用大间隙时，废料易带出凹模表面，应在凸模上开通气孔或装弹性顶销，为保证制件平整，要有压料与顶件装置。

表 2-5～表 2-7 给出了汽车拖拉机、电器仪表和机电行业推荐的几种间隙数值。

表 2-5　冲裁模初始双面间隙 Z（汽车拖拉机行业用）　　　　　　（mm）

| 板料厚度 | 08、10、35 09Mn、Q235 | | 16Mn | | 40、50 | | 65Mn | |
|---|---|---|---|---|---|---|---|---|
| | $Z_{min}$ | $Z_{max}$ | $Z_{min}$ | $Z_{max}$ | $Z_{min}$ | $Z_{max}$ | $Z_{min}$ | $Z_{max}$ |
| 小于 0.5 | | | 极 | 小 | 间 | 隙 | | |
| 0.5 | 0.040 | 0.060 | 0.040 | 0.060 | 0.040 | 0.060 | 0.040 | 0.060 |
| 0.6 | 0.048 | 0.072 | 0.048 | 0.072 | 0.048 | 0.072 | 0.048 | 0.072 |
| 0.7 | 0.064 | 0.092 | 0.064 | 0.092 | 0.064 | 0.092 | 0.064 | 0.092 |
| 0.8 | 0.072 | 0.104 | 0.072 | 0.104 | 0.072 | 0.104 | 0.064 | 0.092 |
| 0.9 | 0.090 | 0.126 | 0.090 | 0.126 | 0.090 | 0.126 | 0.090 | 0.126 |
| 1.0 | 0.100 | 0.140 | 0.100 | 0.140 | 0.100 | 0.140 | 0.090 | 0.126 |
| 1.2 | 0.126 | 0.180 | 0.132 | 0.180 | 0.132 | 0.180 | | |
| 1.5 | 0.132 | 0.240 | 0.170 | 0.240 | 0.170 | 0.230 | | |
| 1.75 | 0.220 | 0.320 | 0.220 | 0.320 | 0.220 | 0.320 | | |
| 2.0 | 0.246 | 0.360 | 0.260 | 0.380 | 0.260 | 0.380 | | |
| 2.1 | 0.260 | 0.380 | 0.280 | 0.400 | 0.280 | 0.400 | | |
| 2.5 | 0.360 | 0.500 | 0.380 | 0.540 | 0.380 | 0.540 | | |
| 2.75 | 0.400 | 0.560 | 0.420 | 0.600 | 0.420 | 0.600 | | |
| 3.0 | 0.460 | 0.640 | 0.480 | 0.660 | 0.480 | 0.660 | | |
| 3.5 | 0.540 | 0.740 | 0.580 | 0.780 | 0.580 | 0.780 | | |
| 4.0 | 0.640 | 0.880 | 0.680 | 0.920 | 0.680 | 0.920 | | |
| 4.5 | 0.720 | 1.000 | 0.680 | 0.960 | 0.780 | 1.040 | | |
| 5.5 | 0.940 | 1.280 | 0.780 | 1.100 | 0.980 | 1.320 | | |
| 6.0 | 1.080 | 1.400 | 0.840 | 1.200 | 1.140 | 1.500 | | |
| 6.5 | | | 0.940 | 1.300 | | | | |
| 8.0 | | | 1.200 | 1.680 | | | | |

注：冲裁皮革、石棉和纸版时，间隙取 08 钢的 25%。

表 2-6　冲裁模初始双面间隙 Z（电器仪表行业用）　　　　　　（mm）

| 板料厚度 | 软　　铝 | | 紫铜、黄铜、软钢 (C0.08%～C0.2%) | | 杜拉铝、中等硬钢 (C0.3%～C0.4%) | | 硬　　钢 (C0.2%～C0.6%) | |
|---|---|---|---|---|---|---|---|---|
| | $Z_{min}$ | $Z_{max}$ | $Z_{min}$ | $Z_{max}$ | $Z_{min}$ | $Z_{max}$ | $Z_{min}$ | $Z_{max}$ |
| 0.2 | 0.008 | 0.012 | 0.010 | 0.014 | 0.012 | 0.016 | 0.014 | 0.018 |
| 0.3 | 0.012 | 0.018 | 0.015 | 0.021 | 0.018 | 0.024 | 0.021 | 0.027 |
| 0.4 | 0.016 | 0.024 | 0.020 | 0.028 | 0.024 | 0.032 | 0.028 | 0.036 |
| 0.5 | 0.020 | 0.030 | 0.025 | 0.035 | 0.030 | 0.040 | 0.035 | 0.045 |
| 0.6 | 0.024 | 0.036 | 0.030 | 0.042 | 0.036 | 0.048 | 0.042 | 0.054 |
| 0.7 | 0.028 | 0.042 | 0.035 | 0.049 | 0.042 | 0.056 | 0.049 | 0.063 |
| 0.8 | 0.032 | 0.048 | 0.040 | 0.056 | 0.048 | 0.064 | 0.056 | 0.072 |
| 0.9 | 0.036 | 0.054 | 0.045 | 0.063 | 0.054 | 0.072 | 0.063 | 0.081 |
| 1.0 | 0.040 | 0.060 | 0.050 | 0.070 | 0.060 | 0.080 | 0.070 | 0.090 |
| 1.2 | 0.060 | 0.084 | 0.072 | 0.096 | 0.084 | 0.108 | 0.096 | 0.120 |
| 1.5 | 0.075 | 0.105 | 0.090 | 0.120 | 0.105 | 0.135 | 0.120 | 0.150 |
| 1.8 | 0.090 | 0.126 | 0.108 | 0.144 | 0.126 | 0.162 | 0.144 | 0.180 |
| 2.0 | 0.100 | 0.140 | 0.120 | 0.160 | 0.140 | 0.180 | 0.160 | 0.200 |
| 2.2 | 0.132 | 0.176 | 0.154 | 0.198 | 0.176 | 0.220 | 0.198 | 0.242 |
| 2.5 | 0.150 | 0.200 | 0.175 | 0.225 | 0.200 | 0.250 | 0.225 | 0.275 |
| 2.8 | 0.168 | 0.224 | 0.196 | 0.252 | 0.224 | 0.280 | 0.252 | 0.308 |
| 3.0 | 0.180 | 0.240 | 0.210 | 0.270 | 0.240 | 0.300 | 0.270 | 0.330 |
| 3.5 | 0.245 | 0.315 | 0.280 | 0.350 | 0.315 | 0.385 | 0.350 | 0.420 |
| 4.0 | 0.280 | 0.360 | 0.320 | 0.400 | 0.360 | 0.440 | 0.400 | 0.480 |

（续）

| 板料厚度 | 软 | 铝 | 紫铜、黄铜、软钢 (C0.08%~C0.2%) | | 杜拉铝、中等硬钢 (C0.3%~C0.4%) | | 硬 | 钢 (C0.2%~C0.6%) |
|---|---|---|---|---|---|---|---|---|
| | $Z_{min}$ | $Z_{max}$ | $Z_{min}$ | $Z_{max}$ | $Z_{min}$ | $Z_{max}$ | $Z_{min}$ | $Z_{max}$ |
| 4.5 | 0.315 | 0.405 | 0.360 | 0.460 | 0.405 | 0.495 | 0.450 | 0.540 |
| 5.0 | 0.350 | 0.450 | 0.400 | 0.500 | 0.450 | 0.550 | 0.500 | 0.600 |
| 6.0 | 0.480 | 0.600 | 0.540 | 0.660 | 0.600 | 0.720 | 0.660 | 0.780 |
| 7.0 | 0.560 | 0.700 | 0.630 | 0.770 | 0.700 | 0.840 | 0.770 | 0.910 |
| 8.0 | 0.720 | 0.880 | 0.800 | 0.960 | 0.880 | 1.040 | 0.960 | 1.120 |
| 9.0 | 0.810 | 0.990 | 0.900 | 1.080 | 0.990 | 1.170 | 1.080 | 1.260 |
| 10.0 | 0.900 | 1.100 | 1.000 | 1.200 | 1.100 | 1.300 | 1.200 | 1.400 |

注：1. 初始间隙的最小值相当于间隙的标称数值。

2. 初始间隙最大值是考虑到凸模和凹模的制造公差所增加的数值。

3. 在使用过程中，由于模具工作部分的磨损，间隙将有所增加，因而间隙的使用最大数值要超过表列数值。

**表 2-7　冲裁模刃口双面间隙 Z（机电行业用）**　　　　　　（mm）

| 材料厚度 $t$ | T8、45 1Cr18Ni9 | | Q215、Q235、35CrMo QSnP10-1 | | 08F、10、15 H62、T1、T2、T3 | | L2、L3、L4、L5 | |
|---|---|---|---|---|---|---|---|---|
| | $Z_{min}$ | $Z_{max}$ | $Z_{min}$ | $Z_{max}$ | $Z_{min}$ | $Z_{max}$ | $Z_{min}$ | $Z_{max}$ |
| 0.35 | 0.03 | 0.05 | 0.02 | 0.05 | 0.01 | 0.03 | — | — |
| 0.5 | 0.04 | 0.08 | 0.03 | 0.07 | 0.02 | 0.04 | 0.02 | 0.03 |
| 0.8 | 0.09 | 0.12 | 0.06 | 0.10 | 0.04 | 0.07 | 0.025 | 0.045 |
| 1.0 | 0.11 | 0.15 | 0.08 | 0.12 | 0.05 | 0.08 | 0.04 | 0.06 |
| 1.2 | 0.14 | 0.18 | 0.10 | 0.14 | 0.07 | 0.10 | 0.05 | 0.07 |
| 1.5 | 0.19 | 0.23 | 0.13 | 0.17 | 0.08 | 0.12 | 0.06 | 0.10 |
| 1.8 | 0.23 | 0.27 | 0.17 | 0.22 | 0.12 | 0.16 | 0.07 | 0.11 |
| 2.0 | 0.28 | 0.32 | 0.20 | 0.24 | 0.13 | 0.18 | 0.08 | 0.12 |
| 2.5 | 0.37 | 0.43 | 0.25 | 0.31 | 0.16 | 0.22 | 0.11 | 0.17 |
| 3.0 | 0.48 | 0.54 | 0.33 | 0.39 | 0.21 | 0.27 | 0.14 | 0.20 |
| 3.5 | 0.58 | 0.65 | 0.42 | 0.49 | 0.25 | 0.33 | 0.18 | 0.26 |
| 4.0 | 0.68 | 0.76 | 0.52 | 0.60 | 0.32 | 0.40 | 0.21 | 0.29 |
| 4.5 | 0.79 | 0.88 | 0.64 | 0.72 | 0.38 | 0.46 | 0.26 | 0.34 |
| 5.0 | 0.90 | 1.0 | 0.75 | 0.85 | 0.45 | 0.55 | 0.30 | 0.40 |
| 6.0 | 1.16 | 1.26 | 0.97 | 1.07 | 0.60 | 0.70 | 0.40 | 0.50 |
| 8.0 | 1.75 | 1.87 | 1.46 | 1.58 | 0.85 | 0.97 | 0.60 | 0.72 |
| 10 | 2.44 | 2.56 | 2.04 | 2.16 | 1.14 | 1.26 | 0.80 | 0.92 |

美国《工具与制造工程师手册》（1976年版）介绍的间隙值可根据使用要求分类选用（表 2-8）。表中五类间隙情况下的断面状况如图 2-19 所示。

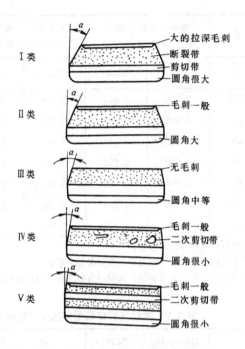

图 2-19  不同间隙情况下的剪切断面

表 2-9 是参照表 2-8 结合我国对间隙的研究与使用经验而编制的。与表 2-8 不同之处是只

**表 2-8　各种材料不同切断面类型的间隙值**

| 冲裁材料 | | 单面间隙比值 $\frac{C}{t}$（%） | | | | |
|---|---|---|---|---|---|---|
| | | I | II | III | IV | V |
| 高碳钢和合金钢 | | 26 | 18 | 15 | 12 | |
| 软（低碳）钢 | | 21 | 12 | 9 | 6.5 | 2 |
| 不锈钢 | | 23 | 13 | 10 | 4 | 1.5 |
| 铜 | 硬 | 25 | 11 | 8 | 3.5 | 1.25 |
| | 软 | 26 | 8 | 6 | 3 | 0.75 |
| 磷青铜 | | 25 | 13 | 11 | 4.5 | 2.5 |
| 黄铜 | 硬 | 24 | 10 | 7 | 4 | 0.8 |
| | 软 | 21 | 9 | 6 | 2.5 | 1 |
| 铝 | 硬 | 20 | 15 | 10 | 6 | 1 |
| | 软 | 17 | 9 | 7 | 3 | 1 |
| 镁 | | 16 | 6 | 4 | 2 | 0.75 |
| 铝 | | 22 | 9 | 7 | 5 | 2.5 |
| 断面状态及适用场合 | | 圆角半径、拉伸毛刺、断面斜度等都大。光亮带小，撕裂带占料厚的3/4。适用于对冲裁件质量要求不高时 | 圆角半径大，毛刺适当，断面斜度中等。光亮带占料厚的1/3。模具寿命高，适用于一般冲裁件 | 圆角半径小，断面斜度小，毛刺很小（可以无毛刺），残余应力小，光亮带占料厚的1/3～1/2。适用于对冲裁件质量要求高，特别是易加工硬化的材料 | 圆角半径很小，断面斜度很小，中等挤压毛刺。光亮带占料厚的2/3。断面上有光亮点。适用于要再加工的冲裁件 | 圆角半径极小，有较大挤压毛刺，有二次光亮带或全光亮带。适用于断面要求垂直的冲裁件。冲硬料时，模具寿命很短，但对黄铜、铅、软钢、铝等可用 |

列出三类间隙值。其中第 I 类适用于对断面质量与冲件精度均要求高的制件，但模具寿命较低。第 II 类适用于断面质量、冲件精度要求一般，及需继续塑性变形的制件。第 III 类适用于断面质量、冲件精度均要求不高的制件，但模具寿命较长。

**表 2-9　冲裁单面间隙比值 $\frac{C}{t}$**　　　　　　　　　　　　（%）

| 材料＼类别 | I | II | III |
|---|---|---|---|
| 低碳钢<br>08F、10F、10、20、Q235 | 3.0～7.0 | 7.0～10.0 | 10.0～12.5 |
| 中碳钢 45<br>不锈钢 1Cr18Ni9Ti、4Cr13<br>膨胀合金（可伐合金）4J29 | 3.5～8.0 | 8.0～11.0 | 11.0～15.0 |
| 高碳钢<br>T8A、T10A<br>65Mn | 8.0～12.0 | 12.0～15.0 | 15.0～18.0 |
| 纯铝 L2、L3、L4、L5<br>铝合金（软态）LF21<br>黄铜（软态）H62<br>紫铜（软态）T1、T2、T3 | 2.0～4.0 | 4.5～6.0 | 6.5～9.0 |
| 黄铜（硬态）<br>铅黄铜<br>紫铜（硬态） | 3.0～5.0 | 5.5～8.0 | 8.5～11.0 |
| 铝合金（硬态）LY12<br>锡磷青铜<br>铝青铜<br>铍青铜 | 3.5～6.0 | 7.0～10.0 | 11.0～13.0 |
| 镁合金 | 1.5～2.5 | | |
| 硅钢 | 2.5～5.0 | 5.0～9.0 | |

说明：1. 本表适用于厚度为 10mm 以下的金属材料，厚料间隙比值要取大些。

2. 非金属材料的间隙比值：红纸板、胶纸板、胶布板的间隙比值分二类。相当于 I 类时，取 0.5～2；相当于 II 类时，取 2～4。纸、皮革、云母纸的间隙比值取 0.25～0.75。

## 第四节　冲裁模工作部分的设计计算

冲裁件的尺寸精度主要决定于模具刃口的尺寸精度，合理间隙的数值也必须靠模具刃口尺寸来保证。因此，正确确定模具刃口尺寸及其公差，是设计冲裁模的主要任务之一。

### 一、冲裁模刃口尺寸的计算

#### （一）计算原则

由于凸、凹模之间存在间隙，所以冲裁件断面都是带有锥度的，且落料件的大端尺寸等于凹模尺寸，冲孔件的小端尺寸等于凸模尺寸。在测量与使用中，落料件是以大端尺寸为基准，冲孔件孔径是以小端尺寸为基准。冲裁过程中，凸、凹模要与冲裁零件或废料发生摩擦，凸模越磨越小，凹模越磨越大，结果使间隙越用越大。因此，在确定凸、凹模刃口尺寸时，必须遵循下述原则：

（1）落料模先确定凹模刃口尺寸，其标称尺寸应取接近或等于制件的最小极限尺寸，以保证凹模磨损到一定尺寸范围内，也能冲出合格制件，凸模刃口的标称尺寸比凹模小一个最小合理间隙。

(2) 冲孔模先确定凸模刃口尺寸，其标称尺寸应取接近或等于制件的最大极限尺寸，以保证凸模磨损到一定尺寸范围内，也能冲出合格的孔。凹模刃口的标称尺寸应比凸模大一个最小合理间隙。

(3) 选择模具刃口制造公差时，要考虑工件精度与模具精度的关系，既要保证工件的精度要求，又要保证有合理的间隙值。一般冲模精度较工件精度高 2～3 级（表 2-3）。若零件没有标注公差，则对于非圆形件按国家标准非配合尺寸的 IT14 级精度来处理，圆形件一般可按 IT10 级精度来处理，工件尺寸公差应按"入体"原则标注为单向公差，所谓"入体"原则是指标注工件尺寸公差时应向材料实体方向单向标注，即：落料件正公差为零，只标注负公差；冲孔件负公差为零，只标注正公差。

(二) 计算方法

模具工作部分尺寸及公差的计算方法与加工方法有关，基本上可分为两类。

1. 凸模与凹模分开加工　凸、凹模分开加工，是指凸模和凹模分别按图样加工至尺寸。此种方法适用于圆形或形状简单的工件，为了保证凸、凹模间初始间隙小于最大合理间隙 $Z_{max}$，不仅凸、凹模分别标注公差（凸模 $\delta_p$，凹模 $\delta_d$），而且要求有较高的制造精度，以满足如下条件

$$\delta_p + \delta_d \leqslant Z_{max} - Z_{min}$$

或取

$$\delta_p = 0.4 \, (Z_{max} - Z_{min})$$

$$\delta_d = 0.6 \, (Z_{max} - Z_{min})$$

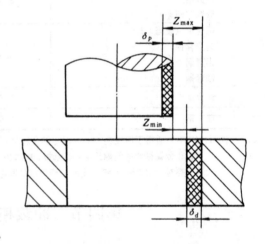

也就是说，新制造的模具应该是 $\delta_p + \delta_d + Z_{min} \leqslant Z_{max}$，如图 2-20 所示。否则，制造的模具间隙已超过了允许的变动范围 $Z_{min} \sim Z_{max}$，影响模具的使用寿命。

下面对落料和冲孔两种情况分别进行讨论。

(1) 落料：设工件尺寸为 $D^0_{-\Delta}$。根据以上原则，应先确定凹模尺寸，使凹模标称尺寸接近或等于工件的最小极限尺寸，再减小凸模尺寸保证最小合理间隙。凹模制造偏差取正偏差，凸模取负偏差。各部分分配位置见图 2-21a，计算公式如下

图 2-20　凸、凹模分别加工时的间隙变动范围

$$D_d = (D - x\Delta)^{+\delta_d}_0 \tag{2-6}$$

$$D_p = (D_d - Z_{min})^0_{-\delta_p} = (D - x\Delta - Z_{min})^0_{-\delta_p} \tag{2-7}$$

式中　$D_d$、$D_p$——分别为落料凹、凸模标称尺寸（mm）；

$D$——落料件标称尺寸（mm）；

$\Delta$——工件制造公差（mm）；

$Z_{min}$——凸、凹模最小合理间隙（双边）（mm）；

$\delta_p$、$\delta_d$——凸、凹模的制造公差（mm），可查表 2-10，或取 $\delta_d = \Delta/4$，$\delta_p = (1/4 \sim 1/5)\Delta$；

$x$——系数，是为了使冲裁件的实际尺寸尽量接近冲裁件公差带的中间尺寸，与

工件制造精度有关，可查表 2-11，或按下列关系取：

工件精度 IT10 以上，$x=1$

工件精度 IT11～13，$x=0.75$

工件精度 IT14，$x=0.5$

**表 2-10　规则形状（圆形、方形件）冲裁时凸模、凹模的制造公差**　　　　（mm）

| 基本尺寸 | 凸模偏差 $\delta_p$ | 凹模偏差 $\delta_d$ | 基本尺寸 | 凸模偏差 $\delta_p$ | 凹模偏差 $\delta_d$ |
|---|---|---|---|---|---|
| ≤18 | 0.020 | 0.020 | >180～260 | 0.030 | 0.045 |
| >18～30 | 0.020 | 0.025 | >260～360 | 0.035 | 0.050 |
| >30～80 | 0.020 | 0.030 | >360～500 | 0.040 | 0.060 |
| >80～120 | 0.025 | 0.035 | >500 | 0.050 | 0.070 |
| >120～180 | 0.030 | 0.040 | | | |

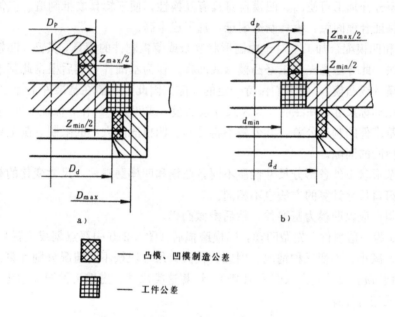

　　　　▨ —— 凸模、凹模制造公差

　　　　▩ —— 工件公差

图 2-21　落料、冲孔时各部分分配位置

a）落料　b）冲孔

（2）冲孔：设冲孔尺寸为 $d_0^{+\Delta}$。根据以上原则，应先确定凸模尺寸，使凸模标称尺寸接近或等于工件孔的最大极限尺寸，再增大凹模尺寸以保证最小合理间隙。模具偏差"入体"标注，各部分分配位置见图 2-21b。计算公式如下

$$d_p = (d + x\Delta)_{-\delta_p}^{0} \tag{2-8}$$

$$d_d = (d_p + Z_{\min})_0^{+\delta_d} = (d + x\Delta + Z_{\min})_0^{+\delta_d} \tag{2-9}$$

式中　$d_p$、$d_d$ ——冲孔凸、凹模直径（mm）；

　　　$d$ ——冲孔件标称尺寸。

其余符号意义同上。

表 2-11　系数 *x*

| 材料厚度 *t* (mm) | 非　圆　形 | | | 圆　　形 | |
| --- | --- | --- | --- | --- | --- |
| | 1 | 0.75 | 0.5 | 0.75 | 0.5 |
| | 工件公差 Δ (mm) | | | | |
| <1 | ≤0.16 | 0.17~0.35 | ≥0.36 | <0.16 | ≥0.16 |
| 1~2 | ≤0.20 | 0.21~0.41 | ≥0.42 | <0.20 | ≥0.20 |
| 2~4 | ≤0.24 | 0.25~0.49 | ≥0.50 | <0.24 | ≥0.24 |
| >4 | ≤0.30 | 0.31~0.59 | ≥0.60 | <0.30 | ≥0.30 |

(3) 孔心距

$$L_d = L \pm \Delta/8 \tag{2-10}$$

式中　$L_d$——凹模孔心距的标称尺寸 (mm);

　　　$L$——工件孔心距的标称尺寸 (mm);

　　　$\Delta$——工件孔心距的公差。

凸、凹模分开加工可使凸、凹模自身具有互换性,便于模具成批制造。但需要较高的公差等级才能保证合理间隙,模具制造困难,加工成本高。

2. 凸模和凹模配合加工　对于冲制形状复杂或薄板制件的模具,其凸、凹模往往采用配合加工的方法。此方法是先加工好凸模(或凹模)作为基准件,然后根据此基准件的实际尺寸,配做凹模(或凸模),使它们保持一定的间隙。因此,只需在基准件上标注尺寸及公差,另一件只标注标称尺寸,并注明"××尺寸按凸模(或凹模)配作,保证双面间隙××"。这样,可放大基准件的制造公差。其公差不再受凸、凹模间隙大小的限制,制造容易,并容易保证凸、凹模间的间隙。

由于复杂形状工件各部分尺寸性质不同,凸模和凹模磨损后,尺寸变化的趋势不同,所以基准件的刃口尺寸计算的方法也不相同。

(1) 落料:应以凹模为基准件,然后配做凸模。

图 2-22a 为一落料件。先做凹模,凹模磨损后(图 2-22b 中双点划线位置),刃口尺寸的变化有增大、减小、不变三种情况。因此凹模刃口尺寸应按不同情况分别计算。

1) 凹模磨损后尺寸变大(图中 *A* 类)。计算这类尺寸,先把工件图尺寸化为 $A_{-\Delta}^{0}$,再按落料凹模公式进行计算

$$A_d = (A - x\Delta)_0^{+\delta_d} \tag{2-11}$$

2) 凹模磨损后尺寸变小(图中 *B* 类)。计算这类尺寸,先把工件图尺寸化为 $B_0^{+\Delta}$,再按冲孔凸模公式进行计算

$$B_d = (B + x\Delta)_{-\delta_d}^0 \tag{2-12}$$

3) 凹模磨损后尺寸不变(图中 *C* 类)。计算这类尺寸,则按下述三种情况进行计算

制件尺寸为 $C_0^{+\Delta}$ 时

$$C_d = (C + 0.5\Delta) \pm \delta_d/2 \tag{2-13}$$

制件尺寸为 $C_{-\Delta}^0$ 时

$$C_d = (C - 0.5\Delta) \pm \delta_d/2 \tag{2-14}$$

制件尺寸为 $C \pm \Delta'$ 时

$$C_d = C \pm \delta_d/2 \tag{2-15}$$

式中　$A_d$、$B_d$、$C_d$——凹模刃口尺寸（mm）；

　　　$A$、$B$、$C$——工件标称尺寸（mm）；

　　　$\Delta$——工件公差（mm）；

　　　$\Delta'$——工件偏差，对称偏差时，$\Delta'=\Delta/2$；

　　　$\delta_d$——凹模制造偏差（mm），$\delta_d=\Delta/4$；

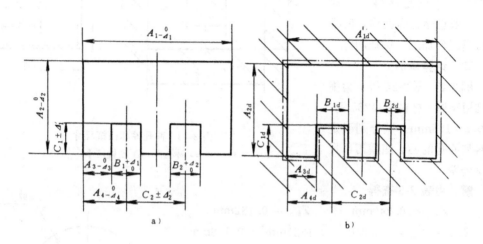

图 2-22　落料件和凹模尺寸

a) 落料件　b) 凹模尺寸

（2）冲孔：应以凸模为基准件，然后配做凹模。

图 2-23a 为一冲孔件。先做凸模，凸模磨损后（图 2-23b 中双点划线位置），刃口尺寸的变化也是有增大、减小、不变三种情况。也应按不同情况分别进行计算：

1）磨损后凸模尺寸变小（$A$ 类），设工件尺寸为 $A_0^{+\Delta}$，则

$$A_p = (A + x\Delta)^0_{-\delta_p} \tag{2-16}$$

2）磨损后凸模尺寸变大（$B$ 类），设工件尺寸为 $B_{-\Delta}^0$，则

$$B_p = (B - x\Delta)^{+\delta_p}_0 \tag{2-17}$$

3）磨损后凸模尺寸不变（$C$ 类），按制件标注尺寸不同分为

制件尺寸为 $C_0^{+\Delta}$ 时

$$C_p = (C + 0.5\Delta) \pm \delta_p/2 \tag{2-18}$$

制件尺寸为 $C_{-\Delta}^0$ 时

$$C_p = (C - 0.5\Delta) \pm \delta_p/2 \tag{2-19}$$

制件尺寸为 $C \pm \Delta'$ 时

$$C_p = C \pm \delta_p/2 \tag{2-20}$$

式中　$A_p$、$B_p$、$C_p$——凸模刃口尺寸（mm）；

　　　$\delta_p$——凸模制造偏差（mm），$\delta_p=\Delta/4$。

其余符号意义同前。

若采用电火花加工冲裁模时，也属于配合加工法。由于凹模的刃口尺寸精度是由电极精度来保证的。因此，不论是冲孔还是落料，都只在凸模上标注尺寸和公差，凹模标明"与凸

模配合加工，保证最小间隙××"。凹模不存在机械加工的制造公差，而只有加工时放电火花间隙的误差。

若采用成形磨削加工冲裁模时，不论是落料还是冲孔，一般也是先做凸模，凹模按凸模配合加工，保证间隙。

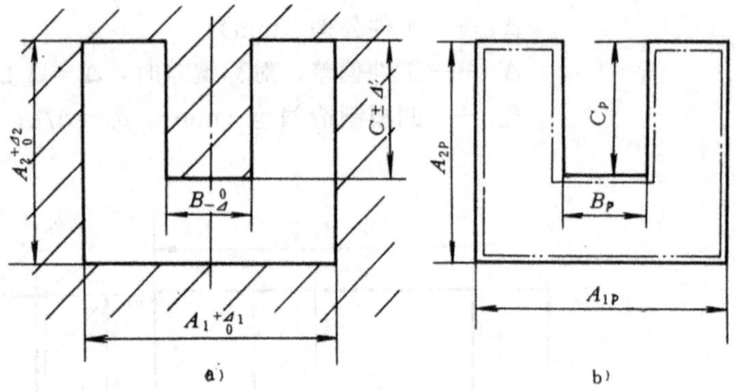

## 二、计算举例

**例 2-2** 图 2-24 所示为拖拉机用垫圈，材料为 Q235 钢，料厚 $t=1.5$mm，试分别确定落料和冲孔的凸、凹模刃口尺寸及公差。

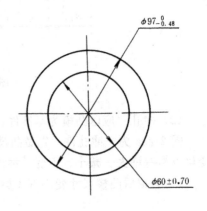

图 2-23 冲孔件和凸模尺寸
a) 冲孔件 b) 凸模尺寸

**解**：由表 2-5 查得

$$Z_{max} = 0.240\text{mm} \qquad Z_{min} = 0.132\text{mm}$$

$$Z_{max} - Z_{min} = (0.240 - 0.132)\text{mm} = 0.108\text{mm}$$

由表 2-10 查得凸、凹模制造公差：

落料部分： $\delta_d = 0.035$mm $\qquad \delta_p = 0.025$mm

$$\delta_d + \delta_p = (0.035 + 0.025)\text{mm}$$
$$= 0.060\text{mm}$$
$$\delta_d + \delta_p < Z_{max} - Z_{min}$$

冲孔部分： $\delta_p = 0.020$mm $\qquad \delta_d = 0.030$mm

$$\delta_p + \delta_d = (0.020 + 0.030)\text{mm}$$
$$= 0.050\text{mm}$$
$$\delta_p + \delta_d < Z_{max} - Z_{min}$$

图 2-24 制件尺寸

由表 2-11 查得 $x = 0.5$

所以落料部分

$$D_d = (D - x\Delta)^{+\delta_d}_{0} = (97 - 0.5 \times 0.48)^{+0.035}_{0}\text{mm} = 96.76^{+0.035}_{0}\text{mm}$$

$$D_p = (D_d - Z_{min})^{0}_{-\delta_p} = (96.76 - 0.132)^{0}_{-0.025}\text{mm} = 96.63^{0}_{-0.025}\text{mm}$$

冲孔部分：

按要求将工件尺寸 $\phi 60 \pm 0.70$mm 化为单向公差：$\phi 59.3^{1.4}_{0}$mm

$$d_p = (d + x\Delta)^{0}_{-\delta_p} = (59.3 + 0.5 \times 1.4)^{0}_{-0.02}\text{mm} = 60^{0}_{-0.02}\text{mm}$$

$$d_d = (d_p + Z_{min})^{+\delta_p}_{0} = (60 + 0.132)^{+0.03}_{0}\text{mm} = 60.132^{+0.03}_{0}\text{mm}$$

**例 2-3** 冲制图 2-25 所示零件，材料 H62，料厚 $t = 0.5$mm，试确定落料凹、凸模刃口尺寸及制造公差。

**解**：根据零件形状，凹模磨损后其尺寸变化有三种情况：

(1) 凹模磨损后，尺寸 $A_1$、$A_2$、$A_3$、$A_4$ 变大。

由表 2-11 查得：$x_1=0.75$，$x_2=1$，$x_3=0.75$，$x_4=0.75$

由公式（2-11）得

$A_{1d}=（46-0.75\times0.17）^{+(1/4)\times0.17}_0$mm

$\quad\quad=45.87^{+0.04}_0$mm

$A_{2d}=（26-0.75\times0.12）^{+(1/4)\times0.12}_0$mm

$\quad\quad=25.86^{+0.03}_0$mm

$A_{3d}=（56-0.75\times0.20）^{+(1/4)\times0.20}_0$mm

$\quad\quad=55.85^{+0.05}_0$mm

$A_{4d}=（80-0.75\times0.20）^{+(1/4)\times0.20}_0$mm

$\quad\quad=79.85^{+0.05}_0$mm

（2）凹模磨损后，尺寸 $B$ 变小。

由表 2-11 查得：　$x=1$

由公式（2-12）得

$B_d=（30+1\times0.12）^0_{-(1/4)\times0.12}$mm

$\quad\quad=30.12^0_{-0.03}$mm

（3）凹模磨损后，尺寸 $C$ 不变。

由公式（2-15）得

$C_d=54\pm（1/2）\times（1/4）\times0.4$mm

$\quad\quad=54\pm0.05$mm

由表 2-6 查得 $Z_{\min}=0.025$mm　$Z_{\max}=0.035$mm

该零件凸模刃口各部分尺寸按上述凹模的相应部分尺寸配制，保证双面间隙值 $Z_{\min}\sim Z_{\max}=0.025\sim0.035$mm。凹模尺寸标注见图 2-26。

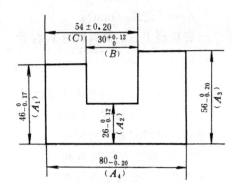

图 2-25　落料件尺寸

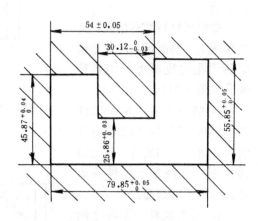

图 2-26　落料凹模尺寸

# 第五节　冲裁件的排样

## 一、材料利用率

冲裁件在板、条等材料上的布置方法称为排样。排样的合理与否，影响到材料的经济利用率，还会影响到模具结构、生产率、制件质量、生产操作方便与安全等。因此，排样是冲裁工艺与模具设计中一项很重要的工作。

冲压件大批量生产成本中，毛坯材料费用占 60% 以上，排样的目的就在于合理利用原材料。衡量排样经济性、合理性的指标是材料的利用率。其计算公式如下：

一个进距内的材料利用率 $\eta$ 为

$$\eta=\frac{nA}{Bh}\times100\% \tag{2-21}$$

式中　$A$ ——冲裁件面积（包括冲出的小孔在内）（$\text{mm}^2$）；

　　　$n$ ——一个进距内冲件数目；

$B$ —— 条料宽度（mm）；

$h$ —— 进距（mm）；

一张板料上总的材料利用率 $\eta_\Sigma$ 为

$$\eta_\Sigma = \frac{NA}{BL} \times 100\%$$

式中　$N$ —— 一张板料上冲件总数目；

$L$ —— 板材长度（mm）。

条料、带料和板料的利用率 $\eta_\Sigma$ 比一个进距内的材料利用率 $\eta$ 要低。其原因是条料和带料有料头和料尾的影响，另外用板材剪成条料还有料边的影响。

要提高材料的利用率，就必须减少废料面积，冲裁过程中所产生的废料可分为两种情况（图 2-27）。

1. 结构废料　由于工件结构形状的需要，如工件内孔的存在而产生的废料，称为结构废料，它决定于工件的形状，一般不能改变。

2. 工艺废料　工件之间和工件与条料边缘之间存在的搭边，定位需要切去的料边与定位孔，不可避免的料头和料尾废料，称为工艺废料，它决定于冲压方式和排样方式。

因此，提高材料利用率主要应从减少工艺废料着手，同一个工件，可以有几种不同的

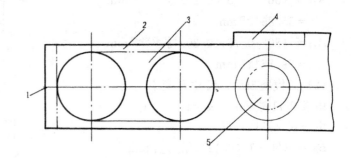

图 2-27　废料种类

1—料头（搭边）　2—侧搭边　3—搭边　4—定距刀废料　5—结构废料

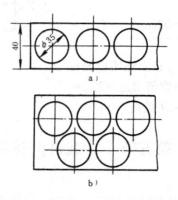

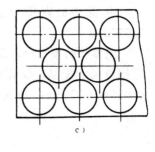

图 2-28　冲件排样方法的比较

排样方法。合理的排样方法，应是将工艺废料减到最少。图 2-28 所示的最简单的圆形工件，采用图 2-28a 的排样法，材料的利用率为 64%，采用图 2-28b 的排样法，材料利用率提高为 72%，采用图 2-28c 的方法可达 76.5%。有时在不影响零件使用要求的前提下，对零件结构作些适当改进，可以减少设计废料，提高材料利用率。如图 2-29 所示零件，改进前的材料利用率为 50%，适当改进后，材料利用率可达 80%。

**二、排样方法**

根据材料的利用情况，排样的方法可分为三种：

（一）有废料排样

沿工件的全部外形冲裁，工件与工件之间，工件与条料侧边之间都有工艺余料（搭边）存在，冲裁后搭边成为废料，如图 2-30a 所示。

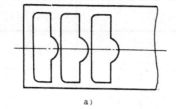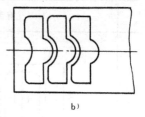

图 2-29　材料的经济利用

a）改进前　b）改进后

（二）少废料排样

沿工件的部分外形轮廓切断或冲裁，只在工件之间或是工件与条料侧边之间有搭边存在，如图 2-30b 所示。

（三）无废料排样

工件与工件之间，工件与条料侧边之间均无搭边存在，条料沿直线或曲线切断而得工件。如图 2-30c 所示。

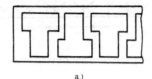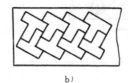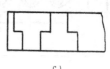

图 2-30　排样方法

a）有废料排样法　b）少废料排样法　c）无废料排样法

有废料排样法的材料利用率较低，但制件的质量和冲模寿命较高，常用于工件形状复杂、尺寸精度要求较高的排样。

少、无废料排样法的材料利用率较高，在无废料排样时，材料只有料头、料尾损失，材料利用率可达 85%～95%，少废料排样法也可达 70%～90%。如图 2-30 所示的工件，采用有废料排样法时，$\eta = 60\%$，采用少废料排样法时，$\eta = 72\%$，采用无废料排样法 $\eta = 94\%$。同时，少、无废料排样法有利于一次冲裁多个工件，可以提高生产率。由于这两种排样法冲切周边减少，所以还可简化模具结构，降低冲裁力。但是，少、无废料排样的应用范围有一定的局限性，受到工件形状结构的限制，且由于条料本身的宽度公差，条料导向与定位所产生的误差，会直接影响工件尺寸而使工件的精度降低。在几个工件的汇合点容易产生毛刺。由于采用单边剪切，也会加快模具磨损而降低冲模寿命，并直接影响到工件的断面质量，所以少、无废料排样常用于精度要求不高的工件排样。

有废料、少废料或无废料排样，按工件的外形特征、排样的形式又可分为直排、斜排、对排、混合排、多排和裁搭边等，各种排列方式的应用情况可见表 2-12。

对于简单形状的工件，可以用计算方法选择合理的排样方式，而对于形状复杂的工件要作出正确判断则比较困难，通常用放样的方法，即用厚纸片剪 3～5 个样件，摆出各种可能的排样方案，从中选择一个比较合理的方案。

人工排样一般难以获得最佳排样方案，现已开发的计算机优化毛坯排样较之手工排样具有明显的优越性，速度快并可使材料利用率提高 3%～7%。

表 2-12　排样方式

| | 有废料排样 | 少、无废料排样 |
|---|---|---|
| 直排 | 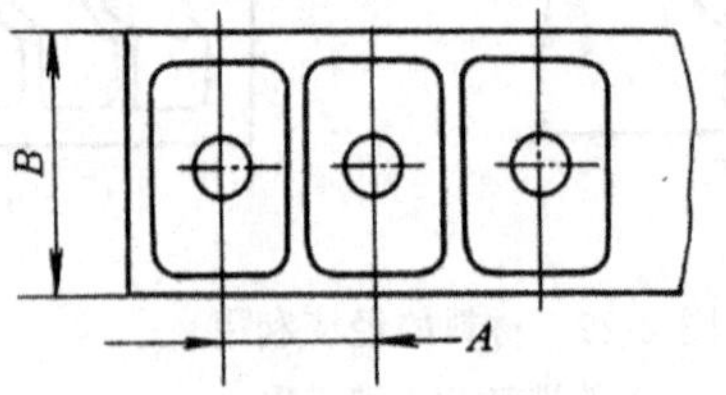 | 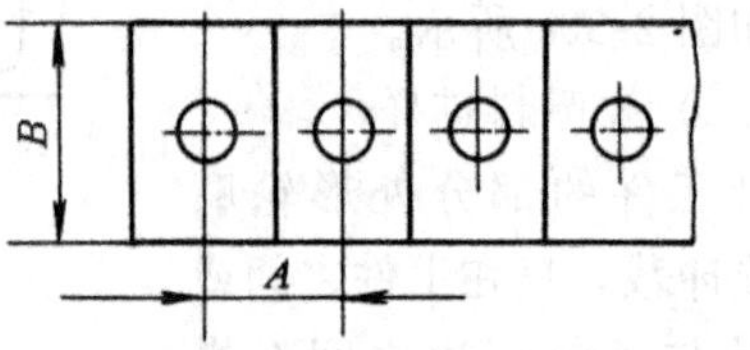 |
| 斜排 | 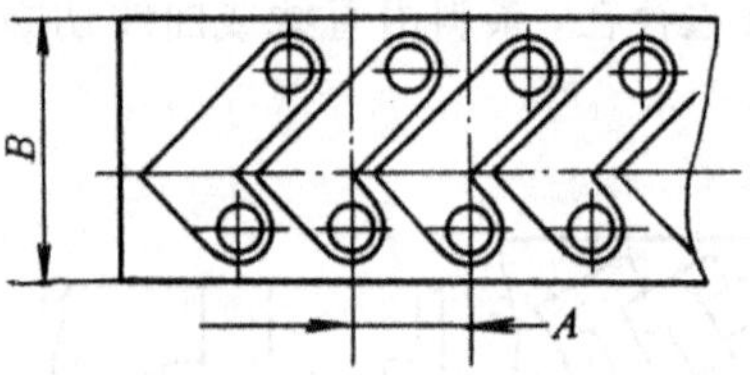 | 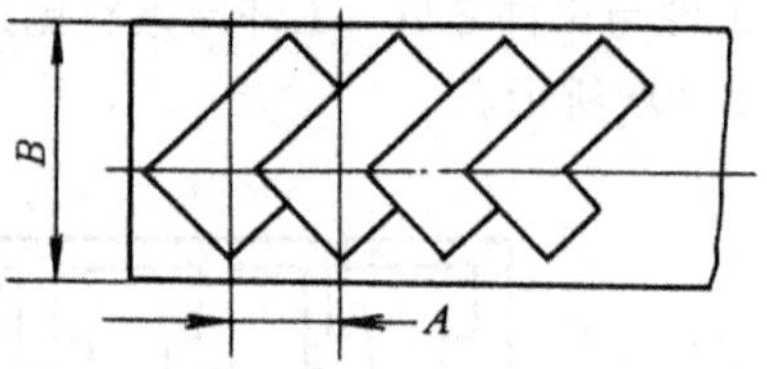 |
| 直对排 | 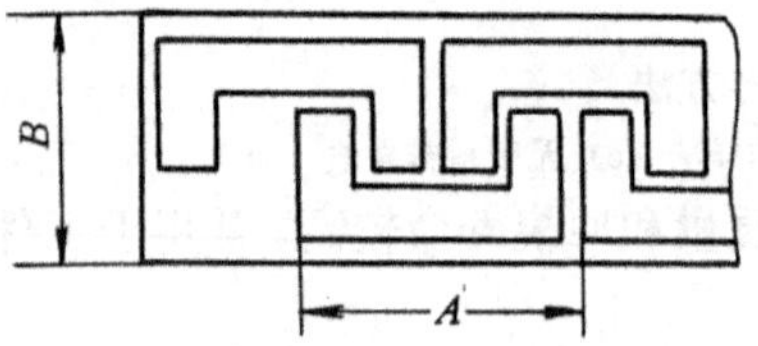 | 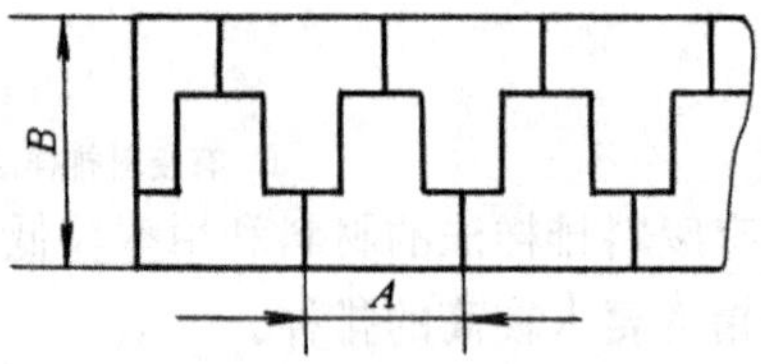 |
| 斜对排 | 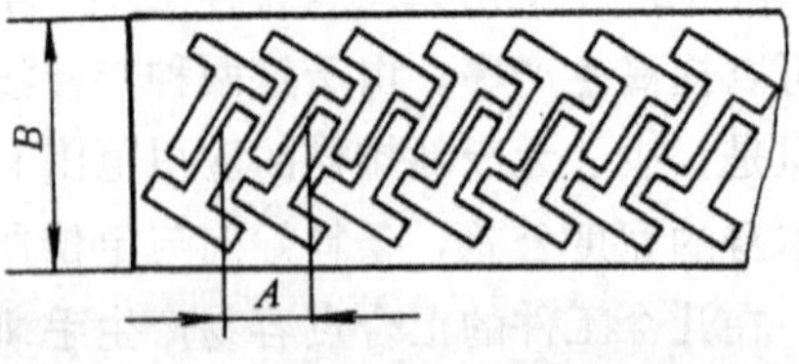 | 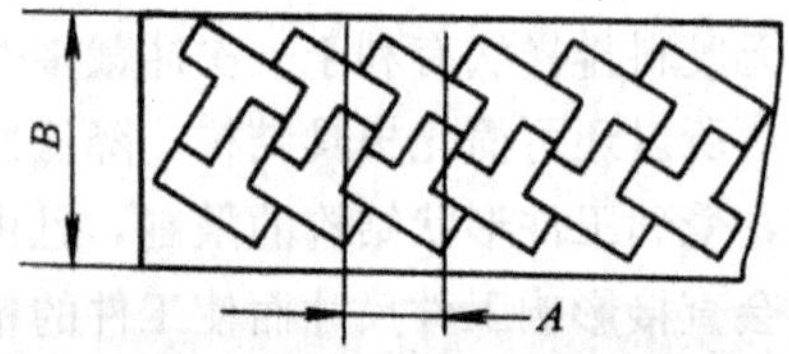 |
| 混合排 | 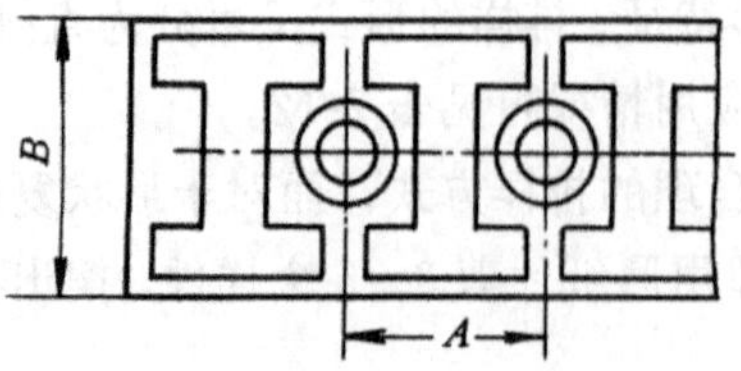 | 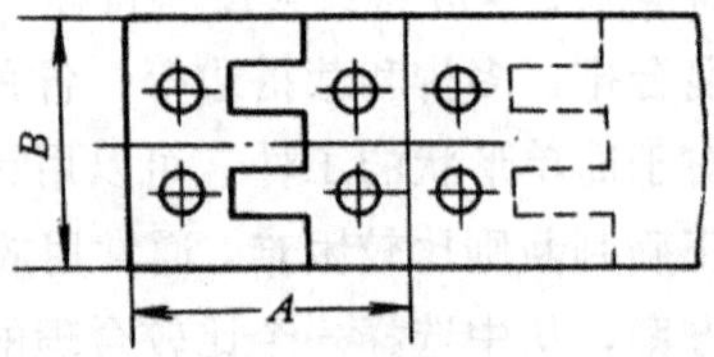 |

（续）

| | 有废料排样 | 少、无废料排样 |
|---|---|---|
| 多行排 | 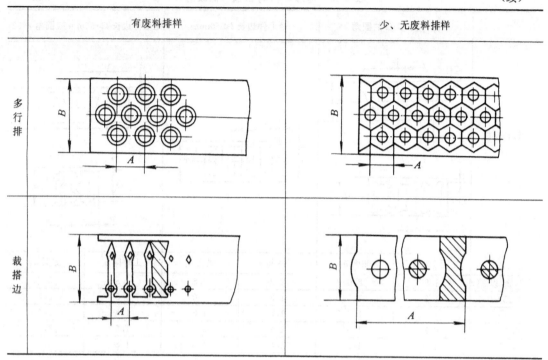 | |
| 裁搭边 | | |

### 三、搭边和料宽

（一）搭边

排样中相邻两工件之间的余料或工件与条料边缘间的余料称为搭边。搭边的作用是补偿定位误差，防止由于条料的宽度误差、送料步距误差、送料歪斜误差等原因而冲裁出残缺的废品。此外，还应保持条料有一定的强度和刚度，保证送料的顺利进行，从而提高制件质量，使凸、凹模刃口沿整个封闭轮廓线冲裁，使受力平衡，提高模具寿命和工件断面质量。

搭边值要合理确定。搭边值过大，材料利用率低。搭边值小，材料利用率虽高。但过小时就不能发挥搭边的作用，在冲裁过程中会被拉断，造成送料困难，使工件产生毛刺，有时还会被拉入凸模和凹模间隙，损坏模具刃口，降低模具寿命。搭边值过小，会使作用在凸模侧表面上的法向应力沿着落料毛坯周长的分布不均匀，引起模具刃口的磨损。为避免这一现象，搭边的最小宽度大约取为毛坯的厚度，使之大于塑变区的宽度。

影响搭边值大小的因素主要有：

1. 材料的力学性能　塑性好的材料，搭边值要大一些，硬度高与强度大的材料，搭边值可小一些。

2. 材料的厚度　材料越厚，搭边值也越大。

3. 工件的形状和尺寸　工件外形越复杂，圆角半径越小，搭边值越大。

4. 排样的形式　对排的搭边值大于直排的搭边。

5. 送料及挡料方式　用手工送料，有侧压板导向的搭边值可小一些。

搭边值一般由经验确定，表 2-13 列出了普通冲裁低碳钢时的搭边值。

对于其他材料，应将表中数值乘以下列系数

表 2-13　搭边 $a$ 和 $a_1$ 数值（低碳钢）　　　　　　　　（mm）

| 材料厚度 $t$ | 圆件及 $r>2t$ 的圆角 | | 矩形件边长 $l<50mm$ | | 矩形件边长 $l>50mm$ 或圆角 $r<2t$ | |
|---|---|---|---|---|---|---|
| | 工件间 $a$ | 侧面 $a_1$ | 工件间 $a$ | 侧面 $a_1$ | 工件间 $a$ | 侧面 $a_1$ |
| 0.25 以下 | 1.8 | 2.0 | 2.2 | 2.5 | 2.8 | 3.0 |
| 0.25~0.5 | 1.2 | 1.5 | 1.8 | 2.0 | 2.2 | 2.5 |
| 0.5~0.8 | 1.0 | 1.2 | 1.5 | 1.8 | 1.8 | 2.0 |
| 0.8~1.2 | 0.8 | 1.0 | 1.2 | 1.5 | 1.5 | 1.8 |
| 1.2~1.6 | 1.0 | 1.2 | 1.5 | 1.8 | 1.8 | 2.0 |
| 1.6~2.0 | 1.2 | 1.5 | 1.8 | 2.0 | 2.0 | 2.2 |
| 2.0~2.5 | 1.5 | 1.8 | 2.0 | 2.2 | 2.2 | 2.5 |
| 2.5~3.0 | 1.8 | 2.2 | 2.2 | 2.5 | 2.5 | 2.8 |
| 3.0~3.5 | 2.2 | 2.5 | 2.5 | 2.8 | 2.8 | 3.2 |
| 3.5~4.0 | 2.5 | 2.8 | 2.8 | 3.2 | 3.2 | 3.5 |
| 4.5~5.0 | 3.0 | 3.5 | 3.5 | 4.0 | 4.0 | 4.5 |
| 5.0~12 | $0.6t$ | $0.7t$ | $0.7t$ | $0.8t$ | $0.8t$ | $0.9t$ |

| | |
|---|---|
| 中碳钢 | 0.9 |
| 高碳钢 | 0.8 |
| 硬黄铜 | 1~1.1 |
| 硬铝 | 1~1.2 |
| 软黄铜、紫铜 | 1.2 |
| 铝 | 1.3~1.4 |
| 非金属（皮革纸、纤维板等） | 1.5~2 |

**（二）条料宽度的确定**

排样方案和搭边数值确定后，即可确定条料或带料的宽度及进距。

条料宽度的确定原则是：最小条料宽度要保证冲裁时工件周边有足够的搭边值，最大条料宽度要能在冲裁时顺利地在导料板之间送进，并与导料板之间有一定的间隙。因此，在确定条料宽度时必须考虑到模具的结构中是否采用侧压装置和侧刃，根据不同结构分别进行计算。

当条料在无侧压装置的导料板之间送料时（图 2-31a），条料宽度按下式计算

$$B_{-\Delta}^{0} = [D + 2(a_1 + \Delta) + b_0] - \Delta$$

式中　$B$ ——条料标称宽度（mm）；

　　　$D$ ——工件垂直于送料方向的最大尺寸（mm）；

$a_1$ —— 侧搭边（mm）；

$\Delta$ —— 条料宽度的公差（mm），见表 2-14；

$b_0$ —— 条料与导料板间的间隙（mm），见表 2-15。

当导料板之间有侧压装置时（图 2-31b），条料宽度按下式计算

$$B_{-\Delta}^{0} = (D + 2a_1 + \Delta)_{-\Delta}^{0}$$

式中各符号意义同上。

导料板间的距离：$A = B + b_0$

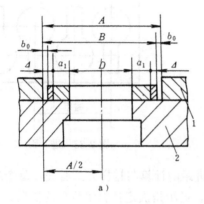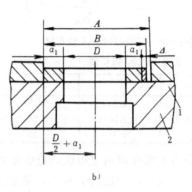

图 2-31  条料宽度的确定

a）无侧压装置  b）有侧压装置

1—导料板  2—凹模

**表 2-14  剪切条料宽度公差**　　　　　　　　　　（mm）

| 条料宽度 B | 材　料　厚　度　$t$ | | | |
|---|---|---|---|---|
| | ～1 | 1～2 | 2～3 | 3～5 |
| ～50 | 0.4 | 0.5 | 0.7 | 0.9 |
| 50～100 | 0.5 | 0.6 | 0.8 | 1.0 |
| 100～150 | 0.6 | 0.7 | 0.9 | 1.1 |
| 150～220 | 0.7 | 0.8 | 1.0 | 1.2 |
| 220～300 | 0.8 | 0.9 | 1.1 | 1.3 |

**表 2-15  条料与导料板之间的间隙**　　　　　　　　（mm）

| 条料厚度 | 无　侧　压　装　置 | | | 有　侧　压　装　置 | |
|---|---|---|---|---|---|
| | 条　料　宽　度 | | | | |
| | ≤100 | >100～200 | >200～300 | ≤100 | >100 |
| ≤1 | 0.5 | 0.5 | 1 | 5 | 8 |
| >1～5 | 0.5 | 1 | 1 | 5 | 8 |

当模具有侧刃时，条料宽度按下式计算（图 2-32）

$$B_{-\Delta}^{0} = (D + 2a_1 + nC)_{-\Delta}^{0}$$

式中　$n$ —— 侧刃数；

$C$ —— 侧刃冲切的料边宽度（mm），见表 2-16。

其余符号意义同前。

导料板间距离：

$$A = B + b_0 \qquad A' = D + 2a_1 + b_1$$

式中　$b_1$——冲切后条料宽度与导料板间的间隙见表2-16。

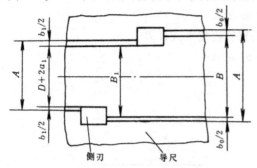

图 2-32　有侧刃时的条料宽度

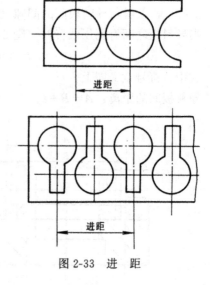

图 2-33　进距

**表 2-16　$b_1$ 和 $C$ 值**　　　(mm)

| 材料厚度 | $C$ | $b_1$ |
|---|---|---|
| ~1.5 | 1.5 | 0.10 |
| >1.5~2.5 | 2.0 | 0.15 |
| >2.5~3 | 2.5 | 0.20 |

进距是指条料在模具上每次送进的距离，进距的计算与排样方式有关，每个进距可以冲出一个零件，也可以冲出几个零件，见图2-33。进距是决定挡料销位置的依据。

每次只冲一个零件的进距 $A$ 的计算公式为

$$A = B + a$$

式中　$B$——平行于送料方向工件的宽度；
　　　$a$——冲件之间的搭边值。

## 第六节　冲裁工艺设计

冲裁工艺设计主要包括冲裁件的工艺分析和冲裁工艺方案的确定两方面的内容。良好的工艺性和合理的工艺方案，可以用最小的材料消耗，最少的工序数量和工时，稳定地获得符合要求的优质产品，并使模具结构简单，模具寿命高，因而可以减少劳动量和冲裁成本。

### 一、冲裁件的工艺性

冲裁件的工艺性，是指冲裁件对冲裁工艺的适应性。一般情况下，对冲裁件工艺性影响最大的是制件的结构形状、精度要求、形位公差及技术要求等。冲裁件的工艺性合理与否，影响到冲裁件的质量、模具寿命、材料消耗、生产率等，设计中应尽可能提高其工艺性。

（一）冲裁件的结构工艺性

冲裁性的形状应尽可能简单、对称、避免复杂形状的曲线，在许可的情况下，把冲裁件设计成少、无废料排样的形状，以减少废料。矩形孔两端宜用圆弧连接，以利于模具加工。

冲裁件各直线或曲线的连接处，尽量避免锐角，严禁尖角。除在少、无废料排样或采用镶拼模结构时，都应有适当的圆角相连（图2-34），以利于模具制造和提高模具寿命，圆角半径 $R$ 的最小值可参考表2-17选取。

冲裁件凸出或凹入部分不能太窄，尽可能避免过长的悬臂和窄槽，见图2-35。最小宽度

$b$ 一般不小于 $1.5t$，若冲裁材料为高碳钢时，$b\geq2t$，$L_{max}\leq5b$，当材料厚度 $t<1mm$ 时，按 $t=1mm$ 计算。

**表 2-17 最小圆角半径**

| 工　序 | 圆弧角度 | 最　小　圆　角　半　径 | | | 备　注 |
|---|---|---|---|---|---|
| | | 黄铜、紫铜、铝 | 低碳钢 | 合金钢 | |
| 落　料 | $a\geq90°$ | $0.18t$ | $0.25t$ | $0.35t$ | 0.25mm |
| | $a<90°$ | $0.35t$ | $0.50t$ | $0.70t$ | 0.5mm |
| 冲　孔 | $a\geq90°$ | $0.20t$ | $0.30t$ | $0.45t$ | 0.3mm |
| | $a<90°$ | $0.40t$ | $0.60t$ | $0.90t$ | 0.6mm |

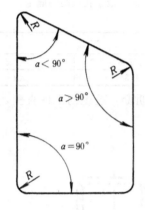

图 2-34 冲裁件的交角与圆角

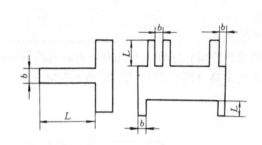

图 2-35 冲裁件凸出悬臂与凹槽尺寸

冲裁件的孔径因受冲孔凸模强度和刚度的限制，不宜太小，否则容易折断或压弯，冲孔的最小尺寸取决于冲压材料的力学性能、凸模强度和模具结构。各种形状孔的最小尺寸可参考表 2-18。如果采用带保护套的凸模，稳定性高，凸模不易折损，最小冲孔尺寸可以减少，参考表 2-19。

**表 2-18 用无保护套凸模冲孔的最小尺寸**

| 材　料 | | | | |
|---|---|---|---|---|
| 钢 $\tau>700$ MPa | $d\geq1.5t$ | $b\geq1.35t$ | $b\geq1.1t$ | $b\geq1.2t$ |
| 钢 $\tau=400$ ~700MPa | $d\geq1.3t$ | $b\geq1.2t$ | $b\geq0.9t$ | $b\geq1.0t$ |
| 钢 $\tau<400$ MPa | $d\geq1.0t$ | $b\geq0.9t$ | $b\geq0.7t$ | $b\geq0.8t$ |
| 黄铜、铜 | $d\geq0.9t$ | $b\geq0.8t$ | $b\geq0.6t$ | $b\geq0.7t$ |
| 铝、锌 | $d\geq0.8t$ | $b\geq0.7t$ | $b\geq0.5t$ | $b\geq0.6t$ |
| 纸胶板、布胶板 | $d\geq0.7t$ | $b\geq0.7t$ | $b\geq0.4t$ | $b\geq0.5t$ |
| | $d\geq0.6t$ | $b\geq0.5t$ | $b\geq0.3t$ | $b\geq0.4t$ |

注：$t$ 为材料厚度。

**表 2-19 带保护套凸模冲孔的最小尺寸**

| 材　　料 | 圆形孔径 d | 长方形孔宽 b |
|---|---|---|
| 硬　钢 | 0.5t | 0.4t |
| 软钢及黄铜 | 0.35t | 0.3t |
| 铝、锌 | 0.3t | 0.28t |

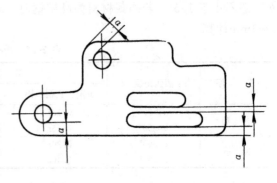

图 2-36　最小孔边距的确定

冲孔件上孔与孔、孔与边缘之间的距离不能过小，以避免工件变形、模壁过薄或因材料易被拉入凹模而影响模具寿命。一般孔边距取：对圆孔为 $(1\sim1.5)t$，对矩形孔为 $(1.5\sim2)t$（图 2-36）。孔距的最小尺寸可见表 2-20。

**表 2-20 最小孔间距**

| 孔　　型 | 圆　　孔 | | 方　　孔 | |
|---|---|---|---|---|
| 料厚 t (mm) | <1.55 | >1.55 | <2.3 | >2.3 |
| 最小孔距 (mm) | 3.1t | 2t | 4.6t | 2t |

在弯曲件或拉深件上冲孔时，为避免凸模受水平推力而折断，孔壁与工件直壁之间应保持一定的距离（图 2-37），使 $L\geqslant R+0.5t$。

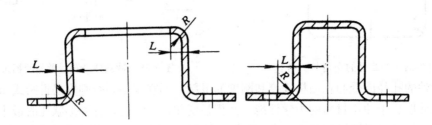

图 2-37　弯曲或拉深件冲孔位置

**（二）冲裁件的尺寸精度和表面粗糙度要求**

冲裁件的精度要求，应在经济精度范围以内，对于普通冲裁件，其经济精度不高于 IT11 级，冲孔件比落料件高一级。冲裁件外形与内孔尺寸公差可见表 2-21。如果工件精度高于上述要求，则需在冲裁后整修或采用精密冲裁。

冲裁件两孔心距所能达到的公差见表 2-22。

**表 2-21　冲裁件外形与内孔尺寸公差**　　　　　　　　　　　　(mm)

| 材料厚度 | 工　　件　　尺　　寸 | | | | | | | |
|---|---|---|---|---|---|---|---|---|
| | 一般公差等级的工件 | | | | 较高公差等级的工件 | | | |
| | <10 | 10~50 | 50~150 | 150~300 | <10 | 10~50 | 50~150 | 150~300 |
| 0.2~0.5 | $\frac{0.08}{0.05}$ | $\frac{0.10}{0.08}$ | $\frac{0.14}{0.12}$ | 0.2 | $\frac{0.025}{0.02}$ | $\frac{0.03}{0.04}$ | $\frac{0.05}{0.08}$ | 0.08 |
| 0.5~1 | $\frac{0.12}{0.05}$ | $\frac{0.16}{0.08}$ | $\frac{0.22}{0.12}$ | 0.3 | $\frac{0.03}{0.02}$ | $\frac{0.04}{0.04}$ | $\frac{0.06}{0.08}$ | 0.10 |
| 1~2 | $\frac{0.18}{0.06}$ | $\frac{0.22}{0.10}$ | $\frac{0.30}{0.16}$ | 0.50 | $\frac{0.04}{0.03}$ | $\frac{0.06}{0.06}$ | $\frac{0.08}{0.10}$ | 0.12 |

(续)

| 材料厚度 | 工件尺寸 | | | | | | | |
|---|---|---|---|---|---|---|---|---|
| | 一般公差等级的工件 | | | | 较高公差等级的工件 | | | |
| | <10 | 10~50 | 50~150 | 150~300 | <10 | 10~50 | 50~150 | 150~300 |
| 2~4 | $\frac{0.24}{0.08}$ | $\frac{0.28}{0.12}$ | $\frac{0.40}{0.20}$ | 0.70 | $\frac{0.06}{0.04}$ | $\frac{0.08}{0.08}$ | $\frac{0.10}{0.12}$ | 0.15 |
| 4~6 | $\frac{0.30}{0.10}$ | $\frac{0.31}{0.15}$ | $\frac{0.50}{0.25}$ | 1.0 | $\frac{0.10}{0.06}$ | $\frac{0.12}{0.10}$ | $\frac{0.15}{0.15}$ | 0.20 |

**表 2-22　冲裁件孔中心距公差** (mm)

| 材料厚度 $t$ | 普通冲孔公差 | | | 高级冲孔公差 | | |
|---|---|---|---|---|---|---|
| | 孔距公称尺寸 | | | | | |
| | ≤50 | 50~150 | 150~300 | ≤50 | 50~150 | 150~300 |
| ≤1 | ±0.1 | ±0.15 | ±0.2 | ±0.03 | ±0.05 | ±0.08 |
| 1~2 | ±0.12 | ±0.2 | ±0.3 | ±0.04 | ±0.06 | ±0.1 |
| 2~4 | ±0.15 | ±0.25 | ±0.35 | ±0.06 | ±0.08 | ±0.12 |
| 4~6 | ±0.2 | ±0.3 | ±0.40 | ±0.08 | ±0.10 | ±0.15 |

冲裁件断面的表面粗糙度和允许的毛刺高度可见表 2-23 和表 2-24。

**表 2-23　冲裁件断面的近似表面粗糙度**

| 材料厚度 (mm) | ~1 | >1~2 | >2~3 | >3~4 | >4~5 |
|---|---|---|---|---|---|
| 表面粗糙度 $R_a$ (μm) | 3.2 | 6.3 | 12.5 | 25 | 50 |

**表 2-24　冲裁件断面允许毛刺的高度**

| 冲裁材料厚度 | ~0.3 | >0.3~0.5 | >0.5~1.0 | >1.0~1.5 | >1.5~2.0 |
|---|---|---|---|---|---|
| 新模试冲时允许毛刺高度 | ≤0.015 | ≤0.02 | ≤0.03 | ≤0.04 | ≤0.05 |
| 生产时允许毛刺高度 | ≤0.05 | ≤0.08 | ≤0.10 | ≤0.13 | ≤0.15 |

（三）冲裁件的尺寸基准

冲裁件的尺寸基准应尽可能和制模时的定位基准重合，以避免产生基准不重合误差。孔位尺寸基准应尽量选择在冲裁过程中始终不参加变形的面或线上，切不要与参加变形的部位联系起来。如图 2-38 所示，原设计尺寸的标注（图 a），对冲裁图样是不合理的，因为这样标注，尺寸 $L_1$、$L_2$ 必须考虑到模具的磨损而相应给以较宽的公差，造成孔心距的不

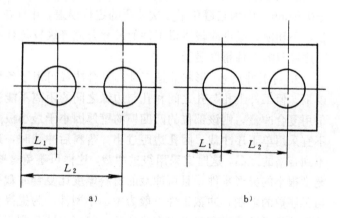

图 2-38　冲裁件的尺寸标注

稳定，孔心距公差会随着模具磨损而增大。改用图 2-38b 的标注，两孔的孔心距才不受模具磨损的影响，比较合理。

### 二、冲裁工艺方案的确定

工艺方案的内容是确定冲裁件的工艺路线，主要包括确定工序数、工序的组合和工序顺序的安排等，应在工艺分析的基础上制订几种可能的方案，再根据工件的批量、形状、尺寸等多方面的因素，全面考虑、综合分析，选取一个较为合理的冲裁方案。

（一）冲裁工序的组合

冲裁工序按工序的组合程度可分为单工序冲裁、复合冲裁和级进冲裁。

复合冲裁是在压机的一次行程中，在模具的同一位置同时完成两个或两个以上的工序；级进冲裁是把一个冲裁件的几个工序，排列成一定顺序，组成级进模，在压机的一次行程中，在模具的不同位置同时完成两个或两个以上的工序，除最初几次冲程外，每次冲程都可完成一个冲裁件。

冲裁组合方式的选择根据冲裁件的生产批量、尺寸精度、形状复杂程度、模具成本等多方面的因素来考虑。

1. 生产批量　由于模具费用在制件成本中占很大的比例，所以，冲裁件的生产批量在很大程度上决定了冲裁工序的组合程度，即决定所用的模具结构。国外有的企业按生产批量选用模具结构，如表 2-25 所示。

表 2-25　按生产批量确定模具结构的规范示例

| 生　产　批　量 | 模　具　结　构 |
| --- | --- |
| 极小批量 | 简易模具 |
| 小　批　量 | 人工送料单式冲模 |
| 中　批　量 | 有自动装置的单式冲模、复合模 |
| 大　批　量 | 级进模 |
| 极大批量 | 硬质合金级进模 |

一般说来，新产品试制与小批量生产，模具结构简单，力求制造快，成本低，采用单工序冲裁，对于中批和大批量生产，模具结构力求完善，要求效率高、寿命长，采用复合冲裁或级进冲裁。

2. 冲裁件尺寸精度　复合冲裁所得工件公差等级高，内、外形同轴度一般可达±0.02～±0.04mm，因为它避免了多次冲压的定位误差，并且在冲裁过程中可以进行压料，工件较平整，不翘曲。级进冲裁所得工件的尺寸公差等级较复合冲裁低，工件有拱弯、不够平整。单工序冲裁的工件精度最低。

3. 对工件尺寸、形状的适应性　复合冲裁可用于各种尺寸的工件。材料厚度一般在3mm以下。但工件上孔与孔之间和孔与边缘之间的距离不能过小。孔边距小于最小合理值时，若采用复合冲裁，则该部位的凸凹模的壁厚因小于最小极限值，易因强度不足而破裂。此时也不宜采用单工序冲裁，因孔边距过小，落料后冲孔时，这些部位会发生外胀和歪扭变形，得不到合格的产品，这时宜采用级进冲裁，这样可避免这些缺陷。级进冲裁可以加工形状复杂、宽度很小的异形零件，且可冲裁的材料厚度比复合冲裁要大。但级进冲裁受压力机台面尺寸与工序数的限制，冲裁工件一般为中、小型件。为提高生产效率与材料利用率，常采用多排冲压。级进冲裁时广泛采用多排冲压，但复合冲裁则很少采用。

4. 模具制造、安装调整和成本　对复杂形状的工件，采用复合冲裁与采用连续冲裁相比，模具制造，安装调整较易，成本较低。尺寸中等的工件，由于制造多副单工序模的费用比复合模昂贵，也宜采用复合冲裁。对简单形状、精度不高的零件，采用级进冲裁，模具结构较之复合模简单，易于制造。

5. 操作方便与安全　复合冲裁工件不能漏下，出件或清除废料较困难，工作安全性较差，级进冲裁较安全。

（二）冲裁顺序的安排

级进冲裁和多工序冲裁时的工序顺序安排可参考以下原则：

1. 级进冲裁的顺序安排

（1）先冲孔（缺口或工件的结构废料），最后落料或切断，将工件与条料分离。首先冲出的孔一般作后续工序定位用。若定位要求较高，则要冲出专供定位用的工艺孔（一般为两个，见图 2-39）。

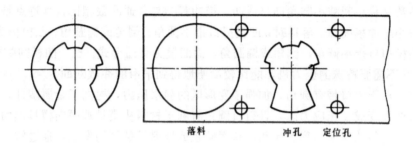

图 2-39　级进冲裁

（2）采用定距侧刃时，侧刃切边工序一般安排在前，与首次冲孔同时进行（图 2-40），以便控制送料进距，采用两个定距侧刃时，也可安排成一前一后（图 2-32）。

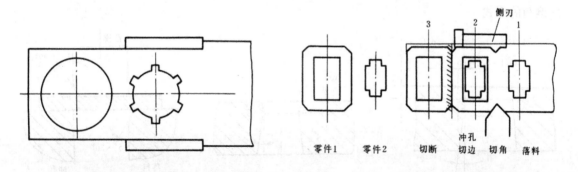

图 2-40　级进冲裁排样　　　　　　　　　　　图 2-41　套料级进冲裁

（3）套料级进冲裁（图 2-41）按由里向外的顺序，先冲内轮廓，后冲外轮廓。

2. 多工序工件用单工序冲裁时的顺序安排

（1）先落料使毛坯与条料分离，然后以外轮廓定位进行其他冲裁。后续各冲裁工序的定位基准要一致，以避免定位误差和尺寸链换算。

（2）冲裁大小不同、相距较近的孔时，为减少孔的变形，应先冲大孔，后冲小孔。

## 第七节　精密冲裁工艺与模具

在普通冲裁中，材料都是从模具刃口处产生裂纹而剪切分离，制件尺寸精度低，在 IT11 级以下，断面粗糙，表面粗糙度 $R_a$ 值为 $12.5 \sim 6.3 \mu m$，不平直，断面有一定斜度，往往不能满足零件较高的技术要求，有时还需再进行多道后续的机械加工。精密冲裁是使材料呈纯剪切的形式进行冲裁，它是在普通冲裁的基础上，通过改进模具来提高制件的精度，改善断面质量，尺寸精度可达 IT6～IT9 级，断面粗糙度 $R_a$ 值为 $1.6 \sim 0.4 \mu m$，断面垂直度可达 $89°30'$ 或更佳。精冲工艺主要有光洁冲裁、负间隙冲裁，带齿圈压板精冲、整修、对向凹模精冲、往复冲裁等。

### 一、光洁冲裁

光洁冲裁又称小间隙小圆角凸（或凹）模冲裁。与普通冲裁相比，其特点是采用了小圆角刃口和很小的冲模间隙。落料时，凹模刃口带小圆角、倒角或椭圆角，凸模仍为普通形式，冲孔时，凸模刃口带小圆角、倒角或椭圆角，而凹模为普通形式。凸、凹模间隙小于 $0.01 \sim 0.02mm$，它不需要特殊的压力机，能比较简便地得到平滑的冲裁断面。

冲裁时，由于刃口带有圆角，加强了变形区的静水压力，提高了金属塑性，把裂纹容易发生的刃口侧面变成了压应力区，且刃口圆角有利于材料从模具端面向模具侧面流动，与模具侧面接触的材料的拉应力得到缓和，从而防止或推迟了裂纹的发生，通过塑性剪切使断面成为光亮带。

当存在间隙时，即使刃口带有圆角，也会发生拉伸力而得到断裂带，所以希望间隙值尽可能地小，一般在 $0.02mm$ 以下。

图 2-42 是三种凹模结构形式，图 a 是带椭圆角凹模，其圆弧与直线联结处应光滑且均匀一致，不得出现棱角。为了制造方便，也可采用图 b 所示的圆角凹模或图 c 所示的在凹模刃口处倒角的形式。

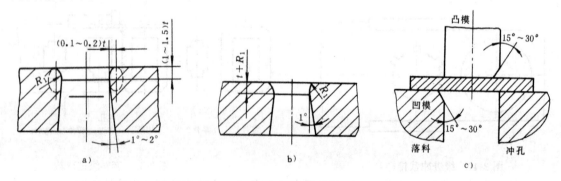

图 2-42　三种凹模结构形式

若刃口圆角半径过小，则起不到作用，若过大，则产生毛刺或使工件的精度下降，一般要进行试冲逐渐加大圆角半径，使之达到需要的最小极限值。表 2-26 给出了圆角半径 $R_1$ 的数值。若采用倒角的形式，则所取最佳倒角大小可与圆角半径 $R$ 相同。

表 2-26　椭圆角凹模圆角半径 $R_1$ 的值 　　　　　(mm)

| 材料 | 材料状态 | 材料厚度 | 圆角半径 $R_1$ | 材料 | 材料状态 | 材料厚度 | 圆角半径 $R_1$ |
|---|---|---|---|---|---|---|---|
| 软钢 | 热轧 | 4.0 | 0.5 | 铝合金 | 硬 | 4.0 | 0.25 |
| | | 6.4 | 0.8 | | | 6.4 | 0.25 |
| | | 9.0 | 1.4 | | | 9.6 | 0.4 |
| | 冷轧 | 4.0 | 0.25 | 铜 | 软 | 4.0 | 0.25 |
| | | 6.4 | 0.8 | | | 6.4 | 0.25 |
| | | 9.6 | 1.1 | | | 9.6 | 0.4 |
| 铝合金 | 软 | 4.0 | 0.25 | | 硬 | 4.0 | 0.25 |
| | | 6.4 | 0.25 | | | 6.4 | 0.25 |
| | | 9.6 | 0.4 | | | 9.6 | 0.4 |

　　小间隙圆角凸（凹）模冲裁只适用于塑性好的材料，如软铝、紫铜、低碳钢等，所冲工件的形状轮廓必须比较简单，若制件有直角或尖角，要改成圆角过渡，以防产生撕裂。落料时，需要有较大的搭边对材料进行约束，以达到减弱拉伸力的效果。

　　用此法使断面出现光亮带主要是靠刃口圆角的挤光，所以对刃口圆角的表面粗糙度要求很高，刃口上如有熔附，或由于磨损发生伤痕，都会使断面的粗糙度值变大。为此，模具工作面要求具有较高的硬度。冲裁过程中要加强润滑，以防出现粘模现象。

　　由于刃口带有圆角，切断时所需的力能有所增大，冲裁力约为普通冲裁的 1.5 倍。

**二、负间隙冲裁**

　　负间隙冲裁属于半精冲（图 2-43），其特点是凸模直径大于凹模型腔的尺寸，产生负的冲裁间隙，冲裁过程中出现的裂纹方向与普通冲裁相反，形成一个倒锥形毛坯。凸模继续下压时，将倒锥毛坯压入凹模内，相当于整修过程，所以，负间隙冲裁实质上为冲裁整修复合工序。

　　由于凸模尺寸大于凹模，故冲裁时凸模刃口在即将到达凹模口时，就不能再继续下行，而应与凹模表面保持 0.1～0.2mm 的距离。此时毛坯尚未全部进入凹模，等下一个零件冲裁时，再将它全部压入。零件从凹模孔推出时，会有 0.02～0.05mm 的回弹量，在设计确定凹模尺寸时，应予以考虑。

　　负间隙冲裁的凸、凹模间单边负间隙值的分布很重要，对于圆形工件是均匀分布的，可取（0.1～0.2）$t$，对于形状复杂的工件，单边负间隙值的分布是不均匀的（图 2-44），在凸出的尖角部分比平直部分大一倍，凹入部分则比平直部分减少一半。

　　此方法只适用于铜、铝、低碳钢等低强度高伸长

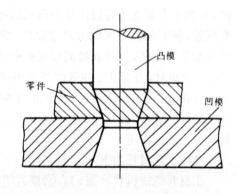

图 2-43　负间隙冲裁

率、流动性好的软材料，一般尺寸精度可达 IT9～IT11，断面粗糙度 $R_a$ 值可达 0.8～0.4μm。模具结构简单，可在普通压力机上进行。但对于料厚小于 1.5mm 的大尺寸薄板精冲件，容易产生明显的拱弯。由于精冲过程中，凸模不能进入凹模，故工件常产生难以除去的纵向毛刺，且工件圆角带也较大。此工艺方法不能精冲外形复杂、带有弯曲、压扁、起伏等成形工序的精冲零件。精冲过程中，冲件变薄现象极为严重。

　　负间隙冲裁时的力很大，可按下式计算

$$F' = CF$$

式中　$F$——普通冲裁时所需最大压力（N）；

　　　$C$——系数，按不同材料选取：

　　　　　铝：$C=1.3\sim1.6$

　　　　　黄铜：$C=2.25\sim2.8$

　　　　　软钢：$C=2.3\sim2.5$

### 三、精冲（齿圈压板冲裁）

精冲可由原材料直接获得精度高，平面度、垂直度好，剪切面光洁的高质量冲压件，并可和其他冲压工序复合，进行如沉孔、半冲孔、压印、弯曲、内孔翻边等精密冲压成形。

（一）精冲工艺特点

精冲模具结构的简图如图 2-45 所示，与普通冲裁模相比，模具结构上多一个齿圈压板与顶出器，并且凸凹模间隙极小，凹模刃口带有圆角。冲裁过程中，凸模接触材料前，通过力使齿圈压板将材料压紧在凹模上，从而在 V 形齿的内面产生横向侧压力，以阻止材料在剪切区内撕裂和金属的横向流动，在冲裁凸模压入材料的同时，利用顶出器的反压力，将材料压紧，加之利用极小间隙与带圆角的凹模刃口消除了应力集中，从而使剪切区内的金属处于三向压应力状态，消除了该区内的拉应力，提高了材料的塑性，从根本上防止了普通冲裁中出现的弯曲-拉伸-撕裂现象，使材料沿着凹模的刃边形状，呈纯剪切的形式被冲裁成零件，从而获得高质量的光洁、平整的剪切面。精冲时，压紧力、冲裁间隙及凹模刃口圆角三者相辅相成，是缺一不可的。它们的影响是互相联系的，当间隙均匀、圆角半径适当时，就可用不大的压料获得光洁的断面。

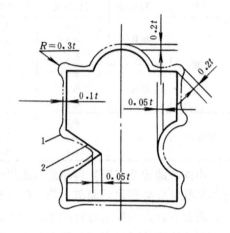

图 2-44　非圆形凸模尺寸的分布情况
1—凸模尺寸　2—凹模尺寸

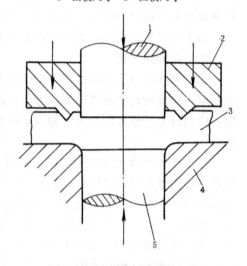

图 2-45　精冲模具结构简图
1—凸模　2—齿圈压板　3—板料
4—凹模　5—顶出器

精冲工艺过程如下（图 2-46）：

①材料送进模具（图 a）；②模具闭合，材料被齿圈、凸模、凹模、顶出器压紧（图 b）；③材料在受压状态下被冲裁（图 c）；④冲裁结束，模具开启（图 d）；⑤齿圈压板卸下废料，并向前送料（图 e）；⑥顶出器顶出零件，并排走零件（图 f）。

（二）精冲材料

精冲材料直接影响精冲件的剪切表面质量、尺寸精度和模具寿命，必须具有良好的力学性能、较大的变形能力和良好的组织结构，一般以含碳量≤0.35％及 $\sigma_b=650\mathrm{MPa}$ 以下的钢材应用较广，但含碳量高的碳钢及铬、镍、钼含量低的合金钢，经过球化退火处理后能有扩散良好的球状渗碳体组织，也可获得良好的精冲效果。有色金属中纯铜、黄铜（含铜量高于63％）、铝青铜（含铝量低于10％）、纯铝及软状态的铝合金均能精冲。铅黄铜塑性差不适于

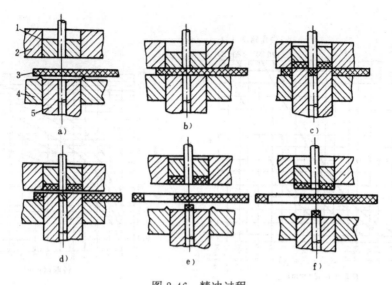

图 2-46 精冲过程
1—顶出器 2—凹模 3—材料 4—齿圈压板 5—凸模

精冲。

（三）精冲零件的结构工艺性

精冲件的工艺性是指该零件在精冲时的难易程度,其中零件几何形状是主要影响因素,它对工艺性的影响称为精冲件的结构工艺性。精冲件的几何形状,在满足技术要求的前提下,应力求简单,尽可能是规则的几何形状。精冲件的尺寸极限,如最小孔径、最小槽宽等都比普通冲裁要小。

1. 最小圆角半径 精冲件应力求避免凸出的尖角,交角处必须为圆角,否则会使冲裁面上产生撕裂,而且凸模尖角处会由于应力集中而崩裂或产生严重磨损。最小圆角半径的大小与零件交角、材料力学性能、料厚等有关,如图 2-47 所示。对于抗拉强度超过 450MPa 的材料,数据应按比例增大。从提高模具寿命,减少塌角和改善冲裁面质量出发,圆角半径应尽可能取较大数值。工件轮廓上凹进部分的圆角半径与凸起部分所需圆角半径之比为 0.6。

2. 最小孔径 精冲最小孔径与材料厚度及其力学性能有关,从冲孔凸模上允许承受的最大压应力考虑,应使凸模直径与料厚之比 $d/t \geqslant 4\tau/[\sigma_p]$。其中 $\tau$ 为材料抗剪强度,$[\sigma_p]$ 为凸模许用压应力,其值可从图 2-48 中查出。

3. 槽宽 由于冲槽凸模上应力分布较冲圆孔凸模更为不利,当冲窄长槽时,凸模的抗纵向弯曲的能力变差,所能承受的压力将比同样断面的圆孔凸模小,可按料厚 $t$、强度极限 $\sigma_b$ 和槽长 $L$,据图 2-49 查出最小槽宽 $b_{min}$。图中示例为料厚 $t=45mm$,$\sigma_b=600MPa$,槽长 $L=50mm$,先求得名义槽宽 $b_0=3mm$,在 $L>15b_0$ 线上找出 $L=50mm$ 的点,与 $b_0=3mm$ 的点相近,即求得最小槽宽为 3.7mm。

4. 最小壁厚 壁厚是指精冲零件上相邻孔之间、槽之间、孔和槽之间或者孔或槽与内外形轮廓之间的距离,即所谓间距或边距（图 2-50）。其中 $W_1$ 为两圆孔间的壁厚,凸凹模的危险截面部分很短,允许其壁厚可小一些,$W_2$ 是一直边孔与圆孔形成的壁厚,其凸凹模薄弱部分较 $W_1$ 的承载能力要差一些,但与 $W_3$、$W_4$ 相比还是较有利的。$W_2$ 值可从图 2-51 中求得,$W_1$ 较 $W_2$ 的数值可减少 15%。

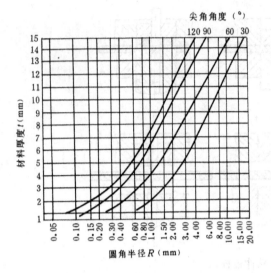

图 2-47 根据材料厚度和角度大小决定精
冲件最小的圆角半径（$\sigma_b < 450\text{MPa}$）

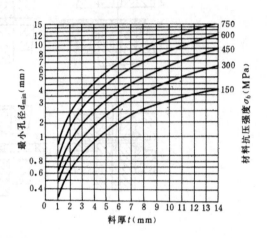

图 2-48 求最小孔径 $d_{\min}$

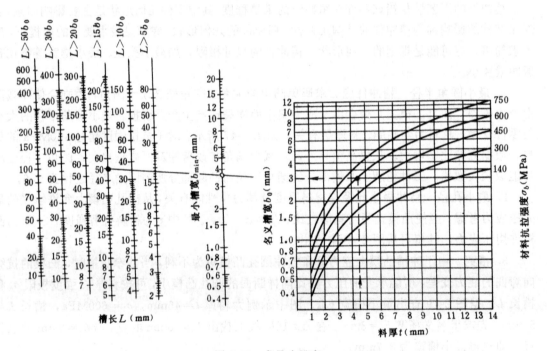

图 2-49 求最小槽宽

$W_3$ 及 $W_4$ 的凸凹模薄弱部分较长，冲裁最为不利，其允许值要较 $W_2$ 大得多。$W_3$、$W_4$ 可看做是窄带，其值可从图 2-49 中求出。

5. 冲齿模数与齿宽　精冲齿轮时，凸模齿上承受着压应力和弯曲应力，在极限情况下，可能造成齿根的折断，因此必须限制其最小模数 $m$ 和齿宽 $b$。影响 $m$ 和 $b$ 的主要因素是齿形、料厚、材料强度极限和模具制造质量等。其值可由图 2-52 查得。

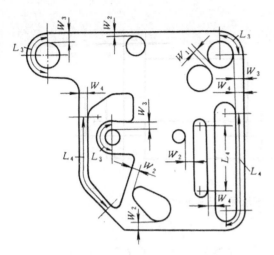

图 2-50 壁厚不同的精冲零件

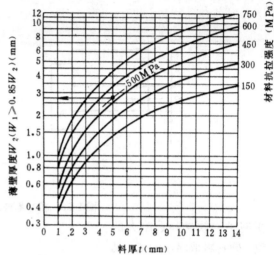

图 2-51 求最小壁厚

6. 悬臂和凸耳 悬臂是指精冲零件上细长的窄条（图 2-53）。悬臂使精冲时凸模在宽度方向的抗纵向弯曲能力降低，故要特别注意凸模结构的稳定性。相对宽度 $b/t$ 越小，允许的悬臂长度越小。悬臂的最小宽度 $b_{min}$ 可按精冲窄槽情况处理，当 $\sigma_b = 600MPa$ 时，可由图 2-49 查得 $b$ 后再增大 30%～40%，对于强度高低不同的材料，$b_{min}$ 按强度变化量成比例增减。

凸耳是指精冲件上短而宽的凸出部分，其突出长度 $L$ 不超过平均宽度 $b$ 的三倍，故与冲齿形相似，最小凸起的宽度 $b$ 可按节圆齿宽考虑。

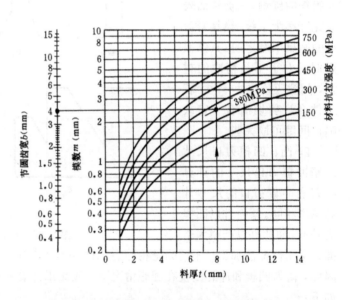

图 2-52 求精冲齿形最小模数、最小节圆齿宽 $b$

7. 形状的过渡 在精冲过程中，工件的两个相邻部位若使凸（凹）模所受应力相差很大是非常不利的，为了避免在小面积内有大的应力变动，而使模具断裂，形状的过渡应尽可能的平缓（图 2-54）。

（四）精冲模设计

1. 凸、凹模间隙 间隙的大小及其沿刃口周边的均匀性是影响工件剪切面质量的主要因素，合理的间隙值不仅能提高工件质量，而且能提高模具的寿命，间隙过大，工件断面会产生撕裂，间隙过小，会缩短模具寿命。精冲间隙主要取决于材料厚度、同时也和工件形状、材

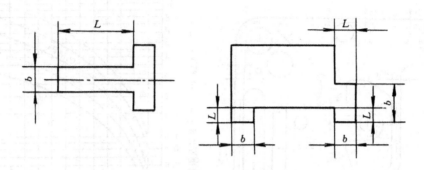

图 2-53　精冲零件的窄悬臂、凸耳形状

质有关，软材料选略大的值，硬材料取略小的值，具体数值可参考表 2-27。此表提供的数据是具有最佳精冲组织的碳钢，在剪切面表面完好率为 I 级、模具寿命高的基础上制定的，具体使用时，对于不易精冲的材料，间隙应该更小一些，若工件允许剪切面有一定缺陷，间隙可取大些。

2. 凸、凹模刃口尺寸

精冲模刃口尺寸的计算与普通冲裁刃口的尺寸计算基本相同。落料件以凹模为基准，冲孔件以凸模为基

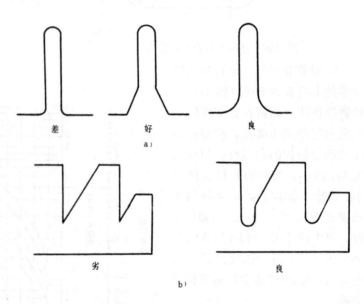

图 2-54　精冲零件上的过渡阶段

准，采用修配法加工。不同的是精冲后工件外形和内孔一般约有 0.005～0.01mm 的收缩量。因此，落料凹模和冲孔凸模在理想情况下，应比工件要求尺寸大 0.005～0.01mm。计算公式如下：

落料
$$D_d = \left(D_{\min} + \frac{1}{4}\Delta\right)_0^{+\frac{1}{4}\Delta}$$

凸模按凹模实际尺寸配制，保证双面间隙值 $Z$。

冲孔
$$d_p = \left(d_{\max} - \frac{1}{4}\Delta\right)_{-\frac{1}{4}\Delta}^0$$

凹模按凸模实际尺寸配制，保证双面间隙值 $Z$。

孔中心距
$$C_d = \left(C_{\min} + \frac{1}{2}\Delta\right)^{\pm\frac{1}{8}\Delta}$$

式中　$D_d$、$d_p$——凹、凸模尺寸（mm）；

$C_d$——凹模孔中心距尺寸（mm）；

$D_{min}$ ——工件最小极限尺寸（mm）；

$d_{max}$ ——工件最大极限孔径（mm）；

$C_{min}$ ——工件孔中心距最小极限尺寸（mm）；

$\Delta$ ——工件公差（mm）。

**表 2-27　凸、凹模的双面间隙**

| 材料厚度 $t$ (mm) | 外形间隙 | 内　形　间　隙 | | |
| --- | --- | --- | --- | --- |
| | | $d<t$ | $d=t\sim 5t$ | $d>5t$ |
| 0.5 | | 2.5% | 2% | 1% |
| 1 | | 2.5% | 2% | 1% |
| 2 | | 2.5% | 1% | 0.5% |
| 3 | 1% | 2% | 1% | 0.5% |
| 4 | | 1.7% | 0.75% | 0.5% |
| 6 | | 1.7% | 0.5% | 0.5% |
| 10 | | 1.5% | 0.5% | 0.5% |
| 15 | | 1% | 0.5% | 0.5% |

　　为了改善金属的流动，提高工件的断面质量，凹模刃口做成小圆角。刃口圆角值过大，工件的圆角、锥度和穿弯现象也相应增大。因此，应尽量减小刃口圆角值，这样，可减少凹模刃口的挤压应力，以免在凹模与凸模刃口部分形成金属瘤粘结。但应注意，凹模刃口圆角值很小时，有时会出现二次剪切和细裂纹。一般凹模刃口取 0.05～0.1mm 的圆角效果较好，试模时先采用最小 $R$ 值，在增加齿圈压力后仍不能获得光洁切断面时，再适当增大 $R$ 值。

　　3. 齿圈压板设计　齿圈是精冲的重要组成部分，常用的形式为尖状齿形圈（或称 V 形圈）。根据加工方法的不同，分为对称角度齿形和非对称角度齿形两种，见图 2-55，其尺寸可参考表 2-28。当材料厚度超过 4mm，或材料韧性较好时，通常使用两个齿圈，一个装在压边圈上，另一个装在凹模上。

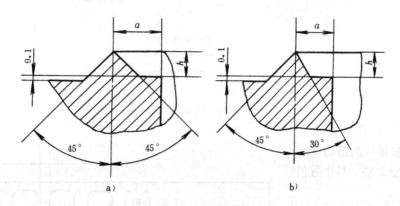

图 2-55　齿圈的齿形

a）对称角度齿形　b）非对称角度齿形

　　齿圈的分布根据加工零件的形状和要求考虑，形状简单的工件，齿圈可做成和工件的外形相同，形状复杂的工件，可在有特殊要求的部位做出与工件外形类似的齿圈，其他部分则可简化或做成近似形状，如图 2-56 所示。

　　4. 排样与搭边　精冲排样的原则基本上和普通冲裁相同，若工件外形两侧形状、剪切面质量要求有差异，排样时应将形状复杂及要求高的一侧放在进料方向，使这部分断面从没有精冲过的材料中剪切下来，以保证有较好的断面质量（图2-57）。

表2-28 单面齿圈齿形尺寸 (mm)

| 材料厚度 $t$ (mm) | 材 料 抗 拉 强 度 （MPa） | | | | | |
|---|---|---|---|---|---|---|
| | $\sigma_b<450$ | | $450<\sigma_b<600$ | | $600<\sigma_b<700$ | |
| | $a$ | $h$ | $a$ | $h$ | $a$ | $h$ |
| 1 | 0.75 | 0.25 | 0.60 | 0.20 | 0.50 | 0.15 |
| 2 | 1.50 | 0.50 | 1.20 | 0.40 | 1.00 | 0.30 |
| 3 | 2.30 | 0.75 | 1.80 | 0.60 | 1.50 | 0.45 |
| 3.5 | 2.60 | 0.90 | 2.10 | 0.70 | 1.70 | 0.55 |

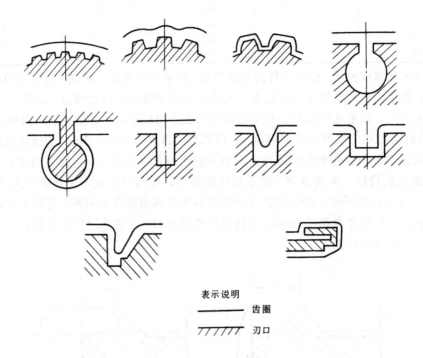

表示说明

———— 齿圈

〃〃〃〃 刃口

图 2-56 齿圈的分布

因为精冲时齿圈压板要压紧材料，故精冲的搭边值比普通冲裁时要大些，具体数值见表2-29。

（五）精冲力的计算

由于精冲是在三向受压状态下进行冲裁的，所以必须对各个压力分别进行计算，再求出精冲时所需的总压力，从而选用合适的精冲机。

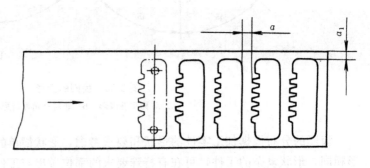

图 2-57 精冲排样图

精冲冲裁力 $F_1$（N）可按经验公式计算

$$F_1 = Lt\sigma_b f_1$$

式中　$L$——内外剪切线的总长（mm）；

　　　$t$——料厚（mm）；

　　　$\sigma_b$——材料强度极限（MPa）；

　　　$f_1$——系数，其值为 0.6～0.9，常取 0.9。

表 2-29　精冲搭边数值 (mm)

| 材料厚度 | | 0.5 | 1.0 | 1.25 | 1.5 | 2.0 | 2.5 | 3.0 | 3.5 | 4.0 | 5 | 6 | 8 | 10 | 12 | 15 |
|---|---|---|---|---|---|---|---|---|---|---|---|---|---|---|---|---|
| 搭边 | $a$ | 1.5 | 2 | 2 | 2.5 | 3 | 4 | 4.5 | 5 | 5.5 | 6 | 7 | 8 | 10 | 12 | 15 |
| | $a_1$ | 2 | 3 | 3.5 | 4 | 4.5 | 5 | 5.5 | 6 | 6.5 | 7 | 8 | 10 | 12 | 15 | 18 |

齿圈压板压力的大小对于保证工件剪切面质量，降低动力消耗和提高模具使用寿命都有密切关系。压边力 $F_压$（N）的计算公式为

$$F_压 = Lh\sigma_b f_压$$

式中　$h$——齿圈齿高（mm）；

　　　$f_压$——系数，常取 4。

其余符号意义同前。

顶出器的反压力过小会影响工件的尺寸精度、平面度、剪切面质量，加大工件塌角，反压力过大会增加凸模的负载，降低凸模的使用寿命。一般反推压力 $F_顶$ 可按经验公式计算

$$F_顶 = 0.2F_1$$

齿圈压力与反推压力的取值大小主要靠试冲时调整准确。

精冲时的总压力

$$F = F_1 + F_压 + F_顶$$

选用压机吨位时，若为专用精冲压力机，应以主冲力 $F_1$ 为依据。若为普通压力机，则以总压力 $F$ 为依据。

（六）精冲模具结构及其特点

精冲模与普通冲裁模相比，具有以下特点：

（1）刚性和精度要求较高。

（2）要有精确而稳定的导向装置，保证凸、凹模同心，间隙均匀。

（3）严格控制凸模进入凹模的深度，以免损坏模具工作部分。

（4）模具工作部分应选择耐磨、淬透性好、热处理变形小的材料。

（5）要考虑模具工作部分的排气问题，以免影响顶出器的移动距离。

模具结构类型分为活动凸模式与固定凸模式两类。活动凸模式结构是凹模与齿圈压板均固定在模板内，而凸模活动，并靠下模座上的内孔及齿圈压板的型腔导向，凸模移动量稍大于料厚，此种结构适用于冲裁力不大的中、小零件的精冲裁（图 2-58）。

固定凸模式结构是凸模与凹模固定在模板内，而齿圈压板活动。此种模具刚性较好，受力平稳，适用于冲裁大的形状复杂的或材料厚的工件以及内孔很多的工件（图 2-59）。

由于精冲模具要求有三个运动部分，且滑块导向精度要求高，故一般应采用专用精冲压力机，但如在模具或压机上采取措施，也可将普通压力机用于精冲。

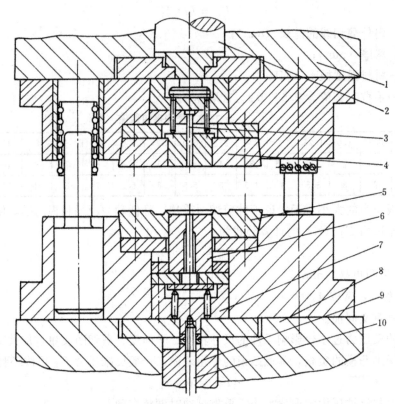

图 2-58　活动凸模式结构

1—上工作台　2—上柱塞　3、6—凸模　4—凹模　5—齿圈压板
7—凸模座　8—下工作台　9—滑块　10—凸模拉杆

**四、整修**

整修是将普通冲裁后的毛坯放在整修模中，进行一次或多次加工，除去粗糙不平的冲裁剪切面和锥度，从而得到光滑平整的断面。整修后，零件尺寸精度可达 IT6～IT7 级，表面粗糙度 $R_a$ 值可达 $0.8～0.4\mu m$。常用的整修方法主要有外缘整修、内孔整修、叠料整修和振动整修。

**（一）外缘整修**

其整修过程相当于用压力机切削加工（图 2-60）。将预先留有整修余量的工件置于整修凹模上，由凸模将毛坯压入凹模，毛坯外缘金属纤维被凹模切断，形成环形切屑 $n_1$、$n_2$……。随着凸模下降，外缘金属纤维逐步被切去，切屑逐步外移断裂，直至最后阶段，切屑成长减弱，又相当于普通剪切变形，产生裂纹，完全切断分离。整修后得到的工件断面光洁垂直，只是在最后断裂时有很小的粗糙面（约 0.1mm 左右）。外缘整修的质量与整修次数、整修余量及整修模结构等因素有关。

整修次数与工件的材料厚度、形状有关。对于厚度在 3mm 以下，外形简单、圆滑的工件一般只需一次整修，厚度大于 3mm 或工件有尖角时，需进行多次整修，否则会产生撕裂现象。二次整修余量的分布见图 2-61，一次整修余量沿外形周边需均匀分布。

毛坯上所留整修余量必须适当，才能保证整修后得到光滑平直的断面。从图 2-62 可看到，

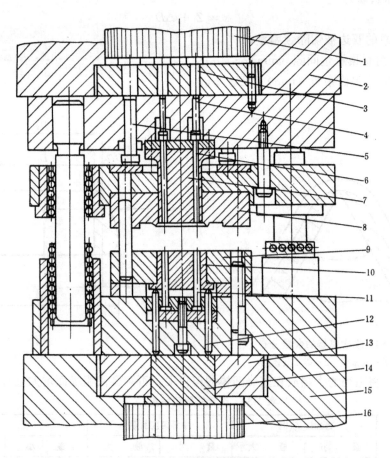

图 2-59  固定凸模式结构

1—上柱塞  2—上工作台  3、4、5—顶杆  6—顶料杆  7—凸模  8—齿圈压板  9—凹模  10—推板
11—凸模  12—顶杆  13—下顶板  14—顶块  15—下工作台  16—下柱塞

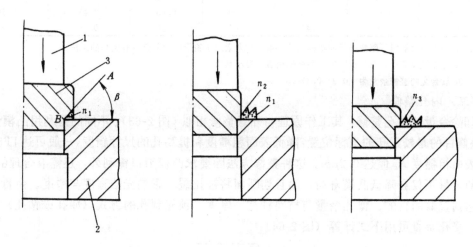

图 2-60  整修过程

1—凸模  2—凹模  3—工件

总的双边切除余量为

$$s = Z + \Delta D$$

式中  $s$——总的双边被切除金属量；

　　$Z$——落料模双边间隙（mm）；

　$\Delta D$——双边整修余量（mm），见表 2-30。

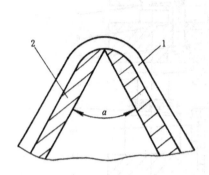

图 2-61  多次整修的余量分布

1—第一次修整  2—第二次修整

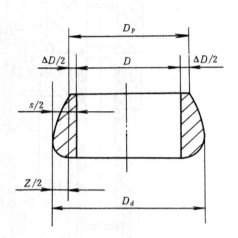

图 2-62  整修毛坯

整修时应将毛坯的大端放在整修凹模的刃口上，否则会使粗糙面增大且有毛刺。

表 2-30  整修的双边余量　　　　　　　　　　（mm）

| 材料厚度 | 黄铜、软钢 | | 中等硬度的钢 | | 硬　钢 | |
|---|---|---|---|---|---|---|
| | 最　小 | 最　大 | 最　小 | 最　大 | 最　小 | 最　大 |
| 0.5～1.6 | 0.10 | 0.15 | 0.15 | 0.20 | 0.15 | 0.25 |
| 1.6～3.0 | 0.15 | 0.20 | 0.20 | 0.25 | 0.20 | 0.30 |
| 3.0～4.0 | 0.20 | 0.25 | 0.25 | 0.30 | 0.25 | 0.35 |
| 4.0～5.2 | 0.25 | 0.30 | 0.30 | 0.35 | 0.30 | 0.40 |
| 5.2～7.0 | 0.30 | 0.40 | 0.40 | 0.45 | 0.45 | 0.50 |
| 7.0～10 | 0.35 | 0.45 | 0.45 | 0.50 | 0.55 | 0.60 |

注：1. 最小的余量用于整修形状简单的工件，最大余量用于整修形状复杂或有尖角的工件。

　　2. 在多级整修中，第二次以后的整修采用表中最小数值。

　　3. 钛合金的整修余量为 $(0.2～0.3)\,t$。

（二）内孔整修

切除余量的内孔整修，其工作原理与外缘整修相似（图 2-63），不同的是利用凸模切除余量。整修目的是校正孔的坐标位置，降低表面粗糙度和提高孔的尺寸精度，一般可达 IT5～IT6 级，表面粗糙度 $R_a$ 值达 $0.2\mu m$。这种整修方法除要求凸模刃口锋利外，还需有合理的余量。过大的余量不仅会降低凸模寿命，而且切断面将被拉裂，影响光洁程度与精度。余量过小则不能达到整修的目的。修孔余量与材料种类、厚度、预先制孔的方式（冲孔或钻孔）等因素有关。修孔余量可用下式计算（图 2-64）

$$\Delta D = 2s + c = 2\sqrt{\Delta x^2 + \Delta y^2} + c \approx 2.82x + c$$

式中  $\Delta D$——双边修孔余量（mm）；

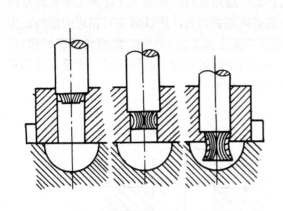 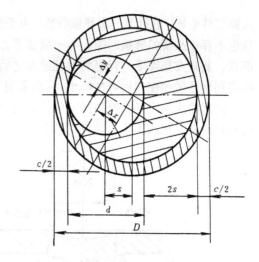

图 2-63 内孔整修　　　　　　　　　　　图 2-64 修孔余量

$s$——修正前孔具有的最大偏心距（mm）；

$x$——修正前孔的中心坐标对于标称位置的最大错位（mm），可查表 2-31；

$c$——补偿定位误差，可查表 2-32；

$\Delta x$、$\Delta y$——修正前孔可能具有的最高坐标误差。

**表 2-31　$x$ 值的确定**　　　　　　　　　（mm）

| 材料厚度 $t$ | $x$ 值 | |
|---|---|---|
| | 预先用模具冲孔 | 预先按中心钻孔 |
| 0.5～1.5 | 0.02 | 0.04 |
| 1.5～2.0 | 0.03 | 0.05 |
| 2.0～3.5 | 0.04 | 0.06 |

**表 2-32　补偿定位误差 $C$ 值**　　　　　　（mm）

| 定位基准到整修孔中心的距离 | $C$ | |
|---|---|---|
| | 以孔为定位基准 | 以外形为定位基准 |
| <10 | 0.02 | 0.04 |
| 10～20 | 0.03 | 0.06 |
| 20～40 | 0.04 | 0.08 |
| 40～100 | 0.06 | 0.12 |

内孔整修时，凸模应从孔的小端进入。孔在整修后由于材料的弹性变形，使孔径稍有缩小，其缩小值近似为：铝 0.005～0.010mm，黄铜 0.007～0.012mm，软钢 0.008～0.015mm。

内孔整修还有一种是用心棒精压。它是利用硬度很高的心棒或钢珠，强行通过尺寸稍小一些的毛坯孔，将孔表面压平。此法用于 $d/t \geqslant 3\sim4$ 及 $t<3$mm 的情况。它不但可以利用钢珠加工圆形孔，而且可以利用心棒加工带有缺口等的非圆形孔。

（三）叠料整修

用一般的整修方法，要得到小的间隙必须有相当高精度的模具，而且还有一个最佳整修余量的选择问题，通过一次整修不一定能得到光滑的表面。解决这些问题，可采用如图 2-65所示的叠料整修方法，即把二件毛坯重叠在一起，并使用凸模直径比凹模直径大的模具，凸模下隔着一件毛坯对正在进行整修的毛坯加压，当整修进行到毛坯料厚的 2/3～3/4 时，再送入第二件毛坯,进行下一次整修行程。由于整修时凸模不进入凹模内,所以模具制造容易,而且也不存在凸模的磨损问题,与一般整修方法相比,适用材料的范围和允许加工余量的范围都宽。其缺点是在下一行程的毛坯进入之后,就必须除去切屑,所以需要有相应的措施。为提高切削性能和使切屑容易排出,可以采用在凹模端面上加工出10°～15°的前角或断屑槽,以及用高压的压缩空气吹掉切屑。此外,由于下一次行程的毛坯起了凸模作用。而毛坯比凸模材料软得多,相当于在凸模刃口加上圆角,因而产生的毛刺相当大。

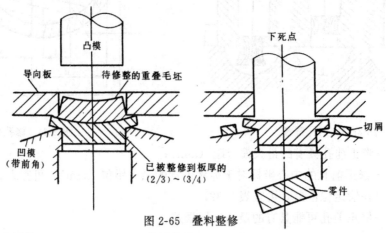

图 2-65　叠料整修

（四）振动整修

是借助于专门压力机在凸模上附加一个轴向振动,断续地进行切削。这样使原来比较难于整修的材料变得容易整修,还能降低整修表面的粗糙度。

# 习　题

1. 试讨论冲裁间隙的大小与冲裁断面质量间的关系。

2. 试分析冲裁间隙对冲裁件质量、冲裁力、模具寿命的影响。

3. 如图 2-66 所示工件,材料为 45 钢,板厚 $t=2mm$。试确定冲孔凸模与凹模刃口尺寸,并计算冲裁力。

4. 图 2-67 所示硅钢片零件,材料为 D42 硅钢板,厚度 $t=0.35mm$,用配作法制造模具,试确定落料凸、凹模刃口尺寸。

5. 冲裁件接触环如图 2-68 所示,材料为锡磷青铜（QSn6.5-0.1）,厚度 $t=0.3mm$,试确定排样图。

6. 试证明斜刃冲裁模冲裁时,单位剪切长度的斜刃冲裁力 $F'$ 等于

$$F' = \frac{t p_w}{tg\varphi}$$

式中　$p_w$——采用平刃冲模时,对应于单位面积上的冲裁力;

　　　$\varphi$——斜刃角;

　　　$t$——材料厚度。

7. 拖拉机链板座零件如图 2-69 所示,材料为 45 钢,厚度 $t=10mm$,试确定平刃冲裁力和斜刃冲裁力（斜刃高 $H=t$）。

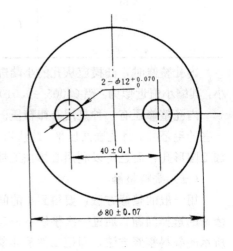

图　2-66

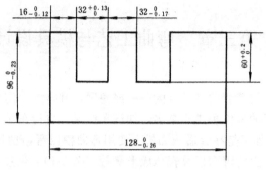

图　2-67

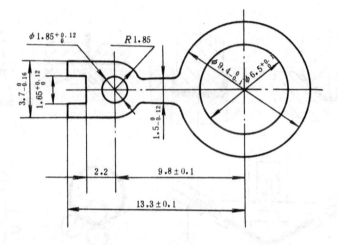

图　2-68

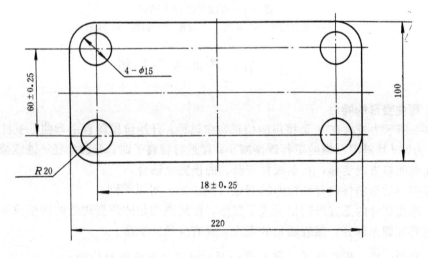

图　2-69

# 第三章　弯曲工艺与模具设计

把板料、管材或型材等弯曲成一定的曲率或角度，并得到一定形状零件的冲压工序称为弯曲。用弯曲方法加工的零件种类非常多，如汽车纵梁、自行车车把、仪表电器外壳、门搭铰链等。最常见的弯曲加工是在普通压力机上使用弯曲模压弯，此外还有折弯机上的折弯、拉弯机上的拉弯、辊弯机上的辊弯以及辊压成形等等（图 3-1）。虽然成形方法不同，但变形过程及特点却存在某些相同的规律。

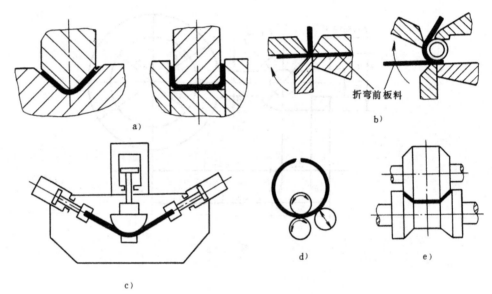

图 3-1　弯曲件的加工形式
a）模具压弯　b）折弯　c）拉弯　d）辊弯　e）辊形

## 第一节　弯曲变形分析

### 一、弯曲变形的特点

图 3-2 所示为板材在 V 形模内的校正弯曲过程：开始阶段属自由弯曲，板材的弯曲半径 $r$ 和弯曲力臂 $l$ 均随着凸模的下行逐渐减小；接近行程终了时，弯曲半径 $r$ 继续减小，而直边部分反而向凹模方向变形，直至板材与凸、凹模完全贴合。

观察变形后弯曲件侧臂坐标网的变化（图 3-3），可以看到：

（1）圆角部分的正方形网格变成了扇形，而远离圆角的两直边处的网格没有变化，说明变形区主要在圆角部分。靠近圆角的直边，仅有少量的变形。

（2）变形区内，板料外区（靠凹模一面）纵向金属纤维受拉而变长（$\overparen{b'b'} > \overline{bb}$），内区（靠凸模一面）纵向金属纤维受压而缩短（$\overparen{a'a'} < \overline{aa}$）。由外区向内区过渡时，其间有一金属

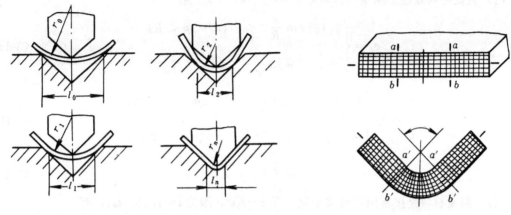

图 3-2　板材在 V 形模内的校正弯曲过程　　　　图 3-3　弯曲前后坐标网的变化

纤维层长度不发生变化,这一金属层称为应变中性层。

(3)板材弯曲时,分宽板和窄板两种情况:宽板(相对宽度 $B/t>3$)的横截面几乎不变,仍保持矩形截面;窄板($B/t<3$)的横截面则变成扇形。

(4)板材弯曲变形程度可用相对弯曲半径 $r/t$ 来表示。$r/t$ 越小,表明弯曲变形程度越大。

板材弯曲变形主要表现在内、外金属纤维的缩短和伸长,就绝对值来看,切向应变为最大主应变(外层应变 $\varepsilon_\theta$ 为正,内层应变 $\varepsilon_\theta$ 为负),切向应力为最大主应力(外层应力 $\sigma_\theta$ 为正,内层应力 $\sigma_\theta$ 为负)。变形区的应力应变状态主要与板材的相对宽度 $B/t$ 等因素有关,窄板($B/t<3$)弯曲时金属在宽度方向上可以自由变形,故为立体应变状态和平面应力状态;宽板($B/t>3$)弯曲时宽度方

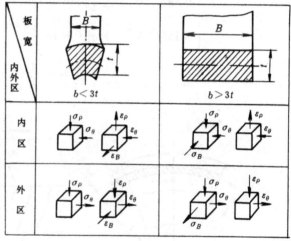

图 3-4　自由弯曲时的应力应变状态

向上的变形阻力很大,材料不能自由变形,应变接近于零($\varepsilon_\theta \approx 0$),故为平面应变状态和立体应力状态。自由弯曲时的应力应变状态如图 3-4 所示。

宽板弯曲时的应力分析如下:

在变形区取一微元体,如图 3-5a 所示,力的平衡方程式为

$$d\sigma_\rho = (\sigma_\theta - \sigma_\rho)\frac{d\rho}{\rho}$$

代入平面应变条件下的 Mises 屈服条件:$\sigma_\theta - \sigma_\rho = 1.155\bar{\sigma}$,其中 $\bar{\sigma}$ 是材料的等效应力,它是等效应变的函数,即 $\bar{\sigma} = f(\bar{\varepsilon})$,于是有

$$d\sigma_\rho = \int 1.155\bar{\sigma}\frac{d\rho}{\rho}$$

上式积分的边界条件:在外表面 $\rho = R$,$\sigma_\rho = 0$;在内表面 $\rho = r$,$\sigma_\rho = 0$。

（1）假设材料是理想刚塑性体时，即 $\bar{\sigma}=f(\bar{\varepsilon})=\sigma_s$，有

$$\sigma_\rho=\begin{cases}1.155\sigma_s\ln\dfrac{\rho}{R} & (\rho_0<\rho<R)\\[2mm] -1.155\sigma_s\ln\dfrac{\rho}{r} & (r<\rho<\rho_0)\end{cases}\tag{3-1a}$$

$$\sigma_\theta=\begin{cases}1.155\sigma_s\left(1-\ln\dfrac{\rho}{R}\right) & (\rho_0<\rho<R)\\[2mm] -1.155\sigma_s\left(1+\ln\dfrac{\rho}{r}\right) & (r<\rho<\rho_0)\end{cases}\tag{3-1b}$$

$$\sigma_b=\frac{1}{2}(\sigma_\rho+\sigma_\theta)\tag{3-1c}$$

（2）假设材料是按幂函数模型硬化，即 $\bar{\sigma}=\overline{K}\varepsilon^n$，因为 $\bar{\varepsilon}=1.155|\varepsilon_\theta|$，有

$$\sigma_\rho=\begin{cases}1.155^{n+1}\dfrac{K}{n+1}\left[\left(\ln\dfrac{\rho}{\rho_\sigma}\right)^{n+1}-\left(\ln\dfrac{R}{\rho_\sigma}\right)^{n+1}\right]\\[3mm] 1.155^{n+1}\dfrac{K}{n+1}\left[\left(-\ln\dfrac{\rho}{\rho_\sigma}\right)^{n+1}-\left(-\ln\dfrac{r}{\rho_\sigma}\right)^{n+1}\right]\end{cases}\tag{3-2a}$$

$$\sigma_\theta=\begin{cases}1.155^{n+1}K\left\{\dfrac{1}{n+1}\left[\left(\ln\dfrac{\rho}{\rho_\sigma}\right)^{n+1}-\left(\ln\dfrac{R}{\rho_\sigma}\right)^{n+1}\right]+\left(\ln\dfrac{\rho}{\rho_\sigma}\right)^{n}\right\}\\[3mm] 1.155^{n+1}K\left\{\dfrac{1}{n+1}\left[\left(-\ln\dfrac{\rho}{\rho_\sigma}\right)^{n+1}-\left(-\ln\dfrac{r}{\rho_\sigma}\right)^{n+1}\right]-\left(-\ln\dfrac{\rho}{\rho_\sigma}\right)^{n}\right\}\end{cases}\tag{3-2b}$$

$$\sigma_b=\frac{1}{2}(\sigma_\rho+\sigma_\theta)\tag{3-2c}$$

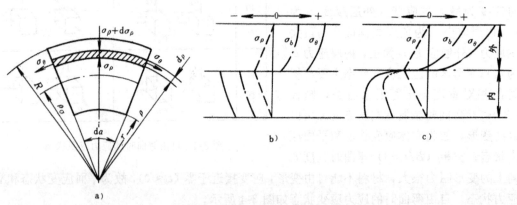

图 3-5　板材弯曲时的应力分析

a）变形区的微元体　b）理想刚塑性体的应力曲线　c）幂次强化材料的应力曲线

按上述两种模型计算得到的应力分布见图 3-5b、c，并把 $\sigma_\theta$ 等于零的金属层称为应力中性层。应力中性层的位置可由 $\rho=\rho_\sigma$ 处 $\sigma_\rho$ 的连续条件确定

$$\ln\frac{\rho_\sigma}{R}=-\ln\frac{\rho_\sigma}{r}$$

得

$$\rho_\sigma=\sqrt{Rr}\tag{3-3}$$

## 二、弯曲时的中性层

设想把板分成 10 层，见图 3-6a。在弯曲的初始阶段，以初始中面（即几何中性面，标号

5）为界，内区 5 层（0～5）受压缩，外区 5 层（5～10）受拉伸。由于塑性变形过程中金属体积不变，切向受压而产生压缩变形的内区 5 层，径向应变增量，总是大于零（即 $d\varepsilon_\rho > 0$），因此，随着弯曲半径的减小，材料必然要从板的内区向外区做径向移动。

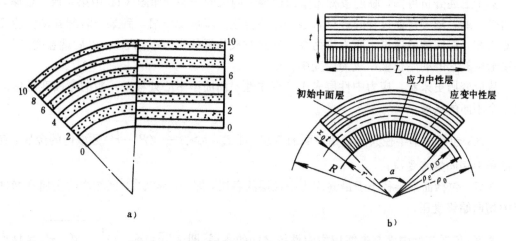

图 3-6　纯弯曲时板内几个有代表意义的层的位置

a）弯曲过程中各层金属的径向运动　b）弯曲后有代表意义的各层位置

如图 3-6b 所示，初始中面层在纯弯曲后的板内的位置（曲率半径 $\rho_0$），可由体积不变条件得到。因为

$$\frac{1}{2}LtB = \frac{1}{2}(R^2 - \rho_0^2)\alpha B$$

于是

$$\rho_0^2 = R^2 - \frac{Lt}{\alpha}$$

同理，有

$$\rho_0^2 = r^2 + \frac{Lt}{\alpha}$$

$$\rho_0 = \sqrt{\frac{1}{2}(R^2 + r^2)} \qquad (3\text{-}4)$$

显然有 $\rho_0 < \frac{1}{2}(R+r)$。同样，根据体积不变条件

$$LtB = \frac{1}{2}(R^2 - r^2)\alpha B$$

因塑性变形后应变中性层（曲率半径 $\rho_\varepsilon$）的长度不变，即有 $L = \alpha\rho_\varepsilon$，并以 $R = r + \eta t$ 代入，得

$$\rho_\varepsilon = \left(r + \frac{1}{2}\eta t\right)\eta \qquad (3\text{-}5)$$

式中　$\eta$——材料变薄系数，其值决定于相对弯曲半径 $r/t$，可由表 3-1 查得。

由于　$\rho_0 = \sqrt{Rr} = \sqrt{(r+\eta t)r}$，有

$$\rho_\varepsilon^2 - \rho_0^2 = (1-\eta^2)(r+\eta t)r + \left(\frac{1}{2}\eta^2 t\right)^2 > 0$$

**表 3-1  弯曲 90°时变薄系数 $\eta$ 和 $x_0$ 的数值**（10～20 钢）

| $r/t$ | 0.1 | 0.25 | 0.5 | 1.0 | 2.0 | 3.0 | 4.0 | >4.0 |
|-------|------|------|------|------|------|------|------|------|
| $\eta$ | 0.82 | 0.87 | 0.92 | 0.96 | 0.99 | 0.992 | 0.995 | 1.0 |
| $x_0$ | 0.32 | 0.35 | 0.38 | 0.42 | 0.445 | 0.47 | 0.475 | 0.5 |

基于上述分析可知，临近板初始中面而偏于内区的一层（如图 3-6a 中第 4 层）金属，一开始受压缩，随着弯曲过程的进行，这一层不再进一步承受压缩，到某一时刻其塑性应变增量变为零（按照增量理论，应力也为零，它这时成为板的应力中性层）；以后就会受到拉伸，并逐渐恢复它的初始长度，成为应变中性层。

从应变历史来看，应力中性层先于应变中性层向曲率中心处移动，板的弯曲变形区应分为三个不同的区域：

Ⅰ区：包括曲率半径大于初始中面的各层，即 $R>\rho>\sqrt{\dfrac{1}{2}(R^2+r^2)}$ 区域内的金属，在弯曲过程中切向始终受拉；

Ⅱ区，包括曲率半径小于最终应力中性层的各层，即 $r<\rho<\sqrt{Rr}$ 区域内的金属在弯曲过程中切向始终受压；

Ⅲ区：包括初始中面与最终应力中性层之间的各层，即 $\sqrt{Rr}<\rho<\sqrt{\dfrac{1}{2}(R^2+r^2)}$ 区域内的金属，在弯曲过程中切向先受压后受拉，会出现塑性卸载并可能受到 Baushinger 效应的影响。

板料弯曲时，应变中性层位置向内移动的结果是：外层受拉变薄区范围逐渐扩大，内层受压增厚区范围不断减小，外层的变薄量会大于内层的增厚量，从而使弯曲变形区板厚总体变薄。

## 第二节  弯曲力的计算

### 一、自由弯曲力

如前所述，板料弯曲时变形区内的切向应力 $\sigma_\theta$ 在内层为压（$\sigma_\theta<0$）外层为拉（$\sigma_\theta>0$），形成的弯矩为

$$M=\int_r^R \sigma_\theta \rho B d\rho \qquad (3-6)$$

代入式（3-2b），可计算 $M$。对于无加工硬化的板料纯弯曲（相当于 $n=0$，$K=\sigma_s$）

$$M=\frac{1}{4}Bt^2\sigma_s \qquad (3-7)$$

作用于毛坯上的外载所形成的弯矩 $M'$ 应等于 $M$。如图（3-7）所示，在 V 形件弯曲时

$$M=\frac{1}{4}Fl \qquad (3-8)$$

即有

$$F_{自}=\frac{bt^2}{l}\sigma_s \qquad (3-9)$$

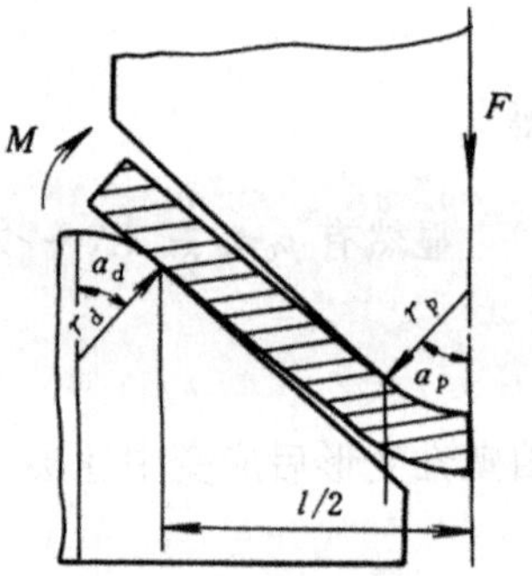

图 3-7  单角弯曲力的计算

不难看出，弯曲力的数值与毛坯尺寸（$B$，$t$）、材料力学性能、凹模支点间距 $l$ 等因素有关，同时还与弯曲形式和模具结构等多种因素有关。因此，生产中通常采用经验公式来计算

弯曲力。最大自由弯曲力（N）为

$$F_{自} = \frac{CKBt^2}{r+t}\sigma_b \qquad (3\text{-}10)$$

式中　$C$——与弯曲形式有关的系数，对于 V 形件 $C$ 取 0.6；对于 U 形件 $C$ 取 0.7；

$K$——安装系数，一般取 1.3；

$B$——料宽（mm）；

$t$——料厚（mm）；

$r$——弯曲半径（mm）；

$\sigma_b$——材料强度极限（MPa）。

### 二、校正弯曲力

为了提高弯曲件的精度，减小回弹，在板材自由弯曲的终了阶段，凸模继续下行将弯曲件压靠在凹模上，其实质是对弯曲件的圆角和直边进行精压，此为校正弯曲。此时，弯曲件受到凸凹模的挤压，弯曲力急剧增大。校正弯曲力（N）可用下式计算

$$F_{校} = pA \qquad (3\text{-}11)$$

式中　$p$——单位面积上的校正力，可按表 3-2 选取（MPa）；

$A$——校正面垂直投影面积（mm²）。

**表 3-2　单位校正压力 $p$ 的数值**　　　（MPa）

| 材料厚度 $t$ (mm) | <3 | 3～10 | 材料厚度 $t$ (mm) | <3 | 3～10 |
|---|---|---|---|---|---|
| 铝 | 30～40 | 50～60 | 25～35 钢 | 100～120 | 120～150 |
| 黄铜 | 60～80 | 80～100 | 钛合金（BT1） | 160～180 | 180～210 |
| 10～20 钢 | 80～100 | 100～120 | （BT3） | 160～200 | 200～260 |

### 三、顶件力和压料力

顶件力 $F_{顶}$ 和压料力 $F_{压}$ 值可近似取弯曲力的 30%～80%。

## 第三节　弯曲件的毛坯长度计算

弯曲件的毛坯长度，是根据应变中性层在弯曲前后长度不变的原则来计算的。应变中性层的位置常用曲率半径 $\rho_\varepsilon$ 表示，它与弯曲半径 $r$、板厚 $t$ 和应变中性层位移系数 $x_0$ 等有关，可参见图 3-6b 及 $x_0 t = \rho_\varepsilon - r$，式中，$x_0$ 的数值见表 3-1。生产中模具结构和弯曲方式等多种因素对弯曲变形区应力状态有一定的影响，也会使应变中性层的位置发生改变。所以，弯曲件毛坯长度的计算公式，在不同情况下略有差别。

### 一、$r > 0.5t$ 的弯曲件

这类零件变薄不严重且断面畸变较轻，可以按应变中性层长度等于毛坯长度的原则来计算。如图 3-8a 所示，毛坯长度等于零件直线段长度和弯曲部分应变中性层长度之和，即

$$L = \Sigma l_i + \sum \frac{\pi}{180°}(r_i + x_{0i}t)\alpha_i \qquad (3\text{-}12)$$

当零件的弯曲角为 90°时（图 3-8b），则毛坯的展开长度为

$$L = l_1 + l_2 + \frac{\pi}{2}(r + x_0 t) \qquad (3\text{-}13)$$

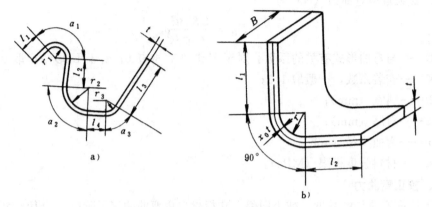

图 3-8  弯曲件毛坯展开长度的计算（$r>0.5t$）

a）多角弯曲件  b）弯曲角为 90°的单角弯曲件

## 二、$r<0.5t$ 的弯曲件

这类零件根据弯曲前后材料体积不变条件来确定毛坯的长度，计算公式见表 3-3。

**表 3-3  $r<0.5t$ 的弯曲件毛坯尺寸计算表**

| 序　号 | 弯　曲　特　征 | 简　　图 | 公　　式 |
|---|---|---|---|
| 1 | 弯曲一个角 |  | $L=l_1+l_2+0.4t$ |
| 2 | 弯曲一个角 |  | $L=l_1+l_2-0.43t$ |
| 3 | 一次同时弯曲两个角 |  | $L=l_1+l_2+l_3+0.6t$ |

## 三、铰链式弯曲件

$r=(0.6\sim3.5)t$ 的铰链件（图 3-9），常用推弯方法成形。在卷圆弯曲的过程中，毛坯受到挤压和弯曲作用，板厚不是变薄而是增厚，应变中性层外移，此时毛坯长度可按下式近似计算

$$L=l+1.5\pi(r+x_1t)+r\approx1+5.7r+4.7x_1t \tag{3-14}$$

式中　$x_1$—— 卷圆时应变中性层外移系数，见表 3-4。

表 3-4　卷圆时应变中性层外移系数值 $x_1$

| $r/t$ | >0.5~0.6 | >0.6~0.8 | >0.8~1 | >1~1.2 |
|---|---|---|---|---|
| $x_1$ | 0.7 | 0.67 | 0.63 | 0.59 |
| $r/t$ | >1.2~1.5 | >1.5~1.8 | >1.8 | |
| $x_1$ | 0.56 | 0.52 | 0.5 | |

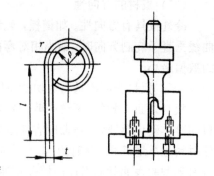

图 3-9　铰链的弯曲

　　按以上方法计算得到的毛坯尺寸，适用于一般精度要求的弯曲件。当尺寸精度要求较高时，还需经过试冲后反复调试，方可确定出合适的毛坯尺寸。

# 第四节　弯曲工艺设计

　　弯曲件的工艺性是指弯曲件的形状、尺寸、材料选用及技术要求等是否适合于弯曲加工的工艺要求。具有良好工艺性的弯曲件，不仅能提高工件质量，减少废品率，而且能简化工艺和模具，降低材料消耗。

## 一、最小相对弯曲半径 $r_{min}/t$

　　弯曲时在切向拉应力作用下，毛坯外表面金属变形的伸长率为

$$\delta = \frac{R - \rho_\epsilon}{\rho_\epsilon} = \frac{(r + \eta t) - \rho_\epsilon}{\rho_\epsilon} \tag{3-15}$$

代入式（3-5）并整理，得

$$r = \frac{2 - (1 + \delta)\eta}{2[(1 + \delta)\eta - 1]}\eta t \tag{3-16}$$

由于断面收缩率 $\psi$ 和伸长率 $\delta$ 有如下关系

$$\psi = \frac{\delta}{1 + \delta} \tag{3-17}$$

故又有

$$r = \frac{2 - 2\psi - \eta}{2(\eta + \psi - 1)}\eta t \tag{3-18}$$

若不计材料的变薄，即 $\eta = 1$，最小相对弯曲半径为

$$\frac{r_{min}}{t} = \frac{1 - \delta_\rho}{2\delta_\rho} \tag{3-19}$$

或

$$\frac{r_{min}}{t} = \frac{1}{2\psi_\rho} - 1 \tag{3-20}$$

　　上述式中的最大伸长率 $\delta_\rho$ 和最大断面收缩率 $\psi_\rho$ 值，均可由材料单向拉伸试验测得。显然，$\delta_\rho$ 和 $\psi_\rho$ 值越大，则最小弯曲半径 $r_{min}/t$ 越小。但实践表明，按上述理论公式计算得到的数值较生产中允许使用的最小相对弯曲半径大，因为最小相对弯曲半径还受其它因素的影响。

　　（一）零件的弯曲角 $\alpha$

　　零件的弯曲角 $\alpha$ 较小时，接近弯曲圆角的直边部分也参与变形，从而使弯曲角处的变形得到一定程度的减轻，弯曲角 $\alpha$ 对 $r_{min}/t$ 的影响见图 3-10，当 $\alpha < 70°$ 时，弯曲角的影响比较显著；$\alpha > 70°$ 时，其影响不大。

（二）板材的方向性

冷轧板具有方向性。如钢板，轧制方向上的塑性指标 $\delta_\rho$ 和 $\psi_\rho$ 大于垂直方向的。因此，弯曲线垂直于轧制方向时，最小相对弯曲半径 $r_{min}/t$ 的数值最小。

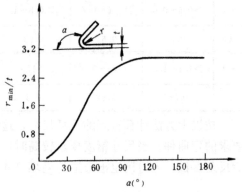

（三）板料表面质量与剪切断面质量

板料表面有划伤、裂纹或剪切断面有毛刺、裂口和冷作硬化等缺陷，弯曲时容易造成应力集中，使材料过早地破坏。此时的 $r_{min}/t$ 应适当增大，应将有毛刺的表面朝向弯曲凸模并切掉剪切面的冷作硬化层，以提高弯曲变形的成形极限。

（四）板料的宽度和厚度

相对宽度 $b/t$ 大时，允许采用的相对弯曲半径应大一些，因为此时材料内部的应变强度较大。

图 3-10　弯曲角 $\alpha$ 对 $r_{min}/t$ 的影响

图 3-11 所示是 $b/t$ 对 $r_{min}/t$ 的影响，$b/t$ 较小时影响明显，$b/t>10$ 时其影响不大。

材料的厚度对相对弯曲半径也有影响，当板厚较小时，切向应变梯度大，从外表面到变形中性层其数值很快由最大值衰减为零。较大的应变梯度能起到阻止外表面金属产生局部不稳定塑性变形的作用，因此，可以获得较大的变形和采用较小的最小相对弯曲半径 $r_{min}/t$（图 3-12）。

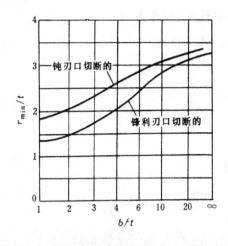

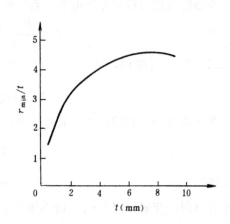

图 3-11　剪切断面质量和相对宽度对最小相对
弯曲半径 $r_{min}/t$ 的影响

图 3-12　材料厚度对最小相对弯曲半径的影响

## 二、弯曲件的工艺性

对弯曲件的工艺分析应遵循弯曲过程变形规律，通常主要考虑如下几个方面：

1. 弯曲半径　弯曲件的弯曲半径不宜过大和过小。过大因受回弹的影响，弯曲件的精度不易保证；过小时会产生拉裂，弯曲半径应大于材料的许可最小弯曲半径，否则应采用多次弯曲并增加中间退火的工艺，或者是先在弯曲角内侧压槽后再进行弯曲（图 3-13）。

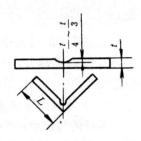

图 3-13　开槽后进行弯曲

考虑到部分工艺因素的影响,经试验得到的最小相对弯曲半径 $r_{min}/t$ 的数值列入表 3-5,可供选用。

表 3-5　最小相对弯曲半径 $r_{min}/t$ 的数值

| 材　　料 | 正火或退火 | | 硬　　化 | |
|---|---|---|---|---|
| | 弯曲线方向 | | | |
| | 与轧纹垂直 | 与轧纹平行 | 与轧纹垂直 | 与轧纹平行 |
| 铝 | | | 0.3 | 0.8 |
| 退火紫铜 | 0 | 0.3 | 1.0 | 2.0 |
| 黄铜 H68 | | | 0.4 | 0.8 |
| 05、08F | | | 0.2 | 0.5 |
| 08、10、Q215 | 0 | 0.4 | 0.4 | 0.8 |
| 15、20、Q235 | 0.1 | 0.5 | 0.5 | 1.0 |
| 25、30、Q255 | 0.2 | 0.6 | 0.6 | 1.2 |
| 35、40 | 0.3 | 0.8 | 0.8 | 1.5 |
| 45、50 | 0.5 | 1.0 | 1.0 | 1.7 |
| 55、60 | 0.7 | 1.3 | 1.3 | 2.0 |
| 硬铝(软) | 1.0 | 1.5 | 1.5 | 2.5 |
| 硬铝(硬) | 2.0 | 3.0 | 3.0 | 4.0 |
| 镁合金 | 300℃热弯 | | 冷　弯 | |
| MA1-M | 2.0 | 3.0 | 6.0 | 8.0 |
| MA8-M | 1.5 | 2.0 | 5.0 | 6.0 |
| 钛合金 | 300~400℃热弯 | | 冷　弯 | |
| BT1 | 1.5 | 2.0 | 3.0 | 4.0 |
| BT5 | 3.0 | 4.0 | 5.0 | 6.0 |
| 钼合金 | 400~500℃热弯 | | 冷　弯 | |
| BM1、BM2 | | | | |
| $t \leqslant 2\,mm$ | 2.0 | 3.0 | 4.0 | 5.0 |

注:本表用于板材厚 $t$<10mm,弯曲角大于 90°,剪切断面良好的情况。

2. **直边高度**　保证弯曲件直边平直的直边高度 $H$ 不应小于 $2t$,否则需先压槽(图 3-14)或加高直边(弯曲后再切掉)。如果所弯直边带有斜线,且斜线达到了变形区,则应改变零件的形状(图 3-15)。

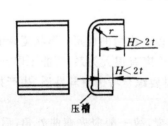

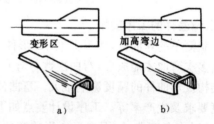

图 3-14　弯曲件直边的高度　　　　　图 3-15　加大弯边高度以防止弯裂

3. **孔边距离**　如果弯曲毛坯上有预先冲制的孔,为使孔型不发生变化,必须使孔置于变形区之外,即孔边距 $L$(图 3-16a)应符合以下关系:

当 $t$<2mm 时,$L \geqslant t$;$t \geqslant 2$mm 时,$L \geqslant 2t$。

如果孔边距 $L$ 过小,可在弯曲线上加冲工艺孔(图 3-16b)或切槽(图 3-16c)。

4. **形状与尺寸的对称性**　弯曲件的形状与尺寸应尽可能对称,高度也不应相差太大。当冲压不对称的弯曲件时,因受力不均匀,毛坯容易偏移(图 3-17),尺寸不易保证。为防止毛坯的偏移,在设计模具时应考虑增设压料板、定位销等定位零件。

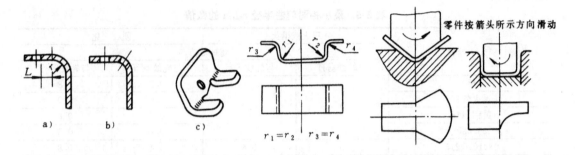

图 3-16 弯曲件的孔边距离　　　图 3-17 形状对称和不对称的弯曲件

5. 部分边缘弯曲　当局部弯曲某一段边缘时,为了防止在交接处由于应力集中而产生撕裂,可预先冲裁卸荷孔或切槽,也可以将弯曲线移动一段距离,以离开尺寸突变处(图 3-18)。

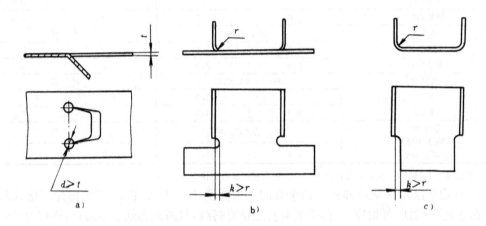

图 3-18 防止弯曲边交接处应力集中的措施
a)冲裁卸荷孔　b)切槽　c)将弯曲线位移一段距离

### 三、弯曲件的工序安排

形状简单的弯曲件,如 V 形件、U 形件、Z 形件等可以一次弯曲成形。形状复杂的弯曲件,一般要多次弯曲才能成形,弯曲次数与弯曲件形状复杂程度有很大关系,弯曲工序安排对弯曲模的结构及弯曲件的精度影响很大。弯曲件的工序安排要综合考虑材料性质、生产批量、弯曲件精度要求及生产率等。工序设计要点如下:

(1)对多角弯曲件,因变形会影响弯曲件的形状精度,故一般应先弯曲外角,后弯曲内角(图 3-19)。前次弯曲要给后次弯曲留出可靠的定位,并保证后次弯曲不影响前次已弯曲的形状。

(2)非对称弯曲件应尽可能采用成对弯曲。有孔的弯曲件,冲孔工序尽可安排在弯曲工序后进行。

(3)批量大、尺寸小的弯曲件,应采用级进模弯曲成形工艺,以提高生产率。

对一些复杂形状的弯曲件,也可采用设计巧妙的弯曲模(参见图 3-35),利用凹模(或凸模)的摆动、转动或滑动,使毛坯在压力机滑块下压时一次弯曲成形。但这类弯曲模存在一个共同的弊病,这就是弯曲回弹较大,很难实现校正弯曲。

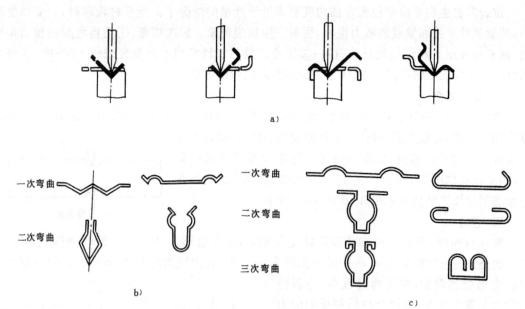

**图 3-19　多角弯曲件的工艺措施**
a)多角多次弯曲成形　b)二道工序弯曲成形　c)三道工序弯曲成形

## 第五节　提高弯曲件精度的工艺措施

弯曲时的主要质量问题有:拉裂、截面畸变、翘曲及回弹(图 3-20)。

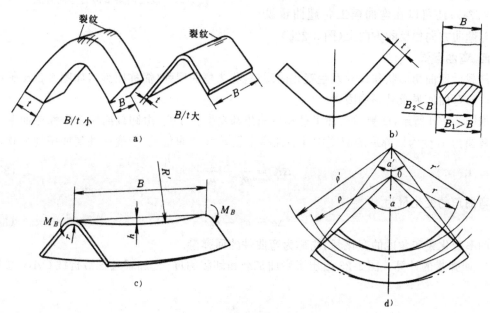

**图 3-20　弯曲时的主要质量问题**
a)拉裂　b)截面畸变　c)翘曲　d)回弹

### 一、拉裂（图 3-20a）

拉裂多发生在弯曲半径和弯曲角度要求过于严格的情况下。当板材较厚时，应变梯度较小，抑制裂纹产生和发展的能力也小，更易产生拉裂现象。解决措施：①适当增加凸模圆角半径，或者用经退火和塑性较好的材料；②使弯曲线与板材纤维方向垂直或成 45°方向；③将有毛刺的一面放在弯曲凸模一侧；④采用附加反压的弯曲方法。

### 二、截面畸变

窄板弯曲时，外层切向受拉伸长，引起板宽和板厚的收缩；内层切向受压收缩，使板宽和板厚增加。因此，弯曲变形的结果，板材截面变为梯形，同时内外层表面发生微小的翘曲。如果弯曲件的宽度 $B$ 精度要求较高时，不允许有如图 3-20b 所示的 $B_1 > B$ 的鼓起现象，这时可在弯曲线两端预先做出工艺切口，如图 3-21 所示。

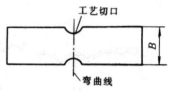

图 3-21 弯曲毛坯的工艺切口

### 三、翘曲

宽板弯曲时，变形区内横截面形状变化不大，仍为矩形。其原因是宽度方向的应力 $\sigma_b$ 在外层为拉应力（$\sigma_b > 0$），在内层为压应力（$\sigma_b < 0$），因此，宽度方向的变形受到限制。在弯曲过程中，为保持弯曲线的笔直状态，这两个拉压相反的应力在横向形成一平衡力矩 $M_b$。当卸去外载和取出弯曲件后，引起回弹的同时，在宽度方向也引起与弯矩 $M_b$ 方向相反的弯曲，即纵向翘曲，如图 3-20c 所示。解决办法：从模具结构上采取措施，如采用带侧板的弯曲模，可以阻止材料沿弯曲线侧向流动而减小翘曲（图 3-22a）；还可以在弯曲模上将翘曲量设计在与翘曲方向相反的方向上（图 3-22b）。

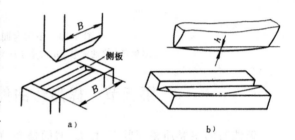

a)　　　　　　b)

图 3-22 改进模具结构的弯曲方法

### 四、弯曲回弹

卸载后弯曲角形状和尺寸发生变化的现象，称为弯曲回弹（简称回弹），如图 3-20d 所示。

#### （一）弯曲回弹及其影响因素

如图 3-20d 所示，回弹后弯曲半径和弯曲角都发生了改变，由卸载前应变中性层曲率半径 $\rho_\varepsilon$ 和弯曲角 $\alpha_0$ 变为回弹后的应变中性层曲率半径 $\rho_\varepsilon'$ 和弯曲角 $\alpha_0'$。应变中性层曲率的变化量为

$$\Delta K = \frac{1}{\rho_\varepsilon} - \frac{1}{\rho_\varepsilon'} \tag{3-21}$$

弯曲角的变化量为

$$\Delta \alpha = \alpha_0 - \alpha_0' \tag{3-22}$$

曲率变化量和角度的变化量，均称为弯曲件的回弹量。

1. 回弹量的计算　图 3-23 给出了弯曲加载和卸载的过程。加载过程沿折线 $OAB$，总应变值

$$\varepsilon_\theta = \frac{t}{2\rho_\varepsilon}$$

卸载过程沿线段 $BC$，其弹性应变值和残余塑性应变值分别为

$$\varepsilon_{\theta_e} = \frac{Mt}{2EI} \quad \text{和} \quad \varepsilon_{\theta_p} = \frac{t}{2\rho_\varepsilon'}$$

因为有 $\varepsilon_{\theta_e} = \varepsilon_\theta - \varepsilon_{e_p}$，得

$$\Delta K = \frac{1}{\rho_\varepsilon} - \frac{1}{\rho_\varepsilon'} = \frac{M}{EI} \qquad (3\text{-}23)$$

将上式稍加整理后,可得回弹前后弯曲件应变中性层曲率半径之间的关系

$$\rho_\varepsilon' = \frac{EI\rho_\varepsilon}{EI - M\rho_\varepsilon} \qquad (3\text{-}24)$$

及

$$\rho_\varepsilon = \frac{EI\rho_\varepsilon'}{EI + M\rho_\varepsilon'} \qquad (3\text{-}25)$$

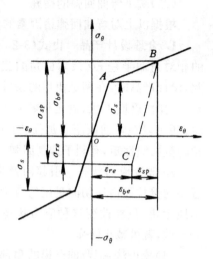

图 3-23 弯曲时的加载和卸载过程

式中  $M$——卸载弯矩,其值等于加载时的弯矩;

$E$——弹性模量;

$I$——弯曲毛坯截面惯性矩,$I = \frac{1}{12}bt^3$。

根据回弹前后弯曲件应变中性层长度不变的条件:
$\rho_\varepsilon' \alpha_0 = \rho_\varepsilon \alpha_0$,可把式(3-22)改写为

$$\Delta\alpha = \rho_\varepsilon \alpha_0 \left( \frac{1}{\rho_\varepsilon} - \frac{1}{\rho_\varepsilon'} \right)$$

即有

$$\Delta\alpha = \frac{M}{EI} \rho_\varepsilon \alpha_0 \qquad (3\text{-}26)$$

不难发现回弹量 $\Delta K$ 和 $\Delta\alpha$ 之间的关系为

$$\Delta\alpha = \Delta K \rho_\varepsilon \alpha_0$$

按上述公式计算出的理论回弹量 $\Delta K$、$\Delta\alpha$ 和实际生产中的回弹相比较,存在一定的差距,但它可作为分析影响回弹因素的基础。

2. 影响弯曲回弹量的因素

(1)材料力学性能:材料的屈服强度 $\sigma_s$ 越大,弹性模量 $E$ 越小,加工硬化越严重(硬化指数 $n$ 大),则弯曲的回弹量也越大。

(2)相对弯曲半径 $r/t$:当 $r/t$ 较小时,弯曲毛坯内,外表面上切向变形的总应变值较大。虽然弹性应变的数值也在增加,但在总应变当中所占比例却是在减小,因而回弹量小。

(3)弯曲角 $\alpha$:$\alpha$ 越大,表示变形区长度越大,角度回弹也越大。但对曲率半径的回弹没有影响。

(4)弯曲方式和模具结构:在无底凹模作自由弯曲时,回弹量最大;校正弯曲时,变形区的应力和应变状态都与自由弯曲差别很大,增加校正力可以减小回弹。对相对弯曲半径小的 V 形件进行校正弯曲时,角度回弹量有可能为负值。

(5)摩擦:毛坯和模具表面之间的摩擦,尤当一次弯曲多个部位时,对回弹的影响较为显著。一般认为摩擦可增大变形区的拉应力,使零件的形状更接近于模具形状。但是,拉弯时摩擦的影响是非常不利的。

弯曲件回弹量的大小,还受弯曲件的形状、板材厚度偏差、模具间隙和模具圆角半径等因素的影响。但是,可以采取一些工艺措施,使回弹量控制在许可的范围内,以提高弯曲件的质量。

(二)减小弯曲回弹的措施

根据以上对弯曲回弹诸因素的分析,可得出下面几种减小回弹的措施。

1. 合理设计产品 由式(3-23)和(3-26)可知,回弹量 $\Delta K$ 和 $\Delta \alpha$ 与材料性能参数、弯曲件的相对弯曲半径 $r/t$ 及弯曲角的截面惯性矩 $I$ 有关。因此,设计产品时,在满足使用的条件下,应选用屈服强度 $\sigma_s$ 小、弹性模量 $E$ 大、硬化指数 $n$ 小,力学性能稳定的材料;还可以在弯曲区压制加强肋(图 3-24),以增加弯曲角的截面惯性矩,有利于抑制回弹。

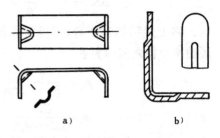

2. 改变应力状态 引起回弹是由于弯曲变形区外层切向受拉而内层切向受压的应力状态所致。因此,从本质上讲,只要改变这种应力状态,使内外切向应变符号一致,就可减小回弹。

图 3-24 在弯曲区压制加强肋

(1)校正法:把弯曲凸模的角部做成局部突起的形状(图 3-25),这样,在弯曲变形终了时,凸模力将集中作用在弯曲变形区,迫使内层金属受挤压,产生切向伸长应变。从而,卸载后回弹量将会减小。一般认为,当弯曲区金属的校正压缩量为板厚的 2%～5% 时,就可以得到较好的效果。

(2)纵向加压法:在弯曲过程结束时,用凸模上的突肩沿弯曲毛坯的纵向加压,使变形区内外层金属切向均受压缩(图 3-26)。于是回弹量显著减小。

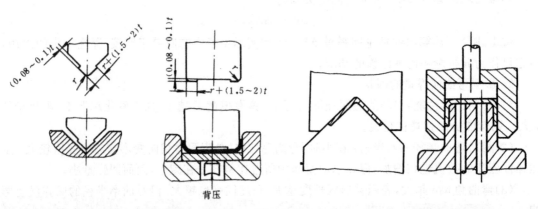

图 3-25 校正法　　　　　图 3-26 纵向加压法

(3)拉弯法:当板材在长度方向受拉力的同时进行弯曲时,可以改变弯曲变形区的应力状态,使内层的切向压应力转变为拉应力(图 3-27),因而零件的回弹量很小。这种方法主要用于大曲率半径的弯曲零件,有时为了提高精度,最后再加大拉力进行所谓的"补拉"。对于一般小型的单角或双角弯曲件,可用减小模具间隙,使弯角处的材料作变薄挤压拉伸(图 3-28),也可取得明显的拉弯效果。

3. 利用回弹规律 弯曲件的回弹是不可避免的,但是,可以根据回弹趋势和回弹量的大小,预先对模具工作部分做相应的形状和尺寸修正,使出模后的弯曲件获得要求的形状和尺寸。这种方法简单易行,在实际生产中得到了广泛应用。

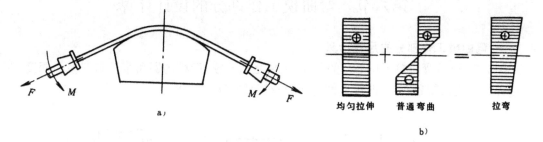

图 3-27 拉弯法

a)拉弯 b)拉弯时的切向应力分布

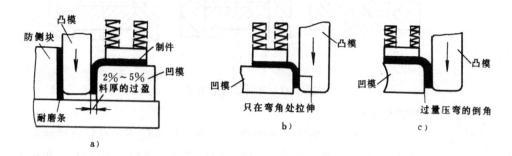

图 3-28 模具拉弯结构

a)凸、凹模间隙小于料厚的弯曲模 b)凸模端部有凸台的弯曲模 c)将凹模倒角的弯曲模

（1）补偿法：单角弯曲时，根据估算的回弹量，将凸模的圆角半径 $r_p$ 和顶角 $\alpha$ 预先做小些，经调试修磨补偿回弹；有压板时，可将回弹量做在下模上（图 3-29a），并使上下模间隙为最小板厚。双角弯曲时，可在凸模两侧做出回弹角（图 3-29b）或在模具底部做成圆弧形（图 3-29c），以补偿角部的回弹。

（2）软模法：用橡胶或聚氨脂软凹模代替金属凹模（图 3-30），用调节凸模压入软凹模深度的方法控制弯曲回弹，使卸载回弹后，获得符合精度要求的零件。

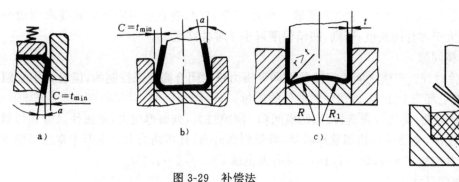

图 3-29 补偿法

a)有压板的单角弯曲 b)回弹角做在凸模两侧的双角弯曲

c)模具底部做成圆弧形的双角弯曲

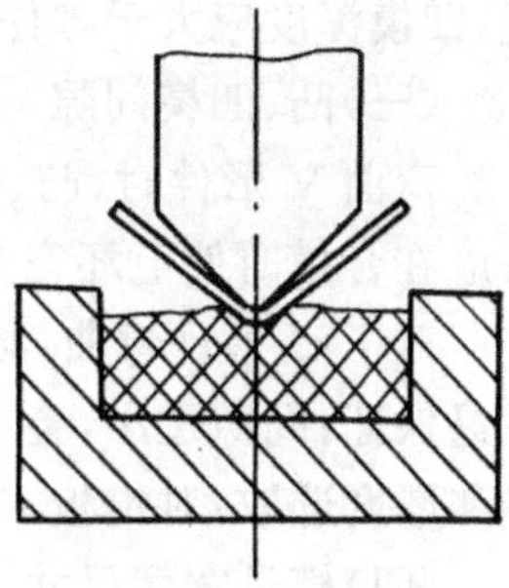

图 3-30 软模弯曲

## 第六节　弯曲模工作部分的设计计算

### 一、弯曲模工作部分的尺寸计算

图 3-31 所示弯曲模工作部分的尺寸,主要是指凸模、凹模的圆角半径和凹模的深度,对于 U 形件的弯曲模则还有凸、凹模之间的间隙及模具宽度尺寸等。

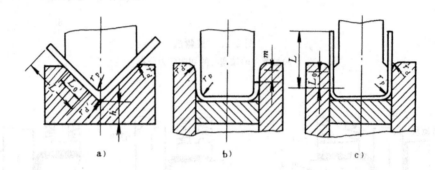

图 3-31　弯曲模的结构尺寸

**(一)凸凹模的圆角半径**

凸模的圆角半径 $r_p$ 应等于弯曲件内侧的圆角半径 $r$,但不能小于材料允许的最小弯曲半径 $r_{min}$(表 3-5)。如果 $r<r_{min}$,弯曲时应取 $r_p \geqslant r_{min}$,随后增加一道校正工序,校正模的 $r_p=r$;当弯曲件内侧的圆角半径较大时($r/t>10$),则必须考虑回弹,修正凸模圆角半径。

凹模的圆角半径 $r_d$ 可根据板材的厚度 $t$ 来选取:

$$t \geqslant 2mm, \qquad r_d = (3 \sim 6)t$$
$$t = 2 \sim 4mm, \qquad r_d = (2 \sim 3)t$$
$$t > 4mm, \qquad r_d = 2t$$

凹模的圆角半径不宜过小,以免弯曲时擦伤毛坯表面,同时凹模两边的圆角半径应一致,否则在弯曲时毛坯会发生偏移。

对于 V 形件弯曲凹模的底部可开退刀槽或取圆角半径 $r_d' = (0.6 \sim 0.8)(r_p+t)$。

**(二)凹模深度**

凹模深度尺寸可按表 3-6～表 3-8 选取。弯曲 U 形件时,若直边高度不大或要求两边平直,凹模深度应大于零件的高度;否则,凹模深度可小于零件高度。

**(三)凸、凹模间隙**

弯曲 V 形件时,凸、凹模之间的间隙是靠调整压力机的闭合高度来控制的,但设计中必须考虑在合模时使毛坯完全压靠,以保证弯曲件的质量。

对于 U 形件弯曲,必须合理选择凸、凹模间隙。间隙过大,则回弹也大,弯曲件尺寸和形状不易保证;间隙过小,会使零件边部壁厚减薄,降低模具寿命,且弯曲力大。生产中常按材料性能和厚度选取:对钢板 $C=(1.05 \sim 1.15)t$,对有色金属 $C=(1.0 \sim 1.1)t$。

**(四)模具宽度尺寸**

弯曲件宽度尺寸标注在外侧时(图 3-32a),应以凹模为基准,先确定凹模尺寸。如果考虑到模具磨损和弯曲件的回弹,凹模宽度尺寸应为

$$B_d = (B - 0.75\Delta)^{+\delta_d}_0$$

凸模尺寸按凹模配制,保证单边间隙 $C$,即 $B_p = B_d - 2C$。

弯曲件宽度尺寸标注在内侧时(图 3-32b),则应以凸模为基准,先计算凸模尺寸: $B_p = (B + 0.25\Delta)^0_{-\delta_p}$,凹模尺寸按凸模配制,保证单边间隙 $C$,即 $B_d = B_p + 2C$。

式中　$B$——弯曲件基本尺寸;

　　　　$\Delta$——弯曲件制造公差;

　$\delta_p, \delta_d$——凸、凹模制造公差,按 IT6~8 级公差选取。

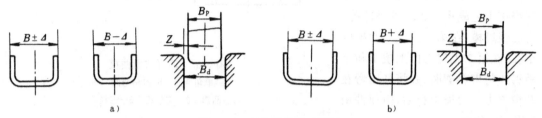

图 3-32　弯曲件的尺寸标注

**表 3-6　弯曲 V 形件的凹模深度及底部最小厚度值**　　　　　　　　(mm)

| 弯曲件边长 L | 材料厚度 t | | | | | |
|---|---|---|---|---|---|---|
| | ≤2 | | 2~4 | | >4 | |
| | $h$ | $L_0$ | $h$ | $L_0$ | $h$ | $L_0$ |
| 10~25 | 20 | 10~15 | 22 | 15 | — | — |
| >25~50 | 22 | 15~20 | 27 | 25 | 32 | 30 |
| >50~75 | 27 | 20~25 | 32 | 30 | 37 | 35 |
| >75~100 | 32 | 25~30 | 37 | 35 | 42 | 40 |
| >100~150 | 37 | 30~35 | 42 | 40 | 47 | 50 |

**表 3-7　弯曲 U 形件凹模的 m 值**　　　　　　　　(mm)

| 材料厚度 t | ≤1 | 1~2 | 2~3 | 3~4 | 4~5 | 5~6 | 6~7 | 7~8 | 8~10 |
|---|---|---|---|---|---|---|---|---|---|
| $m$ | 3 | 4 | 5 | 6 | 8 | 10 | 15 | 20 | 25 |

**表 3-8　弯曲 U 形件的凹模深度 $L_0$**　　　　　　　　(mm)

| 弯曲件边长 L | 材料厚度 t | | | | |
|---|---|---|---|---|---|
| | <1 | 1~2 | >2~4 | >4~6 | >6~10 |
| <50 | 15 | 20 | 25 | 30 | 35 |
| 50~75 | 20 | 25 | 30 | 35 | 40 |
| 75~100 | 25 | 30 | 35 | 40 | 40 |
| 100~150 | 30 | 35 | 40 | 50 | 50 |
| 150~200 | 40 | 45 | 55 | 65 | 65 |

## 二、弯曲模的典型结构

**(一)敞开式弯曲模(图 3-33)**

敞开式模具结构简单,制造方便,通用性强,但毛坯弯曲时容易窜动,不易保证零件精度。

**(二)有压料装置的弯曲模(图 3-34)**

采用这种结构的模具,工作时凸模和下顶板始终压紧毛坯,防止其产生移动。若毛坯上有孔,辅之定位销,效果更好,能得到边长公差为 ±0.1mm 的零件。

**(三)活动式弯曲模(图 3-35)**

生产中常用一些特殊的机构，将几个简单的弯曲工序复合在一套模具中。当压力机的滑块下行时，利用凹模（或凸模）的摆动、转动或滑动，实现毛坯的弯曲加工。

（四）级进弯曲模

它是将冲载、弯曲、切断等工序依次布置在一副模具上，用以实现级进工艺成形。图3-36是冲孔、弯曲级进模，在第一工位上冲出两个孔，在第二工位上由上模1和下剪刃4将带料剪断，并将其压弯在凸模6上。上模上行后，由顶件销5将工件顶出。

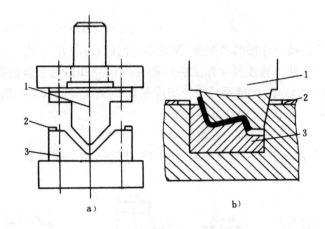

图 3-33 敞开式弯曲模
a)单角弯曲 b)多角弯曲
1—凸模 2—定位板 3—凹模

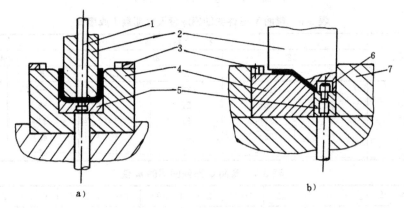

图 3-34 有压料装置的弯曲模
a)U形件弯曲 b)Z形件弯曲
1—推杆 2—凸模 3—定位板 4—凹模 5—压料板 6—定位销 7—止推块

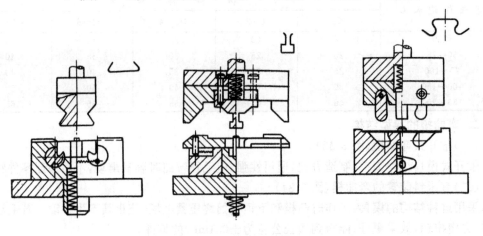

图 3-35 活动式弯曲模

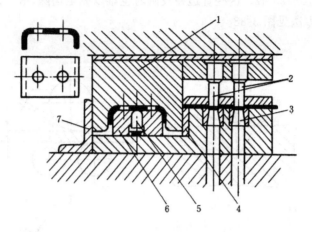

图 3-36　冲孔、弯曲级进模

1—上模　2—冲孔凸模　3—冲孔凹模　4—下剪刃　5—顶件销　6—弯曲凸模　7—挡料块

## 第七节　辊弯和辊形

辊弯(卷板)是辊轮旋转时在摩擦力的带动下,使板材连续进入辊轮之间而弯曲成形的一种加工方法(图 3-37a),一般用于有大弯曲半径的零件。辊形(辊压成形)是将带料通过带有型槽的数组成形辊轮,渐次进行多道弯曲成形,从而得到所需截面形状的零件,加工方法如图 3-37b 所示。

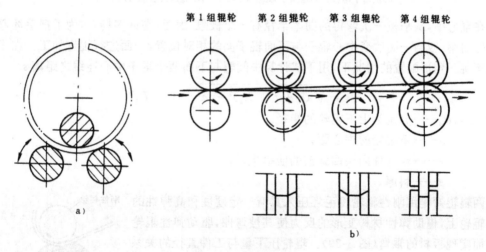

图 3-37　辊弯和辊形

a)辊弯　b)辊形

### 一、辊弯

图 3-37a 所示是将毛坯送入成等腰三角形的三个辊子之间进行辊弯成形。下面两个辊子支承毛坯,而中间辊子压在被支承的毛坯上使其弯曲。只要调节中间辊与下面两个辊子中心连线的距离,或是改变下面两个辊子的相对位置,便可以得到不同曲率半径的辊弯件。

辊弯时,由于两端材料未能受到三辊的同时辊压,因而留下一段平直部分,这部分直端长度约为材料厚度的 10～20 倍。这些直边在校圆时也难以完全消除,故一般应对板材端头进行预弯。常用的预弯方法见图 3-38。

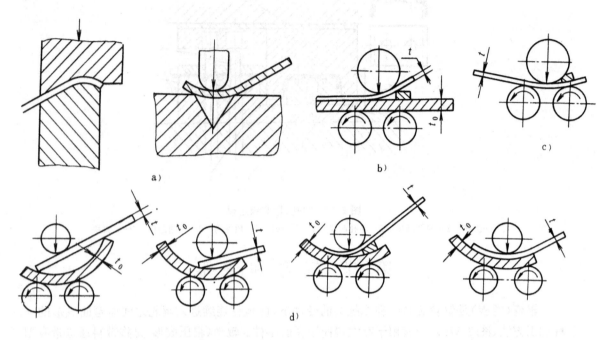

图 3-38　常用的预弯方法

a)适用于各种板厚　b)适用于 $t_0 \geqslant 2t, t \leqslant 24mm$,不超过设备能力的 60%

c)适用于薄板　d)适用于 $t_0 \geqslant 2t, t \geqslant 24mm$,不超过设备能力的 60%

在辊弯中,从平板一次弯得的曲率半径有一个极限。因而,在许多场合,为了把毛坯弯曲成既定的曲率,应当一面改变中心辊子与下面辊子间的相对位置,一面进行辊弯加工。在三个辊子成等腰三角形配置的情况下,用下式计算中间辊与下面两个辊子中心连线之距离 $s$

$$s = \sqrt{(r + t + R_2)^2 - a^2} - r - R_1$$

式中　$R_1$、$R_2$——分别为上下辊轮的半径;

$\quad\quad a$——下辊轮的中心距;

$\quad\quad r$——辊弯件内层回弹前的曲率半径;

$\quad\quad t$——料厚。

两辊辊弯是用刚性辊轮将毛坯压入具有一定硬度和高弹性的弹性辊轮上,借助弹性材料变形的反力使其被弯曲,驱动弹性辊轮轴从而实现板材的辊弯(图 3-39)。辊轮压下量与工件直径的关系如图 3-40 所示,压下量达到某一临界值之后,即使再增加压下量,工件直径的变化也是非常小的。所以,取比临界压下量稍大一点的变形量即为合理压下量。虽说在临界压下量以下,通过对辊轮压下量的调整,也能制造出直径不同的圆筒形件,但是由于不够稳定,故一般不采用。为改变制件的直径,可在刚性辊轮上套以适当直径的导向轮来进行辊弯加工(图 3-41)。

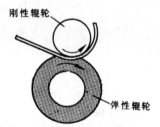

图 3-39　两辊辊弯

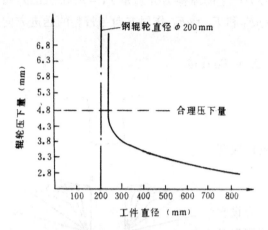

图 3-40 辊轮压下量与工件直径的关系

图 3-41 用导向轮加工大直径的圆筒件

用两辊辊弯加工板材时,对于塑性较好($\delta$＞30％)或较薄(厚度小于 1.5～4mm)的材料,可一次辊弯成零件;对于塑性差或厚的材料,应加大钢轮的压入力,预先弯好进口端和出口端,然后一次或几次(可进行中间退火)辊弯成零件。

## 二、辊形

辊形过程如图 3-42 所示。当带料一旦进入辊轮入口便开始弯曲变形,在通过辊轮截面 4 后,此组辊轮成形完毕,再进入下一组辊轮。

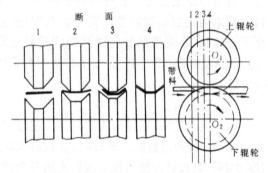

图 3-42 辊形过程

辊形工艺特别适用于生产批量大的等截面长工件,并可与多种工艺过程结合(如冲孔、起伏成形、焊接、定尺剪切等),组成连续化生产线。辊形工艺生产率很高,能够制造出截面形状十分复杂且厚度均匀、表面光洁的工件,以最大限度地满足结构设计的要求。

辊形时的受力情况如图 3-43 所示。在微小长度为 $dx$ 的截面上,通过上下辊轮中心的正压力(即中心力)分别为:$F dx/\cos\theta_1$ 和 $F dx/\cos\theta_2$。它们的垂直分力均为 $F dx$,分别作

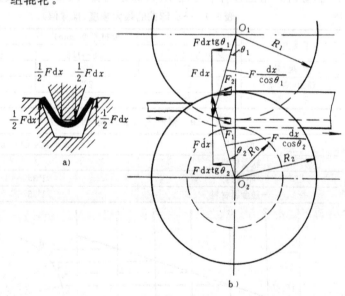

图 3-43 辊形的受力分析

用在毛坯的弯曲线与直边的端部,形成对带料弯曲的力矩;水平分力为 $F dx \mathrm{tg}\theta_1$ 和 $F dx \mathrm{tg}\theta_2$,

此二力与带料的送进方向相反。由上下辊轮中心力产生的摩擦力分别是 $F_1=\mu Fdx/\cos\theta_1$ 和 $F_2=\mu Fdx/\cos\theta_2$，它们在水平方向的分力为 $F_1'=\mu F_1$ 和 $F_2'=\mu F_2$，作用方向与带料的送进方向相同。很显然，只有当

$$F_1' + F_2' \geqslant Fdx\,\mathrm{tg}\theta_1 + Fdx\,\mathrm{tg}\theta_2$$

才能保证带料正常送进并实现辊形。

辊形工艺设计要点如下：

（一）带料宽度

与模具压弯的情况一样，辊形的带料宽度应按应变中性层的展开长度计算。

（二）导向线

为使毛坯从平板状态顺利向前移动而成形，应设置水平导向线和垂直导向线。水平导向线从第一组辊轮开始到最后一组辊轮为止始终保持在同一水平面上（图3-44），用来确定成形辊轮节圆直径的基准；垂直导向线垂直于辊轮轴线，是使此导向线两侧的材料变形量基本相等的一条基准线（图3-45）。当工件为对称截面时，此导向线与截面中心线一致。

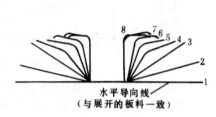

图 3-44　水平导向线

（三）弯曲角度与直边升角

在一组辊轮中，同时弯曲的角不应超过二个。一次弯曲的角度不得大于表3-9所列的数据。辊形时，直边最大高度应符合直线向上的关系（图3-46），其设计方法为控制成形直边升角使之合理化（表3-10）。材料不同，直边升角也有所不同，但对大部分金属取 $1°25'$ 都是安全的。

**表 3-9　一次弯曲的最大角度**（推荐值）

| 工具类型 | 板材厚度(mm) | | |
|---|---|---|---|
| | 0.5～0.8 | 0.8～1.2 | 1.2～1.5 |
| 主　辊　轮 | 45° | 30° | 22° |
| 辅助(侧)辊 | 30° | 20° | 15° |
| 导　　　板 | 20° | 15° | 12° |

**表 3-10　辊形直边的升角**（推荐值）

| 成形材料 | 成形直边的升角 |
|---|---|
| 软质材料 | 3° |
| 不锈钢 | 1°35′ |
| 一般金属材料 | 1°25′ |

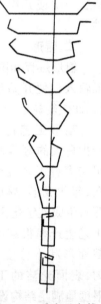

图 3-45　垂直导向线

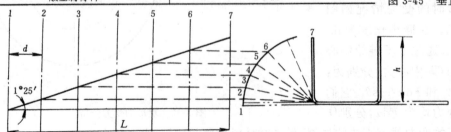

图 3-46　成形直边的角度和成形高度

### (四)花形展开图与辊形顺序

将弯曲件逐渐展开为平板毛坯,把展开过程的形状叠放在同一张纸上,即构成如图 3-47 所示的花形展开图。绘制花型展开图的过程,也就是确定辊形顺序的过程,大致有三种:①采用先内后外的弯曲顺序(图 3-47a),可使毛坯边缘平直,易于材料流向两边,被广泛应用于宽板等的成形;②采用先外后内的弯曲顺序(图 3-47b),可以充分发挥工作型辊的变形作用,改善毛坯宽展趋势,多用于管形件等的成形;③内、外整体进行缓和的过渡弯曲,然后再对急剧过渡的角度作精加工。

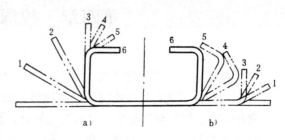

图 3-47 辊形顺序

### (五)辊轮节圆直径与辊轮组数

上、下辊轮直径一致的直径是辊轮的节圆直径,也称辊形线。在节圆上带料可无滑移地送进。从理想的角度出发,节圆应选在受力最大的点上,但这些点在每组辊轮上是不同的。如考虑使各组辊轮的节圆直径与水平导向线一致,那么在各辊轮中便于使节圆直径与截面形状的底面或者与截面高度的中心相重合。

从第一对辊轮至最后一对辊轮,节圆直径应依次递增 0.4% 左右(带料厚度小于 0.3mm 时取 0.25%),从而使辊轮对材料始终朝送给方向给以拉伸作用,以保证每对辊轮间不致产生"堆积"现象而破坏辊形进程。

确定辊轮组数是个较复杂的问题。简单截面的辊形(图 3-46),设直边升角 1°25′,辊轮工位间距为 $d$,成形设备的全长为 $L$,辊轮组数 $n$ 可按下式计算

$$n = \frac{L}{d} = \frac{h \operatorname{ctg} 1°25′}{d}$$

对于复杂截面的辊形,需视具体情况确定辊轮的组数。如果利用托辊或侧辊从横向加工,则可以减少垂直成形辊轮的组数。

## 习 题

1. 试述减少弯曲回弹的常用工艺措施。
2. 试计算图 3-48 所示弯曲件的毛坯长度。

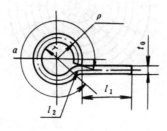

图 3-48

# 第四章 拉深工艺与模具设计

拉深是利用模具使平板毛坯变成为开口的空心零件的冲压加工方法。

用拉深工艺可以制成筒形、阶梯形、球形、锥形、抛物面形、盒形和其他不规则形状的薄壁零件。如果与其他冲压成形工艺配合，还可制造出形状更为复杂的零件。因此在汽车、飞机、拖拉机、电器、仪表、电子、轻工等工业生产中，拉深工艺均占有相当重要的地位。

在实际生产中，拉深件的形状是多种多样的。由于其几何形状特点不同，因此，各类拉深件变形区的位置、变形的分布以及毛坯各部分的应力状态和分布规律差别很大。所以，圆筒拉深的基本理论，未必能充分阐明实际生产中各种拉深件的成形过程，特别是在定量分析方面。然而，如果掌握了圆筒拉深成形的基础理论和基础技术，在遇到各类拉深件的实际问题时，就可以借鉴并进行适当的分析、判断，以助于问题的解决。本章主要介绍直壁零件的拉深工艺和模具设计。

## 第一节 拉深变形分析

### 一、变形过程

拉深过程如图 4-1 所示，拉深模的工作部分没有锋利的刃口，而是有一定的圆角半径，并且其间隙也稍大于板材的厚度。在凸模的压力下，直径为 $D_0$、厚度为 $t$ 的圆形毛坯经拉深后，得到了具有外径为 $d$ 的开口圆筒形工件。

为了说明金属的流动过程，可以进行如下实验：在圆形毛坯上画许多间距都等于 $a$ 的同心圆和分度相等的辐射线（图 4-2），由这些同心圆和辐射线组成网格。拉深后，圆筒形件底

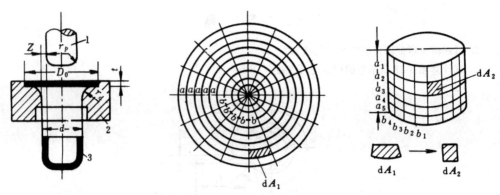

图 4-1 拉深过程
1—凸模 2—凹模 3—工件

图 4-2 拉深件的网格变化

部的网格基本保持原来的形状，而筒壁部分的网格则发生了很大的变化：原来的同心圆变为筒壁上的水平圆筒线，而且其间距也增大了，越靠近筒的上部增大越多，即：$a_1 > a_2 > a_3 > \cdots > a$；原来分度相等的辐射线变成了筒壁上的垂直线，其间距则完全相等，即：$b_1 = b_2 = b_3 = \cdots$

$=b$。

如果就网格中的一个小单元体来看，在拉深前是扇形 $dA_1$，而在拉深后则变成矩形 $dA_2$ 了。由于拉深后，材料厚度变化很小，故可认为拉深前后小单元体的面积不变，即：$dA_1=dA_2$。小单元体由扇形变成矩形，说明小单元体在切向受到压应力的作用，在径向受到拉应力的作用。

故拉深变形过程可以归结如下：在拉深力作用下，毛坯内部的各个小单元体之间产生了内应力：在径向产生拉应力，在切向产生压应力。在这两种应力作用下，凸缘区的材料发生塑性变形并不断地被拉入凹模内，成为圆筒形零件。

（一）拉深过程中毛坯的应力应变状态

在实际生产中可知，拉深件各部分的厚度是不一致的。一般是：底部略为变薄，但基本上等于原毛坯的厚度；壁部上段增厚，越靠上缘增厚越大；壁部下段变薄，越靠下部变薄越多；在壁部向底部转角稍上处，则出现严重变薄，甚至断裂。此外，沿高度方向，零件各部分的硬度也不同，越到上缘硬度越高。这些都说明在拉深过程中，毛坯各部分的应力应变状态是不一样的。为了更深刻地认识拉深变形过程，有必要深入探讨拉深过程中材料各部分的应力应变状态。

设在拉深过程中的某一时刻毛坯已处于图 4-3 所示的状态。图中：

$\sigma_1$、$\varepsilon_1$——分别表示材料径向的应力与应变；

$\sigma_2$、$\varepsilon_2$——为材料厚度方向的应力与应变；

$\sigma_3$、$\varepsilon_3$——为材料切向的应力与应变。

根据应力应变状态的不同，现将拉深毛坯划分为 5 个区域：

1. 平面凸缘区  这是拉深变形的主要区域，这部分材料在径向拉应力 $\sigma_1$ 和切向压应力 $\sigma_3$ 的作用下，发生塑性变形而逐渐进入凹模。由于压边圈的作用，在厚度方向产生压应力 $\sigma_2$。通常，$\sigma_1$ 和 $\sigma_3$ 的绝对值比 $\sigma_2$ 大得多，材料的流动主要是向径向延展，同时也向毛坯厚度方向流动而加厚。这时厚度方向的应变 $\varepsilon_2$ 是正值。由于越靠外缘需要转移的材料越多，因此，越到外缘材料变得越厚，硬化也越严重。

假若不用压边圈，则 $\sigma_2=0$。此时的 $\varepsilon_2$ 要比有压边圈时大。当需要转移的材料面积较大而板材相对又较薄时，毛坯的凸缘部分，尤其是最外缘部分，受切向压应力 $\sigma_3$ 的作用极易失去稳定而拱起，出现起皱。

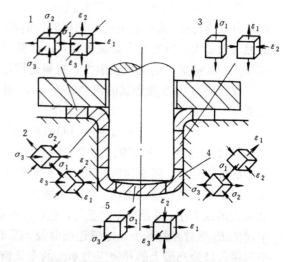

图 4-3  拉深过程中毛坯的应力应变状态

2. 凸缘圆角部分  这属于过渡区，材料变形比较复杂，除有与平面凸缘部分相同的特点外，还由于承受凹模圆角的压力和弯曲作用而产生压应力 $\sigma_2$。

3. 筒壁部分  这部分材料已经变形完毕成为筒形，此时不再发生大的变形。在继续拉深时，凸模的拉深力要经由筒壁传递到凸缘部分，故它承受单向拉应力 $\sigma_1$ 的作用，发生少量的纵向伸长和变薄。

4. 底部圆角部分　这也属于过渡区，材料除承受径向和切向拉应力 $\sigma_1$ 和 $\sigma_3$ 外，还由于凸模圆角的压力和弯曲作用，在厚度方向承受压应力 $\sigma_2$。

底部圆角稍上处，由于传递拉深力的截面积较小，但产生的拉应力 $\sigma_1$ 较大；加上该处所需要转移的材料较少，加工硬化较弱而使材料的屈服强度较低；以及该处又不像底部圆角处存在较大的摩擦阻力，因此在拉深过程中，该处变薄最为严重，成为零件强度最薄弱的断面。倘若此处的应力 $\sigma_1$ 超过材料的抗拉强度，则拉深件将在此处拉裂，或者变薄超差。

5. 筒底部分　这部分材料基本上不变形，但由于作用于底部圆角部分的拉深力，使材料承受双向拉应力，厚度略有变薄。

综上所述，拉深中主要的破坏形式是起皱和拉裂。

(二) 拉深过程的力学分析

1. 凸缘变形区的应力分析　拉深时，凸缘的应力状态为径向受拉、切向受压，其数值由式 (1-31) 确定，即

$$\sigma_1 = \sigma_\rho = 1.1\sigma_s \ln \frac{R_t}{r}$$

$$\sigma_3 = \sigma_\theta = -1.1\sigma_s\left(1 - \ln \frac{R_t}{r}\right)$$

拉深毛坯凸缘变形区各点的 $\sigma_1$、$\sigma_3$ 分布如图 4-4 所示。在外边缘上，切向应力取最大值 $\sigma_{3max} = -1.1\sigma_s$。

令 $|\sigma_1| = |\sigma_3|$，有 $R = 0.61R_t$。也就是说，半径为 $R$ 的圆将凸缘变形区分成两部分。由此圆向内到凹模腔口的部分 $|\sigma_1| > |\sigma_3|$，拉应变 $\varepsilon_1$ 的绝对值最大，材料厚度是减薄的；由此圆向外到边缘的部分，$|\sigma_1| < |\sigma_3|$，压应变 $\varepsilon_3$ 的绝对值最大，材料是增厚的。

径向应力 $\sigma_1$ 在变形区的内边缘 ($r = r_0$) 处，即在凹模入口处有最大值

$$\sigma_{1max} = 1.1\sigma_s \ln(R_t/r_0) \tag{4-1}$$

(1) $\sigma_{1max}$ 的变化规律：由式 (4-1) 可知，$\sigma_{1max}$ 与 $\sigma_s$、$\ln (R_t/r_0)$ 两者的乘积有关。随着拉深的进行，变形程度逐渐增加，前一因素 $\sigma_s$ 视作流动应力时也是增加的，使 $\sigma_{1max}$ 增大；后一因素 $\ln (R_t/r_0)$ 表示毛坯变形区大小，随着拉深的进行，变形区逐渐减小，使 $\sigma_{1max}$ 减小。将不同的 $R_t$ 所对应的各个 $\sigma_{1max}$ 值连成曲线 (图 4-5) 即为整个拉深过程中凹模入口处凸缘上的径向应力 $\sigma_{1max}$ 的变化情况。由图可见，拉深开始阶段前一因素起主导作用，$\sigma_{1max}$ 很快增长；而达到最大值 $\sigma_1 \frac{max}{max}$ [$R_t = (0.7 \sim 0.9) R_0$] 后，后一因素则起主导作用，$\sigma_{1max}$ 开始减小。

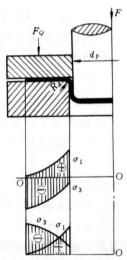

图 4-4　圆筒形件拉深时的应力分析

图 4-5 所示曲线是在一定的材料和一定的拉深系数 $m$ ($m = d/D$) 下作出的，如果给出不同的材料和不同的拉深系数便可得到很多曲线，如图 4-6 所示。根据这些曲线的 $\sigma_1 \frac{max}{max}$ 与拉深系数和材料的关系，可得

$$\sigma_1 \frac{max}{max} \approx A[(1/m) - B]\sigma_b \tag{4-2}$$

式中　$A$、$B$——系数，其值见表 4-1。

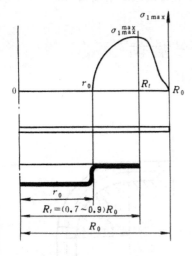

图 4-5　拉深过程中 $\sigma_{1max}$ 的变化

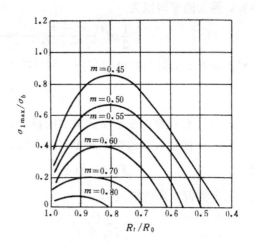

图 4-6　拉深系数不同时的 $\sigma_1{}_{max}^{max}$ 变化曲线

表 4-1 中 $\psi_b$ 与 $\sigma_b$ 关系见表 4-2。

**表 4-1　不同材料的 A 和 B 值**

| $\psi_b$（%） | A | B |
|---|---|---|
| 15～20 | 0.75 | 1.00 |
| 25～30 | 0.80 | 1.10 |
| 35～40 | 0.85 | 1.15～1.20 |

**表 4-2　各种材料的 $\psi_b$ 值**

| 材　料 | $\sigma_b$（MPa） | $\psi_b$（%） | 材　料 | $\sigma_b$（MPa） | $\psi_b$（%） |
|---|---|---|---|---|---|
| 10 钢 | 360 | 25 | 铝 LM | 80 | 17 |
| 20 钢 | 410 | 25 | 铝合金 LF21M | 110 | 11 |
| 25 钢 | 480 | 20 | 铝合金 LY12M | 200 | 10 |
| 45 钢 | 600 | 15 | 镍 | 500 | 26 |
| 铜 | 220 | 34 | 锡 | 30 | 39 |
| 黄铜 | 420 | 24 | 锌 | 110 | 5 |

（2）$\sigma_{3max}$ 的变化规律：$\sigma_{3max}$ 只与材料有关，也即随着拉深的进行，变形程度增加，$\sigma_3$ 增加，故 $\sigma_{3max}$ 也增加。$\sigma_{3max}$ 的变化规律与材料硬化曲线（参见图 1-17）变化相似。

2. 筒壁传力区的受力分析　凸模的压力 $F$ 通过筒壁传递至凸缘的内边缘（凹模入口处）将变形区的材料拉入凹模（图4-7）。筒壁所受的拉应力由以下各部分组成：

（1）凸缘材料的变形抗力 $\sigma_{1max}$。

（2）压边力 $F_Q$ 在凸缘表面产生的摩擦力：设摩擦系数为 $\mu$，则凸缘上、下表面的摩擦阻力为 $2\mu F_Q$。筒壁传递拉力的面积为 $\pi dt$，因此，压边所引起的摩擦力反映到筒壁内部所产生的拉应力为 $\sigma_M = 2\mu F_Q/(\pi dt)$。

（3）克服凹模圆角的摩擦阻力：由于摩擦引起的阻力为 $(\sigma_{1max} + \sigma_M)\,e^{\frac{\mu\alpha}{2}}$。

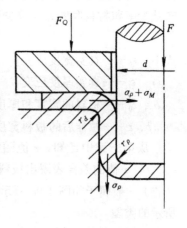

图 4-7　筒壁传力区的受力分析

（4）克服材料绕过凹模圆角的弯曲阻力：单元长度 $\Delta l$ 沿凹模边缘滑动后（图4-8），将产生伸长，伸长的平均值为

$$\frac{1}{2}\Delta l\left(\frac{r_d + t}{r_d + 0.5t} - \frac{r_d}{r_d + 0.5t}\right) = \Delta l \frac{t}{2r_d + t}$$

设凹模圆角处弯曲材料的外力与内力所消耗的功相等，故有

$$F_w\Delta l = \pi d_1 t\Delta l \frac{t}{2r_d + t}\sigma$$

式中　$F_w$——材料弯曲变形所需增加的拉力；

　　　$\sigma$——凹模入口边缘上的金属变形抗力。

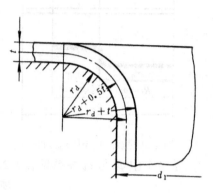

因而　　　　　$F_w = \pi d_1 t \frac{t}{2r_d + t}\sigma$　　　　　(4-3)

于是，可得圆筒断面内的应力

$$\sigma_w = \frac{t}{2r_d + t}\sigma \qquad (4-4)$$

由于进入凹模入口的金属是凸缘内边已经硬化很厉害的金属，可近似认为 $\sigma\approx\sigma_b$。于是由弯曲引起的拉应力为 $\sigma_w=\sigma_b/\left[(2r_d)/t+1\right]$。

因此筒壁的拉应力总和为

图 4-8　凹模圆角对拉力的影响

$$\sigma_p = (\sigma_{1max} + \sigma_M)e^{\frac{\mu\pi}{2}} + \sigma_w \qquad (4-5)$$

因为 $e^{\frac{\mu\pi}{2}}\approx1+\frac{\pi}{2}\mu\approx1+1.6\mu$，所以，式（4-5）成为

$$\sigma_p = (\sigma_1^{\ max} + \sigma_M)(1 + 1.6\mu) + \sigma_w \qquad (4-6)$$

或　　　$\sigma_p = \left[A\left(\frac{1}{m} - B\right)\sigma_b + \frac{2\mu F_Q}{\pi dt}\right](1 + 1.6\mu) + \frac{\sigma_b}{2\frac{r_d}{t}+1}$　　　(4-7)

（三）板材性能、模具圆角及摩擦的影响

1. 板材性能对圆筒件拉深过程的影响　板料性能中影响拉深性能的主要指标是塑性应变比（板平面与厚度间的各向异性系数）。塑性应变比 $r$ 是指材料在拉伸试验中，材料宽度方向减少率和材料厚度方向减少率的对数应变之比，由第一章塑性应变比 $r$ 值中知

$$r = \varepsilon_b/\varepsilon_t = (\ln b/b_0)/(\ln t/t_0)$$

式中　$\varepsilon_b$——真实宽度应变；

　　　$\varepsilon_t$——真实厚度应变；

　　　$b_0$、$t_0$——板料的宽度和厚度；

　　　$b$、$t$——拉伸后的板料宽度和厚度。

从第一章中已知，$r$ 值随板材的轧制方向不同而异，通常取其平均值 $\bar{r}=(r_0+2r_{45}+r_{90})/4$。$r$ 值的差异表现出板料的平面各向异性和厚向异性。软钢和铁素体不锈钢（体心立方晶格）一般属于如图4-9a所示的类型，而铝和奥氏体不锈钢（面心立方晶格）则属于图4-9b所示的类型。

$r$ 值与表示拉深性能的极限拉深比（LDR）$\frac{D}{d}$（毛坯直径/圆筒直径）之间（图4-10），在较大的范围内存在一定的关系，并且随材料种类不同多少有些差别。

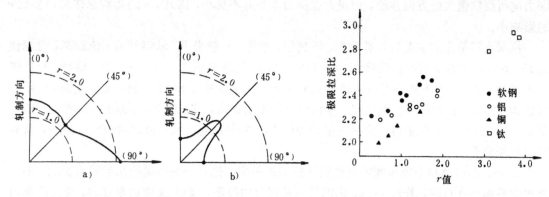

图 4-9 r 值在板材平面内的分布　　　　图 4-10 r 值和极限拉深比的关系

$r$ 值对板料拉深性能的影响也可用公式表示,即底部圆角附近的筒壁承载力 $F_z$ 和总拉深阻力 $F$ 的对应关系。

根据式 (4-5),拉深阻力 $F=\pi t\,(d+t)\,\left[\,(\sigma_{1max}+\sigma_M)\,e^{\frac{\mu\pi}{2}}+\sigma_w\right]$,也可以用下式表示为

$$F = B \sqrt{\frac{(1+\bar{r})^{1+n}}{[\bar{r}(1+c)^2+1+c^2]^{1-n}}} \quad \ominus$$

同样,根据式 (4-8),拉深阻力的最大值 $F_{max}=\pi t\,(d+t)\,[\,(\sigma_{1\,max}+\sigma_M)\,(1+1.6\mu)+\sigma_w]$,也可以用下式表示

$$F_{max} = B \sqrt{\frac{(1+\bar{r})^{1+n}}{[\bar{r}(1+c')^2+1+c'^2]^{1-n}}} \quad \ominus$$

筒壁承载力 $F_z=0.6\pi t\,(d+t)\,\sigma_b$,也可以用下式表示

$$F_z = A\left(\frac{\bar{r}+1}{\sqrt{2\bar{r}+1}}\right)^{n+1} \quad \ominus$$

以上三式中　$A$、$B$——常数;

　　　　　　$n$——硬化指数,一般 $n\approx0\sim0.5$;

　　　　　　$c$、$c'$——表示拉深行程进行的程度,为凸模半径与拉深过程中相应凸缘宽度之比。

拉深件的拉深性能可用下式来衡量

$$\frac{F_z}{F} = \frac{A}{B} \sqrt{\frac{(\bar{r}+1)^{1+n}[\bar{r}(1+c')^2+1+c'^2]^{1-n}}{(1+2\bar{r})^{1+n}}} \tag{4-8}$$

$\bar{r}$ 值越大,$\dfrac{F_z}{F}$ 值也越大,板材的拉深性能也就越好。

$\bar{r}$ 值对拉深性能的影响,还与板材的平面各向异性的类型有关。如用不同种类金属作比较,$\bar{r}$ 值即使相同,45°方向 $r$ 值最大的板材,拉深性能不好。

除了 $\bar{r}$ 值外,对圆筒件拉深性能有一定影响的,还有板材硬化指数 $n$,其值大时,拉深性

---

⊖ 参阅〔日〕中川威雄等著《板料冲压加工》,由天津科学技术出版社 1982 年出版。

能略有改善。$n$ 对材料底部具有胀形特征的拉深件影响稍大。随着 $n$ 由 0.2 增至 0.5，最大拉深力向行程数值大的方向移动，但最大拉深力本身并不见小，因此，$n$ 的影响总体来讲要比 $\bar{r}$ 的影响小。

拉深成形使用的主要材料有软钢、不锈钢、铝等。一般来讲，软钢板的 $r$ 值较高，拉深性能好；在深拉深性能方面铝镇静钢（$r=1.35\sim2.0$）比沸腾钢（$r=1.0\sim1.35$）要好；奥氏体不锈钢的 $n$ 值高，对不规则形状或带有胀形性质的拉深容易成形，但 $r$ 值不如软钢高，极限拉深比也不太高；铁素体不锈钢虽然 $r$ 值比奥氏体不锈钢高，但 $n$ 值低，不好拉深；铝的 $r$ 值大部分在 1.0 以下，一般来讲，拉深极限约为软钢的 85% 左右，但 $n$ 值比软钢稍微高些，又有利于拉深成形。

2. 凸、凹模圆角半径和摩擦对圆筒件拉深的影响　先看一看凹模圆角半径的影响：毛坯流过凹模圆角孔口时，若 $r_d/t<2$，因凹模圆角部分的拉深、弯曲-反弯曲很强烈，会使凸缘圆角部分受损和凹模圆角部分破裂，拉深件的极限拉深比急剧下降。但当 $r_d/t>2$ 时，极限拉深比几乎直线上升而且其变化率很小。但是，若凹模圆角半径过大，将在毛坯自由表面区起皱。

至于凸模圆角半径的影响，在 $r_p/t<5$ 的区域内极限拉深比的变化率较大，但当 $r_p/t=5\sim20$ 时，其极限拉深比仅有 0.05 左右之差。当凸模圆角半径较大时，破裂将上移到已有加工硬化的区域。

摩擦的影响具有两重性，一方面增加了摩擦功；另一方面，凸模与筒壁间的摩擦可增大拉深能力，但这种效果很难保持。因此，拉深工艺中的润滑显得较为重要。

在圆筒形拉深的情况下，凸缘部分和凸模上的润滑效果恰恰相反，对凸缘来讲，润滑起好的作用，可使凸缘材料流动阻力降低；而对凸模圆角部分讲，如果进行润滑，就会使因摩擦减小而增大材料拉伸变形，反而对拉深不利。

在盒形件拉深中情况就不同了。若对凸模使用高质量润滑剂，就会取得好的效果。这是因为盒形件凸缘部分向凹模流动的速度，在直边部分和转角部分是不同的，转角部分尤其是成形开始时流动慢，其材料不足部分由凸模圆角附近的伸长和从凸模底部流出的材料予以添补。如果润滑不好，则上述两部分材料流动就少，而且在凸模圆角处受到摩擦支承作用的那部分材料基本上不变形，那么，不受摩擦支承作用的另一部分材料会因变形过于集中而易破裂。

润滑剂的粘度对拉深性能的影响也应予以注意：在低速拉深时，随粘度增加，极限拉深比大体上是单调上升；在中速拉深时，位于不同的粘度区，粘度增加结果不相同：在低粘度区，极限拉深比增大；在中粘度区，极限拉深比大致不变；而在高粘度区，极限拉深比反而降低。

（四）毛坯尺寸与拉深成形的关系

如前所述，筒壁的承载能力有一定界限，所以毛坯的大小（相对于凸模直径）自然也有一定界限，并不是对于无论多大的毛坯都能进行拉深，即对于相同的凸模直径，当毛坯直径增大时，因凸缘部分抵抗拉深的材料增多和总的阻力增大，从而使拉深力增大。

另一方面，因为凸模直径不变，所以底部圆角处筒壁的承载能力也不变，以致当毛坯直径增大到某种程度以上时就会使拉深件拉裂。

现将第一章第四节板料成形区域中日本学者吉田清太提出的成形区域划分图中关于毛坯尺寸和拉深成形的关系列于图 4-11 中。图中 *abdfh* 所包括的区为拉深区，拉深区域的分界线 *abdfh* 即为拉深的成形极限。纵坐标为凸模直径与毛坯直径之比，横坐标为孔径与凸模直径之比。若毛坯为无孔毛坯，则随着毛坯直径进一步加大，拉深件的深度变浅，逐渐成为有凸缘拉深。如再加大毛坯直径，凸缘部分材料几乎无法拉动，而处于不流动状态，仅有凸模下的材料发生表面积增加的胀形成形。若毛坯直径超过了拉深极限而又未达到纯胀形时，此时的成形是拉深成分和胀形成分混合在一起的成形，称为复合成形。若毛坯中虽有孔，但当孔较小时，并不能导致翻边成形而仍为拉深成形；当孔逐渐加大到一定值后，作用在孔周缘的径向应力足以使之产生塑性扩张，则转成为拉深与内孔翻边的复合成形。再加大

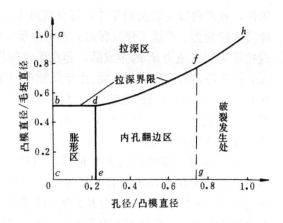

图 4-11　毛坯尺寸和成形类型的关系图

孔径，由于翻边所需拉应力已不足以牵动凸缘部分材料流动，成形过程完全转变为纯内孔翻边。

## 二、起皱与拉裂

（一）起皱及防皱措施

拉深过程中，毛坯凸缘在切向压应力作用下，可能产生塑性失稳而起皱，甚至使材料不能通过凸、凹模间隙而被拉断。轻微起皱的毛坯虽可通过间隙，但会在筒壁上留下皱痕，影响零件的表面质量。

起皱主要是由于凸缘的切向压应力 $\sigma_3$ 超过了板材临界压应力所引起的。最大切向压应力 $\sigma_{3max}$ 产生在凸缘外缘处，起皱首先在此处开始。凸缘的起皱与压杆失稳有些类似。它不仅取决于 $\sigma_3$ 的大小，而且取决于凸缘的相对厚度 $t/(R_t-R_0)$。在拉深过程中，$\sigma_{3max}$ 是随拉深的进行而增加；但凸缘变形区却不断缩小，厚度也不断增大，亦即 $t/(R_t-R_0)$ 不断增加。前者增加失稳起皱的趋势，后者却提高抵抗失稳起皱的能力。这两个因素相互作用的结果，使凸缘起皱最严重的瞬间落在 $R_t=(0.8\sim0.9)R_0$ 时。

常见的防皱措施是采用便于调节压边力的压边圈和拉深肋或拉深槛，把凸缘紧压在凹模表面上。压边力 $F_Q$ 的大小对拉深力有很大影响；$F_Q$ 太大会增加危险断面的拉应力，导致拉裂或严重变薄；太小则防皱效果不好。在理论上讲，$F_Q$ 的大小最好与最大拉深力的变化一致，当 $R_t=0.85R_0$ 时起皱最严重，压边力 $F_Q$ 亦应最大，但实际上很难实现。调节压边力时，应根据凹模孔口形状，调节各部分不同的材料流入量，使之均匀稳定。

除此之外，防皱措施还应从零件形状、模具设计、拉深工序的安排、冲压条件以及材料特性等多方面考虑。

当然，零件的形状取决于它的使用性能和要求。因此在满足零件使用要求的前提下，应尽可能降低拉深深度，以减小圆周方向的压应力；应避免形状的急剧改变；还应减少零件的平直部分，应使平直部分稍有曲率，或增设凹坑、凸肋以加强其刚性，从而减少出现起皱的可能性；此外，对零件的圆角半径，特别是转角半径的设计要恰当，稍大的半径有利于防止起皱。

在模具设计方面，应注意压边圈和拉深肋的位置和形状；模具表面形状不要过于复杂。在考虑拉深工序的安排时，应尽可能使拉深深度均匀，使侧壁斜度较小；对于必须深度拉深的

零件，或者阶梯差较大的零件，可分两道工序或多道工序进行拉深成形，以减小一次拉深的深度和阶梯差。多道工序拉深时，也可用反拉深防止起皱。图4-12表示反拉深的情况。由前道拉深得到直径为$d_1$的半成品，套在筒状凹模上进行反拉深，使毛坯内表面变成外表面。由于反拉深时毛坯与凹模的包角为180°，板材沿凹模流动的摩擦阻力和变形抗力显著增大，从而使径向拉应力增大，切向压应力的作用相应减小，能有效防止起皱。

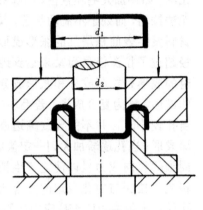

图4-12　反拉深

冲压条件方面的措施主要是指均衡的压边力和润滑。零件凸缘部分的压边力一般都是均衡的，但有的零件在拉深过程中，在某个局部非常容易起皱，这时就应对凸缘的该局部加大压边力。高的压边力虽不易起皱，但这样易发生高温粘结，因而在凸缘部分进行润滑仍是必要的。

不同的材料性能和板厚对产生起皱的可能性影响不同。对于易产生起皱的零件，应尽量选用屈服点低的材料。因为材料的屈服点较高时，压边力相对地变小，这样材料的流入量就增多，易产生起皱；或者流入量相同，但因板内压应力增加，也易产生起皱。

此外，增加毛坯板厚对防止皱纹有较好的效果，因为薄板的失稳极限应力与板厚的平方成正比。

（二）拉裂与防裂措施

圆筒件拉深时产生拉裂的原因，可能是由于凸缘起皱，毛坯不能通过凸、凹模间隙，使筒壁总拉应力$\sigma_P$增大；或者由于压边力过大，使$\sigma_P$增大；或者是变形程度太大，即拉深比$D/d$大于极限值；总之，当拉深的变形抗力超过筒壁（特别是变薄最严重的底部圆角附近最薄弱部分）的材料抗拉强度时，拉深件就要破裂。

为防止拉裂，可从以下几方面考虑：根据板材成形性能，采用适当的拉深比和压边力；增加凸模表面的粗糙度；改善凸缘部分的润滑条件；选用$\sigma_s/\sigma_b$比值小、$n$值和$\bar{r}$值大的材料等。

# 第二节　直壁旋转零件的拉深

## 一、毛坯尺寸计算

拉深时，金属材料按一定的规律流动，毛坯的形状必须适应金属流动的要求。实践证明旋转体零件的拉深毛坯可采用圆形坯。

对于复杂形状的拉深件，其毛坯形状仅用理论方法确定比较困难，通常都是先制造拉深模，根据分析，先初步确定毛坯的形状，经多次试压和反复修改，直至符合要求后将毛坯形状最后确定下来，再做落料模。当然，毛坯轮廓的周边应圆滑过渡，不可有尖角或突变。

在不变薄拉深中，圆形毛坯的直径是按"毛坯面积等于工件面积"的原则来确定的。

应当说明，拉深件毛坯受材料性能、模具几何参数、润滑条件、拉深系数以及零件几何形状等多因素的影响，因此按上述原则确定毛坯尺寸时，常应予以修正。

另外，由于材料的各向异性以及拉深时金属流动条件的差异。为了保证零件的尺寸，必须留出切边余量。在计算毛坯尺寸时，必须计入修边余量。修边余量见表4-3和表4-4。

表 4-3　无凸缘零件修边余量 δ　　　　　(mm)

| 拉深高度 h | 拉深相对高度 h/d 或 h/B | | | |
|---|---|---|---|---|
| | >0.5~0.8 | >0.8~1.6 | >1.6~2.5 | >2.5~4 |
| ≤10 | 1.0 | 1.2 | 1.5 | 2 |
| >10~20 | 1.2 | 1.6 | 2 | 2.5 |
| >20~50 | 2 | 2.5 | 3.3 | 4 |
| >50~100 | 3 | 3.8 | 5 | 6 |
| >100~150 | 4 | 5 | 6.5 | 8 |
| >150~200 | 5 | 6.3 | 8 | 10 |
| >200~250 | 6 | 7.5 | 9 | 11 |
| >250 | 7 | 8.5 | 10 | 12 |

注：1. B 为正方形的边宽或长方形的短边宽度。

2. 对于高拉深件必须规定中间修边工序。

3. 对于材料厚度小于 0.5mm 的薄材料作多次拉深时，应按表值增加 30%。

表 4-4　有凸缘零件修边余量 δ　　　　　(mm)

| 凸缘直径 $d_t$（或 $B_t$） | 相对凸缘直径 $d_t/d$ 或 $B_t/B$ | | | |
|---|---|---|---|---|
| | <1.5 | 1.5~2 | 2~2.5 | 2.5~3 |
| <25 | 1.8 | 1.6 | 1.4 | 1.2 |
| >25~50 | 2.5 | 2.0 | 1.8 | 1.6 |
| >50~100 | 3.5 | 3.0 | 2.5 | 2.2 |
| >100~150 | 4.3 | 3.6 | 3.0 | 2.5 |
| >150~200 | 5.0 | 4.2 | 3.5 | 2.7 |
| >200~250 | 5.5 | 4.6 | 3.8 | 2.8 |
| >250 | 6.0 | 5.0 | 4.0 | 3.0 |

注：同表 4-3。

（一）简单几何形状拉深件的毛坯尺寸

对于简单几何形状的拉深件求其毛坯尺寸时，一般可将工件分解为若干简单几何体，然后叠加起来，求出工件表面积，由于旋转体拉深件的毛坯为圆形，故可算出毛坯直径。拉深件的毛坯直径为

$$D = \sqrt{\frac{4}{\pi}A} = \sqrt{\frac{4}{\pi}\Sigma A_f} \tag{4-9}$$

式中　$D$——毛坯直径（mm）；

　　　$A$——包括修边余量在内拉深件的表面积（mm²）；

　　$\Sigma A_f$——拉深件各部分表面积的代数和（mm²）。

图 4-13 上部所示拉深件可划分为三部分：

$$A_1 = \frac{\pi d_1^2}{4}$$

$$A_2 = \frac{\pi r_g}{2}(\pi d_1 + 4r_g)$$

$$A_3 = \pi d(h + \delta)$$

将 $\Sigma A_f = A_1 + A_2 + A_3$ 代入式（4-9）得

$$D = \sqrt{d_1^2 + 4d(h + \delta) + 6.28r_g d_1 + 8r_g^2}$$

对于简单旋转体拉深件的毛坯直径，还可以从各种冲压设计手册中查得。

例 4-1 如图 4-14 所示的圆筒形拉深件，材料为 08 钢，求其毛坯尺寸。

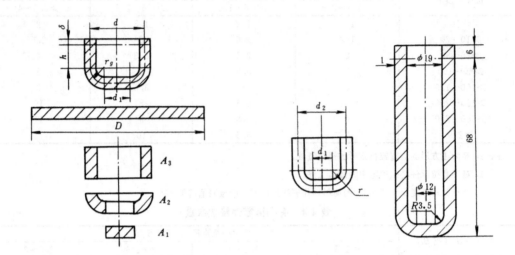

图 4-13　圆筒形零件毛坯尺寸计算　　　　　图 4-14　圆筒形拉深件

因该零件相对高度 $h/d=68/20=3.4$，而高度 $h>50\text{mm}$，查表 4-3 可知，修边余量 $\delta=6\text{mm}$，因而毛坯直径为

$$D=\sqrt{d_1{}^2+4d_2(h+\delta)+6.28rd_1+8r^2}$$
$$=\sqrt{12^2+4\times20\times69.5+6.28\times4\times12+8\times4^2}\text{mm}$$
$$\approx78\text{mm}$$

（二）复杂旋转体拉深件的毛坯尺寸

对于各种复杂形状的旋转体零件，其毛坯直径的确定目前常采用作图法和解析法，这两种方法求毛坯直径的原则都是建立在：旋转体表面积等于旋转体外形曲线（母线）的长度 $L$ 乘以由该母线所形成的重心绕旋转轴一周所得的周长 $2\pi R_s$，即

$$A=2\pi R_s L=2\pi R_s\Sigma l_i$$

式中　$A$——旋转体表面积（$\text{mm}^2$）；

　　　$L$——旋转体母线长，其值等于各部分长度之和，即 $L=l_1+l_2+l_3+\cdots+l_n$（mm）；

　　　$R_s$——旋转体母线重心至旋转轴距离（mm）。

由式（4-9）得出毛坯直径为

$$D=\sqrt{8LR_s}=\sqrt{8\Sigma(l_ir_i)}$$

式中　$r_i$——旋转体各组成部分母线的重心至旋转轴的距离。

1．作图法　作图法的作图步骤如下（图 4-15）：

（1）将零件的轮廓线（母线）分成直线、弧线等若干个简单的几何部分，标以数字代号，并找出各部分相应的重心，各部分母线长分为 $l_1$、$l_2$、$l_3\cdots l_n$；

（2）由各部分的重心引出平行于旋转轴的平行线，并作出相应的标号；

（3）在旋转体图形外任意点 $A$ 作一直线平行于旋转体中心轴，并在其上截取长度 $l_1$、$l_2$、$l_3\cdots l_n$；

（4）经任意点 $O$ 向 $l_1$、$l_2$…各线端点作连接线，并作出相应标号；

（5）自直线 1 上任意点 $A_1$ 作一直线平行于线 1-2 与线 2 相交，由此交点作一直线与线2-3

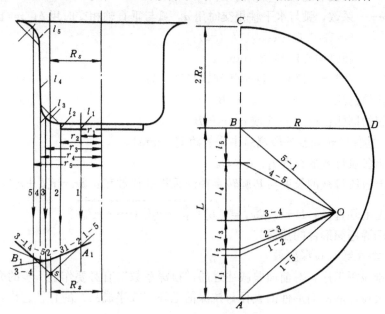

图 4-15　求毛坯直径的作图法

平行与线 3 相交，以此类推，最后在线 5 上得交点 $B_1$；

（6）自 $A_1$ 点作一线与线 1-5 平行，自 $B_1$ 点作一线与 5-1 平行，两线交于一点 $S$，此交点与旋转轴线之距离即为该旋转体母线重心的半径 $R_s$；

（7）在 $AB$ 延长线上截取 $BC$，其长度为 $2R_s$，并以 $AC$ 为直径作半圆，然后自 $B$ 点作一与直径相垂直的线段与半圆交于 $D$ 点，该垂直线段 $BD$ 即为毛坯的半径 $R$。

作图法简单，但误差较大。

2. 解析法　用解析法求毛坯直径，其步骤如下（图 4-16）：

（1）将零件厚度中线的轮廓线（包括切边余量）分为直线和圆弧的若干线段。

（2）找出每一线段的重心：直线段的重心在其中点；圆弧段的重心用下列公式确定（图 4-17）。

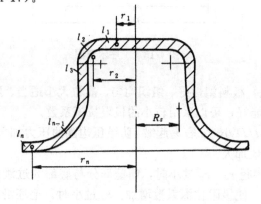

图 4-16　用解析法求毛坯尺寸图示

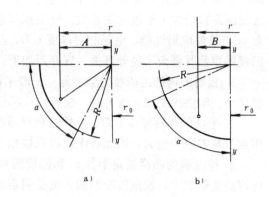

图 4-17　圆弧重心的位置

$$A = aR \quad 和 \quad B = bR$$

式中　$A$、$B$——弧线的重心至 $y$-$y$ 的距离（mm）；

　　　　$a$、$b$——系数，弧与水平轴相交时用 $a$，弧与垂直轴相交时用 $b$；$a=180°\sin\alpha/(\pi\alpha)$，$b=180°(1-\cos\alpha)/(\pi\alpha)$；

　　　　$R$——圆弧中心层半径（mm）。

只要求出 $A$（或 $B$）值后，则圆弧旋转半径 $r$ 为

对于外凸的圆弧：$r=A+r_0$ 或 $r=B+r_0$

对于内凹的圆弧：$r=r_0-A$ 或 $r=r_0-B$

式中　$r_0$——零件旋转轴至各段圆弧中心的距离（mm）。

（3）求出各段母线的长度 $l_1$、$l_2\cdots l_n$。

（4）求出各段母线的长度与其旋转半径的乘积的代数和：$\Sigma rl=r_1l_1+r_2l_2+\cdots+r_nl_n$。

（5）求出毛坯直径：$D=\sqrt{8\Sigma rl}=\sqrt{8(r_1l_1+r_2l_2+\cdots+r_nl_n)}$。

## 二、无凸缘圆筒形件的拉深

（一）拉深系数与拉深次数

为了安排拉深工序，对前面曾叙述过的"拉深系数"有必要作进一步的介绍。所谓拉深系数，即每次拉深后圆筒形件的直径与拉深前毛坯（或半成品）的直径之比，即

首次：$m_1=d_1/D$

以后各次：$m_2=d_2/d_1$；$m_3=d_3/d_2$；$\cdots m_n=d_n/d_{n-1}$

式中　$m_1$、$m_2$、$m_3$、$\cdots m_n$——各次的拉深系数；

　　　　$D$——毛坯直径；

　　　　$d_1$、$d_2$、$d_3$、$\cdots d_n$——各次半成品（或工件）的直径（图 4-18）。

拉深系数是拉深工作中重要的工艺参数。因为在工艺计算中，只要知道每道工序的拉深系数值，就可以计算出各道工序中工件的尺寸。制订拉深工艺时，为了减少拉深次数，希望采用小的拉深系数（大的拉深比）。但根据前面的力学分析可知，拉深系数过小，将会在危险断面产生破裂。因此，要保证拉深顺利进行，每次拉深系数应大于极限拉深系数。极限拉深系数 $m$ 与板料成形性能、毛坯相对厚度 $t/D$、凸凹模间隙及其圆角半径等有关。现介绍如下：

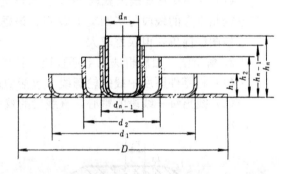

图 4-18　工序示意图

1. 板料的内部组织和力学性能　一般来说，板料塑性好、组织均匀、晶粒大小适当、屈强比小、塑性应变比 $r$ 值大时，板料的拉深性能好，可以采用较小的极限拉深系数。

2. 毛坯的相对厚度 $t/D$　毛坯的相对厚度 $t/D$ 小时，容易起皱，防皱压边圈的压力加大，引起的摩擦阻力也大，因此极限拉深系数相应地加大。

3. 拉深模的凸模圆角半径 $r_p$ 和凹模圆角半径 $r_d$　$r_p$ 过小时，筒壁部分与底部的过渡区的弯曲变形加大，使危险断面的强度受到削弱，使极限拉深系数增加。$r_d$ 过小时，毛坯沿凹模圆角滑动的阻力增加，筒壁的拉应力相应加大，其结果也是提高了极限拉深系数值。

4. 润滑条件及模具情况　润滑条件良好、凹模工作表面光滑、间隙正常，都能减小摩擦阻力改善金属的流动情况，使极限拉深系数减小。

5. 拉深方式　采用压边圈拉深时，因不易起皱，极限拉深系数可取小些。不用压边圈时，极限拉深系数可取大些。

6. 拉深速度　一般情况下，拉深速度对极限拉深系数的影响不大，但速度敏感的金属（如钛合金、不锈钢和耐热钢等）拉深速度大时，极限拉深系数应适当地加大。

总之，凡是能增加筒壁传力区拉应力及减小危险断面强度的因素均使极限拉深系数加大；相反，凡是可以降低筒壁传力区拉应力及增加危险断面强度的因素都有助于变形区的塑性变形，所以能够降低极限拉深系数。

实际生产中，并不是在所有的情况下都采用极限拉深系数。因为选用过小的拉深系数会引起底部圆角部分的过分变薄，而且在以后的拉深工序中这部分变薄严重的缺陷会转移到成品零件的侧壁上去，降低零件的质量。所以当对零件质量有较高的要求时，必须采用大于极限值的较大拉深系数。

当前在生产实践中采用的各种材料的极限拉深系数见表 4-5、表 4-6 和表 4-7。实际上除了极限拉深系数外，还存有一个零件所要求的拉深系数 $m_\Sigma$，即

$$m_\Sigma = d/D$$

式中　$m_\Sigma$——零件总的拉深系数；

　　　$d$——零件的直径；

　　　$D$——该零件所需要的毛坯直径。

倘若 $m_\Sigma > m$（极限拉深系数），则该零件只需拉深一次，否则必须多次拉深。

**表 4-5　圆筒形件带压边圈的极限拉深系数**

| 拉深系数 | 毛 坯 相 对 厚 度 $t/D$（%） | | | | | |
|---|---|---|---|---|---|---|
| | 0.08~0.15 | 0.15~0.3 | 0.3~0.6 | 0.6~1.0 | 1.0~1.5 | 1.5~2.0 |
| $m_1$ | 0.60~0.63 | 0.58~0.60 | 0.55~0.58 | 0.53~0.55 | 0.50~0.53 | 0.48~0.50 |
| $m_2$ | 0.80~0.82 | 0.79~0.80 | 0.78~0.79 | 0.76~0.78 | 0.75~0.76 | 0.73~0.75 |
| $m_3$ | 0.82~0.84 | 0.81~0.82 | 0.80~0.81 | 0.79~0.80 | 0.78~0.79 | 0.76~0.78 |
| $m_4$ | 0.85~0.86 | 0.83~0.85 | 0.82~0.83 | 0.81~0.82 | 0.80~0.81 | 0.78~0.80 |
| $m_5$ | 0.87~0.88 | 0.86~0.87 | 0.85~0.86 | 0.84~0.85 | 0.82~0.84 | 0.80~0.82 |

注：1. 表中拉深数据适用于 08、10 和 15Mn 等普通拉深钢及 H62。对拉深性能较差的材料 20、25、Q215、Q235 钢、硬铝等应比表中数值大 1.5%~2.0%；而对塑性更好的 05、08、10 钢及软铝应比表中数值小 1.5%~2.0%。

　　2. 表中数据运用于未经中间退火的拉深。若采用中间退火，可取较表中数值小 2%~3%。

　　3. 表中较小值适用于大的凹模圆角半径〔$r_d = (8~15)t$〕，较大值适用于小的凹模圆角半径〔$r_d = (4~8)t$〕。

**表 4-6　圆筒形件不带压边圈的极限拉深系数**

| 拉深系数 | 毛 坯 相 对 厚 度 $t/D$（%） | | | | |
|---|---|---|---|---|---|
| | 1.5 | 2.0 | 2.5 | 3.0 | >3 |
| $m_1$ | 0.65 | 0.60 | 0.55 | 0.53 | 0.50 |
| $m_2$ | 0.80 | 0.75 | 0.75 | 0.75 | 0.70 |
| $m_3$ | 0.84 | 0.80 | 0.80 | 0.80 | 0.75 |
| $m_4$ | 0.87 | 0.84 | 0.84 | 0.84 | 0.78 |
| $m_5$ | 0.90 | 0.87 | 0.87 | 0.87 | 0.82 |
| $m_6$ | — | 0.90 | 0.90 | 0.90 | 0.85 |

注：此表适用于 08、10 及 15Mn 等材料。其余各项目表 4-5 之注。

### 表 4-7 其他材料的极限拉深系数

| 材　料 | 牌　号 | 首次拉深 $m_1$ | 以后各次拉深 $m_n$ |
|---|---|---|---|
| 铝和铝合金 | L6M、L4M　LF21M | 0.52～0.55 | 0.70～0.75 |
| 杜拉铝 | LY11M、LY12M | 0.56～0.58 | 0.75～0.80 |
| 黄　铜 | H62 | 0.52～0.54 | 0.70～0.72 |
|  | H68 | 0.50～0.52 | 0.68～0.72 |
| 紫　铜 | T2、T3、T4 | 0.50～0.55 | 0.72～0.80 |
| 无氧铜 |  | 0.52～0.58 | 0.75～0.82 |
| 镍、镁镍、硅镍 |  | 0.48～0.53 | 0.70～0.75 |
| 康铜（铜镍合金） |  | 0.50～0.56 | 0.74～0.84 |
| 白铍皮 |  | 0.58～0.65 | 0.80～0.85 |
| 酸洗钢板 |  | 0.54～0.58 | 0.75～0.78 |
| 不锈钢、耐热钢及其合金 | Cr13 | 0.52～0.56 | 0.75～0.78 |
|  | Cr18Ni | 0.50～0.52 | 0.70～0.75 |
|  | 1Cr18Ni9Ti | 0.52～0.55 | 0.78～0.81 |
|  | Cr18Ni11Nb、Cr23Ni18 | 0.52～0.55 | 0.78～0.80 |
|  | Cr20Ni75Mo2AlTiNb | 0.46 | — |
|  | Cr25Ni60W15Ti | 0.48 | — |
|  | Cr22Ni38W3Ti | 0.48～0.50 | — |
|  | Cr20Ni80Ti | 0.54～0.59 | 0.78～0.84 |
| 钢 | 30CrMnSiA | 0.62～0.70 | 0.80～0.84 |
| 可伐合金 |  | 0.65～0.67 | 0.85～0.90 |
| 钼铱合金 |  | 0.72～0.82 | 0.91～0.97 |
| 钽 |  | 0.65～0.67 | 0.84～0.87 |
| 铌 |  | 0.65～0.67 | 0.84～0.87 |
| 钛合金 | 工业钝钛 | 0.58～0.60 | 0.80～0.85 |
|  | TA5 | 0.60～0.65 | 0.80～0.85 |
| 锌 |  | 0.65～0.70 | 0.85～0.90 |

注：1. 凹模圆角半径 $r_d < 6t$ 时，拉深系数取大值；$r_d \geqslant (7 \sim 8) t$ 时，拉深系数取小值。

2. 材料相对厚度 $(t/D) \times 10^2 \geqslant 0.62$ 时，拉深系数取小值；$(t/D) \times 10^2 < 0.6$ 时，拉深系数取大值。

多次拉深时，拉深次数按下式确定（图 4-18）：

取首次拉深系数为 $m_1$，则 $m_1 = d_1/D$，故 $d_1 = m_1 D$

取第二次拉深系数为 $m_2$，则 $m_2 = d_2/d_1$　故 $d_2 = m_2 d_1 = m_1 m_2 D$

取第三次拉深系数为 $m_3$，同理可得 $d_3 = m_1 m_2 m_3 D$

依此类推，则第 $n$ 次拉深时，工件直径则为

$$d_n = m_1 m_2 m_3 \cdots m_n D$$

因而　　$m_\Sigma = m_1 m_2 m_3 \cdots m_n$

所以只要求得总的拉深系数 $m_\Sigma$，然后查得各次的拉深系数值，就能估出拉深次数来。

生产实际中常采用查表法，即根据零件的相对高度 $h/d$ 和毛坯相对厚度 $t/D$，由表 4-8 查得拉深次数。

**表 4-8　无凸缘圆筒形拉深件相对高度 $h/d$ 与拉深次数的关系**（材料：08F、10F）

| 拉深次数 | 毛坯相对厚度 $t/D$（%） | | | | | |
|---|---|---|---|---|---|---|
| | 0.08～0.15 | 0.15～0.3 | 0.3～0.6 | 0.6～1.0 | 1.0～1.5 | 1.5～2.0 |
| 1 | 0.38～0.46 | 0.45～0.52 | 0.5～0.62 | 0.57～0.71 | 0.65～0.84 | 0.77～0.94 |
| 2 | 0.7～0.9 | 0.83～0.96 | 0.94～1.13 | 1.1～1.36 | 1.32～1.60 | 1.54～1.88 |
| 3 | 1.1～1.3 | 1.3～1.6 | 1.5～1.9 | 1.8～2.3 | 2.2～2.8 | 2.7～3.5 |
| 4 | 1.5～2.0 | 2.0～2.4 | 2.4～2.9 | 2.9～3.6 | 3.5～4.3 | 4.3～5.6 |
| 5 | 2.0～2.7 | 2.7～3.3 | 3.3～4.1 | 4.1～5.2 | 5.1～6.6 | 6.6～8.9 |

注：大的 $h/d$ 适用于首次拉深工序的大凹模圆角〔$r_d \approx (8～15) t$〕。

　　小的 $h/d$ 适用于首次拉深工序的小凹模圆角〔$r_d \approx (4～8) t$〕。

**（二）以后各次拉深的特点和方法**

与首次拉深时不同，以后各次拉深时所用的毛坯是圆筒形件。因此，它与首次拉深相比，有许多不同之处：

（1）圆筒形毛坯的壁厚及力学性能都不均匀。以后各次拉深时，不但材料已有加工硬化，而且毛坯的筒壁要经过两次弯曲才被凸模拉入凹模内，变形更为复杂，所以它的极限拉深系数要比首次拉深大得多，而且后一次都应略大于前一次。

（2）变形区（$d_{n-1} - d_n$）保持不变，直至拉深终了之前。首次拉深时，拉深力的变化是变形抗力的增加与变形区的减小这两个相反的因素互相消长的过程，因而在开始阶段较快地达到最大拉深力，然后逐渐减小到零。而以后各次拉深时，其变形区保持不变，但材料的硬度和壁厚都是沿着高度方向逐渐增加，所以其拉深力在整个拉深过程中一直都在增加（图 4-19），直到拉深的最后阶段才由最大值下降至零。

（3）破裂往往出现在拉深的末尾，而不是发生在初始阶段。

（4）稳定性较首次拉深为好。以后各次拉深的变形区，因其外缘有筒壁刚性支持，所以稳定性较首次拉深为好，不易起皱。只是在拉深的最后阶段，筒壁边缘进入变形区后，变形区的外缘失去了刚性支持才有起皱的可能。

为了保证拉深工序的顺利进行和变形程度的合理，设实际采用的拉深系数为 $m_1'$、$m_2'$、$m_3' \cdots m_n'$，应使

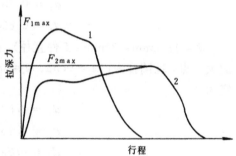

图 4-19　首次拉深与二次拉深的拉深力变化
1—首次拉深　2—二次拉深

$$m_1' - m_1 \approx m_2' - m_2 \approx m_3' - m_3 \approx \cdots \approx m_n' - m_n$$

以后各次拉深有正拉深与反拉深两种方法：正拉深的拉深方向与上一次拉深方向一致；反拉深的拉深方向与上一次拉深方向相反，工件的内外表面相互转换。反拉深有如下特点：材料的流动方向有利于相互抵消拉深时形成的残余应力；材料的弯曲与反弯曲次数较少，加工硬化也少，有利于成形；毛坯与凹模接触面大，材料的流动阻力也大，材料不易起皱，因此一般反拉深可不用压边圈，这就避免了由于压边力不适当或压边力不均匀而造成的拉裂；其拉深力比正拉深力大 20% 左右。

反拉深的主要缺点是：拉深凹模壁厚不是任意的，它受拉深系数的影响，如拉深系数很大的话，凹模壁厚又不大，强度就会不足，因而限制其应用。反拉深后的圆筒直径也不能太

小，最小直径大于（30～60）$t$。

反拉深的拉深系数比正拉深时可降低 10%～15%。反拉深可以用于圆筒形件的以后各次拉深，也可用于锥形、球面和抛物面等较复杂旋转体零件的拉深。

（三）圆筒形拉深件的工序计算

现通过实例介绍无凸缘圆筒形拉深件的工序计算步骤。

**例 4-2** 试确定图 4-14 所示圆筒件（材料：08 钢）所需的拉深次数及拉深程序。

计算步骤：

（1）修边余量：取 $\delta = 6$mm

（2）毛坯直径：$D \approx 78$mm

（以上计算见前例）

（3）确定是否用压边圈：毛坯相对厚度 $\frac{t}{D} \times 10^2 = \frac{1}{78} \times 10^2 \approx 1.28$，查表 4-18，应采用压边圈。

（4）确定拉深次数：采用查表法，当 $\frac{t}{D} = 1.28\%$，$\frac{h}{d} = \frac{73.5}{20} = 3.7$（包括修边余量后的 $h$ 为 73.5mm）时，由表 4-8 查得 $n = 4$。

（5）确定各次拉深直径：由表 4-5 查得各次拉深的极限拉深系数为 $m_1 = 0.50$、$m_2 = 0.75$、$m_3 = 0.78$、$m_4 = 0.80$，则各次拉深直径为

$$d_1 = 0.50 \times 78\text{mm} = 39\text{mm}$$
$$d_2 = 0.75 \times 39\text{mm} = 29.3\text{mm}$$
$$d_3 = 0.78 \times 29.3\text{mm} = 22.8\text{mm}$$
$$d_4 = 0.80 \times 22.8\text{mm} = 18.3\text{mm}$$

$d_4 = 18.3$mm$<20$mm（工件直径），说明对目前采用的各次拉深的极限拉深系数可以适当放大一点，现调整为：$m_1 = 0.53$、$m_2 = 0.76$、$m_3 = 0.79$ 和 $m_4 = 0.81$。各次拉深直径可调整确定为

$$d_1 = 0.53 \times 78\text{mm} = 41.3\text{mm}$$
$$d_2 = 0.76 \times 41.3\text{mm} = 31.4\text{mm}$$
$$d_3 = 0.79 \times 31.4\text{mm} = 24.8\text{mm}$$
$$d_4 = 0.81 \times 24.8\text{mm} = 20\text{mm}$$

（6）选取各次半成品底部的圆角半径：根据 $r_d = 0.8\sqrt{(D - D_d)t}$，$r_{dn} = (0.6 \sim 0.8)r_{d(n-1)}$ 和 $r_p = (0.7 \sim 1)r_d$ 的关系（见本章第六节），取各次的 $r_p$（即半成品底部的圆角半径）分别为：$r_1 = 5$mm、$r_2 = 4.5$mm、$r_3 = 4$mm、$r_4 = 3.5$mm。

（7）计算各次拉深高度：根据拉深前后毛坯与工件的表面积不变的原则，可得出各次拉深高度，如第 $n$ 道拉深工件的高度为 $h_n = 0.25(Dk_1 \cdots k_n - d_n) + 0.43\frac{r_n}{d_n}(d_n + 0.32r_n)$

其中，$k_1 \cdots k_n$ 是第 1、2、…$n$ 次的拉深比，分别为 $k_1 = D/d$，$k_2 = d_1/d_2 \cdots k_n = d_{n-1}/d_n$，于是

$$h_1 = 0.25(Dk_1 - d_1) + 0.43\frac{r_1}{d_1}(d_1 + 0.32r_1)$$

$$= 0.25\left(78 \times \frac{78}{41.3} - 41.3\right) + 0.43\frac{5}{41.3}(41.3 + 0.32 \times 5)\text{ mm} = 28.7\text{mm}$$

$$h_2 = 0.25 \ (Dk_1k_2 - d_2) + 0.43 \frac{r_2}{d_2} \ (d_2 + 0.32r_2)$$

$$= 0.25 \left( 78 \times \frac{78}{41.3} \times \frac{41.3}{31.4} - 31.4 \right) + 0.43 \frac{4.5}{31.4} \ (31.4 + 0.32 \times 4.5) \ \text{mm} = 42.6\text{mm}$$

$$h_3 = 0.25 \ (Dk_1k_2k_3 - d_3) + 0.43 \frac{r_3}{d_3} \ (d_3 + 0.32r_3)$$

$$= 0.25 \left( 78 \times \frac{78}{41.3} \times \frac{41.3}{31.4} \times \frac{31.4}{24.8} - 24.8 \right) + 0.43 \frac{4}{24.8} \ (24.8 + 0.32 \times 4) \ \text{mm} = 57.0\text{mm}$$

$$h_4 = 73.5\text{mm}$$

（8）画出工序图：见图 4-20。

### 三、有凸缘圆筒形件的拉深

#### （一）一次成形拉深极限

有凸缘圆筒形件的拉深过程和无凸缘圆筒形件相比，其区别仅在于前者将毛坯拉深至某一时刻达到零件所要求的凸缘直径 $d_t$ 时不再拉深，而不是将凸缘变形区的材料全部拉入凹模内。所以从变形过程的本质看，两者是相同的。

如何判断有凸缘筒形件能否一次拉出，这是首先要讨论的问题。如果有凸缘筒形件能一次拉出，那么就不必再专题讨论它的工艺计算与拉深方法，只要直接将毛坯拉到工件的尺寸即可。

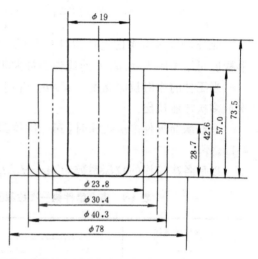

图 4-20　圆筒形拉深件工序图

而在拉深有凸缘筒形件时，可在同样的 $m_1 = d_1/D$ 的情况下，即采用相同的毛坯直径 $D$ 和相同的工件直径 $d_1$ 时，拉深出各种不同凸缘直径 $d_t$ 和不同高度 $h$ 的工件（如图 4-21 所示）。显然，工件的凸缘直径和高度都影响着实际变形程度，当工件的凸缘直径越小，高度越大，其变形程度也越大。因此用一般的 $m_1 = d_1/D$ 不能表达在拉深有凸缘工件时的各种不同的 $d_t$ 和 $h$ 的实际变形程度。

利用图 4-21，根据变形前后面积相等的原则，毛坯直径为

$$D = \sqrt{d_{t1}^2 + 4d_1h_1 - 3.44d_1r}$$

故当圆角半径 $r_d = r_p = r$ 时，第一次拉深系数为

$$m_1 = \frac{d_1}{D} = \frac{1}{\sqrt{\left(\dfrac{d_{t1}}{d_1}\right)^2 + 4\dfrac{h_1}{d_1} - 3.44\dfrac{r}{d_1}}}$$

式中　$\dfrac{d_{t1}}{d_1}$——凸缘的相对直径（$d_{t1}$包括修边余

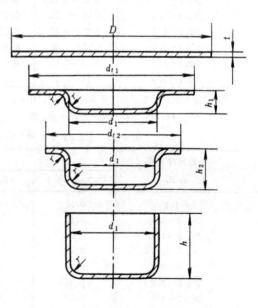

图 4-21　拉深过程中凸缘尺寸的变化

量）；

$\dfrac{h_1}{d_1}$——相对高度；

$\dfrac{r}{d_1}$——相对圆角半径。

而当圆角半径 $r_d \ne r_p$ 时，第一次拉深系数为

$$m_1 = \frac{d_1}{D} = \frac{1}{\sqrt{\left(\dfrac{d_{t1}}{d_1}\right)^2 + 4\dfrac{h_1}{d_1} - 1.72\dfrac{r_d + r_p}{d_1} + 0.56\left(\dfrac{r_d{}^2 - r_p{}^2}{d_1{}^2}\right)}}$$

此外，$m_1$ 还应考虑毛坯相对厚度 $t/D$ 的影响。因此，有凸缘筒形件第一次拉深的许可变形程度可用相应于 $d_t/d_1$ 不同比值的最大相对高度 $h_1/d_1$ 来表示（表 4-9）。

当工件的相对拉深高度 $h/d > h_1/d_1$ 时，则该工件就不能用一道工序拉深出来，而需要两次或多次才能拉出。

有凸缘筒形件多次拉深时，第一次拉深和以后各次拉深的最小拉深系数列于表 4-10 和表 4-11。

以后各次拉深的拉深系数为 $m_n = d_n/d_{n-1}$。

表 4-9　有凸缘件第一次拉深的最大相对高度 $\dfrac{h_1}{d_1}$（适用于 08、10 钢）

| 凸缘相对直径 $d_t/d_1$ | 毛 坯 相 对 厚 度 $t/D$（%） | | | | |
|---|---|---|---|---|---|
| | >0.06~0.2 | >0.2~0.5 | >0.5~1 | >1~1.5 | >1.5 |
| ~1.1 | 0.45~0.52 | 0.50~0.62 | 0.57~0.70 | 0.60~0.80 | 0.75~0.90 |
| >1.1~1.3 | 0.40~0.47 | 0.45~0.53 | 0.50~0.60 | 0.56~0.72 | 0.65~0.80 |
| >1.3~1.5 | 0.35~0.42 | 0.40~0.48 | 0.45~0.53 | 0.50~0.63 | 0.58~0.70 |
| >1.5~1.8 | 0.29~0.35 | 0.34~0.39 | 0.37~0.44 | 0.42~0.53 | 0.48~0.58 |
| >1.8~2.0 | 0.25~0.30 | 0.29~0.34 | 0.32~0.38 | 0.36~0.46 | 0.42~0.51 |
| >2.0~2.2 | 0.22~0.26 | 0.25~0.29 | 0.27~0.33 | 0.31~0.40 | 0.35~0.45 |
| >2.2~2.5 | 0.17~0.21 | 0.20~0.23 | 0.22~0.27 | 0.25~0.32 | 0.28~0.35 |
| >2.5~2.8 | 0.16~0.18 | 0.15~0.18 | 0.17~0.21 | 0.19~0.24 | 0.22~0.27 |
| >2.8~3.0 | 0.10~0.13 | 0.12~0.15 | 0.14~0.17 | 0.16~0.20 | 0.18~0.22 |

注：较大值相应于零件圆角半径较大值，即 $r_d$、$r_p$ 为（10~20）$t$。

较小值相应于零件圆角半径较小值，即 $r_d$、$r_p$ 为（4~8）$t$。

表 4-10　有凸缘件的第一次拉深的拉深系数 $m_1$（适用于 08、10 钢）

| 凸缘相对直径 $d_t/d_1$ | 毛 坯 相 对 厚 度 $t/D$（%） | | | | |
|---|---|---|---|---|---|
| | >0.06~0.2 | >0.2~0.5 | >0.5~1 | >1~1.5 | >1.5 |
| ~1.1 | 0.59 | 0.57 | 0.55 | 0.53 | 0.50 |
| >1.1~1.3 | 0.55 | 0.54 | 0.53 | 0.51 | 0.49 |
| >1.3~1.5 | 0.52 | 0.51 | 0.50 | 0.49 | 0.47 |
| >1.5~1.8 | 0.48 | 0.48 | 0.47 | 0.46 | 0.45 |
| >1.8~2.0 | 0.45 | 0.45 | 0.44 | 0.43 | 0.42 |
| >2.0~2.2 | 0.42 | 0.42 | 0.42 | 0.41 | 0.40 |
| >2.2~2.5 | 0.38 | 0.38 | 0.38 | 0.38 | 0.37 |
| >2.5~2.8 | 0.35 | 0.35 | 0.34 | 0.34 | 0.33 |
| >2.8~3.0 | 0.33 | 0.33 | 0.32 | 0.32 | 0.31 |

表 4-11　有凸缘件的以后各次拉深的拉深系数（适用于 08、10 钢）

| 拉深系数 | 毛 坯 相 对 厚 度 $t/D$（%） | | | | |
|---|---|---|---|---|---|
| | 0.15～0.3 | 0.3～0.6 | 0.6～1.0 | 1.0～1.5 | 1.5～2.0 |
| $m_2$ | 0.80 | 0.78 | 0.76 | 0.75 | 0.73 |
| $m_3$ | 0.82 | 0.80 | 0.79 | 0.78 | 0.75 |
| $m_4$ | 0.84 | 0.83 | 0.82 | 0.80 | 0.78 |
| $m_5$ | 0.86 | 0.85 | 0.84 | 0.82 | 0.80 |

（二）窄凸缘圆筒形件拉深

对 $d_t/d=1.1～1.4$ 之间的凸缘件称为窄凸缘件。这类零件因凸缘很小，可以当作一般圆筒形件进行拉深，只在倒数第二道工序时才拉出凸缘或拉成具有锥形的凸缘，而最后通过校正工序压成水平凸缘，其过程如图 4-22 所示。若 $h/d \leqslant 1$ 时，则第一次即可拉成口部具有锥形凸缘的圆筒形，最后凸缘再经校正即可。其拉深系数的确定与拉深工艺计算与无凸缘的圆筒形工件相同。

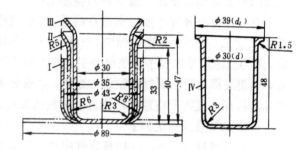

图 4-22　窄凸缘件的拉深

（三）宽凸缘圆筒形件的多次拉深

宽凸缘件的拉深原则是：假若零件的拉深系数大于表 4-10 所给的第一次拉深系数极限值，或者零件的相对高度小于表 4-9 所给的第一次拉深的最大相对高度值，则该零件可一次拉成。反之，则该零件需要多次拉深。除第一次拉深外，以后各次的拉深与拉深圆筒形件本质上是一样的。

有凸缘件的第一次拉深系数 $m_1$ 值与圆筒形件的极限拉深系数相比，显得较小，但是这并不表示它有大的变形程度。因为 $d_t/d_1$ 越大，实际上表示在拉深时毛坯直径 $D$ 与 $d_t$ 的差值越小。如表 4-10 中，当 $d_t/d_1=3$ 和 $t/D=0.06\%～0.2\%$ 时，其 $m_1=0.33$，似乎其极限变形程度很大。而实际上是：$m_1=d_1/D=0.33$，而 $d_t/d_1=3$ 时，则

$$D = \frac{d_1}{m_1} = \frac{d_1}{0.33} \approx 3d_1 \qquad 而\ d_t = 3d_1$$

故 $D=d_t$，则毛坯直径与凸缘直径相等，这相当于拉深的变形程度为零。

多次拉深的方法是：按表 4-9 所给的相对拉深高度或表 4-10 所给的第一次极限拉深系数拉成凸缘直径等于零件尺寸 $d_t$ 的中间过渡形状，以后各次拉深均保持 $d_t$ 不变，只按表 4-11 中的拉深系数逐步减小圆筒形部分直径，直到拉成零件为止。

生产实践中，宽凸缘件多次拉深工艺通常有两种情况：

1. 减小圆筒形直径并增加其高度　对于中小型零件（$d_t < 200\text{mm}$），通常采用减小圆筒形部分直径、增加高度来达到，而圆角半径 $r_p$ 和 $r_d$ 在整个变形过程中基本保持不变（图 4-23a）。

2. 改变圆角半径并减小圆筒形直径　对于大型零件（$d_t > 200\text{mm}$），通常采用改变圆角半径 $r_p$ 和 $r_d$，逐渐减小筒形部分的直径来达到。零件高度基本上一开始即已形成，而在整个过程中基本保持不变（图 4-23b）。此法对厚料更为合适。

自然也可以有以上两种情况的结合。

用图 4-23b 所示方法制成的零件表面光滑平整，而且厚度均匀，不存在中间拉深工序中圆角部分的弯曲和局部变薄的痕迹。但是，这种方法只能用于毛坯相对厚度较大的情况，以保证在第一次拉深成大圆角的曲面形状时不致起皱。当毛坯的相对厚度小，且第一次拉深成曲面形状有起皱危险时，则应采用图 4-23a 所示的方法。用图 4-23a 所示方法制成的零件，表面质量较差，容易在筒壁部分和凸缘上残留有中间工序中形成的圆角部分弯曲和厚度的局部变化的痕迹，所以最后要加一道整形工序。当零件的底部圆角半径较小，或者当对凸缘有平面度要求时，上述两种方法都需要加一道最终的整形工序。

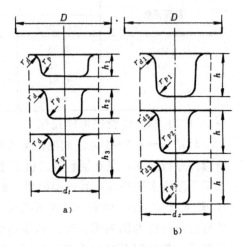

图 4-23　宽凸缘件拉深
a) $r_d$、$r_p$ 不变；减小直径增加高度
b) 高度不变；减小 $r_d$、$r_p$ 而减小直径

在拉深宽凸缘件中要特别注意的是：在形成凸缘直径 $d_t$ 之后，在以后各次拉深中，凸缘直径 $d_t$ 不再变化，因为凸缘尺寸的微小减小都会引起很大的变形抗力，而使底部危险断面处被拉裂。为此，这就要求正确计算拉深高度和严格控制凸模进入凹模的深度。

各次拉深高度确定如下：

第一次拉深高度为（$r_p$、$r_d$ 均按零件中性层计算）

$$h_1 = \frac{0.25}{d_1}(D^2 - d_t^2) + 0.43(r_p + r_d) + \frac{0.14}{d_1}(r_p{}^2 - r_d{}^2)$$

以后各次拉深高度为（$r_{pn}$、$r_{dn}$ 均按零件中性层计算）

$$h_n = \frac{0.25}{d_n}(D^2 - d_t^2) + 0.43(r_{pn} + r_{dn}) + \frac{0.14}{d_n}(r_{pn}{}^2 - r_{dn}{}^2)$$

凸缘件拉深时，凸、凹模圆角半径的确定与圆筒形件一样。

此外，为了保证以后各次拉深时凸缘不参加变形，宽凸缘拉深件第一次拉入凹模的材料应比零件最后拉深部分实际所需材料多 3%～10%（按面积计算，拉深次数多者取上限，少者取下限），这些多余材料在以后各次拉深中，逐次将 1.5%～3% 的材料挤回到凸缘部分，使凸缘增厚，从而避免拉裂。这对料厚小于 0.5mm 的拉深件效果更为显著。

现通过实例介绍宽凸缘筒形件拉深工序计算步骤。

**例 4-3**　计算图 4-24 所示拉深件（材料：08钢）的工序尺寸。

计算步骤（尺寸按料厚中心线计算）：

(1) 选取修边余量：查表 4-4，当 $\dfrac{d_t}{d} = \dfrac{76}{28} = 2.7$ 时，取修边余量 $\delta$ 为 2.2mm。

故实际外径为 $d_t = (76 + 2.2 \times 2)$ mm $= 80.4$mm $\approx 80$mm

(2) 初算毛坯直径：按几何表面积相等原则，

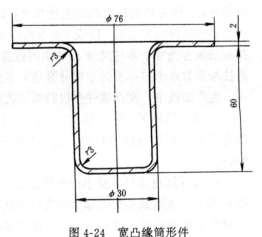

图 4-24　宽凸缘筒形件

初算毛坯直径 $D$ 为

$$D = \sqrt{d_t^2 + 4d_1h_1 - 3.44d_1r}$$
$$= \sqrt{80^2 + 4 \times 28 \times 60 - 3.44 \times 28 \times 3}\,\text{mm}$$
$$\approx 113\,\text{mm}$$

（3）确定一次能否拉出：按 $\dfrac{h}{d} = \dfrac{60}{28} = 2.14$；$\dfrac{d_t}{d} = \dfrac{80}{28} = 2.86$；$\dfrac{t}{D} = \dfrac{2}{113} = 1.77\%$；查表4-9，得 $\dfrac{h_1}{d_1} = 0.22$，远远小于零件的 $\dfrac{h}{d} = 2.14$，故零件一次拉不出来。

（4）计算拉深次数及各次拉深直径：用逼近法确定第一次拉深直径（以表格形式列出有关数据，便于比较），以便选取实际拉深系数稍大于极限拉深系数。

| 相对凸缘直径假定值 $N = \dfrac{d_t}{d_1}$ | 毛坯相对厚度 $t/D$（%） | 第一次拉深直径 $d_1 = d_t/N$ | 实际拉深系数 $m_1 = d_1/D$ | 极限拉深系数 $[m_1]$ 由表 4-10 得 | 拉深系数相差值 $\Delta m = m_1 - [m_1]$ |
|---|---|---|---|---|---|
| 1.2 | 1.77 | $d_1 = 80/1.2 = 67$ | 0.59 | 0.49 | +0.10 |
| 1.3 | 1.77 | $d_1 = 80/1.3 = 62$ | 0.55 | 0.49 | +0.06 |
| 1.4 | 1.77 | $d_1 = 80/1.4 = 57$ | 0.50 | 0.47 | +0.03 |
| 1.5 | 1.77 | $d_1 = 80/1.5 = 53$ | 0.47 | 0.47 | 0 |
| 1.6 | 1.77 | $d_1 = 80/1.6 = 50$ | 0.44 | 0.45 | −0.01 |

由上表可知，应取第一次拉深直径 $d_1 = 57\,\text{mm}$。再确定以后各次拉深直径。

由表 4-11 查得

$$m_2 = 0.73,\quad d_2 = d_1 \times m_2 = 57 \times 0.73\,\text{mm} = 41.6\,\text{mm}$$
$$m_3 = 0.75,\quad d_3 = d_2 \times m_3 = 41.6 \times 0.75\,\text{mm} = 31.2\,\text{mm}$$
$$m_4 = 0.78,\quad d_4 = d_3 \times m_4 = 31.2 \times 0.78\,\text{mm} = 24.3\,\text{mm}$$

从上述数据看出，各次拉深变形程度分配不合理，现调整如下：

| 极限拉深系数 $[m_n]$ | 实际拉深系数 $m_n$ | 各 次 拉 深 直 径 $d_n$ | 拉深系数差值 $\Delta m = m_n - [m_n]$ |
|---|---|---|---|
| $[m_1] = 0.47$ | $m_1 = 0.495$ | $d_1 = D \times m_1 = 113 \times 0.495\,\text{mm} = 56\,\text{mm}$ | +0.025 |
| $[m_2] = 0.73$ | $m_2 = 0.77$ | $d_2 = d_1 \times m_2 = 56 \times 0.77\,\text{mm} = 43\,\text{mm}$ | +0.04 |
| $[m_3] = 0.75$ | $m_3 = 0.79$ | $d_3 = d_2 \times m_3 = 43 \times 0.79\,\text{mm} = 34\,\text{mm}$ | +0.04 |
| $[m_4] = 0.78$ | $m_4 = 0.82$ | $d_4 = d_3 \times m_4 = 34 \times 0.82\,\text{mm} = 28\,\text{mm}$ | +0.04 |

表中各次拉深系数差值 $\Delta m$ 颇接近，亦即变形程度分配合理。

（5）计算各工序的圆角半径：根据 $r_d = 0.8\sqrt{(D - D_d)t}$；$r_{dn} = (0.6 \sim 0.8)r_{d(n-1)}$ 和 $r_p = (0.7 \sim 1)r_d$ 的关系，得到各次 $r_d$ 和 $r_p$ 如下：$r_{d1} = 9\,\text{mm}$，$r_{p1} = 7\,\text{mm}$，$r_{d2} = 6.5\,\text{mm}$，$r_{p2} = 6\,\text{mm}$；$r_{d3} = 4\,\text{mm}$，$r_{p3} = 4\,\text{mm}$，$r_{d4} = 3\,\text{mm}$，$r_{p4} = 3\,\text{mm}$。其中 $r_{p4} = $ 工件圆角半径。

（6）计算第一次拉深高度：以第一次拉入凹模材料比零件最后拉深部分实际所需材料多 5% 计算，毛坯直径（假想直径）应修正为

$$D = \sqrt{7630 \times 1.05 + 5104}\,\text{mm} = \sqrt{8012 + 5104}\,\text{mm} \approx 115\,\text{mm}$$

则第一次拉深高度

$$h_1 = \frac{0.25}{d_1}(D^2 - d_t^2) + 0.43(r_{p1} + r_{d1}) + \frac{0.14}{d_1}(r_{p1}^2 - r_{d1}^2)$$
$$= \left[\frac{0.25}{56}(115^2 - 80^2) + 0.43(8 + 10) + \frac{0.14}{56}(8^2 - 10^2)\right]\text{mm}$$

$$= 38.1\text{mm}$$

（7）校核第一次拉深相对高度：查表 4-9，当 $\dfrac{d_t}{d_1} = \dfrac{80}{56} = 1.43$，$\dfrac{t}{D} = \dfrac{2}{115} = 1.74\%$ 时，许用

最大相对高度 $\left[\dfrac{h_1}{d_1}\right] = 0.70 > \dfrac{h_1}{d_1} = \dfrac{38.1}{56} = 0.68$，故安全。

（8）计算以后各次拉深高度：设第二次拉深时多拉入 3% 的材料（其余 2% 的材料返回到凸缘上）。求出假想的毛坯直径和 $h_2$ 分别为

$$D_2 = \sqrt{7630 \times 1.03 + 5104}\,\text{mm} = 114\text{mm}$$

$$h_2 = \frac{0.25}{d_2}(D_2{}^2 - d_t{}^2) + 0.43(r_{p2} + r_{d2}) + \frac{0.14}{d_2}(r_{p2}{}^2 - r_{d2}{}^2)$$

$$= \left[\frac{0.25}{43}(114^2 - 80^2) + 0.43(7 + 7.5) + \frac{0.14}{43}(7^2 - 7.5^2)\right]\text{mm}$$

$$= 44.8\text{mm}$$

再设第三次拉深时多拉入 1.5% 的材料（另 0.5% 的材料返回到凸缘上）。求出假想的毛坯直径 $D_3 = 113.5\text{mm}$ 和 $h_3 = 52.3\text{mm}$；以及 $h_4 = 60\text{mm}$。

（9）画出工序图（图 4-25）。

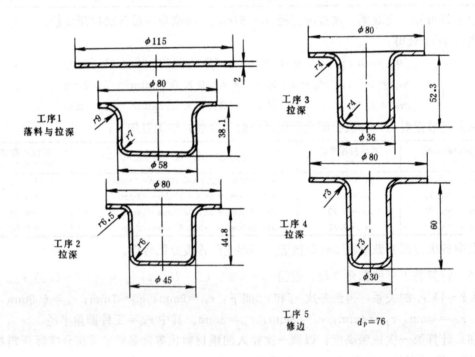

图 4-25　工序图

## 四、阶梯形零件的拉深

阶梯形零件的拉深（图 4-26）与圆筒形件的拉深基本相同，每一阶梯相当于相应的圆筒形件拉深。那么，阶梯形零件能否一次拉出，可以用下述的近似方法判断，即：求出工件的高度与最小直径之比 $h/d_n$，该比值若小于圆筒形件一次拉深成形的最大相对高度（可由表 4-9 查得），则工序次数为 1，即可一次拉出。

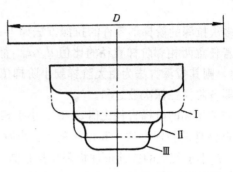

图 4-27　拉深顺序（由大阶梯到小阶梯）
Ⅰ～Ⅲ—工序顺序

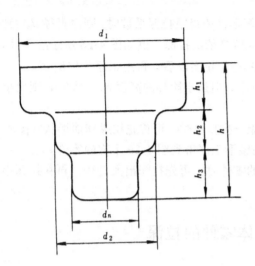

图 4-26　阶梯形零件

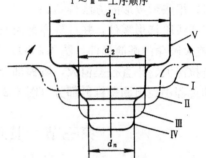

图 4-28　拉深顺序（由小阶梯到大阶梯）
Ⅰ～Ⅴ—工序顺序

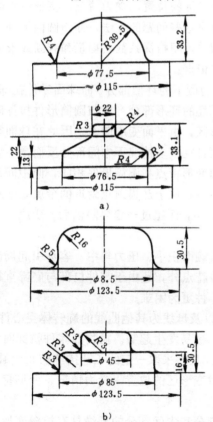

图 4-29　浅阶梯形拉深件的成形方法
a）D=128mm　t=0.8mm，08 钢　b）t=1.5mm，低碳钢

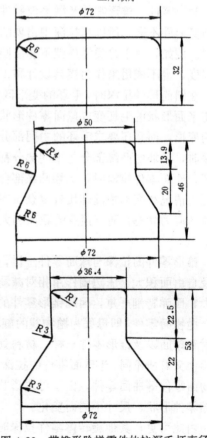

图 4-30　带锥形阶梯零件的拉深毛坯直径
D=118mm，t=0.8mm

多次拉深的阶梯形零件的拉深方法如下：

若任意两相邻阶梯直径的比值 $d_n/d_{n-1}$ 都不小于相应的圆筒形件的极限拉深系数（表4-6）时，则其拉深方法为由大阶梯到小阶梯依次拉出（图4-27），而其拉深次数则等于阶梯数目，即各阶梯拉深次数之和。

若某相邻两阶梯直径比值 $d_n/d_{n-1}$ 小于相应圆筒形件的极限拉深系数时，则由直径 $d_{n-1}$ 到 $d_n$ 按凸缘件的拉深办法，其拉深顺序由小阶梯到大阶梯依次拉深。例如图4-28所示的零件，因 $d_2/d_1$ 小于相应的圆筒形件极限拉深系数，故在 $d_2$ 先拉出以后，再用工序Ⅴ拉出 $d_1$。

若最小的阶梯直径 $d_n$ 过小，也就是 $d_n/d_{n-1}$ 过小，但最小阶梯的高度 $h_n$ 不大时，则最小阶梯可以用胀形成形的方法得到。

若有浅阶梯形零件，并且阶梯直径差别大不能一次拉出时，可首先拉成球面形状（图4-29a）或大圆角的圆筒形件（图4-29b），然后再用整形工序得到图4-29下部的零件。

若拉深大、小直径差值大，阶梯部分带锥形的零件时，可先拉深出大直径，再在拉深小直径的过程中拉出侧壁锥形部分（图4-30）。

# 第三节　其他旋转体零件的拉深

## 一、概述

球面零件、锥形零件及抛物面零件的拉深，其变形区的位置、受力情况、变形特点等都与圆筒形件不同，所以在拉深中出现的各种问题和解决这些问题的方法，亦与圆筒形件有所不同。例如，对于这类零件就不能象圆筒形件那样简单地用拉深系数去衡量和判断成形的难易程度，也不能用来作为模具设计和工艺过程设计的依据。

在圆筒形件拉深时，毛坯的变形区仅仅局限于压边圈下的环形部分。而球面零件拉深时，为使平面形状的毛坯变成球面零件形状，不仅要求毛坯的环形部分产生与圆筒形件拉深时相同的变形，而且还要求毛坯的中间部分也应成为变形区，由平面变成曲面。因此在球面零件拉深时，毛坯的凸缘部分与中间部分都是变形区，而且在很多情况下中间部分反而是主要变形区。球面零件拉深时，毛坯凸缘部分的应力状态和变形特点和圆筒形件相同，而中间部分的受力情况和变形情况却比较复杂。在凸模力的作用下，位于凸模顶点附近的金属处于双向受拉的应力状态。随与顶点的距离加大切向应力 $\sigma_\theta$ 减小，而超过一定界限以后，变成为压应力。

锥形零件的拉深与球面零件一样，除具有凸模接触面积小、压力集中、容易引起局部变薄及自由面积大、压边圈作用相对减弱、容易起皱等特点外，还由于零件口部与底部直径差别大，回弹特别严重，因此锥形零件的拉深比球面零件更为困难。

抛物面零件，即母线为抛物线的旋转体空心件，以及母线为其他曲线的旋转体空心件。拉深时和球面以及锥形零件一样，材料处于悬空状态，极易发生起皱。抛物面零件拉深时和球面零件又有所不同，半球面零件的拉深系数为一常数，只需采取一定的工艺措施防止起皱。而抛物面零件等曲面零件，由于母线形状复杂，拉深时变形区的位置、受力情况、变形特点等都随零件形状、尺寸不同而变化。

由此可见，其他旋转体零件拉深时，毛坯环形部分和中间部分的外缘具有拉深变形的特点，切向应力为压应力；而毛坯最中间的部分却具有胀形变形的特点，材料厚度变薄，其切向应力为拉应力；两者之间的分界线即为应力分界圆。所以，可以说球面零件、锥形零件和抛物面零件等其他旋转体零件的拉深是拉深和胀形两种变形方式的复合，其应力、应变既有拉伸类、又有压缩类的特征。

对于其他旋转体零件的拉深，常采用适当增大压边力以防止毛坯的中间部分起皱的方法，此外采用反拉深或双弯曲拉深等，也可以达到类似的目的（图4-31）。

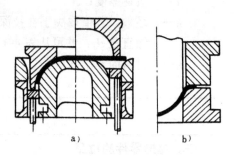

图 4-31　双弯曲拉深和带拉深肋拉深
a）双弯曲拉深　b）带拉深肋拉深

## 二、球面零件的拉深

球面零件可分为半球面（图4-32a）与非半球面（图4-32b、c、d）两大类。

半球面零件的拉深系数 $m$ 为

$$m = \frac{d}{D} = \frac{d}{\sqrt{2}\,d} = 0.71$$

它为常数，是个与零件直径无关的常数。根据变形起皱的现象可得出，毛坯的相对厚度 $t/D$ 是决定拉深难易和选定拉深方法的主要依据：

当 $t/D > 3\%$ 时，不用压边即可拉成。应该注意的是：尽管毛坯的相对厚度较大，仍然易起小皱，因此必须采用带校整作用的有底凹模，以便对零件起校正整形作用。在设备选择上最好采用摩擦压力机，既有利于零件得到好的表面质量，又有利于设备操作、调整，只要上下模压靠即可。

当 $t/D = 0.5\% \sim 3\%$ 时，需要采用带压边圈的拉深模。而当 $t/D < 0.5\%$ 时，则应采用具有拉深肋的凹模或反拉深模具。

对于带有高度为 $(0.1 \sim 0.2)d$ 的圆筒直边或带有宽度为 $(0.1 \sim 0.15)d$ 的凸缘的非半球面零件（图4-32b、c），虽然拉深系数有一定降低，但对零件的拉深

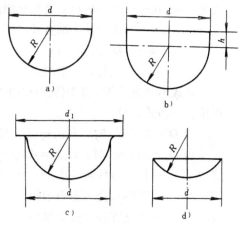

图 4-32　各种球面零件

却有一定的好处。当对半球面零件的表面质量和尺寸精度要求较高时，可先拉成带圆筒直边和带凸缘的非半球面零件，然后在拉深后将直边和凸缘切除。

高度小于球面半径（浅球面零件）的零件（图4-32d），其拉深工艺按几何形状可分为两类：当毛坯直径 $D \le 9\sqrt{Rt}$（$t$ 为板厚）时，毛坯不易起皱，但成形时毛坯易窜动，而且可能产生一定的回弹，常采用带底拉深模；当毛坯直径 $D > 9\sqrt{Rt}$ 时，起皱将成为必须解决的问题，故常采用强力压边装置或用带拉深肋的模具，拉成有一定宽度凸缘的浅球面零件。这时的变形中含有拉深和胀形两种成分。因此零件回弹小、尺寸精度和表面质量均提高了；当然，加工余料在成形后应予切除。

球面零件拉深时，压边力不仅要求使毛坯凸缘部分不致起皱，而且还要保证毛坯的中间自由部分亦不起皱。其值可按下式计算

$$F_Q = \pi d t k \sigma_s$$

式中  $d$——球面零件的直径；

$t$——板材厚度；

$k$——系数，其值取决于在拉深过程中球面部分已经成形后残存于压边圈下的毛坯凸缘直径 $d_1$，并可从表 4-12 中查到；

$\sigma_s$——材料的屈服强度。

表 4-12  系数 k 值

| $d_1/d$ | 1.1 | 1.2 | 1.3 | 1.4 | 1.5 |
|---|---|---|---|---|---|
| $k$ | 2.26 | 2.04 | 1.84 | 1.65 | 1.48 |

### 三、锥形零件的拉深

锥形零件拉深时，只有在压力机行程终了，材料才贴靠在凸模上，成形为一定形状、尺寸的锥形零件。为了防止材料处于凸模和凹模圆角间悬空的自由部分产生起皱，增大压边力是十分必要的。实践证明，压边力的大小对最大极限成形深度几乎没有影响。从材料强度出发，锥形件拉深时的极限成形深度 $H_{\max}$ 可按下式计算

$$H_{\max} = \frac{0.5\sigma_b d}{\sigma_s(\mu + \text{tg}\alpha)}$$

式中  $\sigma_b$、$\sigma_s$——材料抗拉强度和屈服强度；

$d$——锥形件大端直径（图 4-33）；

$\alpha$——锥形件锥角；

$\mu$——系数，一般取 $\mu = 0.1 \sim 0.15$。

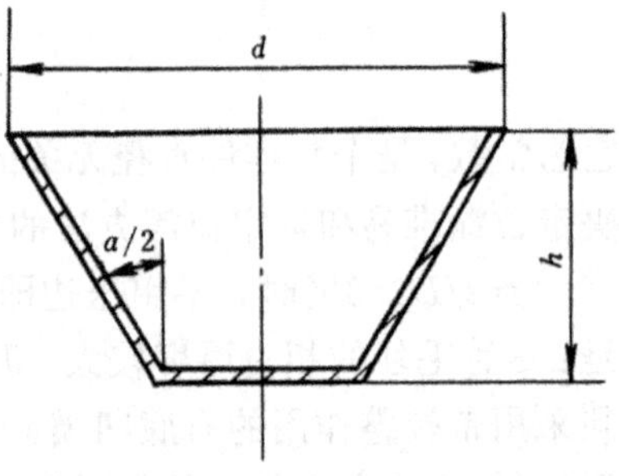

图 4-33  锥形件

从成形角度出发，锥形件拉深时的极限成形深度 $H_{\max}$ 可按以下两式计算

当 $D_d < 300\text{mm}$ 时，$H_{\max} = (0.057r - 0.0035)D_d + 0.171D_p + 0.58r_p + 36.6t - 12.1$

当 $D_d > 300\text{mm}$ 时，$H_{\max} = AD_d - 0.129D_p + 0.354r_d + 0.491r_p + 3.1 - H_d$

式中  $r$——材料塑性应变比；

$D_d$、$r_d$——凹模直径和圆角半径；

$D_p$、$r_p$——凸模直径和圆角半径；

$t$——材料厚度；

$A$、$H_d$——系数，见表 4-13、表 4-14。

<table>
<tr><th colspan="3"> 表 4-13  A 值 </th></tr>
<tr><td rowspan="2">润 滑 油</td><td colspan="2">材　料</td></tr>
<tr><td>08F</td><td>08Al</td></tr>
<tr><td rowspan="2">中负荷工业齿轮油 680</td><td>0.162</td><td>0.163</td></tr>
<tr><td>0.177</td><td>0.183</td></tr>
</table>

<table>
<tr><th colspan="3"> 表 4-14  $H_d$ 值 </th></tr>
<tr><td rowspan="2">$D_d$（mm）</td><td colspan="2">材　料</td></tr>
<tr><td>08F</td><td>08Al</td></tr>
<tr><td>400</td><td>25</td><td>29</td></tr>
<tr><td>600</td><td>35</td><td>39</td></tr>
</table>

为保证拉深工艺的稳定性，不论锥形件本身是否有凸缘，在拉深过程中一般都需拉深出凸缘，再采用修边工序，切去多余部分。只有在相对高度不大，材料相对厚度 $\frac{t}{D} > 2.5\%$ 时，可以不加凸缘，而直接在拉深终了时精整锥形部分。

锥形件的拉深方法，取决于它的几何参数，即随其相对高度、锥角及材料的相对厚度不同，其拉深方法亦随之不同。

（一）浅锥形零件（$h/d=0.1\sim0.25$）

这类零件拉深时变形量小，可以一次拉深成形，但回弹现象严重，不易保证其几何形状，因此，应加大压边力，增大材料的径向拉应力，以减小拉深后零件的回弹。

材料较厚时，可直接用有压边圈的模具拉深，拉深终了时精整锥形部分。

材料较薄时，当锥角 $\alpha<60°$，可按有凸缘锥形件直接拉深成形；当锥角 $\alpha>90°$，应采用有拉深肋的模具。当然，若采用橡皮或液体代替凸模拉深浅锥形件，此时，由于消除了材料悬空的自由部分，在锥面上改善了双向拉应力状态，因此，既有利于克服起皱，又有利于降低回弹，因此可获得较好的产品质量。

（二）中等深度锥形件（$h/d=0.3\sim0.7$）

这类零件拉深时变形量也不大，但在拉深时，毛坯处于悬空状态，容易起皱，因此，对材料相对厚度不大的情况，应增大压边力，防止材料在拉深中起皱。

（1）材料相对厚度较大$\left(\dfrac{t}{D}>2.5\%\right)$，零件上部及下部直径相差不大时，采用压边圈，可以一次拉深成形，拉深情况与圆筒零件相似，但在行程终了时，需对零件加以精压。

（2）材料相对厚度 $\dfrac{t}{D}=1.5\%\sim2.5\%$ 时，可用有压边圈的模具一次拉深，但对无凸缘拉深件应按有凸缘拉深，然后再修边。

（3）材料相对厚度较小$\left(\dfrac{t}{D}<1.5\%\right)$，或有较宽凸缘的锥形件，需采用压边圈进行多次拉深。对零件大端、小端尺寸不同分两种情况：

锥形大端与小端直径相差较大时，可先拉成近似锥形。近似锥形表面积应等于或稍小于成品零件的相应部分表面积。锥形大端与小端直径相差较小（25%以内），先拉深成圆筒形，再拉深成锥形。

锥形零件平均拉深系数 $m_p$ 为

$$m_p=\frac{d_{\max}+d_{\min}}{2d_{n-1}}$$

式中 $d_{\max}$、$d_{\min}$——锥形零件大、小端直径；

$\qquad d_{n-1}$——倒数第二次拉深圆筒形件直径。

校核是否安全的公式为：$m_p\geqslant m_n$（由表 4-5 和表 4-7 查得）。

（三）深锥形件（$h/d\geqslant0.8$）

深锥形件的成形通常有下列方法：

（1）阶梯拉深法（图 4-34）：这种方法是将毛坯分数道工序逐步拉成阶梯形，阶梯与成品内形相切，最后在成形模内整形成锥形件。

（2）锥面逐步成形法（图 4-35）：这种方法先将毛坯拉成圆筒形，使其表面积等于或大于成品圆锥表面积，而直径等于圆锥大端直径，以后各道工序逐步拉出圆锥面，使其高度逐渐增加，最后形成所需的圆锥形。当然，若先拉成圆弧曲面形，然后过渡到锥形将更好些。

（3）整个锥面一次成形法（图 4-36）：这种方法先拉出相应圆筒形，然后，锥面从底部开始成形，在各道工序中，锥面逐渐增大，直至最后锥面一次成形。这种方法的拉深系数采用平均直径 $d_{1p}$ 和 $d_{2p}$ 来计算，即

$n-1$ 次拉深：
$$d_{(n-1)}=\frac{d_{(n-1)上}+d_{(n-1)下}}{2}$$

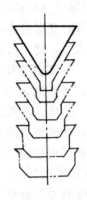

图 4-34　阶梯拉深法　　　　　　　　　　　　　图 4-35　锥面逐步成形法

$n$ 次拉深：
$$d_{np}=\frac{d_{n上}+d_{n下}}{2}$$

第 $n$ 次拉深系数为 $m_2=\dfrac{d_{2p}}{d_{1p}}$（极限值见表 4-15）

**表 4-15　深锥形件的极限拉深系数**

| 毛坯相对厚度 $\dfrac{t}{d_{n-1}}$（%） | 0.5 | 1.0 | 1.5 | 2.0 |
|---|---|---|---|---|
| 拉深系数 $m_n=\dfrac{d_n}{d_{n-1}}$ | 0.85 | 0.80 | 0.75 | 0.70 |

深锥形件拉深次数也可按下式估算

拉深次数　　　　　　　　　　　$n=a/Z$

式中　　$a$——用锥形件大端 $d$ 为直径的圆筒形件与锥面间的单边间隙（见图 4-37）；

　　　　$Z$——允许间隙，一般取为 $(8\sim10)\,t$。

若计算 $n$ 为小数，应圆整为整数。

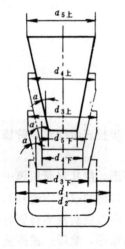

图 4-36　整个锥面一次成形法　　　　　　　图 4-37　拉深次数决定

### 四、抛物面零件的拉深

抛物面零件拉深有两种情况：

（一）浅的抛物面零件 $(h/d<0.5\sim0.6)$

其高度 $h$ 与大端直径 $d$ 的比值和半球面零件相近,并且拉深特点也和半球面零件相似,所以,拉深方法与半球面零件相同。

（二）深的抛物面零件 $(h/d>0.6)$

其拉深的难度相当大,为了使毛坯中间部分紧密贴模而又不起皱,必须加大径向拉应力。但这一措施往往受到毛坯尖顶部分易被拉裂的限制,所以在这种情况下应该采用多工序逐渐成形的办法,特别是当零件深度大而顶端的圆角半径又小时,更应如此。多工序逐渐成形的要点是采用逐步拉深的正拉深或反拉深的方法,在逐渐增加深度的同时减小顶部的圆角半径。为了保证零件的尺寸精度和表面质量,在最后一道工序里应保证一定的胀形成分。为此应使最后工序所用的中间毛坯的表面积稍小于成品零件的表面积。

对于抛物面零件,还可以采用充液拉深,能获得较大的变形程度、减少拉深次数,避免材料和模具间不利的摩擦,这对薄料拉深抛物面零件尤为有利。

# 第四节　盒形件的拉深

盒形件属于非旋转体零件,包括方形盒和矩形盒以及椭圆形盒等。与旋转体零件拉深比较,盒形件拉深时毛坯变形区的变形分布要复杂得多。

## 一、矩形盒的拉深特点

根据矩形盒几何形状的特点,可以将其侧壁分为长度分别是 $A-2r$ 与 $B-2r$ 的四个直边部分和半径为 $r$ 的四个圆角部分（图 4-38）。由平板毛坯拉深成矩形盒时,形成直壁部分的毛坯不可能只产生弯曲变形,形成圆角侧壁的毛坯,其变形也与圆筒形件拉深不完全一样。毛坯的这两部分是联系在一起的整体,变形时必然相互牵制,形成这类零件自己的拉深特点。如图 4-38 所示,毛坯表面在拉深前划分的网格（由矩形和同心圆与径向放射线构成的两种网格组成）,在拉深后零件侧壁上这些网格均发生了横向压缩与纵向伸长的变化,说明直边部分也是拉深变形。但与旋转体拉深不同,直边中间部位的网格横向压缩与纵向伸长的拉深变形程度较小,但在圆角处,则拉深变形程度最大,这表现出拉深变形的不均匀性和变形区板材各点向凹模径向流动速度的不等。

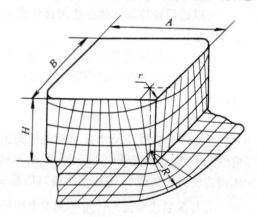

从塑性变形力学的观点看,由于毛坯圆角部分的材料挤入直边部分,从而减轻了圆角部分材料的变形程度（与相同半径的圆筒形零件拉深相比较）,需要克服的变形抗力也相应减小。归纳起来,矩形盒的拉深特点可以阐述如下:

（1）凸缘变形区内径向拉应力 $\sigma_1$ 的分布是不均匀的。在圆角部分最大,直边部分最小。即使在

图 4-38　矩形盒拉深的特点

角部,平均拉应力 $\sigma_1$ 也远小于相应的圆筒形件的拉应力。因此,就危险断面处的载荷来说,矩形盒拉深时要小得多;对于相同材料,矩形盒拉深的最大成形相对高度要大于相同半径的圆筒形零件拉深时的最大成形相对高度。

（2）由于直边和圆角变形区内材料的受力情况不同,直边处材料向凹模流动的阻力要远小于圆角处，并且，直边处材料的径向伸长变形小而圆角处材料的径向变形大，使变形区内两处材料的位移量亦不相同，直边处大于圆角处。由此引起两处位移速度差，因而必然诱发出切应力（图 4-39），以协调直边与圆角处的变形。

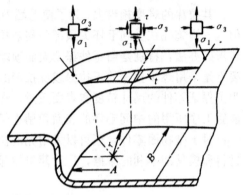

（3）在毛坯外周边上，切向压应力 $\sigma_3$ 的分布也是不均匀的。从角部到中间直边部位，压应力 $\sigma_3$ 的数值逐渐减小。通常情况下，起皱都发生在角部，但是起皱的趋势要小于拉深相应的圆筒形零件时的情况。

可以用相对圆角半径 $r/B$ 表示矩形盒的几何形状特征，$0 < r/B \leqslant 0.5$，当 $r/B = 0.5$ 时为圆筒形零件。矩形盒拉深时，毛坯变形区的变形分布与相对圆角半径 $r/B$ 和毛坯形状有关。相对圆角半径 $r/B$ 不同，毛坯变形区直边处与圆角处之间的

图 4-39 变形区的应力状态

应力应变间的相互影响亦不同。在实际生产中，应根据矩形盒的相对圆角半径 $r/B$ 和相对高度 $H/r$ 来设计毛坯和拉深工艺。

## 二、毛坯尺寸计算与形状设计

盒形件拉深毛坯的设计原则是：在保证毛坯面积与工件面积相等的前提下，应使材料的分配尽可能地满足获得口部平齐的拉深件。遵循这一原则设计的毛坯，将有助于降低盒形件拉深时的不均匀变形和减小材料不必要的浪费，也有利于提高盒形件拉深成形极限和保证零件的质量。

可以运用滑移线场的方法来设计盒形件拉深时的合理毛坯。

对于一次拉深成形的方形盒，为保证拉深时圆角部分与直边部分有相同的高度，其毛坯展开尺寸的计算如下：

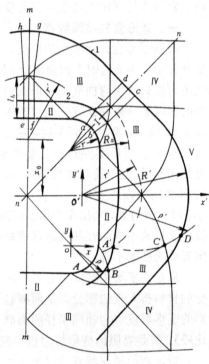

（一）圆角部分的展开尺寸

圆角部分的展开尺寸 $R$ 是指毛坯周边轮廓线与对角线 $n-n$ 交点至圆弧中心距离。如图 4-40 所示，若毛坯周边轮廓为曲线 1，毛坯表面的四边形 $abcd$（设 $ds = \overline{ab}$）在拉深后成为盒形件角部侧壁上的矩形（面积：$ds \times H$），若不计 $r_p$ 的影响，可得

图 4-40 毛坯尺寸计算方法

$$ds \times H = 0.5(R_a^2 - r^2)ds/r + (R - R_a)R_a ds/r \quad (R > R_a)$$

式中    $R_a = re^{\pi/4} \approx 2.19r$

于是    $R = 1.32r + 0.46H \qquad (R > R_a)$ \hfill (4-10a)

同理，若毛坯周边轮廓为曲线 2，因为

$$ds \times H = 0.5(R^2 - r^2)ds/r \quad (R \leqslant R_a)$$

得 $$R=\sqrt{r^2+2rH} \qquad (R\leqslant R_a) \tag{4-10b}$$

当考虑 $r_p$ 的影响时，有

$$R = \begin{cases} \sqrt{r^2 + 2rH - 0.86r_p(r + 0.16r_p)} & (R \leqslant R_a) \\ R_a + (H - H_a)r/R_a & (R > R_a) \end{cases} \tag{4-10c}$$

其中 $H_a = 0.5r(e^{\pi/2}-1) + 0.43r_p(r+0.16r_p)$

### （二）直边部分的展开尺寸

直边部分的展开尺寸 $l$ 是指毛坯外周边轮廓线与中垂线 $m-m$ 交点至内边缘的距离。当毛坯的周边轮廓为曲线 1（图 4-40）时，毛坯表面的四边形 $efgh$（设 $ds=ef$）在拉深后成为盒形件直壁上的矩形（面积：$ds\times H$），当不计 $r_p$ 的影响时可得

$$ds \times H = l_b ds + 0.5[(l + 0.5B - x_0)^2 - r'^2]ds/r' \qquad (l > l_b)$$

其中 $l_b = 0.5B-r$

$$x_0 = \sqrt{2}(0.5B-r)$$

$$r' = r + \sqrt{2}(0.5B-r)e^{-\pi/4}$$

于是，得

$$l = \sqrt{r'^2 + 2r'(H - 0.5B + r)} + 0.21B - 1.41r \qquad (l > l_b) \tag{4-11a}$$

同理，若毛坯周边轮廓为曲线 2，因为

$$ds \times H = l \times ds \qquad (l \leqslant l_b)$$

得 $$l=H \qquad (l\leqslant l_b) \tag{4-11b}$$

当考虑 $r_p$ 的影响时，有

$$l = \begin{cases} H + 0.57r_p & (l \leqslant l_b) \\ \sqrt{r'^2 + 2r'(H - 0.57r_p - 0.5B + r)} + 0.21B - 1.41r & (l > l_b) \end{cases} \tag{4-11c}$$

其中 $r' = r + 1.41e^{-\pi/4}(0.5B-r)$ \qquad (4-12)

上述公式中，$H$ 为计入修边余量后的高度尺寸，即 $H=H_n+\Delta H$。修边余量 $\Delta H$ 可按表 4-16 选取。

表 4-16  矩形盒修边余量 $\Delta H$ (mm)

| 拉深工序次数 | 1 | 2 | 3 | 4 |
|---|---|---|---|---|
| 修边余量 $\Delta H$ | $(0.03\sim0.05)H$ | $(0.04\sim0.06)H$ | $(0.05\sim0.08)H$ | $(0.06\sim0.1)H$ |

根据计算结果，按照图 4-41 所示方法设计作图，可得到拉深方形盒的合理毛坯形状与尺寸。当 $H/r$ 较小时，一般得到的是 $\alpha$ 型毛坯；当 $H/r$ 较大时，一般得到的是 $\gamma$ 型毛坯。例如，对于 $H=45$mm，$B=58$mm，$r=15$mm 的方形盒拉深件（$H/r=3$，$r/B=0.26$），用 $\alpha$ 型和 $\gamma$ 型两种毛坯拉深后，应变强度沿周边分布示于图 4-42，可见用 $\gamma$ 型毛坯较为合理，变形的不均匀程度有所降低。

由多次拉深成形的高方形盒零件，可采用圆形毛坯，其直径可按下式计算

$$D = 1.13\sqrt{B^2 + 4B(H - 0.43r_p) - 1.72r(H + 0.5r) - 4r_p(0.11r_p - 0.18r)}$$

### 三、盒形件的拉深工艺

根据盒形件能否一次拉深成形，可将盒形件分为两类：一类是能一次拉深成形的低盒形件，另一类是需要多次拉深才能成形的高盒形件。

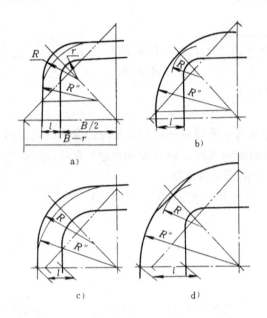

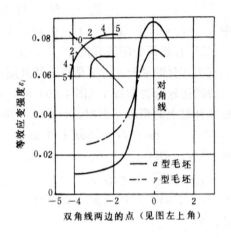

图 4-41  方形盒拉深毛坯设计方法

a) α坯（$R<R_a$, $l<l_b$）  b) β坯（$R>R_a$, $l<l_b$）

c) β′坯（$R<R_a$, $l>l_b$）  d) γ坯（$R>R_a$, $l>l_b$）

图 4-42  两种形式毛坯拉深后的应变
强度分布情况

（一）低矩形盒拉深的成形极限

矩形盒能否一次拉深的成形极限，可以用最大成形相对高度 $H_{max}/r$ 表示。它除受板材性能的影响外，还与零件的几何参数 $r/B$ 有关。$r/B$ 越小，直边部分对圆角部分的影响越大，因此可以获得的最大成形相对高度 $H_{max}/r$ 也就越大；反之，$r/B$ 越大，直边部分对圆角部分的影响越小，当 $r/B=0.5$ 时，方形盒零件变为圆筒形件，最大成形相对高度 $H_{max}/r$ 也必然等于圆筒形件的最大成形相对高度。具体数值参见表 4-17。当矩形盒的相对厚度 $t/B<0.01$ 而且 $A/B≈1$ 时，取表中较小值；当 $t/B>0.015$，且 $A/B≥2$ 时，取较大值。表中数值适于软钢板拉深。

表 4-17  矩形盒一次拉深成形的最大相对高度 $H_{max}/r$

| $r/B$ | 0.4 | 0.3 | 0.2 | 0.1 | 0.01 |
|---|---|---|---|---|---|
| $H_{max}/r$ | 2～3 | 2.8～4 | 4～6 | 8～12 | 10～15 |

矩形盒一次拉深的成形极限，还可以用极限拉深系数来表示。根据盒形件拉深变形力学的分析可知，如不计材料经过凹模圆角时的弯曲与反弯曲变形以及摩擦等因素的影响，作用于危险断面上的拉应力为（参见第一章第三节）

$$\sigma = \beta\sigma_s\ln\frac{R'}{r'} \qquad (4-13)$$

由此，可定义盒形件的拉深系数

$$m_s = r'/R'$$

应当说，只有在方形盒的相对高度较大时，才涉及成形极限的问题。显然，当 $r/B>0.1$ 时使用 γ 型毛坯。所以拉深系数采用 γ 型毛坯作为确定的依据。由图 4-41 可知

$$R' = \sqrt{r'^2 + 2r'(H - 0.5B + r)} \qquad (4\text{-}14)$$

式中 $r'$ 由式（4-12）计算。当 $r/B=0.5$ 时，有 $r'=r$ 和 $R'=R=\sqrt{r^2+2rH}$，相当于采用圆形毛坯拉深圆筒形件，也就有 $m_s=m=r/R$。研究表明，方形盒的极限拉深系数与圆筒形件的极限拉深系数的关系为

$$m_{smin} = (1 \sim 1.1)m_1 \qquad (4\text{-}15)$$

当 $r/B$ 较小时，系数取较大值；反之，系数取小值，$r/B=0.5$ 时取 1。对于 $r/B \leqslant 0.1$ 的方形盒，由于一次拉深的合理毛坯形状是 $\alpha$ 型（或 $\beta'$ 型）毛坯，极限拉深系数 $m_{smin}$ 就等于圆筒形件极限拉深系数 $m_1$。

毛坯形状对盒形件拉深的成形极限有很大的影响，当不是采用合理毛坯时，也就不按上述方法确定其成形极限。

（二）高盒形件的拉深方法

当矩形盒的高度 $H/r$ 超过一次成形极限高度，即 $H/r>H_{max}/r$ 时，或者是拉深系数 $m_s$ 小于极限拉深系数，即 $m_s<m_{smin}$ 时，必须采用多次拉深才能获得合格的零件。

1. 高方形盒的多次拉深　图 4-43 示出高方形盒多次拉深时，中间各工序的半成品形状与尺寸的确定方法。采用直径为 $D$ 的圆形毛坯，中间各次拉深成圆筒形，最后一道拉深工序得到方盒形成品零件的形状和尺寸。先计算倒数第二道（即 $n-1$ 道）工序拉深所得半成品的直径

$$d_{n-1} = 1.41B - 0.32r + 2\delta \qquad (4\text{-}16)$$

式中　$d_{n-1}$——$n-1$ 次拉深所得圆筒形半成品的内径；

　　　　$\delta$——圆筒形半成品内表面到零件（盒形件）内表面在圆角处的距离，简称角部壁间距。

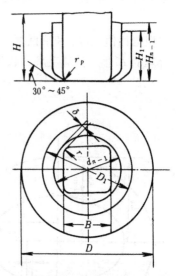

图 4-43　高方形盒多工序拉深的
半成品形状与尺寸

角部壁间距 $\delta$ 对毛坯变形区的变形分布及均匀程度均有直接影响。当采用图 4-43 所示的成形过程时，可以保证沿毛坯变形区周边产生适度而均匀变形的 $\delta$ 角部壁间距离为

$$\delta = (0.2 \sim 0.25)r \qquad (4\text{-}17)$$

其他各道工序可按圆筒形件拉深计算，即由直径 $D$ 的平板毛坯拉深成直径为 $d_{n-1}$、高度为 $H_{n-1}$ 圆筒件。

2. 高矩形盒的多次拉深　对于高矩形盒的多次拉深，可采用图 4-44 所示的中间毛坯形状与尺寸。可以把矩形盒的两个边视为四个方形盒的边长，在保证同一角部壁间距离 $\delta$（由式（4-17）计算得到）时，可采用由四段圆弧构成的椭圆形筒，作为最后一道工序拉深前的半成品毛坯（是 $n-1$ 道工序拉深所得半成品）。其长轴与短轴处的曲率半径分别用 $R_{a(n-1)}$ 及 $R_{b(n-1)}$ 表示，并用下式计算

$$\begin{cases} R_{a(n-1)} = 0.707B - 0.41r + \delta \\ R_{b(n-1)} = 0.707A - 0.41r + \delta \end{cases} \qquad (4\text{-}18)$$

式中　$A$、$B$——矩形盒的长度与宽度。

椭圆长半轴 $a_{n-1}$ 和短半轴 $b_{n-1}$ 可分别用下式求得

$$\begin{cases} a_{n-1} = R_{a(n-1)} + (A - B)/2 \\ b_{n-1} = R_{b(n-1)} - (A - B)/2 \end{cases} \tag{4-19}$$

由于 $n-1$ 道工序拉深得到的半成品形状是椭圆形筒,所以高矩形盒多工序拉深工艺计算问题又可归结为高椭圆形筒的多次拉深成形问题。

3. 椭圆形筒拉深工艺计算　椭圆形筒拉深时,沿变形区周边的变形分布也是不均匀的。曲率较大处的变形较大,变形阻力也大。短轴处的曲率大小对曲率较大地方的变形有很大影响,变形特点类似于矩形盒拉深时的情况。随着椭圆度(轴比) $a/b$ 的增加,曲率小处对曲率大处变形的影响增加,不均匀变形程度也加大。为此,椭圆形筒一次拉深用的毛坯,应使长、短轴两处的变形区宽度比例恰当,以保证得到口部较为平齐的拉深件。图 4-45 示出了"$K$ 值法",设长、短轴处变形区宽度分别为 $W_a$ ( $=R_a - r_a$ ) 和 $W_b$ ( $=KW_a$ )。其中, $R_a$ 按半径 $r_a$ 的圆筒形件展开毛坯计算

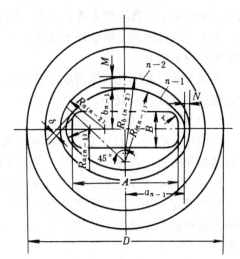

$$R_a = \sqrt{r_a{}^2 + 2r_a H - 0.86 r_p (r_a + 0.16 r_p)} \tag{4-20}$$

图 4-44　高矩形盒多工序拉深的
半成品的形状与尺寸

根据比值 $r_a/R_a$ 和椭圆度 $a/b$ ,由图 4-46 查得合理的 $K$ 值,计算毛坯的长半轴 $a_0$ 和短半轴 $b_0$

$$a_0 = a + W_a \qquad b_0 = b + KW_a$$

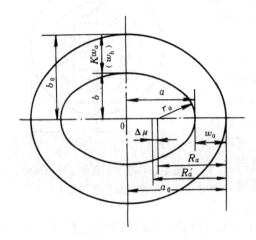

图 4-45　$K$ 值法毛坯示意图

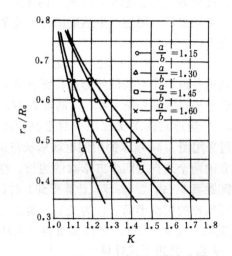

图 4-46　合理 $K$ 值法曲线

能否用平板毛坯一次拉深得到椭圆形筒,要首先计算它的拉深系数。由图 4-45 知,在长轴处毛坯的曲率中心与椭圆形的曲率中心并不重合,毛坯的曲率中心向几何中心偏移 $\Delta u$ ($\Delta u = R_a{}' - R_a$),其中

$$R_a' = \frac{\sqrt{a_0{}^2 + b_0{}^2} - a_0 + b_0}{2\cos[\text{arctg}(a_0/b_0)]} \qquad (4\text{-}21)$$

定义椭圆形筒拉深系数为

$$m_e = (r_a + \Delta u)/R_a'$$

椭圆形筒的极限拉深系数近似等于圆筒形件的极限拉深系数，即

$$m_{e\min} \approx m_1$$

若椭圆形筒的拉深系数 $m_e < m_{e\min}$，应多次拉深成形。为保证拉深时变形基本均匀，即使长、短轴处的拉深变形程度基本相同，对多次拉深的中间工序应采用椭圆（或圆）到椭圆的过渡方法。

例如，图 4-44 所示高矩形盒第 $n-1$ 道拉深，从椭圆过渡到圆，应保证

$$\frac{R_{a(n-1)}}{R_{a(n-1)} + N} = \frac{R_{b(n-1)}}{R_{b(n-1)} + M} = 0.75 \sim 0.85$$

式中 $M$、$N$——拉深前后椭圆之间在短、长轴上的壁间距离（图 4-44）。

求出 $M$、$N$ 后，得到 $n-2$ 道工序椭圆的长半轴 $a_{n-2} = a_{n-1} + N$ 和短半轴 $b_{n-2} = b_{n-1} + M$，重新检查可否用平板毛坯一次拉深成形。若不能，继续前一道工序的毛坯计算，其方法与此相同。用作图方法作出的椭圆，曲率中心向几何中心移动。当中间工序的椭圆度小于 1.3 时，该工序的毛坯可用圆筒形，即这时可采用由圆到椭圆的过渡，此时圆筒形毛坯的半径可用下式计算

$$R_{10} = \frac{R_{b1}a_1 - R_{a1}b_1}{R_{b1} - R_{a1}}$$

# 第五节　压边力、拉深力和拉深功的计算

## 一、压边形式与压边力

（一）采用压边的条件

由前分析可知，在拉深过程中，凸缘变形区是否产生失稳起皱，主要取决于材料的相对厚度和切向应力的大小。而切向应力的大小又取决于材料的性能和不同时刻的变形程度。另外凹模的几何形状对起皱也有较大的影响。压边装置的作用就是在凸缘变形区施加轴向（材料厚度方向）压力，防止起皱。

准确地判断起皱与否，是一个相当复杂的问题，在实际生产中可以用下述公式估算。

用锥形凹模拉深时，材料不起皱的条件是：

首次拉深 $\dfrac{t}{D} \geqslant 0.03\,(1-m)$

以后各次拉深 $\dfrac{t}{D} \geqslant 0.03\left(\dfrac{1}{m}-1\right)$

用普通的平面凹模拉深时，毛坯不起皱的条件是：

首次拉深 $\dfrac{t}{D} \geqslant 0.045\,(1-m)$

以后各次拉深 $\dfrac{t}{D} \geqslant 0.045\left(\dfrac{1}{m}-1\right)$

如果不能满足上述公式的要求，则在拉深模设计时应考虑增加压边装置。

另外，还可利用表 4-18 判断是否起皱。

表 4-18 采用或不采用压边圈的条件

| 拉 深 方 法 | 首 次 拉 深 | | 以 后 各 次 拉 深 | |
|---|---|---|---|---|
| | $t/D$（%） | $m_1$ | $t/d_{n-1}$（%） | $m_n$ |
| 用压边圈 | <1.5 | <0.6 | <1 | <0.8 |
| 可用可不用 | 1.5～2.0 | 0.6 | 1～1.5 | 0.8 |
| 不用压边圈 | >2.0 | >0.6 | >1.5 | >0.8 |

**（二）压边力计算**

压边力必须适当，如果压边力过大，会增大拉入凹模的拉力，使危险断面拉裂；如果压边力不足，则不能防止凸缘起皱。实际压边力的大小要根据既不起皱也不被拉裂这个原则，在试模中加以调整。设计压边装置时应考虑便于调节压边力。

在生产中单位压边力 $p$ 可按表 4-19 选取。压边力为压边面积乘单位压边力，即

$$F_Q = Ap$$

式中　$F_Q$——压边力（N）；

　　　$A$——在压边圈下毛坯的投影面积（$mm^2$）；

　　　$p$——单位压边力（MPa），可查表 4-19。

表 4-19 单位压边力 $p$

| 材 料 名 称 | | 单位压边力 $p$（MPa） |
|---|---|---|
| 铝 | | 0.8～1.2 |
| 紫铜、硬铝（退火） | | 1.2～1.8 |
| 黄 铜 | | 1.5～2.0 |
| 软 钢 | $t<0.5mm$ | 2.5～3.0 |
| | $t>0.5mm$ | 2.0～2.5 |
| 镀锌钢板 | | 2.5～3.0 |
| 耐热钢（软化状态） | | 2.8～3.5 |
| 高合金钢、高锰钢、不锈钢 | | 3.0～4.5 |

**（三）压边形式**

1. 首次拉深模　一般采用平面压边装置（压边圈）。对于宽凸缘拉深件，为了减少毛坯与压边圈的接触面积，增大单位压边力，可采用如图 4-47 所示的压边圈；对于凸缘特别小或半球面、抛物面零件的拉深，为了增大拉应力，减少起皱，可采用带拉深肋的模具（图 4-31）；为了保持压边力均衡和防止压边圈将毛坯压得过紧，可以采用带限位装置的压边圈（图 4-48a）。限制距离 $s$ 的大小，根据拉深件的形状及材料分别为

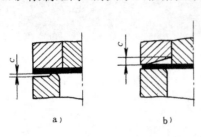

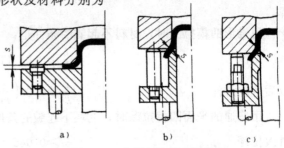

图 4-47　宽凸缘件拉深用压边圈　　　　　　图 4-48　有限位装置的压边圈

$c=(0.2～0.5)t$

拉深有凸缘零件：$s=t+$（0.05～0.1）mm

拉深铝合金零件：$s=1.1t$

拉深钢零件：$s=1.2t$

2. 以后各次拉深模　压边圈的形状为筒形（图 4-48b、c）。由于这时毛坯均为筒形，其稳定性比较好，在拉深过程中不易起皱，因此一般所需的压边力较小。大多数以后各次拉深模，都应使用限位装置。特别是当深拉深件采用弹性压边装置时，随着拉深高度增加，弹性压边力也增加，这就可能造成压边力过大而拉裂。

3. 在双动压力机上进行拉深　将压边圈装在外滑块上，利用外滑块压边。外滑块通常有四个加力点，可调整作用于板材周边的压边力。这种被称作刚性压边装置的压边特点是在拉深过程中，压边力保持不变，故拉深效果好，模具结构也简单。

4. 在单动压力机上进行拉深　其压边力靠弹性元件产生，称作弹性压边装置。常用的弹性压边装置有橡皮垫、弹簧垫和气垫三种（图 4-49）。弹簧垫和橡皮垫的压力随行程增大而增大，这对拉深不利，但模具结构简单，使用方便，在一般中小型零件拉深模中，还是经常使用的。

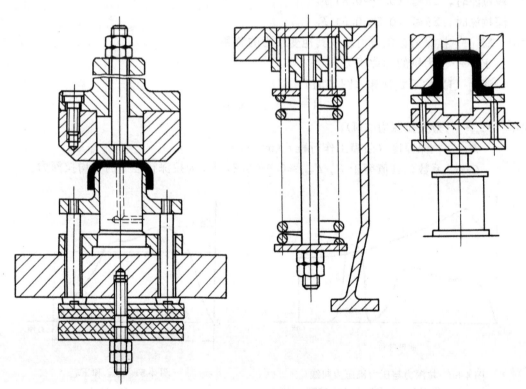

图 4-49　弹性压边装置

## 二、拉深力和拉深功的计算

对圆筒形件，拉深力可按下式计算

$$F = K\pi dt\sigma_b$$

式中　$K$——修正系数，见表 4-20。

对横截面为矩形、椭圆形等拉深件，拉深力也可应用上式原理求得

$$F = (0.5 \sim 0.8) L t \sigma_b$$

式中　$L$——横截面周边长度。

**表 4-20　修正系数 $K$ 的数值**

| $m_1$ | 0.55 | 0.57 | 0.60 | 0.62 | 0.65 | 0.67 | 0.70 | 0.72 | 0.75 | 0.77 | 0.80 |
|---|---|---|---|---|---|---|---|---|---|---|---|
| $K_1$ | 1.00 | 0.93 | 0.86 | 0.79 | 0.72 | 0.66 | 0.60 | 0.55 | 0.50 | 0.45 | 0.40 |
| $m_2$ | 0.70 | 0.72 | 0.75 | 0.77 | 0.80 | 0.85 | 0.90 | 0.95 | | | |
| $K_2$ | 1.00 | 0.95 | 0.90 | 0.85 | 0.80 | 0.70 | 0.60 | 0.50 | | | |

注：第一次拉深 $K=K_0$；第二次及以后各次拉深 $K=K_2$。

压力机的总压力应根据拉深力和压边力的总和来选择，即

$$\Sigma F = F + F_Q$$

当拉深行程较大，特别是采用落料拉深复合模时，不能简单地将落料力与拉深力迭加来选择压力机，因为压力机的标称压力是指在接近下死点时的压力机压力。因此，应该注意压力机的压力曲线。如果不注意压力曲线，很可能由于过早地出现最大冲压力而使压力机超载损坏（图 4-50）。一般可按下式作概略计算

浅拉深时，$\Sigma F \leqslant (0.7 \sim 0.8) F_0$

深拉深时，$\Sigma F \leqslant (0.5 \sim 0.6) F_0$

式中　$\Sigma F$——拉深力、压边力以及其他变形力的总和；

　　　$F_0$——压力机的标称压力。

拉深功（J）按下式计算（图 4-51）

$$A = C F_{max} h \times 10^{-3}$$

式中　$F_{max}$——最大拉深力（N）；

　　　$h$——拉深深度（凸模工作行程）（mm）；

　　　$C$——系数，其值等于 $F_m/F_{max} \approx 0.6 \sim 0.8$，$F_m$ 为拉深行程中的平均拉深力。

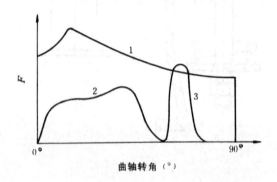

图 4-50　拉深力与压力机压力曲线

1—压力机压力曲线　2—拉深力　3—落料力

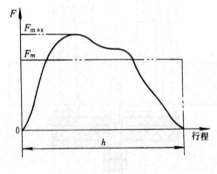

图 4-51　$F_{max}$ 和 $F_m$

压力机的电动机功率（kW）可按下式校核计算

$$P = \frac{kAn}{61207 \eta_1 \eta_2}$$

式中　$k$——不均衡系数，取 $1.2 \sim 1.4$；

　　　$n$——压力机每分钟的行程次数；

$\eta_1$——压力机效率，取 $0.6\sim0.8$；

$\eta_2$——电动机效率，取 $0.9\sim0.95$。

# 第六节　拉深模工作部分的设计计算

## 一、结构参数

### （一）凸、凹模间隙

拉深模的间隙 $Z=\frac{1}{2}(D_d-D_p)$ 是指的单边间隙。间隙的影响如下：

1. 拉深力　间隙愈小，拉深力愈大。

2. 零件质量　间隙过大，容易起皱，而且毛坯口部的变厚得不到消除；另外，也会使零件出现锥度。而间隙过小，则会使零件拉断或变薄特别严重。故间隙过大或过小均会降低零件质量。

3. 模具寿命　间隙小，则磨损加剧。

因此，确定间隙的原则是：既要考虑板材本身的公差，又要考虑毛坯口部的增厚。故间隙值可按下式计算

$$Z = t_{max} + Ct$$

式中　$t_{max}$——材料的最大厚度，其值 $t_{max}=t+\Delta$；

其中　$\Delta$——板料的正偏差；

$C$——增大系数，考虑材料的增厚以减小摩擦，其值见表 4-21。

**表 4-21　增大系数 $C$ 值和有压边圈拉深时的间隙值**

| 拉 深 工 序 数 | | 材料厚度（mm） | | | 单边间隙 $Z$ |
|---|---|---|---|---|---|
| | | $0.5\sim2$ | $2\sim4$ | $4\sim6$ | |
| 1 | 第 一 次 | 0.2/0 | 0.1/0 | 0.1/0 | $(1\sim1.1)\,t$ |
| 2 | 第 一 次 | 0.3 | 0.25 | 0.2 | $1.1t$ |
| | 第 二 次 | 0.1 | 0.1 | 0.1 | $(1\sim1.05)\,t$ |
| 3 | 第 一 次 | 0.5 | 0.4 | 0.35 | $1.2t$ |
| | 第 二 次 | 0.3 | 0.25 | 0.2 | $1.1t$ |
| | 第 三 次 | 0.1/0 | 0.1/0 | 0.1/0 | $(1\sim1.05)\,t$ |
| 4 | 第一、二次 | 0.5 | 0.4 | 0.35 | $1.2t$ |
| | 第 三 次 | 0.3 | 0.25 | 0.2 | $1.1t$ |
| | 第 四 次 | 0.1/0 | 0.1/0 | 0.1/0 | $(1\sim1.05)\,t$ |
| 5 | 第一、二次 | 0.5 | 0.4 | 0.35 | $1.2t$ |
| | 第 三 次 | 0.5 | 0.4 | 0.35 | $1.2t$ |
| | 第 四 次 | 0.3 | 0.25 | 0.2 | $1.1t$ |
| | 第 五 次 | 0.1/0 | 0.1/0 | 0.1/0 | $(1\sim1.05)\,t$ |

注：1. 表中数值适用于一般精度零件的拉深工艺。具有分数的地方，分母的数值适用于精密零件（IT10～IT12）的拉深。

　　2. $t$ 为材料厚度，取材料允许偏差的中间值。

　　3. 当拉深精密零件时，最末一次拉深间隙取 $Z=t$。

生产实际中，当不用压边圈拉深时，考虑到起皱的可能性，间隙值可取材料厚度上限值的 $1\sim1.1$ 倍。较小的间隙值用于末次拉深或用于精密拉深件，较大的用于中间拉深或不太精密的拉深件。在有压边圈拉深时，间隙也可按表 4-21 决定。对于精度要求高的零件，为了减

小拉深后的回弹，获得高质量的表面，有时采用负间隙拉深，其间隙值可取 $Z = (0.9 \sim 0.95)t$。

（二）凹模与凸模圆角半径

在拉深过程中，板材在凹模圆角部分滑动时产生较大的弯曲变形，而当进入筒壁后，又被重新拉直，或者在间隙内被校直。

若凹模的圆角半径过小，则板材在经过凹模圆角部分时的变形阻力以及在间隙内的阻力都要增大，结果势必引起总的拉深力增大和模具寿命的降低。

若凹模圆角半径过大，则拉深初始阶段不与模具表面接触的毛坯宽度加大，因而这部分毛坯很容易起皱。在拉深后期，过大的凹模圆角半径也会使毛坯外边缘过早地脱离压边圈的作用呈自由状态而起皱，尤其当毛坯的相对厚度小时，这种现象十分突出。

凸模圆角半径对拉深工作的影响不象凹模圆角半径那样显著。正如以前所提及的那样，过小的凸模圆角半径，会使毛坯在这个部分受到过大的弯曲变形，结果降低了毛坯危险断面的强度，使极限拉深系数增大。此外，即使毛坯在危险断面不被拉裂，过小的凸模圆角半径也会引起危险断面的局部变薄，而且这个局部变薄和弯曲的痕迹经过以后各次拉深工序后，还会残留在零件的侧壁上，以致影响零件的表面质量。除此，在以后各次拉深时，压边圈的圆角半径等于前一次拉深工序的凸模的圆角半径，所以当凸模圆角半径过小时，在后续的拉深工序中毛坯沿压边圈的滑动阻力也要增大，这对拉深过程的进行是不利的。

若凸模圆角半径过大，也会在拉深初始阶段不与模具表面接触的毛坯宽度加大，也容易使这部分毛坯起皱。

在设计模具时，应该根据具体条件选取适当的圆角半径值，一般可按以下选取：

1. 凹模圆角半径　首次拉深时的凹模圆角半径 $r_{d1}$ 可由下式确定

$$r_{d1} = 0.8\sqrt{(D - D_d)t} \quad \text{或} \quad r_{d1} = C_1 C_2 t$$

式中　$D$——毛坯直径（mm）；

$D_d$——凹模内径（mm）；

$t$——材料厚度（mm）；

$C_1$——考虑材料力学性能的系数；对于软钢 $C_1 = 1$，对于紫铜、黄铜、铝 $C_1 = 0.8$；

$C_2$——考虑材料厚度与拉深系数的系数，见表 4-22。

**表 4-22　拉深凹模圆角半径系数 $C_2$ 值**

| 材　料　厚　度（mm） | 拉　深　件　直　径（mm） | 拉　深　系　数 $m_1$ | | |
| --- | --- | --- | --- | --- |
| | | $0.48 \sim 0.55$ | $0.55 \sim 0.6$ | $>0.6$ |
| ～0.5 | ～5.0 | $7 \sim 9.5$ | $6 \sim 7.5$ | $5 \sim 6$ |
| | $>50 \sim 200$ | $8.5 \sim 10$ | $7 \sim 8.5$ | $6 \sim 7.5$ |
| | $>200$ | $9 \sim 10$ | $8 \sim 10$ | $7 \sim 9$ |
| $>0.5 \sim 1.5$ | ～50 | $6 \sim 8$ | $5 \sim 6.5$ | $4 \sim 5.5$ |
| | $>50 \sim 200$ | $7 \sim 9$ | $6 \sim 7.5$ | $5 \sim 6.5$ |
| | $>200$ | $8 \sim 10$ | $7 \sim 9$ | $6 \sim 8$ |
| $>1.5 \sim 3$ | ～50 | $5 \sim 6.5$ | $4.5 \sim 5.5$ | $4 \sim 5$ |
| | $>50 \sim 200$ | $6 \sim 7.5$ | $5 \sim 6.5$ | $4.5 \sim 5.5$ |
| | $>200$ | $7 \sim 8.5$ | $6 \sim 7.5$ | $5 \sim 6.5$ |

以后各次拉深的凹模圆角半径 $r_{dn}$ 可逐渐缩小，一般可取 $r_{dn} = (0.6 \sim 0.8)r_{d(n-1)}$，不应

小于 $2t$。

2. 凸模圆角半径 除最后一次应取与零件底部圆角半径相等的数值外，其余各次可以取与 $r_d$ 相等或略小一些，并且各道拉深凸模圆角半径 $r_p$ 应逐次减小。即：$r_p = (0.7 \sim 1.0) r_d$。

若零件的圆角半径要求小于 $t$，则最后一次拉深凸模圆角半径仍应取 $t$。然后增加一道整形来获得零件要求的圆角半径。

还有一点需要说明的是，在实际设计工作中为便于生产调整，常先选取比计算略小一点的数值，然后在试模调整时再逐渐加大，直到拉成合格零件时为止。

（三）凸、凹模结构形式

凸、凹模结构形式的设计应有利于拉深变形，这样既可以提高零件的质量，还可以选用较小的极限拉深系数。

下面介绍几种常用的结构形式：

1. 无压边圈的拉深模 对于能一次拉深成形的拉深件，其凸、凹模结构形式如图 4-52 所示。图 a 为平端面带圆弧面凹模，适宜于大型零件；图 b 为锥形凹模；图 c 为渐开线形凹模，它们适宜于中小型零件。后两种的凹模结构在拉深时毛坯的过渡形状呈空间曲面形状，因而增大了抗失稳能力，凹模口部对毛坯变形区的作用力也有助于毛坯产生切向压缩变形，减小摩擦阻力和弯曲变形的阻力，这些对拉深变形均是有利的（图 4-53），可以提高零件质量，并降低拉深系数。

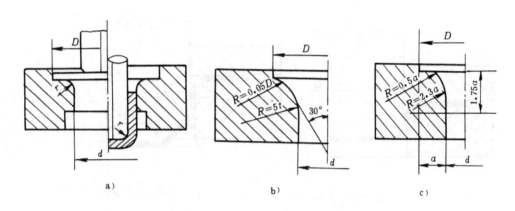

图 4-52 无压边圈的拉深模结构
a）平端面带圆弧凹模 b）锥形凹模 c）渐开线形凹模

多次拉深时，其凸、凹模结构如图 4-54 所示。

2. 有压边圈的拉深模 如图 4-55 所示。图 a 为常用的结构，多用于尺寸较小（$d \leqslant 100\text{mm}$）的拉深件；而图 b 为有斜角的凸模和凹模，此结构的优点是：毛坯在下一次拉深时容易定位，减轻了毛坯的反复弯曲变形程度，改善了材料变形的条件，减少了零件的变薄以及提高了零件侧壁的质量等。它多用于尺寸较大的零件。

3. 带限制圈的结构 对不经中间热处理的多次拉深的零件，在拉深后，易在口部出现龟裂，此现象对加工硬化严重的金属，如不锈钢、耐热钢、黄铜等尤为严重。为了改善这一状况，可以采用带限制圈的结构，即在凹模上部加一毛坯限制圈或者直接将凹模壁加高，如图 4-56 所示。

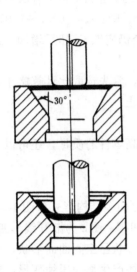

图 4-53 锥形凹模拉深特点

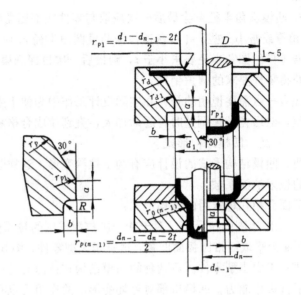

图 4-54 无压边圈的多次拉深模结构

$a=5\sim10mm$　　$b=2\sim5mm$

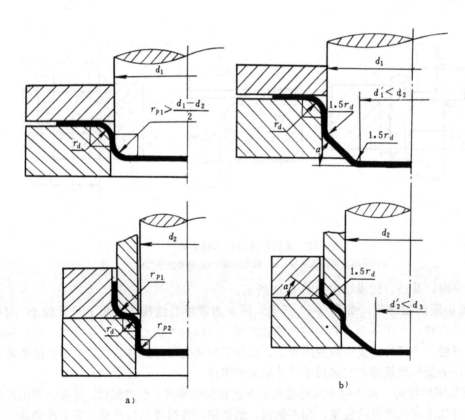

图 4-55 有压边圈的多次拉深模结构

a) 圆角的结构形式　b) 斜角的结构形式

限制圈的高度可按下式选取

$$h = (0.4 \sim 0.6)d_1$$

式中　$d_1$——第一次拉深的凹模直径。

限制圈的直径比前次拉深凹模直径略小 $0.1 \sim 0.2$mm。

最后值得提出的是，不论采取何种结构形式的拉深模，都应注意前后工序的凸、凹模圆角半径、压边圈的圆角半径之间的关系（图4-54和图4-55）。要使相邻的前后两道拉深工序的拉深模形状和尺寸具有正确的关系。要尽可能做到前道工序制成的中间半成品的形状有利于在以后各次拉深工序中成形。

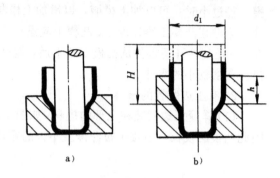

图4-56　不带限制圈与带限制圈的凹模
a）不带限制圈　b）带限制圈

（四）凸、凹模工作部分尺寸及其公差

对最后一道工序的拉深模，其凸模、凹模的尺寸及其公差应按零件的要求来确定。

当零件要求外形尺寸时（图4-57a）：

凹模尺寸：$D_d = (D - 0.75\Delta)_0^{+\delta_d}$

凸模尺寸：$D_p = (D - 0.75\Delta - 2Z)_{-\delta_p}^0$

当零件要求内形尺寸时（图4-57b）：

凸模尺寸：$D_p = (d + 0.4\Delta)_{-\delta_p}^0$

凹模尺寸：$D_d = (d + 0.4\Delta + 2Z)_0^{+\delta_d}$

对于多次拉深时的中间过渡拉深，半成品的尺寸公差没有必要予以严格限制，这时模具的尺寸只要取半成品的过渡尺寸即可。若以凹模为基准：

凹模尺寸：$D_d = D_0^{+\delta_d}$

凸模尺寸：$D_p = (D - 2Z)_{-\delta_p}^0$

式中　$\delta_p$——凸模制造公差；

　　　$\delta_d$——凹模制造公差。

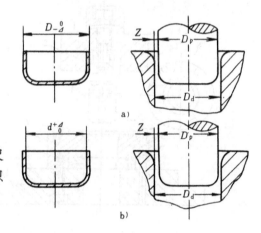

图4-57　零件尺寸与模具尺寸

$\delta_p$、$\delta_d$ 一般按公差等级 IT6～IT8（GB1800—79）选取，或查表4-23。

表4-23　凸模制造公差 $\delta_p$ 与凹模制造公差 $\delta_d$　　　　　（mm）

| 材 料 厚 度 $t$ | 拉 深 件 直 径 | | | | | |
|---|---|---|---|---|---|---|
| | ≤20 | | 20～100 | | >100 | |
| | $\delta_d$ | $\delta_p$ | $\delta_d$ | $\delta_p$ | $\delta_d$ | $\delta_p$ |
| ≤0.5 | 0.02 | 0.01 | 0.03 | 0.02 | — | — |
| >0.5～1.5 | 0.04 | 0.02 | 0.05 | 0.03 | 0.08 | 0.05 |
| >1.5 | 0.06 | 0.04 | 0.08 | 0.05 | 0.10 | 0.06 |

注：$\delta_p$、$\delta_d$ 在必要时可提高至 IT6～IT8 级。若零件公差在 IT13 级以下，则 $\delta_p$、$\delta_d$ 可以采用 IT10 级。

**二、典型模具结构**

根据拉深工作情况及使用设备的不同，拉深模的结构也不同，一般讲，单工序拉深模的结构比较简单。拉深工作可在一般的单动压力机上进行，也可在双动、三动压力机以及特种设备上进行。

（一）首次拉深模

1. 无压边装置的简单拉深模　如图4-58所示，模具结构简单，上模往往是整体的。当凸模直径过小时，可以加上模柄，以增加上模与滑块的接触面积。在拉深过程中，为使工件不致于紧贴在凸模上难以取下，凸模上应设计直径大于3mm的通气孔。凹模下部应有较大的通孔，以便刮件环将零件从凸模上脱下后，能排出零件。这种结构一般适用于厚度大于2mm及拉深深度较小的零件。

2. 有压边装置的模具

（1）弹簧压边圈装在上部的模具：如图4-59所示的正装拉深模，由于弹性元件装在上模，因此凸模比较长，适宜于拉深深度不大的零件。

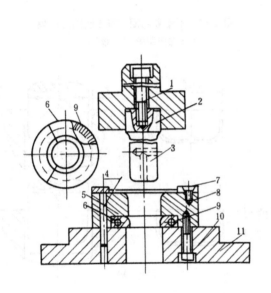

图4-58　无压边装置的简单拉深模

1、8、10—螺钉　2—模柄　3—凸模　4—销钉　5—凹模
6—刮件环　7—定位板　9—拉簧　11—下模板

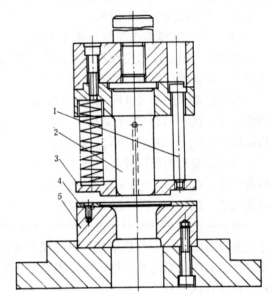

图4-59　有压边装置的正装拉深模

1—压边圈螺钉　2—凸模　3—压边圈
4—定位板　5—凹模

（2）弹簧（或橡皮）压边圈装在下部的模具：如图4-60所示的倒装拉深模。由于弹性元件装在模座下压力机工作台的孔中，因此空间较大，允许弹性元件有较大的压缩行程，可以拉深深度较大的零件。这套模具采用了锥形压边圈，有利于拉深变形。

3. 在双动压力机上用的带刚性压边圈的模具　如图4-61所示。双动压力机上有内、外（或上、下）两个滑块，凸模装在内滑块上，压边圈装在外滑块上，下模装在工作台上。工作时，外滑块先下行压住毛坯，然后内滑块下行进行拉深。拉深完毕后，零件由下模漏出或将零件顶出凹模。这种模具制造简单。

（二）以后各次拉深模

图4-62为无压边后续拉深模，凹模采用锥形，斜角为30°～45°，具有一定抗失稳起皱的作用。图4-63为有压边后续拉深模。

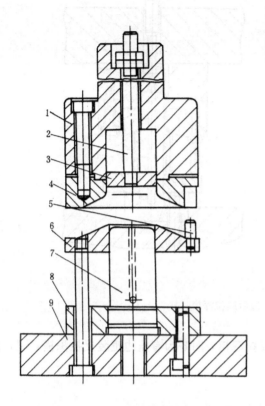

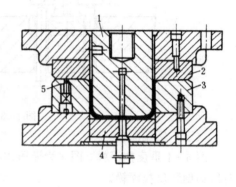

图 4-60　有压边装置的倒装拉深模

1—上模座　2—推杆　3—推件板　4—凹模

5—限位柱　6—压边圈　7—凸模　8—固定板　9—下模座

图 4-61　刚性压边圈模具（双动压力机使用）

1—凸模　2—压边圈　3—凹模

4—顶件块　5—定位销

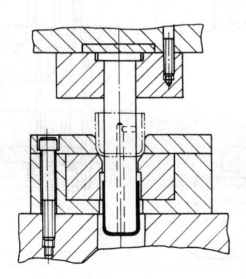

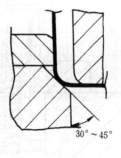

图 4-62　无压边后续拉深模

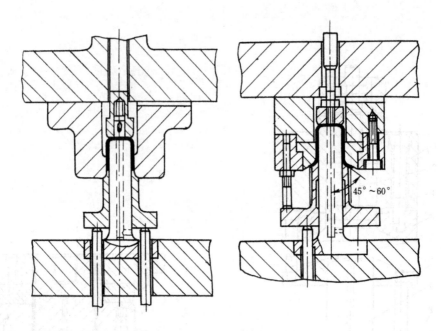

图 4-63　有压边后续拉深模

（三）反拉深模

图 4-64 是反拉深模，图 a 为无压边正装反拉深模，图 b 为有压边正装反拉深模，图 c 为有压边倒装反拉深模。

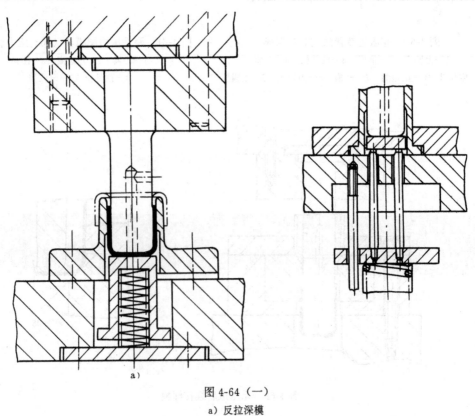

a)

图 4-64（一）

a) 反拉深模

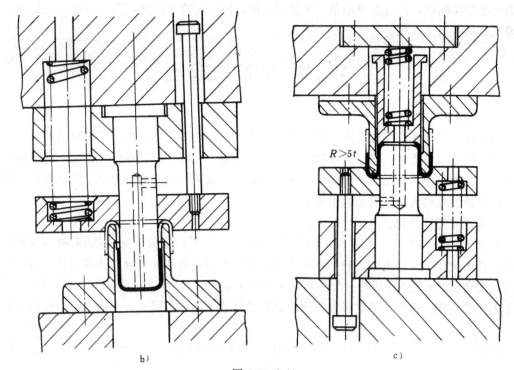

b)

图 4-64（二）

b)、c）反拉深模

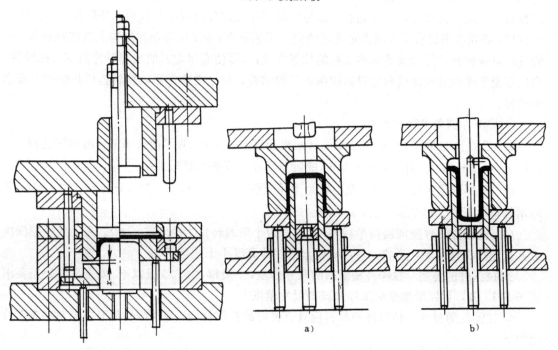

a)

b)

图 4-65　落料拉深复合模　　　　　图 4-66　正反向拉深复合模

（四）复合拉深模

图 4-65 为落料拉深复合模。图 4-66 为正反向拉深复合模，适于双动压力机用，外滑块带

动第一次拉深凹模，内滑块带动第二次拉深凸模，图 a 为首次拉深，图 b 为第二次拉深。其他模具结构参见第八章。

# 第七节 拉深工艺设计

## 一、拉深件的工艺性

拉深件工艺性是指零件拉深加工的难易程度。良好的工艺性应该保证材料消耗少、工序数目少、模具结构简单、产品质量稳定、操作简单等。在设计拉深零件时，由于考虑到拉深工艺的复杂性，应尽量减少拉深件的高度，使其有可能用一次或两次拉深工序来完成，以减少工艺复杂性和模具设计制造的工作量。

拉深件工艺性应包括以下几个方面：

1. 拉深件结构形状的要求 由于拉深过程中应力应变的复杂情况，拉深后材料各部位的厚度有较大变化，一般来讲，底部厚度基本不变，底部圆角部分变薄，凸缘部分变厚，盒形件四周圆角部分亦变厚，通常拉深件允许壁厚变化范围为 $0.6t \sim 1.2t$。在设计拉深件时，产品图上的尺寸，应明确标注清楚必须保证的是外形尺寸还是内形尺寸，不能同时标注内、外形尺寸。

轴对称零件在圆周方向上的变形是均匀的，而且模具加工也最方便，所以其工艺性好；过高或过深的空心零件需要多次拉深工序，所以应尽量减少其高度；在距离边缘较远位置上的局部凹坑与突起的高度不宜过大；应尽量避免曲面空心零件的尖底形状，尤其高度大时其工艺性更差；对于盒形件，应避免底平面与壁面的连接部分出现尖的转角；外形较复杂的空心拉深件，必须考虑留有工序间固定毛坯的同一工艺基准；此外，除非在结构上有特殊要求，一般应尽量避免异常复杂及非对称形状的拉深件设计，即使有半敞开的或非对称的空心拉深件，也应尽量考虑设计成能成对地进行拉深加工的结构，使之在拉深后，再将其切开成两个或多个零件。

2. 拉深件圆角半径的要求

(1) 凸缘圆角半径 $r_d$：壁与凸缘的转角半径应取 $r_d \geqslant 2t$。为了使拉深工作能顺利进行，一般取 $r_d = (4 \sim 8) t$。对于 $r_d < 0.5mm$ 的圆角半径，应增加整形工序。

(2) 底部圆角半径 $r_p$：壁与底的转角半径应取 $r_p \geqslant t$。一般取 $r_p \geqslant (3 \sim 5) t$；如 $r_p < t$，则应增加整形工序。每整形一次，$r_p$ 可减小一半。

(3) 盒形拉深件壁间圆角半径 $r$：盒形件四个壁的转角半径应取 $r \geqslant 3t$。为了减少拉深次数并简化拉深件的毛坯形状，尽可能使盒形件的高度小于或等于 $7r$。

3. 拉深件的公差 拉深件横断面的尺寸公差，一般都在 IT13 级以下。如果零件公差要求高于 IT13 级，可以增加整形工序来提高尺寸精度。

4. 拉深件的材料 拉深件的材料应具有良好的拉深性能。与拉深性能有关的材料参数介绍如下：

(1) 硬化指数 $n$：材料的硬化指数 $n$ 值愈大，径向比例应力 $\sigma_1/\sigma_b$（径向拉应力 $\sigma_1$ 与强度极限 $\sigma_b$ 的比值）的峰值愈低，传力区愈不易拉裂，拉深性能愈好。

(2) 屈强比 $\sigma_s/\sigma_b$：材料的屈强比 $\sigma_s/\sigma_b$ 值愈小，一次拉深允许的极限变形程度愈大，拉深的性能愈好。低碳钢的屈强比 $\sigma_s/\sigma_b \approx 0.57$，其一次拉深的最小拉深系数为 $m=\dfrac{d}{D}=0.48\sim$ 0.50；65Mn 的屈服比 $\sigma_s/\sigma_b \approx 0.63$，其一次拉深的最小拉深系数为 $m=\dfrac{d}{D}=0.68\sim0.70$。所以有关材料标准规定，作为深拉深用的钢板，其屈服比不应大于 0.65。

（3）塑性应变比 $r$：材料的塑性应变比 $r$ 反映了材料的厚向异性性能。正如以前所述，$r$ 值大，拉深性能好。

**二、工序设计**

工序设计是拉深工艺过程的主要内容，它的合理与否直接决定拉深工艺的优劣与成败。同一个拉深件，可选择的工艺方案可能有几种，每种工艺方案往往由几种不同的基本工序组成。进行工序设计时，应考虑到压力机吨位和类型、模具制造水平、批量大小、零件大小以及零件材料等因素。选择工艺方案时，应使工序设计经济合理、适应生产条件、模具结构加工性良好、操作安全。

如图 4-67 所示零件（材料：10 钢　板厚：2.5mm），试分析其工艺方案如下：

查表 4-3 取修边余量为 10mm，则零件高度为 570mm，因而可求得毛坯直径 $D\approx965$mm。

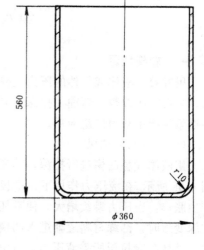

零件的总拉深系数　$m_\Sigma=\dfrac{357.5}{965}=0.37$

$$t/D=2.5/965=0.25\%$$

查表 4-5 需分 3 次拉深，拉深系数分别为：$m_1=0.58$ $m_2=0.79$　$m_3=0.81$

故　　$d_1=m_1D=0.58\times965\text{mm}\approx560\text{mm}$

　　　　$d_2=m_2d_1=0.79\times560\text{mm}\approx442\text{mm}$

　　　　$d_3=m_3d_2=0.81\times442\text{mm}\approx357.5\text{mm}$

因 $d_1$ 和 $d_2$ 为中间工序尺寸，故可取第一次拉深外径为 560mm 和第二次拉深外径为 442mm，成品外径为零件尺寸 360mm。此件可有下列几种工艺方案：

图 4-67　零件图

| 方案 1 | 方案 2 | 方案 3 |
|---|---|---|
| （1）落料 | （1）落料、首次拉深复合 | （1）落料 |
| （2）首次拉深 | （2）二次拉深 | （2）正、反拉深 |
| （3）二次拉深 | （3）三次拉深 |  |
| （4）三次拉深 |  |  |

现将上述三种方案比较如下：

方案 1：模具结构简单，压力机吨位可较小，生产率低，适于批量不大的生产。

方案 2：复合工序的模具较复杂，且压力机吨位要求较大，生产率比方案 1 高，适宜于批量较大的生产。

方案 3：正、反拉深模具结构较复杂，这时需要采用双动压力机，生产率高，适宜于批量大而且具备双动压力机的情况。

拉深件工序安排的一般规则如下：

(1) 多道工序的拉深成形，实质上是使板材毛坯按一定顺序，逐步接近并最终成为成品零件的过程。每一道工序只完成一定的加工任务，工序设计时，务使先行工序不致妨碍后续工序的完成。

(2) 每道拉深工序的最大变形程度不能超过其极限值。

(3) 已成形部分和待成形部分之间，不应再发生材料的转移。

(4) 在大批量生产中，若凸凹模的模壁强度允许，应采用落料、拉深复合工艺。

(5) 除底部孔有可能与落料、拉深复合冲出外、凸缘部分及侧壁部分的孔、槽均需在拉深工序完成后再冲出。修边工序一般安排在整形工序之后，并常与冲孔复合进行。

(6) 当拉深件的尺寸精度要求高或带有小的圆角半径时，应增加整形工序。

(7) 复杂形状零件，一般按先内后外的原则进行，即先拉深内部形状，然后再拉外部形状。

(8) 多次拉深中加工硬化严重的材料，必须进行中间退火。

## 第八节　其他拉深方法

### 一、软模拉深

用橡胶、液体或气体的压力代替刚性凸模或凹模，直接作用于毛坯上，亦可进行冲压加工。它可完成冲裁、弯曲、拉深等多种冲压工序。由于软模拉深所用模具简单且通用化，在小批量生产中获得广泛应用。

#### （一）软凸模拉深

用液体代替凸模进行拉深，其变形过程如图 4-68 所示。在液压力作用下，平板毛坯中部产生胀形，当压力继续增大，使毛坯凸缘产生拉深变形时，凸缘材料逐渐进入凹模，形成筒壁。毛坯凸缘拉深所需液压力，可由下列平衡条件求出

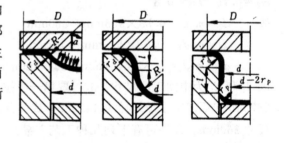

图 4-68　液体凸模拉深的变形过程

$$\frac{\pi d^2}{4} p_0 = \pi d t p$$

得　　　$p_0 = \frac{4t}{d} p$

式中　$t$——板厚（mm）；

　　　$d$——工件直径（mm）；

　　　$p_0$——开始拉深时所需的液压力（MPa）；

　　　$p$——板材拉深所需的拉应力（MPa）。

用液体凸模拉深时，由于液体与毛坯之间几乎无摩擦力，零件容易拉偏，且底部产生胀形变薄，所以该工艺方法的应用受到一定的限制。但此法模具简单，甚至不需冲压设备，故常用于大零件的小批量生产。锥形件、半球形件和抛物面件等用液体凸模拉深，可得到尺寸精度高、表面质量好的零件。

此外，也可采用聚氨脂凸模进行浅拉深。

#### （二）软凹模拉深

软凹模拉深系用橡胶或高压液体代替金属凹模。拉深时，软凹模将毛坯压紧在凸模上，增加了凸模与材料间的摩擦力，从而防止了毛坯的局部变薄，提高了筒部传力区的承载能力；同时减少了毛坯与凹模之间的滑动和摩擦，降低了径向拉应力，能显著降低极限拉深系数，此时 $m$ 可达 $0.4\sim0.45$。而且零件壁厚均匀，尺寸精确，表面光洁。

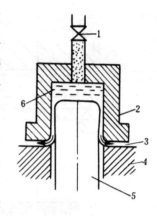

图 4-69　液体凹模拉深
1—溢流阀　2—凹模　3—毛坯
4—模座　5—凸模　6—润滑油

1. **液体凹模拉深**　如图 4-69 所示，拉深时高压液体使板材紧贴凸模成形，并在凹模与毛坯表面之间挤出，产生强制润滑，所以这种方法也叫强制润滑拉深。与液体凸模拉深比较，它有以下优点：①材料变形流动阻力小；②零件底部不易变薄；③毛坯定位也较容易等。

液体凹模拉深时，液压力与拉深件的形状、变形程度和材料性能等有关。表 4-24 列出了几种材料由实验得出的所需最高液压力。表 4-25 是液体凹模拉深系数的试验值与推荐值。

表 4-24　几种材料所需最高液体压力　　　　　　　　（MPa）

| 料厚（mm）＼材料 | 纯铝 | 黄铜 | 08 08F | 不锈钢 |
|---|---|---|---|---|
| 1 | 13.7 | | 47 | |
| 1.2 | | 56.8 | 56.8 | 117.6 |

注：拉深系数 $m=0.4$。

表 4-25　液体凹模拉深的拉深系数

| 材料 | 拉深系数 $m=d/D$ | |
|---|---|---|
| | 试验值 | 推荐值 |
| 硬铝 | 0.43 | 0.46 |
| 铜 | 0.42 | 0.45 |
| 铝 | 0.41 | 0.44 |
| 不锈钢 | 0.41 | 0.43 |
| 10、20 | 0.42 | 0.45 |

2. **橡皮液囊凹模拉深**　拉深过程如图 4-70 所示，由专用设备上的橡皮液囊充当凹模，同时采用刚性凸模和压边圈。液体压力可以调节，随工件形状、材料性质和变形程度而异。

## 二、差温拉深

差温拉深是一种强化拉深过程的有效方法。它的实质是借变形区（如毛坯凸缘区）局部加热和传力区危险断面（侧壁与底部过渡区）局部冷却的方法，一方面减小变形区材料的变形抗力，另一方面又不致减少、甚至提高传力区的承载能力，即造成两方合理的温差，而获得大的强度差，以最大限度地提高一次拉深变形的变形程度，从而降低材料的极限拉深系数。

1. **局部加热并冷却毛坯的拉深**　模具结构如图 4-71 所示。在拉深过程中，利用凹模和压边圈之间的加热器将毛坯局部加热到一定温度（见表 4-26），以提高材料的塑性，降低凸缘的变形抗力；而拉入凸凹模之间的金属，由于在凹模洞口与凸模内通以冷却水，将其热量散逸，不致降低传力区的抗拉强度。故在一道工序中可获得很大的变形程度（见表 4-27）。这种方法最适宜拉深低塑性材料（如钛合金、镁合金）的零件及形状复杂的深拉深件。

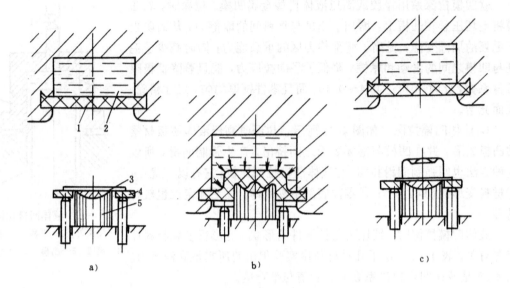

图 4-70　橡皮液囊凹模拉深过程

a) 原始位置　b) 拉深工艺在进行中　c) 拉深完了，压边圈上升推出工件

1—橡皮　2—液体　3—板材　4—压边圈　5—凸模

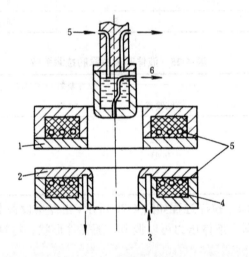

图 4-71　温差拉深

1—压边圈　2—凹模　3—冷却水　4—绝缘材料　5—电热元件　6—通气孔

表 4-26　局部加热拉深时不同材料的合理温度

| 温度规范（℃） | 材　　料 | | |
|---|---|---|---|
| | 铝　合　金 | 镁　合　金 | 铜　合　金 |
| 理论合理温度（℃） | $0.7T = 0.7t - 82$ ℃ | | |
| | 350～370 | 340～360 | 500～550 |
| 实际合理温度（℃） | 320～340 | 330～350 | 480～500 |

注：$T$—合金热力学熔化温度；$t$—合金熔化温度。

**表 4-27　局部加热拉深的极限高度**

| 材　　料 | 凸缘加热温度 (℃) | 零件的极限高度 $h/d$ 和 $h/a$ | | |
|---|---|---|---|---|
| | | 简　形 | 方　形 | 矩　形 |
| 铝 LM | 325 | 1.44 | 1.5～1.52 | 1.46～1.6 |
| 铝合金 LF21M | 325 | 1.30 | 1.44～1.46 | 1.44～1.55 |
| 杜拉铝 LY12M | 325 | 1.65 | 1.58～1.82 | 1.50～1.83 |
| 镁合金 MB1、MB8 | 375 | 2.56 | 2.7～3.0 | 2.93～3.22 |

注：$h$—高度；$d$—直径；$a$—方盒形边长和矩形盒形短边长。

2. **深冷拉深**　在拉深变形过程中，用液态空气（-183℃）或液态氮气（-195℃）深冷凸模，使毛坯的传力区被冷却到 -（160～170）℃而得到大大强化，在这样的低温下，10～20 钢的强度可提高到 1.9～2.1 倍，而 18-8 型不锈钢的强度能提高到 2.3 倍。故能显著地降低拉深系数，对于 10～20 钢，$m=0.37～0.385$，对于 18-8 型不锈钢，$m=0.35～0.37$。

### 三、脉动拉深

在脉动拉深过程中，凸模将毛坯拉入凹模不是连续进行的，而是逐次进行的（脉动的），其实质在于把压边圈的防皱作用改成为消皱的作用。拉深时，控制凸模每次的行程量，容许凸缘产生不大的皱纹，并用压边圈压平皱纹后，凸模再继续下行将毛坯拉入凹模，如此交替进行，直至把整个零件拉成。

压边圈每次抬起后，其与凹模表面之间的间隙量 $f$ 为

$$f = 0.05\left(\frac{1}{m} - 1\right)d$$

式中　$m$——拉深系数；

　　　$d$——拉深件直径。

凸模每次下行的行程量 $h$ 为

$$h = (0.1 \sim 0.2)f$$

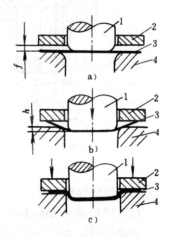

**图 4-72　脉动拉深工作循环示意图**
a) 起始状态　b) 凸模将毛坯拉入凹模　c) 压边圈压平皱纹
1—凸模　2—压边圈　3—毛坯　4—凹模

由于脉动拉深将压边的防皱作用改为消皱作用，不仅可以减少传力区因压边而增加的拉应力，同时，由于允许凸缘起皱，凸缘变形时的径向拉应力也有所减少。因此，在传力区具有同样承载能力的情况下，比普通拉深可以得到更小的极限拉深系数；对于简形件，其 $m_{min}=0.33～0.40$；对于盒形件一次拉深，可以代替 3～4 次普通拉深。脉动拉深工作循环示意图见图 4-72。

为了消皱，压边力要比普通拉深时大得多；而且拉深过程动作较复杂，需要专用设备等；这些就是脉动拉深的缺点。

### 四、变薄拉深

所谓变薄拉深，主要是在拉深过程中改变拉深件简壁的厚度，而毛坯的直径变化很小。图 4-73a 是变薄拉深的示意图，其模具的间隙小于板料厚度；图 4-73b 是各次变薄拉深后的中间半成品及最终的零件图。

和普通拉深相比，变薄拉深具有如下特点：

(1) 由于材料的变形是处于均匀压应力之下，材料产生很大的加工硬化，金属晶粒变细，增加了强度。

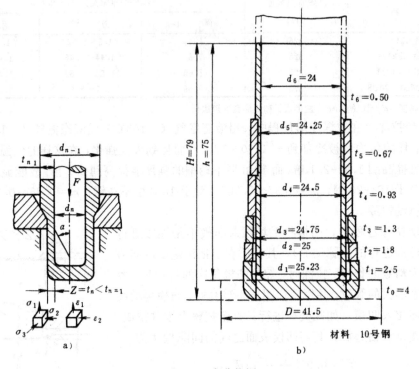

图 4-73　变薄拉深

（2）经塑性变形后，新的表面粗糙度小，$R_a$ 可达 0.2μm 以下。

（3）因拉深过程的摩擦严重，故对润滑及模具材料的要求较高。

变薄拉深时变形内区的应力应变状态如图 4-77a 所示：$\sigma_1$——由凸模拉力而产生的轴向拉应力；$\sigma_2$——径向压应力；$\sigma_3$——切向压应力；$\varepsilon_1$——轴向伸长变形；$\varepsilon_2$——径向压缩变形。

变薄拉深的毛坯尺寸可按变形前后材料体积不变的原则计算。

变薄拉深的变形程度用变薄系数表示

$$\varphi_n = t_n / t_{n-1}$$

式中　$t_{n-1}$、$t_n$——前后两道工序的材料壁厚。

变薄系数的极限值见表 4-28。

表 4-28　变薄系数 φ 的极限值

| 材　料 | 首次变薄系数 $\varphi_1$ | 中间各次变薄系数 $\varphi_m$ | 末次变薄系数 $\varphi_n$ |
|---|---|---|---|
| 铜、黄铜（H68）（H80） | 0.45～0.55 | 0.58～0.65 | 0.65～0.73 |
| 铝 | 0.50～0.60 | 0.62～0.68 | 0.72～0.77 |
| 软钢 | 0.53～0.63 | 0.63～0.72 | 0.75～0.77 |
| 25～35 钢* | 0.70～0.75 | 0.78～0.82 | 0.85～0.90 |
| 不锈钢 | 0.65～0.70 | 0.70～0.75 | 0.75～0.80 |

注：1. * 为试用数据。

　　2. 厚料取较小值，薄料取较大值。

在批量不大的生产中通常采用通用模架，其结构如图 4-74 所示。由图可见，下模采用紧固圈 5 将凹模 12、定位圈 13 紧固在下模座内，凸模也以紧固环 3 及锥面套 4 紧固在上模座 1 上。

不同工序的变薄拉深，只需松开紧固圈 5 和紧固环 3，更换凸模、凹模和定位圈，卸和装都较方便。为了装模和对模方便，可采用校模圈 14 对模。对模以后应将校模圈取出，然后再进行拉深工作。也可以用定位圈代替校模圈。该模没有导向装置，靠压力机本身的导向精度来保证。如在 13、12 处均安装凹模，便可在一次行程中完成两次变薄拉深。零件由刮件环 7 自凸模 15 上卸下后，由下面出件。

在大量生产中常把两次或三次拉深凹模置于一个模架上，这样就可在压力机的一次行程中完成两次或三次拉深，有利于提高生产率。

变薄拉深是用于制造壁部与底部厚度不等而高度很大的零件。故必须从变薄拉深的特点出发，进行模具结构设计。凸模和凹模结构分别如图 4-75 和图 4-76 所示。变薄拉深凸模应有一定的锥度（一般锥度为 $500:0.2$），便于零件自凸模上卸下，而且在凸模上必须设有通畅的出气孔；在拉深 1Cr18Ni9Ti 等不锈钢材料时，因零件抱合力大，这时不宜用刮件环卸件，通常在凸模上接上油嘴，借液压卸下零件。变薄拉深凹模结构对变形抗力影响很大，其中主要是凹模锥角、刃带宽度。实践证明，锥角可取 $\alpha=6°\sim10°$，$\alpha_1=6°\sim20°$，其刃带宽度见表 4-29。

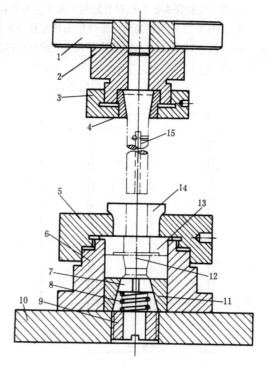

图 4-74　变薄拉深通用模架

1—上模座　2—凸模固定板　3—紧固环　4—锥面套
5—紧固圈　6—下模座　7—刮件环　8—弹簧
9—螺塞　10—下模座　11—锥面套　12—凹模
13—定位圈　14—校模圈　15—凸模

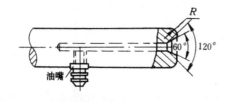

图 4-75　变薄拉深凸模

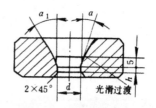

图 4-76　变薄拉深凹模

表 4-29　刃带宽度　　　　　　　　　　　　　（mm）

| $d$ | $<10$ | $>10\sim20$ | $>20\sim30$ | $>30\sim50$ | $>50$ |
|---|---|---|---|---|---|
| $h$ | 0.9 | 1.0 | 1.5~2.0 | 2.5~3.0 | 3.0~4.0 |

## 习　题

1. 拉深时毛坯变形区的应力与应变状态是怎样的？

2. 什么是拉深系数？拉深系数对拉深工艺有何影响？

3. 求图 4-77 所示圆筒形拉深件的毛坯直径及各次拉深直径。

4. 求图 4-78 所示有凸缘圆筒形拉深件的各次拉深系数及毛坯尺寸。

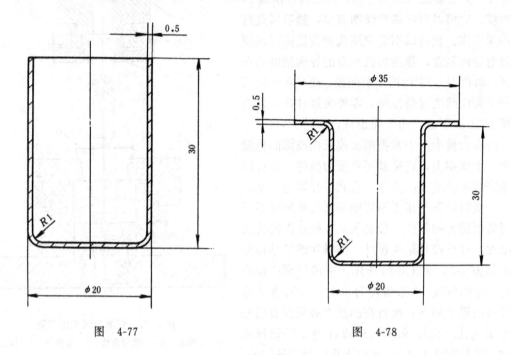

图　4-77　　　　　　　　　　　　　　　图　4-78

# 第五章  胀形工艺与模具设计

在模具的作用下，迫使毛坯厚度减薄和表面积增大，以获取零件几何形状的冲压加工方法叫做胀形。胀形方法主要用于平板毛坯的局部成形（如压凸起、凹坑、加强肋、花纹图案及标记等）、整体张拉成形以及圆柱形空心毛坯的扩径等。曲面零件拉深时毛坯的中间部分也要产生胀形变形。在大型覆盖件的冲压成形过程中，为使毛坯能够很好地贴模，提高成形件的精度和刚度，必须使零件获得一定的胀形量，因此，胀形是冲压变形的一种基本成形方法。

## 第一节  胀形变形分析

### 一、变形特点

图 5-1 是用球头凸模胀形平板毛坯的示意图，这种胀形方法属局部胀形。局部胀形时，塑性变形区局限于毛坯的固定部位（图 5-1a 中直径为 $d$ 的涂黑部分）。在凸模力作用下，变形区材料受双向拉应力（忽略板厚方向的应力，应力比值 $\alpha=\sigma_\theta/\sigma_\rho\geqslant0$）作用，沿切向和径向产生伸长变形（图 5-1b），材料既不从变形区流向外部，也不从外部流入变形区，成形面积的扩大主要是靠毛坯厚度变薄而获得。所以，胀形时毛坯的厚度变薄是必然的。

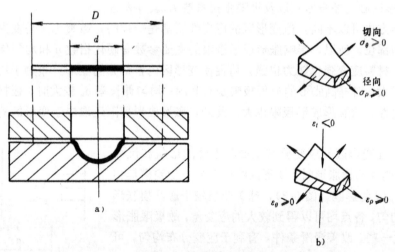

图 5-1  胀形变形分析
a）胀形时的变形区  b）胀形时的应力和应变

用网格分析法得到的胀形应变分布图和应变状态图如图 5-2 所示。由图可知，应力 $\sigma_\rho$、$\sigma_\theta$ 的大小在胀形变形区内各点是不完全相同的。此时应力比值处于 $0\leqslant\alpha\leqslant1$ 的范围内，在双向拉应力条件下，卸载后的回弹很小，毛坯的贴模性与定形性都较好，容易得到尺寸精度较高的零件。此外，由于变形区中不存在压应力，所以不会出现失稳起皱现象，因此零件表面光滑、质量好。所以，曲率小的曲面零件通常采用胀形或带有一定胀形成分的拉深方法成形。为了高零件的形状刚度和精度，有时在冲压成形之后再用胀形方法进行校形。

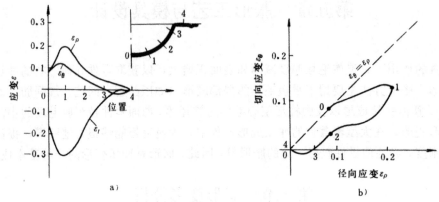

图 5-2　胀形时的变形分析

a）应变分布图　b）应变状态图

## 二、成形极限

胀形时，由于毛坯变形区的材料受双向拉应力作用，其平均应力 $\sigma_m$ 的数值较大。胀形的主要工艺问题是破裂问题，即材料拉伸失稳后，因强度不足而引起的破裂（属于胀形破裂，也称 $\alpha$ 破裂）。所以，胀形的成形极限以零件是否发生破裂来判断。从工程应用方便的角度出发，对于不同的胀形方法，成形极限的表示方法亦不相同。局部胀形时常用极限胀形高度 $h_{max}$ 表示成形极限；对于其他胀形方法，成形极限可分别用许用断面变形程度 $\varepsilon_p$（压肋）、极限胀形系数 $K_p$（圆柱形空心毛坯胀形）以及极限张拉系数 $K_{1max}$ 等表达。

虽然胀形方法可以不同，但变形区的应变性质都是一样的，破裂也总是发生在材料厚度减薄最严重的部位。所以，影响胀形成形极限的主要参数有硬化指数 $n$ 和均匀伸长率 $\delta_u$。硬化指数 $n$ 大，材料应变强化能力也强，可促使变形区内各部分的变形分布趋于均匀，致使总体变形程度增大，对提高胀形的成形极限是有利的；均匀伸长率 $\delta_u$ 较大时，板材具有较大的塑性变形稳定性，故胀形成形极限也大。此外，胀形成形极限还取决于变形区的应变分布及变形路径。

胀形时毛坯变形区的应变分布主要与零件的形状和尺寸有关。例如，刚性凸模胀形时，变形区的应变分布受到模具相对圆角半径 $r_p/d$ 的影响（图 5-3），球头凸模较平底凸模胀形时应变分布均匀，各点均可以得到较大的应变量，故极限胀形高度 $h_{max}$ 也大一些。改善润滑条件，有利于应变分布均匀，可使成形极限提高。零件断面形状对胀形高度的影响见图 5-4。

复杂形状零件往往需要多次冲压才能最后成形。在成形过程中，如果板平面内两个主应变比值保持常数，则称这种变形过程为简单变形路径；否则，称这种变形过程为变路径。变形路径不同，可以得到的极限应变值也不相同（图 5-5）。因此，在复杂形状零件的胀形时，必须了解毛坯危险部位的变形路径，以便采取措施，改善成形过程。

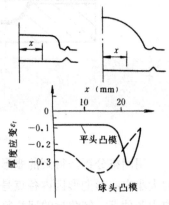

图 5-3　胀形时毛坯厚度
应变分布情况

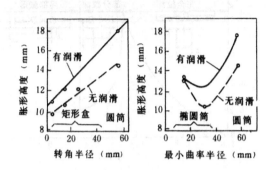

图 5-4　零件断面形状对胀形高度的影响

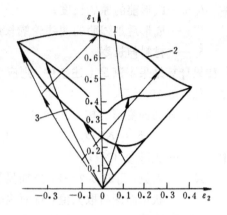

图 5-5　变形路径对成形极限的影响
1—简单加载路径　2—单拉-双拉路径
3—双拉-单拉路径

# 第二节　胀形工艺与模具

采用胀形成形工艺，在设计产品和制订冲压工艺时需考虑以下几点：

（1）胀形件的形状应尽可能简单、对称。轴对称胀形件的工艺性最好；非轴对称胀形件也应避免急剧的轮廓变化。

（2）胀形部分要避免过大的高径比 $h/d$ 或高宽比 $h/b$（图 5-6）。当有过大的 $h/d$ 或 $h/b$ 时，需增加预成形工序，通过预先聚料来防止破裂发生。

（3）胀形区过渡部分的圆角不能太小，否则该处材料厚度容易严重减薄而引起破裂（图 5-7）。

（4）对胀形件壁厚均匀性不能要求过高。因为胀形变形区各点的应力应变状态不同，材料减薄也不完全一样。如在极限变形情况下，空心管件胀形时最大减薄可达 $0.3t_0$ 以上。

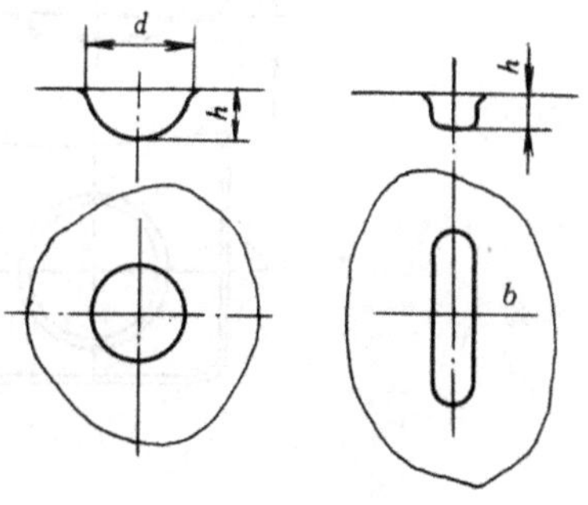

图 5-6　局部胀形的高径比和宽径比

## 一、平板毛坯的局部胀形

用刚性凸模冲压平板毛坯，当毛坯外形尺寸大于 $3d$ 时，凸缘部分不可能产生切向收缩变形，变形只发生在与凸模接触的区域内（图 5-8），此时即为平板毛坯的局部胀形。生产中常见的压加强肋、压凸包、压字和压花等（图 5-9），都是采用这种方法成形的。

### （一）压加强肋

常用的加强肋形式和尺寸见表 5-1。加强肋能够一次成形的条件是

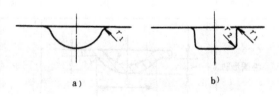

图 5-7　局部胀形区的过渡圆角
a) $r_1 \geqslant (1\sim2)\,t$　b) $r_2 \geqslant (1\sim1.5)\,t$

$$\varepsilon_p = \frac{l - l_0}{l_0} \leqslant (0.70 \sim 0.75)\delta \qquad (5-1)$$

式中　$l_0$——成形前的原始长度；

　　　$l$——成形后加强肋的曲线轮廓长度；

　　　$\delta$——材料伸长率。

如果计算结果不满足上述条件，则应增加工序，如图 5-10 所示。

冲压加强肋的变形力按下式计算

$$F = KLt\sigma_b \qquad (5\text{-}2)$$

式中　$F$——变形力（N）；

　　　$K$——系数，可取 0.7～1，当加强肋形状窄而深时取大值，宽而浅时取小值；

　　　$L$——加强肋周长（mm）；

　　　$t$——毛坯厚度（mm）；

　　　$\sigma_b$——材料强度极限（MPa）。

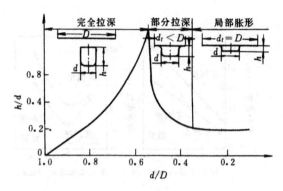

图 5-8　局部胀形与拉深的分界

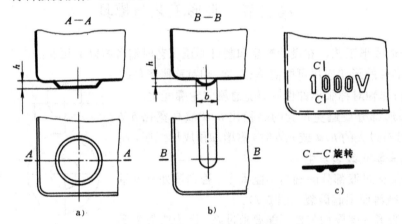

图 5-9　平板毛坯胀形的几种形式

a）压凸包　b）压加强肋　c）压字

表 5-1　加强肋的形式和尺寸

| 名　称 | 简　图 | R/t | h/t | b/t 或 D/t | r/t | α |
|---|---|---|---|---|---|---|
| 半圆形肋 | | 3～4 | 2～3 | 7～10 | 1～2 | — |
| 梯形肋 | | — | 1.5～2 | ≥3 | 0.5～1.5 | 15°～30° |

压肋模的结构如图 5-11 所示。图中，凸模上部宽度 $b_1$ 和凸模高度 $h_p$，分别取零件上凸肋的上口宽度和高度（一般产品图上都标注此尺寸）；凹模深度 $h_d = (0.5 \sim 2) + h_p$；凸、凹模圆角半径 $r_p$、$r_d$ 等于产品图上的 $r$ 数值。

（二）压凸包

冲压凸包时，凸包高度受到材料性能参数、模具几何形状及润滑条件的影响，一

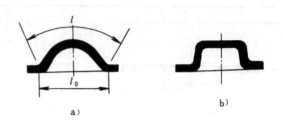

图 5-10　两道工序完成的加强肋

a）预成形　b）最终成形

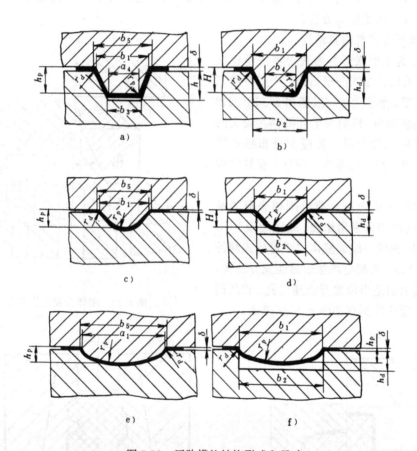

图 5-11　压肋模的结构形式和尺寸

般不能太大，其数值列于表 5-2。

冲压力（N）可用下列经验公式计算

$$F = KAt^2 \qquad (5\text{-}3)$$

式中　$K$ ——系数，对钢为 $200 \sim 300 \mathrm{N/mm^4}$，对铜为 $50 \sim 200 \mathrm{N/mm^4}$；

　　　$A$ ——局部胀形面积（$\mathrm{mm^2}$）；

　　　$t$ ——板材厚度（mm）。

表 5-2　平板局部冲压凸包时的成 8 形极限

| 简图 | 材料 | 许用成形高度 $t_{max}/d$ |
|---|---|---|
| | 软　钢 | ≤0.15～0.2 |
| | 铝 | ≤0.1～0.15 |
| | 黄　铜 | ≤0.15～0.22 |

### 二、圆柱空心毛坯的胀形

采用这种工艺方法可获得形状复杂的空心曲面零件。生产中常采用刚模胀形、固体软模胀形或液（气）压胀形等方法。

#### （一）成形方式与模具结构

图 5-12 是刚模胀形。为获得零件所要求的形状，可采用分瓣式凸模结构，生产中常采用 8～12 模瓣。半锥角 α 一般选用 8°、10°、12° 或 15°。刚模胀形时，模瓣与毛坯间存在较大的摩擦力，材料的切向应力和应变分布很不均匀，很难得到高精度的零件，而且，模具结构也复杂。

用固体软模胀形可以改善刚模胀形的某些不足，此时凸模可采用橡胶、聚氨脂或 PVC 等材料，钢质凹模可做成整体式或可分式两种形式（图 5-13）。为使毛坯胀形后能充分贴模，应在凹模壁上的适当位置开设通气孔。软凸模的压缩量一般应控制在 10%～35% 之间。

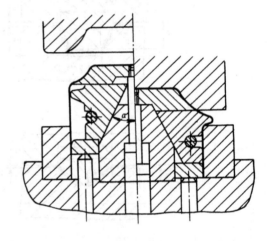

图 5-12　刚体分瓣凸模胀形

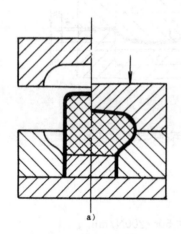

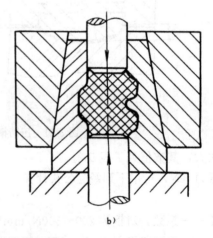

图 5-13　固体软模胀形

a）整体式　b）可分式（聚氨脂软凸模胀形自行车中的接头）

与上述胀形方法比较，液压胀形是在无摩擦状态下成形的，因此极少出现不均匀变形，适用于表面质量和精度要求较高的复杂形状零件。图5-14b是橡皮囊充液胀形，其优点是密封较易解决，且生产率比直接加液压的胀形方法(图5-14a)高。

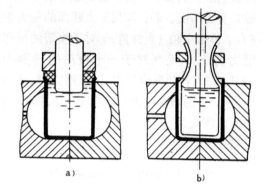

图5-14 液压胀形
a) 直接加液压胀形法 b) 橡皮囊充液胀形

（二）胀形变形程度的计算

圆柱空心毛坯胀形时，材料主要受切向伸长变形，因此，胀形变形程度可用下式表示

$$K_p = \frac{d_{max}}{d_0} \qquad (5-4)$$

式中 $d_0$——圆柱空心毛坯原始直径（mm）；

$d_{max}$——胀形后零件的最大直径（mm）。

极限胀形系数和材料切向许用伸长率 $\delta_{\theta p}$ 有下列关系

$$\delta_{\theta p} = \frac{\pi d_{max} - \pi d_0}{\pi d_0} = K_p - 1 \qquad (5-5)$$

表5-3列出了一些金属材料的极限胀形系数和切向许用伸长率的试验值，供使用参考。

如果在对毛坯施加径向压力的同时，附加轴向压力，则极限胀形系数可大于表5-3中所给出的数值，这时，切向许用伸长率也可提高10%以上。具体数值可通过工艺试验确定。

**表 5-3 极限胀形系数和切向许用伸长率**（试验值）

| 材　　　料 | | 厚度（mm） | 极限胀形系数 $K_p$ | 切向许用伸长率 $\delta_{\theta p}$ |
|---|---|---|---|---|
| 铝合金 | LF21-M | 0.5 | 1.25 | 25% |
| 纯铝 | L1、L2 | 1.0 | 1.28 | 28% |
| | L3、L4 | 1.5 | 1.32 | 32% |
| | L5、L6 | 2.0 | 1.32 | 32% |
| 黄铜 | H62 | 0.5~1.0 | 1.35 | 35% |
| | H68 | 1.5~2.0 | 1.40 | 40% |
| 低碳钢 | 08F | 0.5 | 1.20 | 20% |
| | 10、20 | 0.5 | 1.24 | 24% |
| 不锈钢 (如 1Cr18Ni9Ti) | | 0.5 | 1.26~1.32 | 26%~32% |
| | | 1.0 | 1.28~1.34 | 28%~34% |

（三）胀形毛坯的尺寸计算

参考图5-15，胀形件的毛坯直径可取

$$d_0 = \frac{d_{max}}{K}$$

当两端不固定时，毛坯长度（mm）取

$L_0 = L\left[1 + (0.3~0.4)\,\delta\right] + \Delta h;$

式中 $L$——零件变形区母线长度（mm）；

　　　$\delta$——零件变形区切向最大伸长率，

　　　　　由式（5-5）决定；

　　　$\Delta h$——修边余量，可取10~20mm。

（四）胀形力的计算

如图5-16所示，刚模胀形的凸模由 $n$ 个

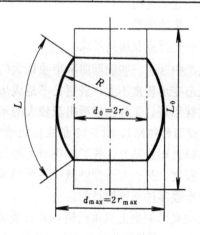

图5-15 胀形变形区毛坯尺寸

模瓣组成。为简化计算，假定胀形后的零件为圆筒形（直径为 $d$，高度为 $h$），现分析一个模瓣的受力情况。若：作用于上断面的压力为 $F/n$，锥形中轴（半锥角 $\alpha$）对于模瓣的反作用力为 $F_Q$，毛坯对于一个模瓣的箍紧力 $pHD\beta/2$（$p$ 为单位压力），摩擦力为 $\mu F/n$ 和 $\mu F_Q$（$\mu$ 的数值一般可取 $0.15\sim0.20$）。则平衡方程式为

沿垂直方向

$$-\frac{F}{n} + F_Q\sin\alpha + \mu F_Q\cos\alpha = 0$$

沿水平方向

$$-\mu\frac{F}{n} + F_Q\cos\alpha - \mu F_Q\sin\alpha - pH\frac{D}{2}\beta = 0$$

联解，并代入 $p = 2t_0\sigma_\theta/D$，$n = 2\pi/\beta$，可得

$$F = 2\pi Ht_0\sigma_\theta \frac{\mu + \mathrm{tg}\alpha}{1 - \mu^2 - 2\mu\mathrm{tg}\alpha} \qquad (5\text{-}6)$$

对于近似计算，可以取 $\sigma_\theta = \sigma_b$，这时

$$F = 2\pi Ht_0\sigma_b \frac{\mu + \mathrm{tg}\alpha}{1 - \mu^2 - 2\mu\mathrm{tg}\alpha} \qquad (5\text{-}7)$$

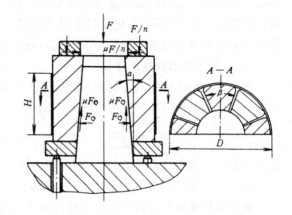

图 5-16　刚模胀形受力分析

软凸模胀形（包括液压胀形）所需单位压力，可分下面两种情况计算。第一种情况，两端不固定，允许毛坯轴向自由收缩，这时

$$p = \frac{2t_0}{d_{\max}}\sigma_b \qquad (5\text{-}8)$$

第二种情况，两端固定，毛坯轴向不能自由收缩，这时

$$p = 2t_0\sigma_b\left(\frac{1}{d_{\max}} + \frac{1}{R}\right) \qquad (5\text{-}9)$$

式中符号意义见图 5-15。

### 三、张拉成形

（一）特点及模具形式

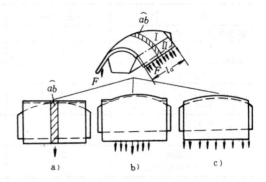

图 5-17　张拉成形示意图

a）开始阶段　b）中间阶段　c）终了阶段

生产中常有一些底部曲率半径很大的零件，如汽车覆盖件和飞机蒙皮等，冲压时底部材料的胀形变形程度不大，破裂已不是成形中的主要问题，而经常发生的情况是贴模不良或形状冻结性不好，工件出模后出现较大的形状误差。为解决这类零件的质量问题，可采用张拉成形（或简称拉形）。图 5-17 是张拉成形示意图：毛坯两端被夹入钳口中，凸模向上移动，使毛坯与模具逐渐贴合，终了时再对毛坯作少量的补拉。采用张拉成形，一方面可以增大材料的变形程度，另一方面能够减小甚至消除弯曲时材料内部的压应力成分，从而达到减小零件回弹、增强零件刚度的目的。

张拉成形原则上只用凸模，并且受力也小。设计时应注意使凸模宽度比零件最大宽度大 15mm 以上，凸模圆角半径 $r_p \geqslant 8t_0$（$t_0$ 为毛坯厚度），凸模高度与零件尺寸、形状及凸模材料

有关，一般不应小于 300mm。图 5-18 是在液压机上使用的张拉成形模。

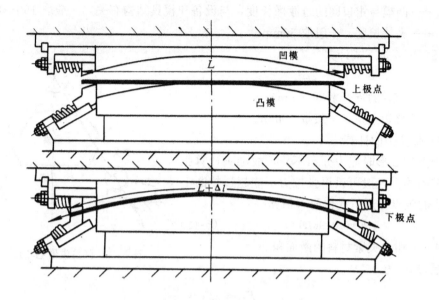

图 5-18　在液压机上使用的张拉成形模

（二）变形程度计算

若在张拉成形件上取出 $\overset{\frown}{ab}$ 一段狭条（图 5-17），此条带在张拉时被伸长，用张拉系数 $K_1$ 表示其变形程度，则有

$$K_1 = \frac{l_{max}}{l_0} = 1 + \frac{\Delta_l}{l_0} = 1 + \delta \qquad (5-10)$$

式中　$\delta$——材料的平均伸长率。

$K_1$ 的数值越大，表明张拉变形程度也越大。生产中允许使用的极限张拉系数 $K_{1max}$ 的数值可用下式计算

$$K_{1max} = 1 + 0.8\delta e^{-\frac{\mu\alpha}{2n}} \qquad (5-11)$$

由上式可知，张拉系数 $K_1$ 与材料的硬化指数 $n$、伸长率 $\delta$ 和包角 $\alpha$、摩擦系数 $\mu$ 以及钳口的形状有关。当 $n$ 和 $\delta$ 大时，$K_1$ 大，当 $\alpha$ 和 $\mu$ 小时，$K_1$ 也大。

表 5-4 中的数值适合退火状态下的铝合金 LY12 和 LC4。当零件的张拉系数 $K_1 > K_{1max}$ 时，应增加过渡模，进行二次张拉成形。

表 5-4　退火状态下铝合金 LY12 和 LC4 的极限张拉系数 $K_{1max}$

| 材料厚度（mm） | 1 | 2 | 3 | 4 |
|---|---|---|---|---|
| $K_{1max}$ | 1.04~1.05 | 1.045~1.06 | 1.05~1.07 | 1.06~1.08 |

（三）毛坯尺寸计算

如图 5-19 所示，毛坯长度 $L$ 按下式计算

$$L = l_0 + 2(\Delta l_1 + \Delta l_2 + \Delta l_3)$$

式中　$l_0$——零件的展开长度（mm）；

$\Delta l_1$——修边余量，一般取 $10\sim20\text{mm}$；

$\Delta l_2$——凸模与钳口间的过渡区长度，与设备和模具结构有关，一般取 $150\sim200\text{mm}$；

$\Delta l_3$——夹持长度，一般取 $50\text{mm}$。

毛坯宽度 $b$ 按下式计算

$$b = b_1 + 2\Delta l_4$$

式中　$b_1$——零件的展开宽度（mm）；

　　　$\Delta l_4$——修边余量，一般取 $20\text{mm}$。

（四）张拉力的计算

由于张拉成形时应力分布不均，故准确计算张拉力比较困难。一般可以用张拉力不能超过拉断毛坯所需力的观点，用下式作简单估算

$$F = 0.9\sigma_b A \qquad (5\text{-}12)$$

式中　$A$——钳口夹紧材料的断面积。

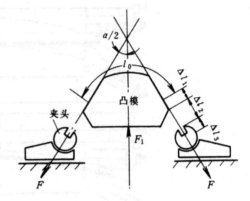

图 5-19　张拉成形毛坯尺寸计算

凸模力 $F_1$ 为

$$F_1 = 2F\cos\frac{\alpha}{2} \qquad (5\text{-}13)$$

# 第三节　大型覆盖件的成形

大型覆盖件主要是指汽车、拖拉机等车身部位的大型零件。这类零件具有表面质量要求高（光滑、美观）、刚性好、轮廓尺寸大，形状复杂等特点，冲压成形的难度比较大。

## 一、成形特点

大型覆盖件的成形多是胀形与拉深的复合。例如在双动压力机上冲压大型覆盖件，就是用固定在外滑块上的防皱压板先把毛坯压在凹模面上，接着固定在内滑块上的凸模下行，与其接触的材料首先产生胀形，进而随着内滑块下降和变形力逐渐增加，迫使凹模面上的材料拉入模腔，结果以胀形和拉深的复合成形方式直至凸模达下死点而完成冲压成形。

在成形过程中，毛坯各部分会出现由防皱压边力和拉深肋（槛）等约束引起附加拉应力，此外，由于成形的形状复杂，因此材料内部的应力、应变状态也很复杂，所以，当受力状态控制不当时，均要产生废品。例如，当材料胀形不足，出模后的零件有回弹且刚性不足。若设计不当将多余的材料拉入凹模，则毛坯与模具不能很好贴靠的地方就会出现皱折。再若材料拉入凹模的阻力过大，由于局部胀形变形程度过大，则会出现破裂。

在多数情况下，$r$ 值高的材料，可以产生较大的压缩应变，从而可以减少皱折，而硬化指数 $n$ 和伸长率 $\delta$ 大的材料，则有助于材料变形均匀化，可减少局部变薄和增大变形程度，对防止拉裂是有利的。

## 二、冲压工艺要点

（一）冲压方向

选择冲压方向，也就是确定工件在模具中的空间位置，应符合下述原则：

（1）保证凸模能将工件上需成形的部位在一次冲压中完成，不允许有凸模接触不到的死角或死区。

（2）保证冲压开始时凸模与毛坯有良好的接触状态（图 5-20），即：凸模两侧的包容角尽可能做到基本一致（$\alpha \approx \beta$），使从两侧拉入凹模的材料保持均匀（图 5-20a）；凸模同时接触毛坯的点多而分散，并尽可能分布均匀，防止毛坯窜动（图 5-20b）；应注意适当增加凸模与毛坯接触面积（图 5-20c），防止局部应力集中造成开裂，但也要避免大面积接触的情况，否则会因变形不足影响零件的刚度，而且还容易起皱。

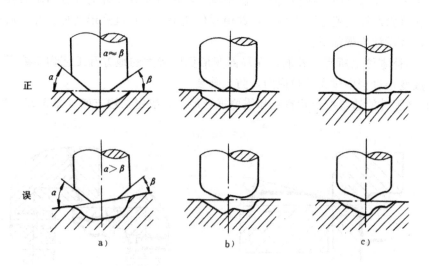

图 5-20　凸模与毛坯的接触状态

（3）使冲压深度尽量相同，并保证压料面各部位进料阻力大小均匀。

（二）压料面

压料面是指处于压边圈下面的毛坯凸缘部分，它可以是零件的本体，也可以是工艺补充部分。对后一种情况，需在成形完毕后切除。

根据零件形状和冲压工艺的要求，压料面可以是平面、单曲面或曲率半径很小的双曲面。压料面形状和位置（图 2-21）应有利于凹模内材料产生一定的伸长变形，使其平稳、渐次地紧贴凸模，同时还要考虑毛坯定位的稳定、可靠和送料与取件的方便。

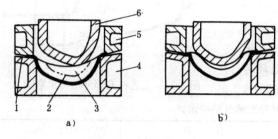

图 5-21　压料面形状

a）合适（中部受双向拉伸）

b）不合适（中部有多余材料）

1—压料面　2—产品轮廓线　3—工艺补充部分

4—凹模　5—压边圈　6—凸模

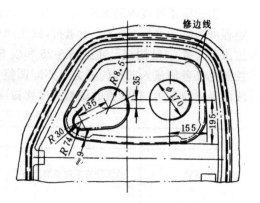

图 5-22　汽车外门板的工艺切口

压料面不允许有局部的起伏或折棱，当压边圈压紧时不产生折皱现象。设计时，在满足压料面合理条件的基础上，应尽量减少工艺补充面，以降低材料的消耗。

（三）工件形状设计

为保证覆盖件的质量，必须将零件的边缘按形状特点和需要展开后再加上必须的工艺补充部分，其中包括考虑送料、压料面的形状位置和修边等三方面的要求。

设计工艺补充部分时，应根据零件的形状，在零件本体以外的部分增添必要的材料，以保证凹模孔口内四周的变形阻力均匀，并使零件获得一定程度胀形变形，并为后续工序创造有利条件，其设计步骤如下：

（1）填补零件上所有的孔洞，在局部变形程度较大的地方开工艺切口或工艺孔（图5-22）以释放变形过程中过大的拉应力，防止破裂。

（2）将零件的边缘按形状特点和需要进行展开，决定切边方向（图5-23）和定位形式。

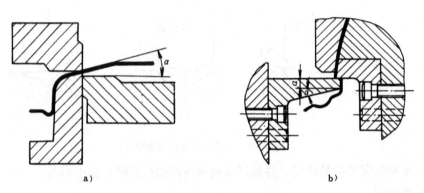

a)                                                                 b)

图 5-23  切边方向

a）垂直切边  b）侧向切边

$\alpha < 30°$  $a$—工艺补充余量（$\geqslant 8mm$）$\alpha \geqslant 15°$

（3）建立零件的展开边缘与压料面之间的工艺补充部分（图5-24）。工艺补充部分结构设计见表5-5。

（四）拉深肋（槛）

为使覆盖件成形时凹模孔口内的材料获得一定程度的胀形变形，避免产生皱折，故生产中常用拉深肋（槛）（结构与尺寸见图5-25和表5-6）来控制毛坯各段流入凹模的阻力，亦即调整毛坯各段的径向拉应力。拉深槛的调整力度比拉深肋大。

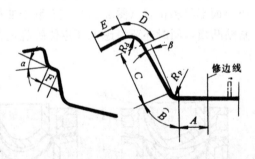

图 5-24  工艺补充部分结构示意图

表 5-5  工艺补充部分结构设计

| 名　称 | 性　质 | 作　用 | 尺寸（mm） |
|---|---|---|---|
| 底面<br>$A$ | 从工件的切边线到凸模圆角 | 1. 调整时，不致因凸模圆角调大而影响工件尺寸<br>2. 保证切边模有足够强度<br>3. 满足定位结构要求 | $A \geqslant 5$ |

（续）

| 名　称 | 性　质 | 作　用 | 尺寸（mm） |
|---|---|---|---|
| 凸模圆角面 $B$ | 形状转折过渡 | 降低变形阻力 | 形状简单<br>$R_p=（4\sim8）t$<br>形状复杂<br>$R_p\geqslant10t$ |
| 侧壁面 $C$ | 使工件沿凹模周边形成一定深度 | 1. 得到足够的变形阻力<br>2. 调节深度，配置较好的压料面<br>3. 满足定位要求<br>4. 满足切边刃口强度要求 | $C=10\sim20$<br>$\beta=6°\sim10°$ |
| 凹模圆角面 $D$ | 形状转折过渡 | 降低变形阻力 | $R_d=（4\sim10）t$<br>料厚或深度大时，取大值 |
| 凸缘面 $E$ | 压料面 | 1. 控制变形阻力<br>2. 布置拉深筋和定位 | $E=40\sim50$ |
| 棱台面 $F$ | | 使侧向切边改为垂直切边，简化冲模结构 | $F=3\sim5$　　$\alpha\leqslant40°$ |

拉深肋（槛）的布置，与零件几何形状、变形特点和成形深度有关。在变形程度大、径向拉应力也大的圆角处，可不设或少设拉深肋（槛）；直边处可设拉深槛或 $1\sim3$ 条拉深肋，以增大变形阻力，从而调整进料阻力和进料量，如图 5-26 所示。

表 5-6　拉深肋结构尺寸　　　　　　　　　　　（mm）

| 序号 | 应用范围 | $A$ | $h_0$ | $B$ | $C$ | $h$ | $R$ | $R_2$ |
|---|---|---|---|---|---|---|---|---|
| 1 | 中小型零件 | 14 | 6 | $25\sim32$ | $25\sim30$ | 5 | 7 | 125 |
| 2 | 大中型零件 | 16 | 7 | $28\sim35$ | $28\sim32$ | 6 | 8 | 150 |
| 3 | 大型零件 | 20 | 8 | $32\sim38$ | $32\sim38$ | 7 | 10 | 150 |

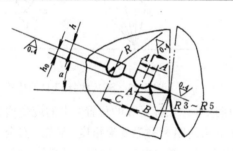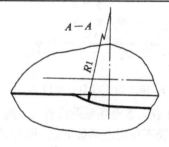

a）

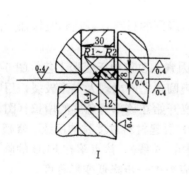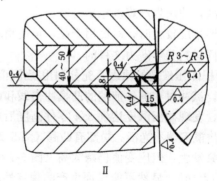

b）

图 5-25　拉深肋（槛）的结构形式

a）拉深肋　b）拉深槛

I —零件深度小于 25mm　Ⅱ—零件深度大于 25mm

### 三、网格变形分析法与成形极限图的应用

分析大型覆盖件的冲压成形，判断冲压过程能否正常进行，可以应用网格分析技术和成形极限图。具体方法是：在毛坯表面预先制出网格，变形后测量网格变化，将危险点应变值标注在毛坯材料的成形极限图（FLD）上（图 5-27），如果落在临界区内（位置 $A$），说明是潜在的破裂位置，冲压时废品率很高。如果在临界区下方（位置 $B$、$C$ 及 $D$），则零件能顺利冲出。但是，当与临界区很近时（位置 $B$ 及 $D$），必须对敏感的工艺因素和生产条件严加控制，以免意外破裂。

网格变形分析法与成形极限图对生产所起的指导作用，大致有以下几方面：

1. 判断所设计工艺过程的变形裕度，选用合适的材料 将零件冲压时的 SCV 线（变形状态图）与毛坯材料

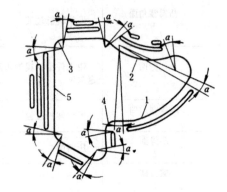

图 5-26　拉深肋的布置方法
$\alpha = 8° \sim 12°$

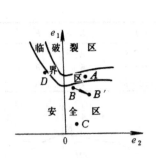

图 5-27　FLD 的应用

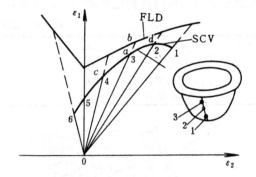

图 5-28　SCV 线与 FLD 的比较

的 FLD 比较，若毛坯危险位置（如图 5-28 所示零件上标号 3 的位置）上的应变值达到 $a$ 点，在变形路径不变时距离破裂点，即与 FLD 上 $b$ 点的距离称为变形裕度。显然，安全裕度过小，危险部位的变形接近破坏状态，生产条件（如润滑、模具状态、操作、材料等）稍有变化，即可出现废品，冲压生产难以稳定进行。

当变形裕度较大时，对民用产品，可使用较低级别的材料，以达到既保证产品使用性能又充分发挥材料变形潜力之目的。

2. 分析冲压破裂的原因，充分利用变形可控因素，改善冲压变形工艺　图 5-29a 所示电熨斗顶盖，试冲时在零件前端的凸模冲击线和凹模圆角之间出现人字型破裂。用印有网格的毛坯冲压，发现冲压深度达到 3/4 零件高度后应变开始在该部有急剧的增长（图 5-29c）。经检查，是凸模尖端不光滑、局部有凸起（图 5-29b）引起材料过度拉伸所致。修模后再冲，虽无破裂现象发生，但应变值仍嫌太高（图 5-29d 中的 $A$ 线），该点落在 FLD 的临界区内（图 5-29e 中的点 $A$），显然不能保证生产的稳定性，应当进一步降低变形程度。

生产现场常用的可控因素有：模具圆角、毛坯尺寸、润滑状态和压边力等，当对变形较大处及其周围部分增大模具圆角半径后，经试冲测得的变形分布已改变为图 5-29d 所示的 $B$ 线，危险点的应变在图 5-29e 中由点 $A$ 移至点 $B$，即从临界区进入到安全区。再将毛坯前端

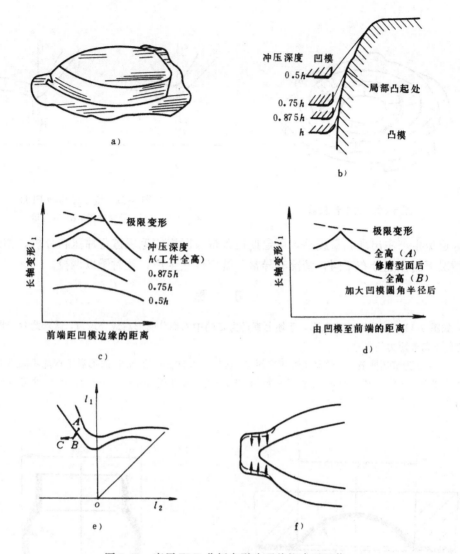

图 5-29 应用 FLD 分析电熨斗顶盖的冲压工艺
a) 电熨斗顶盖  b) 分阶段冲压  c) 前端的变形分布和变化情况
d) 修磨型面和加大凹模圆角前后的变形分布  e) 危险点应变在 FLD 上的位置
f) 减窄毛坯促使材料流动

适当修窄，使材料更容易从两侧流入（图 5-29f），这样，变形点再由点 $B$ 移至点 $C$，变形裕度进一步增大，冲压过程更加安全。

3. 监控冲压生产过程  实际生产中诸多因素，如材料成形性能的差异，润滑剂性能的变化，模具磨损，压边力的波动以及操作不当等，都会影响冲压过程的稳定性，并集中表现在冲压时变形的分布和大小上。例如，大量生产的汽车轮毂盖（图 5-30），分三道工序成形。正常情况下，其危险部位的应变路径如图 5-31a 所示。

某次突然出现废品，用一块带有网格的毛坯，测得危险部位的应变路径如图 5-31b 所示。对比后发现问题出在第一道拉深时深度过大。由于拉入材料过多，致使在第二道中间部分的反拉深工序中要将多余的材料"挤出去"。经检查，原因是压力机检修后，调整时行程大了 12mm，这样，就找出了产生废品的原因。

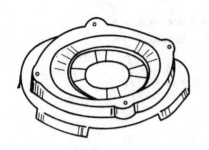

图 5-30　汽车轮毂盖

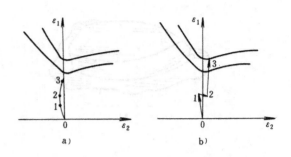

图 5-31　变形过程与 FLD
a) 正常冲压　b) 有故障

为避免生产中出现大量废品, 可定期插入带有网格的毛坯进行冲压和分析, 如果发现与正常情况下的应变分布不同, 情况有异常, 就应停止生产, 及时予以调控。

## 习　题

1. 如图 5-32 所示为液压纯胀形, 毛坯上直径为 $d$ 的中间部分胀形后成为球冠, 试求此时变形区的应力及应变分布和液压力的大小。

2. 图 5-33 为液压胀管, 胀形前在管坯表面 $A$ 点作一 $\phi 2.50mm$ 的小圆, 胀形后测得此小圆沿周向和轴向的长度分别为 3.12mm 和 2.82mm, 假设材料的实际应力应变曲线为 $\sigma = 536\varepsilon^{0.23}$ (MPa), 求零件胀形所需的液压力。

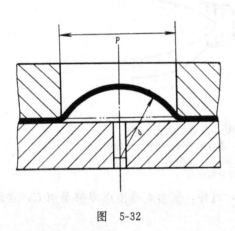

图　5-32

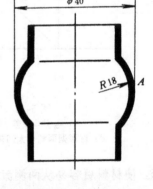

图　5-33

# 第六章 其他成形工艺与模具设计

## 第一节 翻 边

利用模具把板材上的孔缘或外缘翻成竖边的冲压加工方法叫做翻边。翻边主要用于制出与其他零件的装配部位,(如螺纹底孔等)或者为了提高零件的刚度而用来加工出特定的形状,在大型板金成形时,也可作为控制破裂或折皱的手段。

按其工艺特点,翻边可分为内孔(圆孔和非圆孔)翻边、外缘翻边和变薄翻边等。外缘翻边又分为内曲翻边和外曲翻边。按变形性质可分为伸长类翻边、压缩类翻边以及属于体积成形的变薄翻边等。伸长类翻边的特点是:变形区材料受拉应力,切向伸长,厚度减薄,易发生破裂,如圆孔翻边和外缘翻边中的内曲翻边等。压缩类翻边的特点是:变形区材料切向受压缩应力,产生压缩变形,厚度增厚,易起皱。如外缘翻边中的外曲翻边。非圆孔翻边经常是由伸长类翻边、压缩类翻边和弯曲组合起来的复合成形。

### 一、圆孔翻边

#### (一) 变形特点

图 6-1 所示为圆孔翻边的简图。翻边时,在把板材内孔边缘向凹模洞口弯曲的同时,通过将内孔沿圆周方向拉长而形成侧壁。

翻边时的变形区基本上限制在凹模圆角区之内。凸模底部材料为主要变形区,处于切向、径向二向受拉伸的应力状态。切向应力在孔边缘最大,径向应力在孔边缘为零。

圆孔翻边时的变形情况,可以通过画在平板毛坯上的径向及环形坐标网格的变化(图 6-2)看出。其纤维沿切向发生了拉伸,因而材料厚度变薄,而同心圆之间的距离变化则不显著。

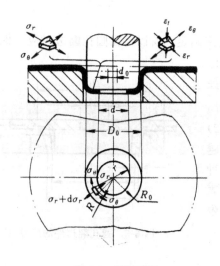

图 6-1 圆孔翻边

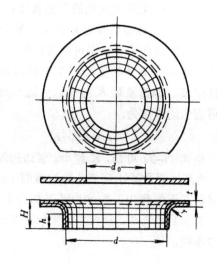

图 6-2 圆孔翻边的网格变化

根据塑性变形时应力与应变的关系，可以计算出翻边至某一时刻平底变形区径向应变 $\varepsilon_r$、切向应变 $\varepsilon_\theta$ 与厚向应变 $\varepsilon_t$ 的分布规律（图 6-3）。由图中曲线可以看出：在整个变形区，材料都要变薄，而在孔的边缘变薄最为严重。此处，材料的应变状态相当于单向拉伸，切向拉应

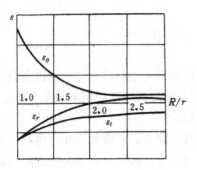

图 6-3　圆孔翻边的应变分布

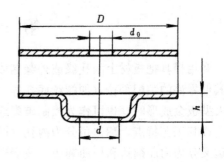

图 6-4　扩孔成形

变 $\varepsilon_\theta$ 最大，厚向压应变 $\varepsilon_t = -\dfrac{1}{2}\varepsilon_\theta$。其次，在一部分区域内，径向应变 $\varepsilon_r$ 为压应变，因此平底变形区的宽度将略有收缩。翻边终了以后，零件翻边的高度将比变形区的宽度略有缩短。由于翻边时的最大伸长发生在口部，当伸长变形超过材料的成形极限时，就会在此处产生缩颈或裂纹。

在圆孔翻边的中间阶段，即凸模下面的材料尚未完全转移到侧面之前，如果停止变形，就会得到如图 6-4 所示的成形。这种成形叫做扩孔，生产应用也很普遍，扩孔也可看做翻边的一个中间过程，可将其作为伸长类翻边的特例。

（二）翻边系数

圆孔翻边时的变形程度用翻边系数 $K$ 表示

$$K = \frac{d_0}{d_m} \tag{6-1}$$

式中　$d_0$——毛坯上圆孔的初始直径；

$d_m$——翻边后竖边的中径（图 6-5）。

圆孔翻边的成形极限可根据口部是否发生破裂来确定，所以，在圆孔翻边时应、保证毛坯孔边缘的金属伸长变形小于材料塑性伸长所允许的极限值。翻边系数 $K$ 与竖边边缘厚度变薄量的关系可近似的表达为

$$t \approx t_0 \sqrt{K} \tag{6-2}$$

由式（6-2）可知，$K$ 越小，竖边边缘厚度减薄越甚，当翻边系数减小到使孔的边缘濒于拉裂时，这种极限状态下的翻边系数称为极限翻边系数，以 $K_l$ 表示。表 6-1 和表 6-2 分别为低碳钢和其他金属的极限翻边系数。

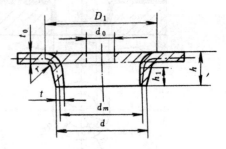

图 6-5　圆孔翻边件的尺寸

表 6-1　低碳钢极限圆孔翻边系数 $K_1$

| 凸模形式 | 孔的加工方法 | 比 值 $d_0/t_0$ | | | | | | | | | | |
|---|---|---|---|---|---|---|---|---|---|---|---|---|
| | | 100 | 50 | 35 | 20 | 15 | 10 | 8 | 6.5 | 5 | 3 | 1 |
| 球形凸模 | 钻　孔 | 0.7 | 0.6 | 0.52 | 0.45 | 0.4 | 0.36 | 0.33 | 0.31 | 0.3 | 0.25 | 0.2 |
| | 冲　孔 | 0.75 | 0.65 | 0.57 | 0.52 | 0.48 | 0.45 | 0.44 | 0.43 | 0.42 | 0.42 | — |
| 圆柱形凸模 | 钻　孔 | 0.8 | 0.7 | 0.6 | 0.5 | 0.45 | 0.42 | 0.4 | 0.37 | 0.35 | 0.3 | 0.25 |
| | 冲　孔 | 0.85 | 0.75 | 0.65 | 0.6 | 0.55 | 0.52 | 0.5 | 0.50 | 0.48 | 0.47 | — |

表 6-2　其他金属材料的极限翻边系数 $K_l$

| 经退火的毛坯材料 | 极限翻边系数 | | 经退火的毛坯材料 | 极限翻边系数 | |
|---|---|---|---|---|---|
| | $K_l$ | $K_{l\min}$ | | $K_l$ | $K_{l\min}$ |
| 白铁皮 | 0.70 | 0.65 | 钛合金 TA1（冷态） | 0.64～0.68 | 0.55 |
| 黄铜 H62，$t = 0.5 \sim 6.0\text{mm}$ | 0.68 | 0.62 | TA1（300～400℃） | 0.40～0.50 | — |
| 铝，$t = 0.5 \sim 5.0\text{mm}$ | 0.70 | 0.64 | TA5（冷态） | 0.85～0.90 | 0.75 |
| 硬铝合金 | 0.89 | 0.80 | TA5（500～600℃） | 0.65～0.70 | 0.55 |
| | | | 不锈钢、高温合金 | 0.65～0.69 | 0.57～0.61 |

注：竖边上允许有不大的裂纹时可用 $K_{l\min}$，而在一般情况下，均采用 $K_l$。

影响圆孔翻边成形极限的因素如下：

（1）材料伸长率和硬化指数 $n$ 大，$K_l$ 小，成形极限大。

（2）孔缘如无毛刺和无冷作硬化时，$K_l$ 较小，成形极限较大。为了改善孔缘状况，可采用钻孔代替冲孔，或在冲孔后进行整修，有时还可在冲孔后退火，以消除孔缘表面的硬化。

（3）用球形、锥形和抛物线形凸模翻边时，变形条件比平底凸模优越，$K_l$ 较小。在平底凸模中，其相对圆角半径 $r_p/t$ 越大，极限翻边系数可越小。

（4）板材相对厚度越大，$K_l$ 越小，成形极限越大。

（三）圆孔翻边的工艺计算

由图 6-5 可知，圆孔翻边时，一般其翻边高度及直径（$h$ 和 $d$）为已知，需要计算的是预制孔直径 $d_0$。其计算的依据是：在圆孔翻边时，同心圆之间的距离变化不显著，预制孔直径可以用弯曲展开的方法作近似计算（图 6-5）

$$d_0 = D_1 - \left[ \pi\left( r + \frac{t_0}{2} \right) + 2h_1 \right] \tag{6-3}$$

因为 $D_1 = d_m + 2r + t_0$，$h_1 = h - r - t_0$ 代入上式化简后得

$$d_0 = d_m - 2(h - 0.43r - 0.72t_0) \tag{6-4}$$

由式（6-4）可得

$$h = \frac{1}{2}(d_m - d_0) + 0.43r + 0.72t_0$$

整理后

$$h = \frac{d_m}{2}(1 - K) + 0.43r + 0.72t_0 \tag{6-5}$$

当 $K = K_l$ 时，可得到最大翻边高度 $h_{\max}$。若零件要求的高度大于 $h_{\max}$，可采用先拉深再翻边的方法。这时，先确定翻边所能达到的最大高度，然后根据翻边高度及零件高度来确定拉

深高度（图 6-6）。

拉深后翻边高度为

$$h_1 = \frac{d_m - d_0}{2} - (r + \frac{t_0}{2}) + \frac{\pi}{2}(r + \frac{t_0}{2})$$

整理后 $\qquad h_1 \approx \frac{d_m}{2}(1 - K) + 0.57r$ $\qquad$ (6-6)

所以 $\qquad d_0 = d_m + 1.14r - 2h_1$ $\qquad$ (6-7)

若取 $K = K_l$，即可得出翻边能达到的最大高度

$$h_{1max} = \frac{d_m}{2}(1 - K_l) + 0.57r \qquad (6-8)$$

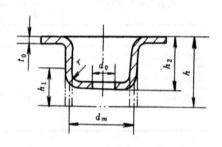

图 6-6　拉深后再翻边

此时预制孔直径 $\qquad d_0 = K_l d_m$ $\qquad$ (6-9)

于是翻边前的拉深高度 $h_2$ 为

$\qquad h_2 = h - h_1 + r + t_0$ $\qquad$ (6-10)

或 $\qquad h_2 = h - h_{1max} + r + t_0$ $\qquad$ (6-11)

对于翻边高度较大的零件，除采用先拉深再翻边的方法外，也可采用多次翻边的方法，但工序之间需要退火，且每次所用的翻边系数应比前次增大 15%～20%。

当采用圆柱形平底凸模时，圆孔翻边力可用下式计算

$$F = 1.1\pi(d_m - d_0)t_0\sigma_s \qquad (6-12)$$

式中　$F$ ——翻边力（N）；

$\qquad d_m$ ——翻边后竖边的中径（mm）；

$\qquad d_0$ ——圆孔初始直径（预制孔）（mm）；

$\qquad t_0$ ——毛坯厚度（mm）；

$\qquad \sigma_s$ ——材料屈服点（MPa）。

平底凸模底部圆角半径 $r_p$ 对翻边力有一定影响，增大 $r_p$ 可降低翻边力（图 6-7）。

采用球底凸模时

$$F = 1.2\pi d_m t_0 \sigma_s m \qquad (6-13)$$

式中符号意义同式（6-12），其中 $m$ 为系数，与 $K$ 值有关，当

$K = 0.5$ 时，$m$ 取 0.2～0.25；　$K = 0.6$ 时，$m$ 取 0.14～0.18；

$K = 0.7$ 时，$m$ 取 0.08～0.12；　$K = 0.8$ 时，$m$ 取 0.05～0.07。

（四）翻边模设计

翻边模的结构与拉深模相似，如图 6-8 所示。设计时，可取翻边凹模圆角半径等于工件的圆角半径。翻边凸模的圆角半径 $r_p$ 应尽可能大些，或做成球形或抛物线形底，以改善翻边成形时的塑性流动条件。对于平底凸模一般可取 $r_p \geq 4t$。

圆孔翻边凸凹模之间的单边间隙可取为 $(0.75～0.85)t_0$。这样，可保证翻边后的竖边成为直壁。若翻边件的圆角半径很大，竖边高度很小，其目的是为了减轻质量，增加结构的刚度（如飞机、船舶的窗口、舱口翻边）时，可取单边间隙等于 $(4～5)t_0$。

凸凹模之间的间隙也可按表 6-3 选取。

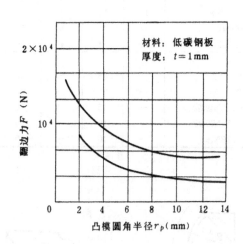

图 6-7 凸模圆角半径对翻边力的影响

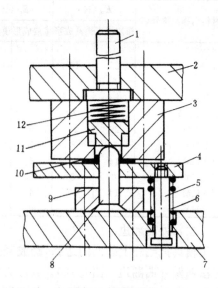

图 6-8 翻边模

1— 模柄 2— 上模座 3— 凹模
4— 退件板 5— 螺杆 6、12— 弹簧
7— 下模座 8— 凸模 9— 凸模固定板
10— 零件 11— 顶料器

表 6-3 翻边时凸模和凹模的单边间隙 (mm)

| 板料厚度 | 0.3 | 0.5 | 0.7 | 0.8 | 1.0 | 1.2 | 1.5 | 2.0 |
| --- | --- | --- | --- | --- | --- | --- | --- | --- |
| 平板毛坯翻边 | 0.25 | 0.45 | 0.6 | 0.7 | 0.85 | 1.0 | 1.3 | 1.7 |
| 拉深后翻边 | — | — | — | 0.6 | 0.75 | 0.9 | 1.1 | 1.5 |

## 二、外缘翻边

### （一）内曲翻边

用模具把毛坯上内凹的边缘，翻成竖边的冲压方法叫做内曲翻边。其应力和应变情况与圆孔翻边相似属于伸长类翻边。内曲翻边的变形程度用 $E_s$ 表示

$$E_s = \frac{b}{R - b} \qquad (6-14)$$

式中符号见图 6-9。

内曲翻边的成形极限，根据翻边后竖边的边缘是否发生破裂来确定。表 6-4 列出了竖边边缘不破裂时的极限变形程度 $E_{sl}$，通常将它们作为内曲翻边的成形极限。

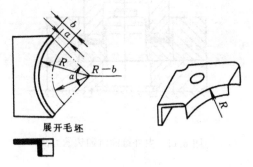

图 6-9 内曲翻边

表 6-4　外缘翻边允许的极限变形程度

| 材料名称及牌号 | $E_{st}$（%） | | $E_{cl}$（%） | | 材料名称及牌号 | $E_{st}$（%） | | $E_{cl}$（%） | |
|---|---|---|---|---|---|---|---|---|---|
| | 橡皮成形 | 模具成形 | 橡皮成形 | 模具成形 | | 橡皮成形 | 模具成形 | 橡皮成形 | 模具成形 |
| 铝合金 | | | | | 黄铜 | | | | |
| L4M | 25 | 30 | 6 | 40 | H62 软 | 30 | 40 | 8 | 45 |
| L4Y1 | 5 | 8 | 3 | 12 | H62 半硬 | 10 | 14 | 4 | 16 |
| LF21M | 23 | 30 | 6 | 40 | H68 软 | 35 | 45 | 8 | 55 |
| 〕 LF21Y1 | 5 | 8 | 3 | 12 | H68 半硬 | 10 | 14 | 4 | 16 |
| 〕 LF2M | 20 | 25 | 6 | 35 | 钢 | | | | |
| LF3Y1 | 5 | 8 | 3 | 12 | 10 | — | 38 | — | 10 |
| LY12M | 14 | 20 | 6 | 30 | 20 | — | 22 | — | 10 |
| LY12Y | 6 | 8 | 0.5 | 9 | 1Cr18Ni9 软 | — | 15 | — | 10 |
| LY11M | 14 | 20 | 4 | 30 | 1Cr18Ni9 硬 | — | 40 | — | 10 |
| LY11Y | 5 | 6 | 0 | 0 | 2Cr18Ni9 | — | 40 | — | 10 |

（二）外曲翻边

用模具把毛坯上外凸的边缘，翻成竖边的冲压方法叫做外曲翻边（图 6-10）。其应力应变情况类似于浅拉深，属压缩类翻边。外曲翻边时由于切向受压应力，容易起皱，故成形极限主要受压缩起皱的限制。其变形程度用 $E_c$ 表示

$$E_c = \frac{b}{R+b} \qquad (6-15)$$

式中符号见图 6-10。

表 6-4 所列 $E_{cl}$ 为外曲翻边的极限变形程度。为了避免起皱可采用压边装置。

外缘翻边的毛坯计算，对内曲翻边，可参考圆孔翻边的毛坯计算；对外曲翻边可参考浅拉深的毛坯计算。

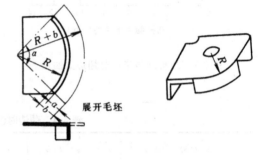

图 6-10　外曲翻边

外缘翻边既可用刚性冲模实现，也可用软模或其他方法实现。图 6-11 和图 6-12 分别为用刚模和橡胶模翻制外缘竖边的方法。

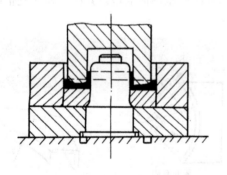

图 6-11　内外缘同时翻边的方法

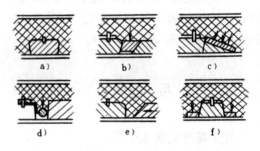

图 6-12　用橡胶模进行外缘翻边的方法
a）用橡胶　b）用楔块　c）用铰链压板
d）用棒　e）用活动楔块　f）用圈

### 三、非圆孔翻边

在各种结构中，会遇到带有竖边的非圆形孔及开口（图 6-13）。这些开口多半是为了减小质量和增加结构的刚度，其竖边高度不大，对精度也没有很高的要求。

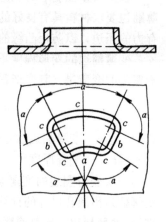

非圆孔翻边的变形性质与其孔缘轮廓性质有关。如图 6-13 所示，$a$ 段属于压缩类翻边，$b$ 段属于弯曲，$c$ 段属于伸长类翻边。由于材料是连续的，所以在非圆孔翻边时，伸长类翻边区的变形可以扩展到其相邻的弯曲变形区和压缩类翻边区，从而可减轻伸长类翻边区变形程度，故内凹弧段的极限翻边系数 $K'_l$ 可以小于圆孔翻边时的极限翻边系数 $K_l$，二者之间的关系为

$$K'_l \approx (0.85 \sim 0.9)K_l \qquad (6\text{-}16)$$

如果考虑非圆孔翻边在外凸线段部位的失稳起皱，则可使用压边装置。

图 6-13　非圆孔翻边

表 6-5 列出了低碳钢材料在非圆孔翻边时，允许的极限翻边系数 $K'_l$ 与孔缘线段对应圆心角的关系，表中 $r$ 表示孔缘线曲率半径。

**表 6-5　非圆孔件的极限翻边系数 $K'_l$（低碳钢材料）**

| $\alpha$ | 比　　　值　　$r/2t$ | | | | | | |
|---|---|---|---|---|---|---|---|
| | 50 | 33 | 20 | 12.5～8.3 | 6.6 | 5 | 3.3 |
| 180°～360° | 0.8 | 0.6 | 0.52 | 0.5 | 0.48 | 0.46 | 0.45 |
| 165° | 0.73 | 0.55 | 0.48 | 0.46 | 0.44 | 0.42 | 0.41 |
| 150° | 0.67 | 0.5 | 0.43 | 0.42 | 0.4 | 0.38 | 0.375 |
| 135° | 0.6 | 0.45 | 0.39 | 0.38 | 0.36 | 0.35 | 0.34 |
| 120° | 0.53 | 0.4 | 0.35 | 0.33 | 0.32 | 0.31 | 0.3 |
| 105° | 0.47 | 0.35 | 0.30 | 0.29 | 0.28 | 0.27 | 0.26 |
| 90° | 0.4 | 0.3 | 0.26 | 0.25 | 0.24 | 0.23 | 0.225 |
| 75° | 0.33 | 0.25 | 0.22 | 0.21 | 0.2 | 0.19 | 0.185 |
| 60° | 0.27 | 0.2 | 0.17 | 0.17 | 0.16 | 0.15 | 0.145 |
| 45° | 0.2 | 0.15 | 0.13 | 0.13 | 0.12 | 0.12 | 0.11 |
| 30° | 0.14 | 0.1 | 0.09 | 0.08 | 0.08 | 0.08 | 0.08 |
| 15° | 0.07 | 0.05 | 0.04 | 0.04 | 0.04 | 0.04 | 0.04 |
| 0° | 压　弯　变　形 | | | | | | |

非圆孔翻边所用的预制孔形状和尺寸应分别类比于圆孔翻边、弯曲和拉深毛坯计算方法确定。通常，翻边后弧线段的竖边高度较直线段竖边高度稍低，为消除误差，弧线段的展开宽度应比直线段大 5%～10%。由理论计算出的孔形应加以适当修正，使各段孔缘均平滑过渡。

### 四、变薄翻边

当零件的翻边高度较大，难于一次成形，而壁部又允许变薄时，往往采用变薄翻边，以提高生产率并节约材料。

变薄翻边属于体积成形。变薄翻边时，凸凹模之间采用小间隙，凸模下方的材料变形与圆孔翻边相似，但它们成形为竖边后，将会在凸、凹模之间的小间隙内受到挤压，发生较大的塑性变形，从而使竖边厚度减薄，增加高度。

就金属塑性变形的稳定性及不发生裂纹的观点来说，变薄翻边比普通翻边更为合理。变薄翻边要求材料具有良好的塑性，预冲孔后的坯料最好经过软化退火。在冲压过程中需要强有力的压边，以防止凸缘的移动和翘曲。

变薄翻边的变形程度不仅决定于翻边系数，而且决定于壁部的变薄量。其变形程度可以用变薄系数表示

$$K = \frac{t_1}{t_0} \qquad (6\text{-}17)$$

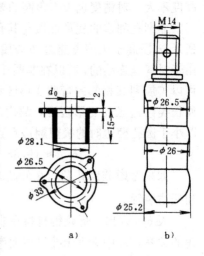

式中　$t_1$——变薄翻边后零件竖边的厚度；

　　　$t_0$——毛坯厚度。

一次变薄翻边的变薄系数可取 0.4～0.5，甚至更小。变薄翻边预制孔尺寸的计算应按翻边前后体积相等的原则进行。变薄翻边力比普通翻边力大得多，力的增大与变薄量增大成比例。

图 6-14 为变薄翻边的例子。翻边时采用阶梯凸模，毛坯经过凸模各阶梯的挤压，竖边厚度逐步变薄。凸模上各阶梯的间距应大于零件高度，以便前一阶梯挤压之后再用后一阶梯挤压。

图 6-14　变薄翻边
a) 零件　b) 凸模

生产中，常采用变薄翻边来成形小螺纹底孔（多为 M6mm 以下）。图 6-15 是用抛物线凸模变薄翻边成形小螺纹底孔的示意图，它们之间的几何尺寸关系如下：

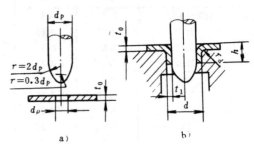

变薄翻边后的孔壁厚度 $t_1$ 取为

$$t_1 = \frac{d - d_p}{2} = 0.65t_0 \qquad (6\text{-}18)$$

毛坯预制孔 $d_0$ 约取为

$$d_0 = 0.45d_p \qquad (6\text{-}19)$$

凸模直径 $d_p$ 由螺纹小径 $d_s$ 决定，应保证

$$d_s \leqslant \frac{d_p + d}{2} \qquad (6\text{-}20)$$

图 6-15　变薄翻边成形
小螺纹底孔

凹模内径（竖边外径）$d$ 取为

$$d = d_p + 1.3t_0 \qquad (6\text{-}21)$$

翻边高度 $h$ 可由体积不变原则算出，一般取为

$$h = (2 \sim 2.5)t_0 \qquad (6\text{-}22)$$

式中符号见图 6-15。

# 第二节　缩　　口

缩口是将空心件或管毛坯开口端直径加以缩小的成形方法，如图 6-16 所示。缩口时，变形区的金属受切向和轴向压应力，且主要是受切向压应力作用，使直径缩小，壁厚和高度增

加。缩口时的极限变形程度决定于毛坯的失稳起皱。失稳起皱既可能出现在毛坯变形区上形成纵向皱纹，也可能出现在原始毛坯的非变形的受力支承部分而形成横向皱纹。缩口变形程度用缩口系数 $K$ 表示

$$K = \frac{d}{D} \qquad (6\text{-}23)$$

式中　$d$——缩口后的直径；

　　　$D$——缩口前的直径。

缩口系数与模具的结构形式关系极大，还与材料的厚度、种类及表面质量有关。表 6-6 列出了不同材料和不同支承方式的平均缩口系数 $K_j$ 值。

缩口模的支承形式一般分三种。第一种是无支承形式（图 6-17），这种模具结构简单，但毛坯稳定性差；第二种是外支承形式（图 6-18a），这种模具较前者复杂，但毛坯稳定性较好，允许的缩口系数可以取小些；第三种为内外支承形式（图 6-18b），这种模具较前两种复杂，但稳定性更好，允许缩口系数可以取得更小。

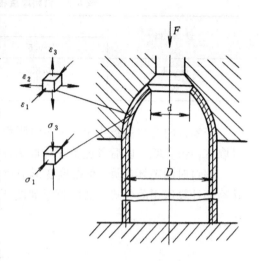

图 6-16　空心件缩口

材料厚度不同，缩口系数也不同。材料厚度增加，缩口系数可以相应小些。表 6-7 列出了钢和黄铜在无支承缩口模缩口时，缩口系数随材料厚度的变化。

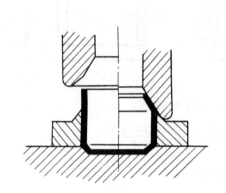

图 6-17　简单缩口模

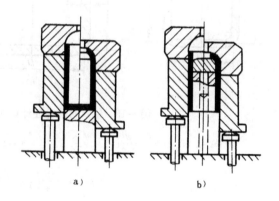

图 6-18　缩口模的支承形式
a）外支承缩口模　b）内外支承缩口模

**表 6-6　平均缩口系数 $K_j$**

| 材　　料 | 支　承　方　式 | | |
| --- | --- | --- | --- |
| | 无支承 | 外支承 | 内外支承 |
| 软　钢 | 0.70～0.75 | 0.55～0.60 | 0.30～0.35 |
| 黄铜 H62、H68 | 0.65～0.70 | 0.50～0.55 | 0.27～0.32 |
| 铝，LF21 | 0.68～0.72 | 0.53～0.57 | 0.27～0.32 |
| 硬铝（退火） | 0.73～0.80 | 0.60～0.63 | 0.35～0.40 |
| 硬铝（淬火） | 0.75～0.80 | 0.68～0.72 | 0.40～0.43 |

表 6-7 材料厚度不同时平均缩口系数 $K_j$ 的变化

| 材 料 | 材 料 厚 度 （mm） | | |
|---|---|---|---|
| | ~0.5 | >0.5~1.0 | >1.0 |
| 黄 铜 | 0.85 | 0.80~0.70 | 0.70~0.65 |
| 钢 | 0.85 | 0.75 | 0.70~0.65 |

当零件的缩口系数小于表 6-6 中所列数值时，则需进行多次缩口。这时，对于第一道工序可取 $K_1=0.9K_j$。以后各道工序可取 $K_n=（1.05\sim1.1）K_j$。

缩口时的毛坯计算，可根据变形前后体积不变的原则进行。图 6-19 是不同的缩口形式及其毛坯计算所用的公式，式中符号如图所示。

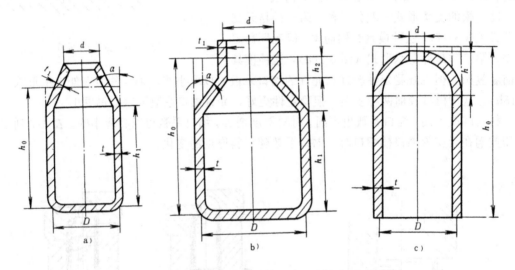

图 6-19 缩口时的毛坯计算（公式中符号如图示）

$$a)\ h_0=1.05\left[h_1+\frac{D^2-d^2}{8D\sin\alpha}\left(1+\sqrt{\frac{D}{d}}\right)\right]\quad b)\ h_0=1.05\left[h_1+h\sqrt{\frac{d}{D}}+\frac{D^2-d^2}{8D\sin\alpha}\left(1+\sqrt{\frac{D}{d}}\right)\right]$$

$$c)\ h_0=h_1+\frac{1}{4}\left(1+\sqrt{\frac{D}{d}}\right)\sqrt{D^2-d^2}$$

$h$—毛坯压缩部分高度　$h_1$—圆柱部分高度

无心棒的缩口模可按下式计算工件的缩口力

$$F=(2.4\sim3.4)\pi t\sigma_b(D-d) \tag{6-24}$$

式中　$F$——缩口力（N）；

$t$——毛坯厚度（mm）；

$\sigma_b$——材料抗拉强度（MPa）；

$D$——毛坯直径（按中心层计）（mm）；

$d$——缩口部分直径（按中心层计）（mm）。

# 第三节 旋 压

旋压是一种特殊的成形工艺，它是将板料或空心毛坯夹紧在模芯上，由旋压机带动模芯和毛坯一起高速旋转，同时利用滚轮的压力和进给运动，使毛坯产生局部塑性变形并使之逐步扩展，最后获得轴对称的壳体零件，如图 6-20 所示。

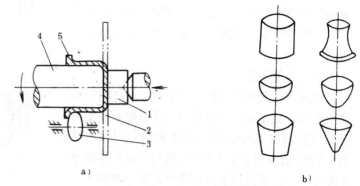

在旋压过程中，改变毛坯形状，直径增大或减小，而其厚度不变或有少许变化者称为不变薄旋压。在旋压中不仅改变毛坯的形状而且壁厚有明显变薄者，称为变薄旋压，又叫强力旋压。

图 6-20 旋压原理及旋压件举例

a) 旋压原理　b) 旋压件举例

1—顶板　2—毛坯　3—滚轮　4—模具　5—加工中的毛坯

## 一、不变薄旋压

不变薄旋压的基本方式有：拉深旋压（拉旋）、缩径旋压（缩旋）、和扩径旋压（扩旋）等三种。

拉深旋压是指用旋压生产拉深件的方法，是不变薄旋压中最主要和应用最广泛的旋压方法。旋压时合理选择芯模的转速是很重要的。转速过低，工件边缘易起皱，增加成形阻力，甚至导致工件的破裂。转速过高，材料变薄严重。表 6-8 所列为铝合金旋压时的主轴转数。

**表 6-8　旋压机主轴转数**（铝合金）

| 料厚（mm） | 毛坯外径（mm） | 加工温度（℃） | 转数（r/min） |
|---|---|---|---|
| 1.0～1.5 | <300 | 室温 | 600～1200 |
| 1.5～3.0 | 300～600 | 室温 | 400～750 |
| 3.0～5.0 | 600～900 | 室温 | 250～600 |
| 5.0～10.0 | 900～1800 | 200 | 50～250 |

旋压时主轴转速与零件尺寸、材料厚度及其力学性能等有关，对于软钢可取 400～600r/min；铜 600～800r/min；黄铜 800～1100r/min。

旋压锥形件可能成形的极限比值为

$$\frac{d_{min}}{D} = 0.2 \sim 0.3 \tag{6-25}$$

式中　$d_{min}$——圆锥体的最小直径（mm）；

$D$——坯料直径（mm）。

旋压筒形件的极限比值，根据毛坯的相对厚度一般为

$$\frac{d}{D} = 0.6 \sim 0.8 \tag{6-26}$$

式中　$d$——圆筒直径（mm）。

除拉旋外，还有将回转体空心件或管毛坯进行径向局部旋转压缩，以减小其直径的缩径旋压和使毛坯进行局部直径增大的扩径旋压（图6-21）。再加上其他辅助成形工序，旋压可以完成旋转体零件的拉深、缩口、胀形、翻边、卷边、压肋、叠缝等不同工序。其优点是旋压模具简单，可用功率和吨位较小的设备加工大型零件。但生产率低，操作较难，多用于批量小而形状复杂的零件。

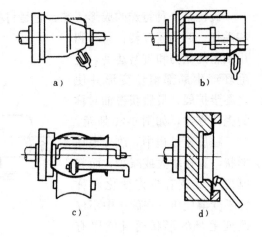

## 二、变薄旋压

变薄旋压又叫强力旋压。根据旋压件的类型和变形机理的差异，变薄旋压可分为锥形件变薄旋压（剪切旋压）、筒形件的变薄旋压（挤出旋压）两种。前者用于加工锥形、抛物线形和半球形等异形件，后者则用于筒形件和管形件的加工。

图 6-21　各种旋压成形方法
a）拉深　b）缩口　c）胀形　d）翻边

异形件变薄旋压的理想变形是纯剪切变形，只有这种变形状态才能获得最佳的金属流动。此时，毛坯在旋压过程中，只有轴向的剪切滑移而无其他任何变形。旋压前后工件的直径和轴向厚度不变。从工件的纵断面看，其变形过程犹如按一定母线形状推动一叠扑克牌一样（图6-22）。

对具有一定锥角和壁厚的锥形件进行变薄旋压时，根据纯剪切变形原理，可求出旋压时的最佳减薄率和合理的毛坯厚度。图6-23说明了旋压前后毛坯厚度的关系，即

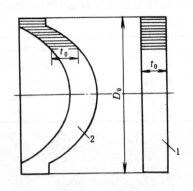

图 6-22　变薄旋压时的纯剪切变形
1—毛坯　2—旋压件

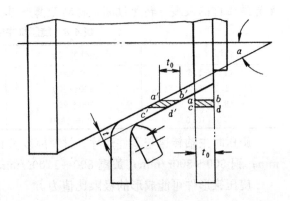

图 6-23　锥形件的变薄旋压

$$t = t_0 \sin\alpha$$

$$t_0 = \frac{t}{\sin\alpha} \tag{6-27}$$

这一关系称为变薄旋压时异形件壁厚变化的正弦律。它虽由锥形件所推出，但对其他异形件基本上都适用。

旋压半球形或抛物线形零件，毛坯可用等断面的，也可用变断面的。等断面毛坯旋压后所得零件的壁厚是不相等的，如图 6-24 所示。变薄旋压的毛坯可以用板材、预冲压成形的杯形件或经过车削的锻件和铸件等。

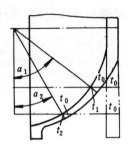

图 6-24　用等断面毛坯旋压半球形零件

筒形件的变薄旋压，不存在锥形件的那种正弦关系，而只是体积的位移，所以这种旋压也叫挤出旋压。它遵循塑性变形体积不变条件和金属流动的最小阻力定律。

减薄率 $\psi$ 是变薄旋压时的重要工艺参数，它影响到旋压力大小和旋压精度的高低。$\psi$ 可写成

$$\psi = \frac{t_0 - t}{t_0} \tag{6-28}$$

式中　$t_0$——毛坯厚度（mm）；

　　　$t$——零件厚度（mm）。

旋压时各种金属的最大总减薄率见表 6-9。

表 6-9　旋压最大总减薄率 $\psi$（无中间退火）　　　　　（%）

| 材　料 | 圆　锥　形 | 半　球　形 | 圆　筒　形 |
|---|---|---|---|
| 不 锈 钢 | 60～75 | 45～50 | 65～75 |
| 高合金钢 | 65～75 | 50 | 75～82 |
| 铝 合 金 | 50～75 | 35～50 | 70～75 |
| 钛合金[①] | 30～55 | — | 30～35 |

①　钛合金为加热旋压。

许多材料一次旋压常取减薄率≤30%～40%，这样可保证零件达到较高的尺寸精度。

影响变薄旋压件质量的因素还有送给量、转速、旋轮直径和圆角半径、旋轮与模具间隙的调整等。送给量一般在 0.25～0.75mm/r 的范围内；转速一般为 200～700r/min；滚轮圆角半径不小于毛坯原始厚度；滚轮与模具之间的间隙最好符合正弦律的规定。

# 第四节　爆 炸 成 形

爆炸成形与电水成形、电磁成形等均属高能高速成形方法。图 6-25 为爆炸成形的示意图。毛坯固定在压边圈和凹模之间，为了减少振动和噪声，将模具埋在水中，以水作为成形的介质。爆炸时，炸药以 2000～8000m/s 的高速及高压冲击波在水中传播，使毛坯成形。成形时间极短，一般仅 1ms 左右。

爆炸成形的模具极为简单，不需冲压设备，尤其对批量小的大型板壳零件的成形，更具显著的优点，对于塑性差的高强度合金材料的特殊零件和形状复杂的零件，更是一种较为理想的成形方法。

爆炸成形可以用于板材剪切、冲孔、弯曲、拉深、翻边、胀形、扩口、缩口、压花等工艺，也可用于爆炸焊接、表面强化、构件装配及粉末压制等。

爆炸成形常用的炸药为梯恩梯（TNT）、药包必须密实、均匀。炸药量及其分布，一般根

据经验初步确定后，经试验最后确定。爆炸成形时特别应注意人身及周围的安全。

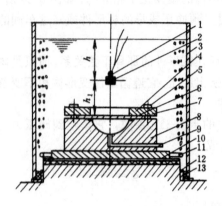

图 6-25　爆炸成形装置
1—电雷管　2—炸药　3—水筒　4—压边圈　5—螺栓
6—毛坯　7—密封　8—凹模　9—真空管道　10—缓冲装置
11—压缩空气管路　12—垫环　13—密封

## 第五节　电水成形

电水成形分为电极间放电成形与电爆成形。其工作原理如图 6-26 所示。利用升压变压器将网路电压提高到 20～40kV，经整流后向电容器充电。当充电电压达某值时辅助间隙被击穿，高压电在瞬间加到两电极上，产生高压放电。于是在放电回路中形成强大的冲击电流（可达 30000A），在电极周围的液体介质中产生冲击波，使毛坯成形。

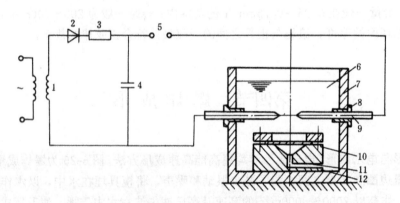

图 6-26　电水成形原理图
1—升压变压器　2—整流器　3—充电电阻　4—电容器
5—辅助间隙　6—水　7—水箱　8—绝缘套
9—电极　10—毛坯　11—抽气孔　12—凹模

电水成形可以对板材、管材等进行拉深、胀形、校形和冲孔。

与爆炸成形相比，电水成形时能量较易控制，成形过程稳定，操作方便，生产率高。缺点是加工能力受到设备能量的限制，一般仅用于加工 φ400mm 以下的形状简单的小零件。

## 第六节 电 磁 成 形

电磁成形是利用脉冲磁场对金属毛坯进行高能成形的一种加工方法。图 6-27 是管材和板材的成形原理图。从图 6-27a 可以看出，成形线圈放在管坯内部，成形线圈相当于变压器的一次侧，管坯相当于变压器的二次侧。放电时，管坯内表面的感应电流 $i'$ 与线圈内的放电电流 $i$ 方向相反，这两种电流产生的磁场磁力线，在线圈内部空间因方向相反而抵消，在线圈和管坯之间因方向相同而加强，其结果是管坯内表面受到强大的磁场压力使管坯胀形而成形。图 6-27b 是板材毛坯电磁成形的原理图，由于磁压力 $p$ 的作用使工件贴模而成形。

电磁成形不但能提高变形材料的塑性和成品零件的成形精度，而且模具结构简单，生产率高，具有良好的可控性和重复性，生产过程稳定，零件中的成形残余应力低。此外，由于加工力 $p$ 是通过磁场来传递的，故加工时没有机械摩擦，工件可以在加工前预先电镀、阳极化或喷漆。

电磁成形的加工能力决定于充电电压和电容器容量，常用充电电压为 5～10kV，充电能量约 5～20kJ。

电磁成形的工件应具有好的导电性，如铅、铜、不锈钢、低碳钢等，对导电性能差的材料，可以在工件表面涂敷一层导电性能优良的材料也就可能成形了。用这种方法甚至可以将电磁成形方法扩展到对非导电材料进行成形。

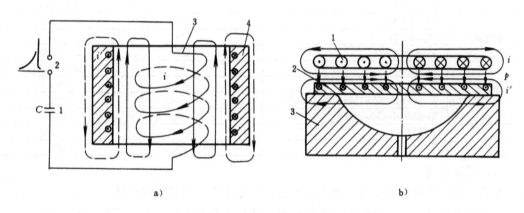

a)                              b)

图 6-27 电磁成形原理图
a）管材胀形                           b）板材成形
1—电容器 2—开关 3—成形线圈 4—管材毛坯    1—成形线圈 2—平板毛坯 3—凹模

## 第七节 超 塑 性 成 形

### 一、概述

金属的超塑性，是指金属材料在特定的条件下，呈现的异常好的延伸性。所谓特定条件，一是指金属的内在条件，如金属的成分、组织及转变能力（相变、再结晶及固溶度变化等），二是指外界条件，如变形温度与变形速度等。

超塑性通常可以用伸长率来表示。如伸长率超过 100%（也有人认为超过 300%）不产生缩颈和断裂即称该金属呈现超塑性。一般黑色金属室温下的伸长率为 $30\%\sim40\%$，铝、铜及其合金为 $50\%\sim60\%$ 以下，即使在高温下，这些材料的伸长率也难超过 $100\%$。超塑性成形，就是利用金属的超塑性，对板材加工出各种零部件的成形方法。超塑性成形的宏观特征是大变形、无缩颈、小应力。因此，超塑性成形具有以下优点：可一次成形出形状复杂的零件；可仅用半模成形和采用小吨位的设备；成形后零件基本上没有残余应力。这些为制造出质量轻的高效结构件提供了条件。

根据变形特性，超塑性可分为微细晶粒超塑性（又称恒温超塑性、结构超塑性）和相变超塑性。前者研究得较多，超塑性一般即指此类。某些超塑性合金及其特性见表 6-10。

影响超塑性成形的主要因素有：

（1）温度：变形一般在 $0.5\sim0.7T_m$ 温度下进行（$T_m$ 为以热力学温度表示的熔化温度）。

（2）稳定而细小的晶粒，一般要求晶粒直径为 $0.5\sim5\mu m$，不大于 $10\mu m$。而且在高温下，细小晶粒具有一定的稳定性。

（3）应变速度：比普通成形时低得多，成形时间数分钟至数十分钟不等。

（4）成形压力：一般为十分之几 MPa 至几 MPa。

另外，应变硬化指数、晶粒形状、材料内应力等亦有一定的影响。

**表 6-10　几种超塑性的金属和合金**

| 名　称 | 化　学　成　分 | 伸长率（%） | 超塑性温度（℃） |
|---|---|---|---|
| 铝合金 | Al-33Cu | 500 | 445～530 |
| | Al-5.9Mg | 460 | 430～530 |
| 镁合金 | Mg-33.5Al | 2000 | 350～400 |
| | Mg-30.7Cu | 250 | 450 |
| | Mg-6Zn-0.5Zr | 1000 | 270～320 |
| 钛合金 | Ti-6Al-4V | 1000 | 900～980 |
| | Ti-5Al-2.5Sn | 500 | 1000 |
| | Ti-11Sn-2.25Al-1Mo-50Zr-0.25Si | 600 | 800 |
| | Ti-6Al-5Zr-4Mo-1Cu-0.25Si | 600 | 800 |
| 钢 | 低碳钢 | 350 | 725～900 |
| | 不锈钢 | 500～1000 | 980 |

### 二、成形方法

超塑性成形的基本方法有：真空成形法；气压成形法和模压成形法。

真空成形法是在模具的成形腔内抽真空，使处于超塑性状态下的毛坯成形。该法又分为凸模真空成形法和凹模真空成形法，见图 6-28。

凸模真空成形，是将模具（凸模）成形内腔抽真空，加热到超塑性成形温度的毛坯即被吸附在具有零件内形的凸模上。该法用来成形要求内侧尺寸准确、形状简单的零件。

凹模真空成形用来成形要求外形尺寸准确、形状简单的零件。真空成形由于压力小于 0.1MPa，所以不宜成形厚料和形状复杂的零件。

气压成形法又称吹塑成形法。犹如玻璃瓶的制作。此法较之传统的胀形工艺，有低能、低压即可成形出大变形量的复杂零件的优点。图 6-29 分别为凸模吹塑成形和凹模吹塑成形示意图。

模压成形法又称偶合模成形法、对模成形法。用此法成形出的零件精度较高，但模具结构特殊，加工困难，目前实际应用较少。

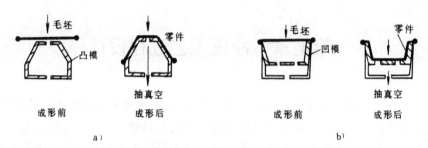

图 6-28 真空成形法

a) 凸模真空成形　b) 凹模真空成形

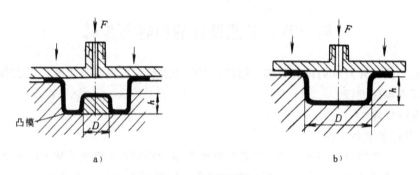

图 6-29 吹塑成形法

a) 凸模吹塑成形　b) 凹模吹塑成形

超塑性成形时，工件的壁厚不均是首要问题。由于超塑性加工伸长率可达 1000%，以致在破坏前的过渡变薄，即成为其加工的成形极限。故在成形中应当尽量不使毛坯局部过渡变薄。控制壁厚变薄不均的主要途径有：控制变形速度分布、控制温度分布与控制摩擦力等。

## 习　题

1. 为减小翻边的变薄量，先压出凹窝再冲孔翻边。图 6-30a、b 双点划线所示的两种预成形形状，哪一种形状对减小翻边变薄更有效？

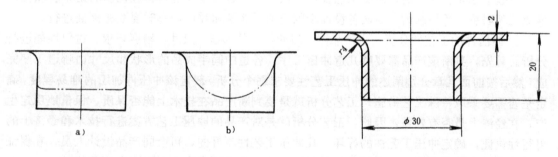

图 6-30　预成形后再翻边　　　　　　　图 6-31　翻边实例计算

2. 在普通圆孔翻边预制孔的近似计算中，用式（6-7）算出 $d_0$ 为正、为零或为负各有什么含义？

3. 某翻边件尺寸如图 6-31 所示，材料为低碳钢，试判断一次能否翻成？若一次翻边不成而用先拉深再翻边的办法（预制孔用钻孔、凸模用圆柱形凸模），用表 6-1 计算预制孔尺寸和翻边所能达到的最大高度。

# 第七章 冲压工艺过程设计

前面几章对板材的各类基本冲压工艺的变形原理、变形特点及计算方法分别作了介绍,本章则从应用角度出发,具体讨论综合性的冲压设计过程及要点,并作实例示范。

冲压生产必须保证产品质量和生产率,必须考虑经济效益和操作的方便及安全,全面兼顾生产组织各方面的合理性与可行性。这一切都应在技术准备工作中统筹安排,这就是冲压工艺过程的设计。显然,这是一项十分重要的工作。

## 第一节 工艺设计的内容与步骤

冲压工艺设计涉及到的内容很多、很广,应分步进行。其内容与步骤现已大体形成规律,设计时,可依程序进行。

### 一、设计程序

(一) 设计的准备工作

在接到冲压件的生产任务之后,首先需要熟悉原始资料,透彻地了解产品的各种要求,为此后的冲压工艺设计掌握充分的依据。广义而言,原始资料包括以下各项:

(1) 生产任务书或产品图及其技术条件。

(2) 原材料情况:板材的尺寸规格、牌号及其冲压性能。

(3) 生产纲领或生产批量。

(4) 本生产单位可供选用的冲压设备的型号、技术参数及使用说明书。

(5) 模具加工、装配的能力与技术水平。

(6) 各种技术标准和技术资料。

(二) 设计的主要内容和步骤

掌握了原始资料之后,冲压工艺设计可按下述内容与步骤进行。应说明的是,各项内容难免互相联系、互相制约,因而各设计步骤应前后兼顾和呼应,有时要互相穿插进行。

1. 冲压件的工艺性分析 由产品图,对冲压件的形状、尺寸、精度要求、材料性能进行分析。首先,判断该产品需要哪几道冲压工序,各道中间半成品的形状和尺寸由哪道工序完成,然后按前面几章分别阐述的冲压工艺性要求逐个分析,裁定该冲压件加工的难易程度,确定是否需要采取特殊工艺措施。工艺分析就是要判断产品在技术上能否保质、保量地稳定生产,在经济上是否有效益,因此,工艺分析就是对产品的冲压工艺方案进行技术和经济上的可行性论证,确定冲压工艺性的好坏。凡冲压工艺性不好的,可会同产品设计人员,在保证产品使用要求的前提下,对冲压件的形状、尺寸、精度要求及原材料作必要的修改。

2. 确定最佳工艺方案 结合工艺计算,并经分析比较,确定最佳工艺方案。这是一个十分重要的设计环节,后面将专题叙述。

3. 完成工艺计算 工艺方案确定后,对各道冲压工序进行工艺计算:排样及材料利用率计算;冲压所需的力、功计算;凸、凹模工作部分尺寸计算等等。

4. 选定模具结构类型　按工艺方案,确定各道工序的模具类型(如单工序模、复合模、级进模)及模具总体结构,绘出其工作部分的动作原理图。有时,还要计算冲模的压力中心等。

5. 合理选用冲压设备　根据工艺计算和模具空间尺寸的估算值等,结合本单位的现有设备条件和设备负荷,合理选择各道冲压工序的设备。

(三) 编写工艺文件和设计计算说明书

工艺文件指工艺过程卡之类。将工艺方案及各工序的模具类型、冲压设备等以表格形式表示,其栏目有工序序号,工序名称,工序半成品形状、尺寸示意图,工序模具类型与编号,工序的设备型号,工序检验要求等项。

设计计算说明书应简明而全面地纪录各工序设计的概况:冲压工艺性分析及结论;工艺方案的分析比较和确认的最佳方案;各项工艺计算的结果,如毛坯尺寸、排样、冲压次数、半成品尺寸、工序的冲压力和功等;模具类型和设备选择的依据与结论。必要时,说明书中可用插图方式达意。

工艺过程卡和设计计算说明书是重要的技术文件,是组织文明生产的主要依据。

**二、工艺方案的确定**

工艺方案确定是在冲压件工艺性分析之后应进行的重要设计环节。这一设计环节需要作以下几步工作。

(一) 列出冲压所需的全部单工序

根据产品的形状特征,判断出它的主要属性,如为冲裁件、弯曲件、拉深件或翻边件等。初步判定它的加工性质,如落料、冲孔、弯曲、拉深等。许多冲压件的形状很直观地反映出冲压加工的性质类别。如图 7-1 所示的平板件,需用剪裁、冲孔和落料工序。图 7-2 为弯曲件,需经落料或剪裁、弯曲、冲孔等工序完成。

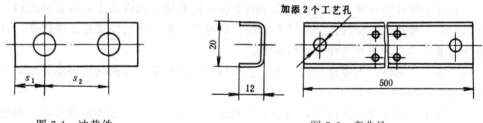

图 7-1　冲裁件　　　　　　　　　图 7-2　弯曲件

图 7-3a、b 分别为油封内夹圈和油封外夹圈,都为翻边件。两个冲压件的形状极为相似,只是管壁高度不同,分别为 8.5mm 和 13.5mm。图 7-3a 的内夹圈用落料、冲孔、翻边三道冲压工序,翻边系数计算为 0.8,所拟各工序适宜。对于图 7-3b 的外夹圈,如果也采用相同的冲压工序,由校核计算,会发现平板上冲孔再直接翻边的翻边系数过小,仅为 0.74,超出了板材圆孔翻边系数的许可值,故而此件不能由平板上预冲一孔,一次直接翻边来获得翻边高度尺寸。其边高宜改用拉深成形获得一部分,再在拉深件底部冲孔后,翻边成形而获得,故应由落料、拉深、冲孔、翻边等四道工序加工生产。有时,为了保证冲压件的精度和质量,也要改变工序性质和工艺安排。当基本工序性质确定后,即可进行毛坯外形尺寸计算,如弯曲件、拉深件的轮廓尺寸计算等。

对于拉深件,还应进一步计算拉深次数,以确定拉深工序数,因为一次拉深的变形程度

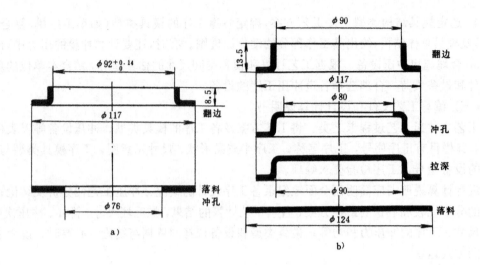

图 7-3　油封内夹圈与油封外夹圈的冲压工艺过程
a) 油封内夹圈　b) 油封外夹圈
材料：08 钢、厚度 0.8mm

是有限的。弯曲件、冲裁件等也应根据其形状、尺寸及精度要求等，确定是一次或几次加工。

（二）冲压顺序的初步安排

对于所列的各道加工工序，还要根据其变形性质、质量要求、操作方便等因素，对工序的先后顺序作出安排。安排的一般原则为：

（1）对于带孔的或有缺口的冲裁件，如果选用单工序模，一般先落料，再冲孔或冲缺口。若选用级进模，则落料排为最后工序。

（2）对于带孔的弯曲件，其冲孔工序的安排，应参照弯曲件的工艺性分析进行。

（3）对于带孔的拉深件，一般是先拉深，后冲孔，但当孔的位置在工件底部，且孔径尺寸精度要求不高时，也可先冲孔，后拉深。

（4）多角弯曲件，有多道弯曲工序，应从材料变形影响和弯曲时材料窜移趋势两方面安排先后弯曲的顺序。一般先弯外角，后弯内角。

（5）对于形状复杂的拉深件，为便于材料的变形流动，应先成形内部形状，再拉深外部形状。

（6）附加的整形工序、校平工序，应安排在基本成形之后。

（三）工序的组合

对于多工序加工的冲压件，还要根据生产批量、尺寸大小、精度要求以及模具制造水平、设备能力等多种因素，将已经初步依序而排的单工序予以必要而可能的组合（包括复合）。组合时，可能对原顺序作个别调整。一般而言，厚料、低精度、小批量、大尺寸的产品宜单工序生产，用简单模；薄料、小尺寸、大批量的产品宜用级进模进行连续生产；形位精度高的产品，可用复合模加工相关尺寸。

常见的复合模与级进模的工序组合方式，可分别参照表 7-1 和表 7-2 选用。

对于某些特殊的或组合式的冲压件，除冲压加工外，还有其他辅助加工，如钻孔、车削、焊接、铆合、去毛刺、清理、表面处理等等。对这些辅助工序，可根据具体的需要，穿插安排在冲压工序之前、之间或之后进行。

经过工序的顺序安排和组合，就形成为工艺方案。可行的工艺方案可能有几个，必须从中选择最佳方案。

（四）最佳工艺方案的分析、比较和确定

技术上可行的各种工艺方案总有各种优缺点，应从中确定一个能可靠保证产品质量、产量，使设备利用率最高，模具成本最低，人力、材料消耗最少，操作安全方便的方案。这就是说，不仅要从技术上，而且还从经济上反复分析、比较，才能确定最佳工艺方案。

**表 7-1　复合模的工序组合方式**

| 模具形式 | 简　图 | 模具形式 | 简　图 |
|---|---|---|---|
| 落料和冲孔 | 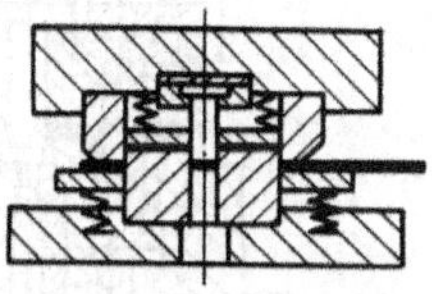 | 拉深和成形 | 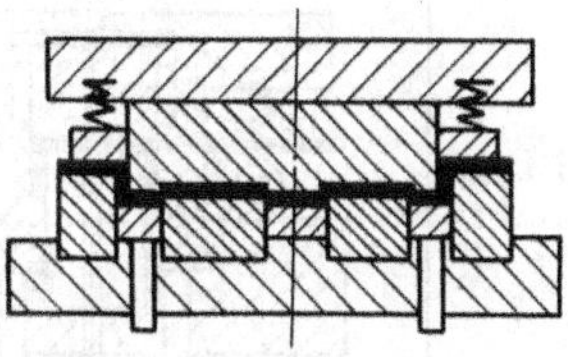 |
| 切边和冲孔 | 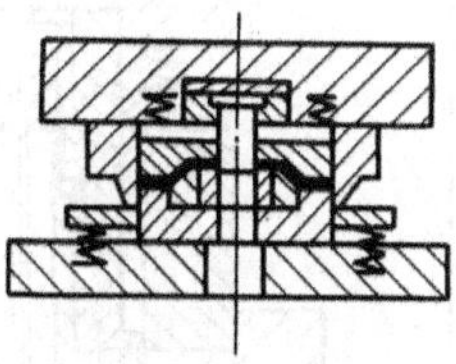 | 切边和成形 | 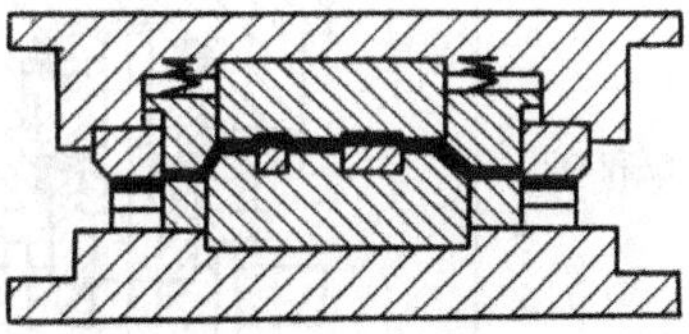 |
| 落料和压印（成形） | 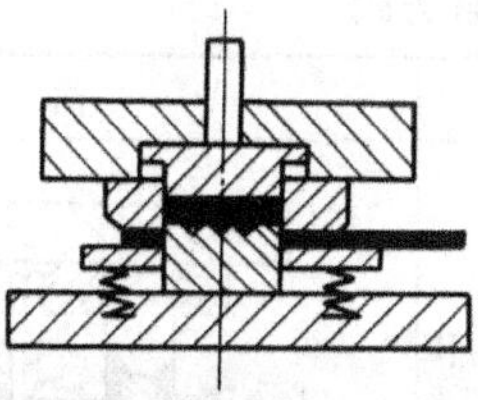 | 落料、拉深和冲孔 | 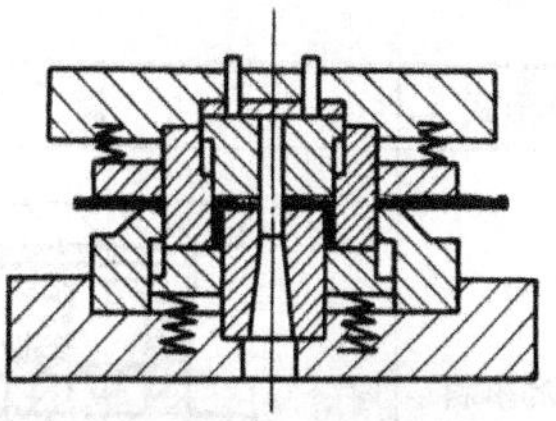 |
| 切断和弯曲 | 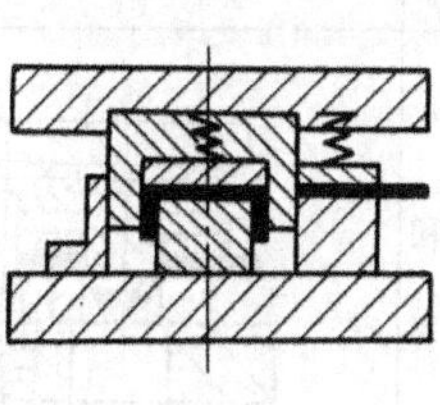 | 落料、拉深和成形 | 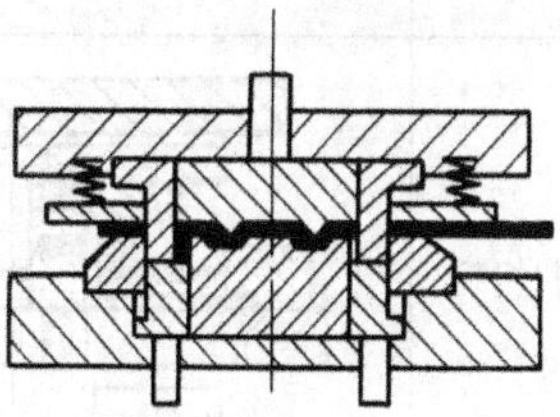 |

（续）

| 模具形式 | 简　图 | 模具形式 | 简　图 |
|---|---|---|---|
| 冲孔和翻边 | 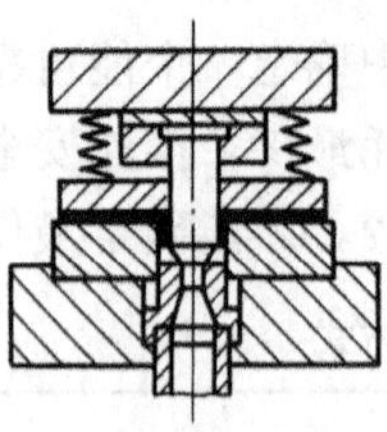 | 落料、拉深和切边 | 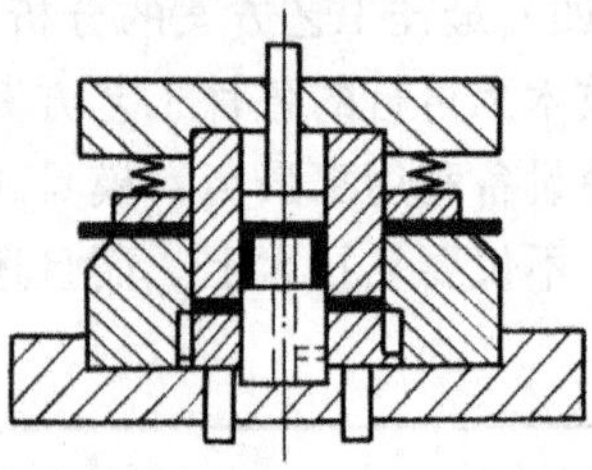 |
| 落料和首次拉深 | 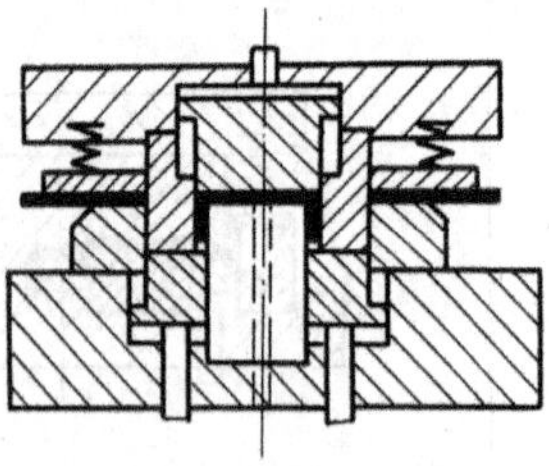 | 四个或更多的复合工序 | 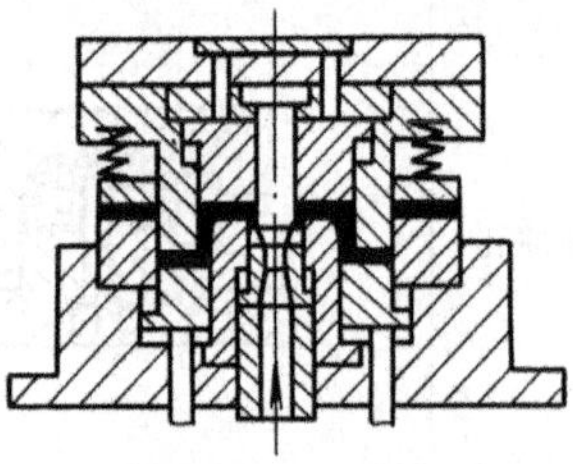 |
| 拉深和冲孔 | 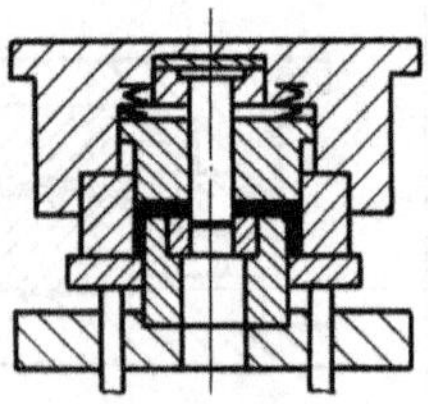 | 落料和双重拉深 | 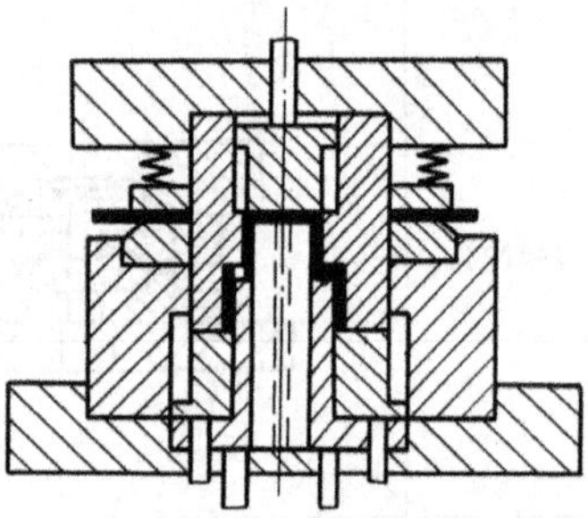 |

### 表 7-2　级进模的工序组合方式

| 模具形式 | 简　图 | 模具形式 | 简　图 |
|---|---|---|---|
| 冲孔和落料 | 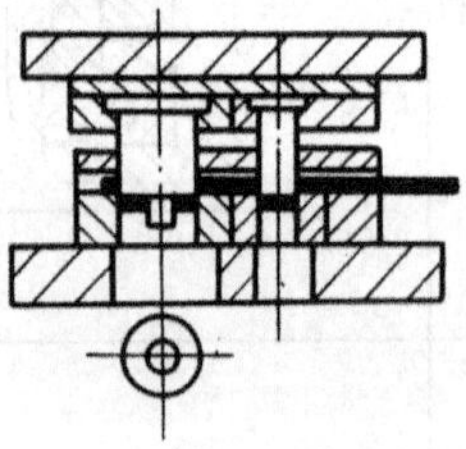 | 弯曲、切断和最后弯曲 | 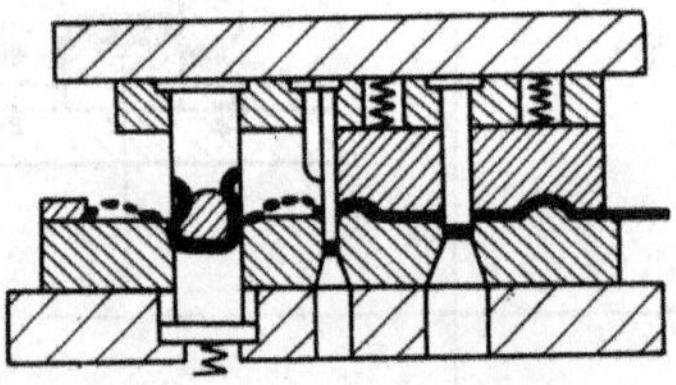 |
| 冲孔和切断 | 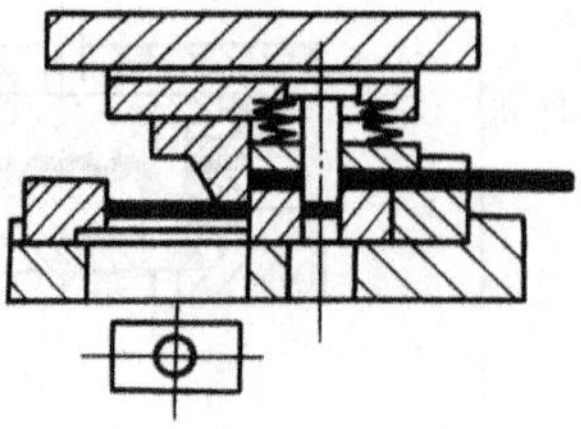 | 连续拉深和落料 | 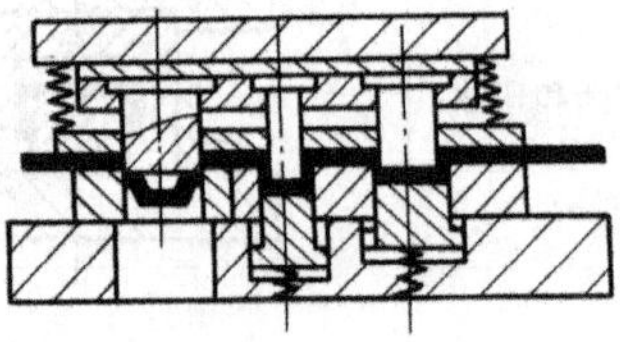 |

（续）

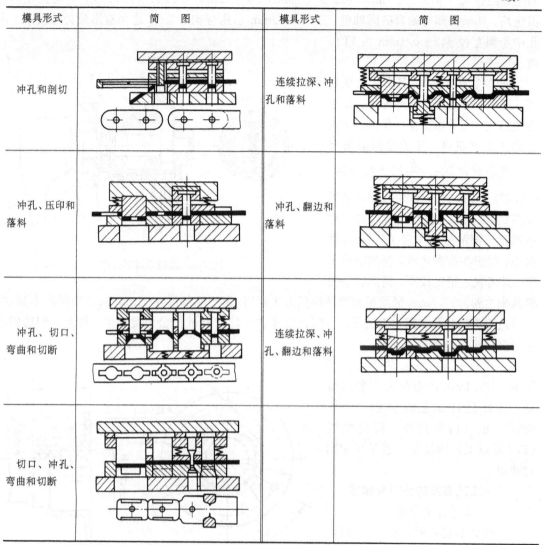

| 模具形式 | 简　图 | 模具形式 | 简　图 |
|---|---|---|---|
| 冲孔和剖切 | | 连续拉深、冲孔和落料 | |
| 冲孔、压印和落料 | | 冲孔、翻边和落料 | |
| 冲孔、切口、弯曲和切断 | | 连续拉深、冲孔、翻边和落料 | |
| 切口、冲孔、弯曲和切断 | | | |

# 第二节　典型冲压件工艺设计实例

玻璃升降器外壳件的形状、尺寸如图 7-4 所示，欲用冲压生产，材料为 08 钢板，板厚 1.5mm，中批量生产。试作冲压工艺设计。

## 一、冲压件的工艺分析

首先应充分了解产品的使用场合和使用要求。汽车车门上的玻璃升降是由升降器操纵的。升降器部件装配简图如图 7-5 所示，本冲压件为其中的件 5。升降器的传动机构装在外壳内，并通过外壳凸缘上均布的三个 $\phi3.2mm$ 的小孔铆接在车门内板上。传动轴 6 以 IT11 级的间隙配合装在外壳件右端 $\phi16.5mm$ 的承托部位，通过制动扭簧 3、联动片 9 及心轴 4 与小齿轮 11 联接，摇动手柄 7 时，传动轴将动力传递给小齿轮，继而带动大齿轮 12，推动车门玻璃升降。

本（外壳）冲压件采用 1.5mm 的钢板冲压而成，可保证足够的刚度与强度。查外壳内腔

的主要配合尺寸 $\phi16.5^{+0.12}_{0}$mm，$\phi22.3^{+0.14}_{0}$mm，$16^{+0.2}_{0}$mm，为 IT11～IT12 级。为确保在铆装固定后，其承托部与轴套的同轴度，三个 $\phi3.2$mm 小孔与 $\phi16.5$mm 之间有形位公差要求，小孔中心圆直径 $\phi42\pm0.1$mm 为 IT10 级。

此零件为旋转体，其形状特征表明，是一个带凸缘的圆筒形件。其主要的形状、尺寸由拉深、翻边、冲孔等冲压工序获得。作为拉深成形尺寸，其相对值 $\dfrac{d_p}{d}$、$\dfrac{h}{d}$ 都比较合适。$\phi22.3^{+0.14}_{0}$mm，$16^{+0.2}_{0}$mm 的公差要求偏高（参见拉深工艺性分析），拉深件底部及口部的圆角半径 $R1.5$mm 也偏小，故应在拉深之后，另加整形工序，并用制造精度较高、间隙较小的

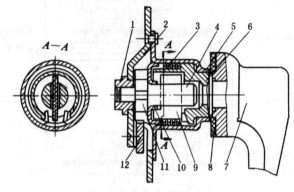

图 7-4　玻璃升降器外壳

模具来达到。$\phi16.5$mm 区段可用多种冲压方法获得，由于端部尺寸 21mm 的公差要求不高，故可用最简单的冲孔、翻边方法获得。翻边尺寸 $\phi16.5^{+0.12}_{0}$mm 的公差要求也比较高，翻边模具的精度应相应提高。

三个小孔 $\phi3.2$mm 的中心圆直径 $\phi42\pm0.1$mm 的形位公差要求较高，按冲裁件工艺性分析，应以 $\phi22.3$mm 的内径定位，用高精度（IT7 级以上）冲模在一道工序中同时冲出。

**二、工艺方案的分析和确定**

（一）工艺方案分析

外壳的形状表明，它为拉深件，所以拉深为基本工序。凸缘上三小孔由冲孔工序完成。右端 $\phi16.5$mm 区段，实际上既可由拉深、切底获得，又可由预冲孔、翻边制造。后一方法省料、生产率高，故应先作计算，尽可

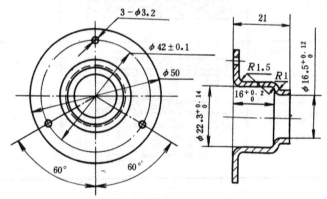

图 7-5　玻璃升降器装配简图
1—轴套　2—座板　3—制动扭簧　4—心轴　5—外壳
6—传动轴　7—手柄　8—油毡　9—联动片
10—挡圈　11—小齿轮　12—大齿轮

能采用后一种方法。根据翻边工艺计算规则，翻边系数 $K$ 为

$$K=1-\frac{2\,(h-0.43r-0.72t)}{d_m}$$

参见图 7-4，式中 $h$ 为 5mm，$r$ 为 1mm，$d_m$ 为 18mm，

故得　$K=0.61$

$$d=d_mK=11\text{mm}$$

$d/t=11/1.5=7.33$，查翻边系数极限值表知，当用圆柱形凸模预冲孔时，$[K]=0.5$，现 $0.61>0.5$ 故能由冲孔后直接翻边获得 $H=5$mm 的右端。

翻边前的拉深件形状与尺寸如图 7-6 所示。

拉深件的毛坯尺寸及拉深次数，应通过计算确定。

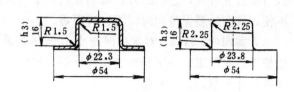

图 7-6　翻边前的半成品形状和尺寸

1. 毛坯直径 $D$ 的计算

因为 $\dfrac{d'_p}{d_p} = \dfrac{50}{23.8} = 2.1$，查拉深工艺资料，得凸缘修边余量 $\delta = 1.8$mm，所以拉深件凸缘直径 $d_p = d'_p + 2\delta = (50 + 3.6)$mm $\approx$ 54mm。毛坯直径 $D$ 按下式计算

$$D = \sqrt{d_p^2 + 4dH - 3.44d \times r}$$
$$= \sqrt{54^2 + 4 \times 23.8 \times 16 - 3.44 \times 23.8 \times 2.25}\,\text{mm}$$
$$= 65\text{mm}$$

2. 拉深次数 $n$ 的计算

因为 $t/D = 2.3\%$，$\dfrac{d_p}{D} = \dfrac{54}{65} = 0.83$，$m_{总} = \dfrac{d}{D} = \dfrac{23.8}{65} = 0.366$，初定 $r_1 \approx (4 \sim 5)\,t$，则由《冲压手册》（第 2 版，机械工业出版社 1990 年）表 4-22 可查得 $[m_1] = 0.44$，$[m_2] = 0.75$，又由 $[m_1][m_2] = 0.44 \times 0.75 = 0.33$，所以 $m_{总} > [m_1][m_2]$。需两次拉深方可，$n = 2$。

考虑到拉深件的圆角半径 $r2.25$ 约为 $1.5t$，很小，为了在拉深工序中得到更小的口部、底部圆角半径，而且考虑到拉深后还应加一道整形工序，故实可看作为三道拉深兼整形工序，在实用上，就可将 $m_{总} = 0.366$ 分配在三道工序中，于是可实取 $m_1 = 0.56$，$m_2 = 0.805$，$m_3 = 0.812$，那么，

$$0.56 \times 0.805 \times 0.812 = 0.366$$

于是得知，本工件的全部单工序有落料 $\phi65$mm，第一次拉深、第二次拉深、第三次拉深、冲底孔 $\phi11$mm，翻边 $\phi16.5$mm，冲三小孔 $\phi3.2$mm，修边 $\phi50$mm。计八道单工序。

（二）工艺方案的确定

根据八道基本工序，可以对它们作不同的组合，排出顺序，即得出工艺方案，具体可排出以下五种方案：

方案一：落料与首次拉深复合，其余按基本工序。

方案二：落料与首次拉深复合，冲 $\phi11$mm 底孔与翻边复合，冲三个小孔 $\phi3.2$mm 与切边复合，其余按基本工序。

方案三：落料与首次拉深复合，冲 $\phi11$mm 底孔与冲三个小孔 $\phi3.2$mm 复合，翻边与切边复合，其余按基本工序。

方案四：落料、首次拉深与冲 $\phi11$mm 底孔复合，其余按基本工序。

方案五：采用级进模或在多工位自动压力机上冲压。

分析比较上述五种方案，可以看出：

方案二中，冲 $\phi11$mm 孔与翻边复合，由于模壁厚度较小 $a = [(16.5 - 11)/2]$mm $= 2.75$mm，小于凸凹间的最小壁厚 3.8mm，模具极易损坏。冲三个 $\phi3.2$mm 小孔与切边复合，也存在模壁太薄的问题，此时 $a = [(50 - 42 - 3.2)/2]$mm $= 2.4$mm，因此不宜采用。

　　方案三中，虽解决了上述模壁太薄的矛盾，但冲 φ11mm 底孔与冲 φ3.2mm 小孔复合及翻边与切边复合时，它们的刃口都不在同一平面上，而且磨损快慢也不一样，这会给修磨带来不便，修磨后要保持相对位置也有困难。

　　方案四中，落料、首次拉深与冲 φ11mm 底孔复合，冲孔凹模与拉深凸模做成一体，也会给修磨造成困难。特别是冲底孔后再经二次和三次拉深，孔径一旦变化，将会影响到翻边的高度尺寸和翻边口缘质量。

　　方案五采用级进模或多工位自动送料装置，模具结构复杂，制造周期长，生产成本高，因此，只有在大量生产中才较适合。

　　方案一没有上述缺点，但工序复合程度低、生产率也较低，不过单工序模具结构简单、制造费用低，这在中小批生产中却是合理的，因此决定采用第一方案。本方案在第三次拉深和翻边工序中，于冲压行程临近终了时，模具可对工件产生刚性冲击而起到整形作用，故无需另加整形工序。

### 三、编制工艺卡片

　　工艺卡片的编制可参考表 7-3。

**表 7-3 工 艺 卡 片**

| 工序 | 工序说明 | 加工草图 | 设备型号名称 |
|---|---|---|---|
| 3 | 三次拉深（带整形） | $16^{+0.2}_{0}$ $R1.5$ $R1.5$ $\phi 22.3^{+0.14}_{0}$ $\phi 54$ | 600kN 压力机 |
| 4 | 冲 $\phi 11$mm 底孔 | $\phi 11$ | 250kN 压力机 |
| 5 | 翻边（带整形） | | 250kN 压力机 |
| 6 | 冲三个小孔 $\phi 3.2$mm | $\phi 16.5^{+0.12}_{0}$ $R1$ $R1.5$ 21 $16^{+0.2}_{0}$ | 250kN 压力机 |
| 7 | 切边 | $3-\phi 3.2$均布 $\phi 42\pm 0.1$ | 350kN 压力机 |
| 8 | 检验 | $\phi 50$ | |

|  |  |  |  |  | 设计： |
|---|---|---|---|---|---|
|  |  |  |  |  |  |
| 更改标记 | 处 数 | 文件号 | 签 字 | 日 期 |  |

| 标　记 | | 产 品 名 称 | CA10B 型载重汽车 | 文 件 代 号 | | |
|---|---|---|---|---|---|---|
| | | 零 件 名 称 | 玻璃升降制动机构外壳 | 共　页 | 第　页 | |

| 材料 | 名称牌号 | 08 钢 | 剪后毛坯 | 1.5mm×69mm×1800mm |
|---|---|---|---|---|
| | | | 每条件数 | 27 个 |
| | 形状尺寸 | 1.5±0.11mm×1800mm ×900mm | 每张件数 | 351 个 |
| | | | 消耗定额 | 0.054kg |

| 零件送来部门 | 备料工段 | 工种 | 冲 | 钳 | | 总计 |
|---|---|---|---|---|---|---|
| 零件送往部门 | 装配工段 | 工时 | | | | |
| 每产品零件数 | 2 | | | | | |

220

(续)

| 模 具 名称图号 | 工具量具 名称编号 | 每小时生产量 | 单件定额（分） | 工人数量 | 备 注 |
|---|---|---|---|---|---|
|  |  |  |  |  |  |
| 落料拉深复合模 |  |  |  |  |  |
| 拉深模 |  |  |  |  |  |
| 拉深模 |  |  |  |  |  |
| 冲孔模 |  |  |  |  |  |
| 翻边模 |  |  |  |  |  |
| 冲孔模 |  |  |  |  |  |
| 切边模 |  |  |  |  |  |
|  |  |  |  |  |  |
|  | 校对： | 审核： |  | 批准： |  |

# 第八章　冲模结构及设计

## 第一节　冲模及冲模零件的分类

冲压工艺是通过冲压模具来实现的,因此做好模具设计是冲压工艺中的一项关键工作。模具设计主要是确定模具的类型、结构和模具零件的选用、设计与计算等。

**一、冲模的分类**

冲压件的品种、式样繁多,导致冲模的类型多种多样。

(1) 按工序性质可分为落料模、冲孔模、切断模、整修模、弯曲模、拉深模、成形模等。

(2) 按工序组合程度可分为单工序模、级进模和复合模。

单工序模:在一副模具中只完成一个工序。如落料模、冲孔模、弯曲模、拉深模等。

级进模:在一次行程中,在一副模具的不同位置上完成不同的工序。因此对工件来说,要经过几个工位也即几个行程才能完成。而对模具来说,则每一次行程都能冲压出一个制件。所以级进模生产率相当高。

复合模:在一次行程中,一副模具的同一个位置上,能完成两个以上工序。因此复合模冲压出的制件精度较高,生产率也高。

(3) 按导向方式可分为无导向的开式模、有导向的导板模、导柱模等。

(4) 按卸料方式可分为刚性卸料模、弹性卸料模等。

(5) 按送料、出件及排除废料的方式可分为手动模、半自动模、自动模等。

(6) 按凸、凹模的材料可分为硬质合金模、锌基合金模、薄板模、钢带模、聚氨酯橡胶模等。

**二、冲模零件的分类**

凡属模具,无论其结构形式如何,一般都是由固定和活动两部分组成。固定部分是用压铁、螺栓等紧固件固定在压力机的工作台面上,称下模;活动部分一般固定在压力机的滑块上,称上模。上模随着滑块作上、下往复运动,从而进行冲压工作。

一套模具根据其复杂程度不同,一般都由数个、数十个甚至更多的零件组成。但无论其复杂程度如何,或是哪一种结构形式,根据模具零件的作用又可以分成五个类型的零件。

1. **工作零件**　是完成冲压工作的零件,如凸模、凹模、凸凹模等。见图 8-51 中的件 4、8、13。

2. **定位零件**　这些零件的作用是保证送料时有良好的导向和控制送料的进距,如挡料销、定距侧刀、导正销、定位板、导料板、侧压板等。见图 8-51 中的活动挡料销 5。

3. **卸料、推件零件**　这些零件的作用是保证在冲压工序完毕后将制件和废料排除,以保证下一次冲压工序顺利进行。如推件器、卸料板、废料切刀等,见图 8-51 中的推件器 12、顶杆 18、顶板 17、推杆 15、卸料板 6、卸料螺钉 3。

4. **导向零件**　这些零件的作用是保证上模与下模相对运动时有精确的导向,使凸模、凹模间有均匀的间隙,提高冲压件的质量。如导柱、导套、导板等,见图 8-51 中的导柱 10、导套9。

5. 安装、固定零件  这些零件的作用是使上述四部分零件联结成"整体"，保证各零件间的相对位置，并使模具能安装在压力机上。如上模板、下模板、模柄、固定板、垫板、螺钉、圆柱销等，见图 8-51 中的件 7、1、16、11、19、21、20。

由此可见，在看模具图时，特别是复杂模具，应从这五个方面去识别模具上的各个零件。当然并不是所有模具都必须具备上述五部分零件。对于试制或小批量生产的情况，为了缩短生产周期、节约成本，可把模具简化成只有工作部分零件如凸模、凹模和几个固定部分零件即可；而对于大批量生产，为了提高生产率，除做成包括上述零件的冲模外，甚至还附加自动送、退料装置等。

## 第二节  冲模主要零件设计

### 一、工作零件

**（一）凸模、凹模的固定形式**

如图 8-1 所示，图 a、b、g、h 是直接固定在模板上的，其中图 b、h 一般用于中型和大型零件，图 a、g 常用于冲压数量较少的简单模；图 c、i 所示凸模（凹模）与固定板用 $\frac{H7}{m6}$ 配合，上面留有台阶。这种形式多在零件形状简单、板材较厚时采用；图 d 所示是采用铆接，凸

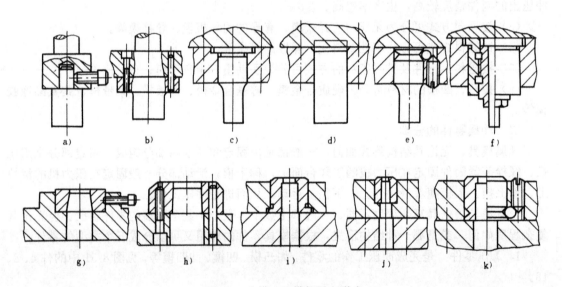

图 8-1  凸模、凹模的固定形式

模上无台阶，全部长度尺寸形状相同，装配时上面铆开然后磨平。这种形式适用于形状较复杂的零件，加工凸模时便于全长一起磨削；图 j 所示是仅靠 $\frac{H7}{r6}$ 配合固紧，一般只在冲压小件时使用；图 e、f、k 所示是快速更换凸模（凹模）的固定形式。对多凸模（凹模）冲模，其中个别凸模（凹模）特别易损，需经常更换，此时采用这种形式更换易损凸模（凹模）较方便。

对形状复杂的零件和多凸模冲模，广泛采用低熔点合金或高分子塑料的接合方法，使模具制造和装配大为简化。这种方法是在固定板与凸模联接处留有空槽，见图 8-2。装配时将凸模与凹模的间隙调整好，然后在空槽上倒入低熔点合金，当合金冷却后体积膨胀即把凸模紧固。

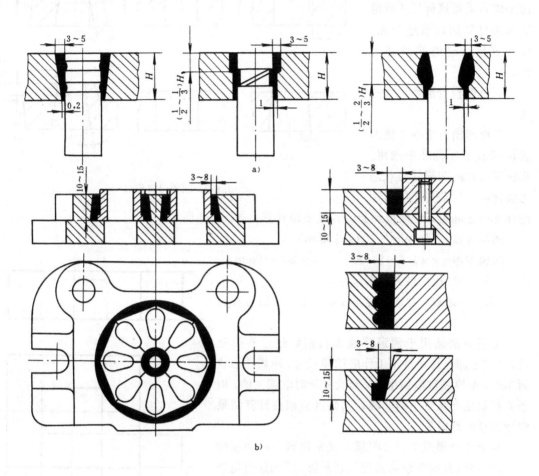

图 8-2　凸模、凹模的粘接固定

a）凸模固定　b）镶块凹模固定

（二）凹模刃口形式

凹模刃口通常有如图 8-3 所示的几种形式。

图 a 的特点是刃边强度较好。刃磨后工作部分尺寸不变，但洞口易积存废料或制件，推件力大且磨损大，刃磨时磨去的尺寸较多。一般用于形状复杂和精度要求较高的制件，对向上出件或出料的模具也采用此刃口形式。

图 b 的特点是不易积存废料或制件，对洞口磨损及压力很小，但刃边强度较差。且刃磨后尺寸稍有增大，不过由于它的磨损小，这种增大不会影响模具寿命。一般适用于形状较简单、冲裁制件精度要求不高、制件或废料向下落的情况。

图 c、d 与图 b 相似，图 c 适用于冲裁较复杂的零件；图 d 适用于冲裁薄料和凹模厚度较薄的情况。

图 e 与图 a 相似，适用于上出件或上出料的模具。

图 f 适用于冲裁 0.5mm 以下的薄料，且凹模不淬火或淬火硬度不高（35～40HRC），采用这种形式可用手锤敲打斜面以调整间隙，直到试出满意的冲裁件为止。

（三）凹模外形和尺寸的确定

圆形凹模可由冷冲模国家标准或工厂标准中选用。非标准尺寸的凹模受力状态比较复杂，目前还不能用理论计算方法确定，一般按经验公式概略地计算，如图 8-4 所示。

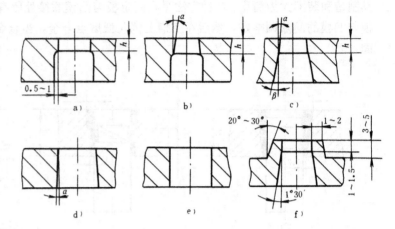

图 8-3　凹模刃口形式

凹模高度　$H=Kb$　　（≥15mm）

凹模壁厚　$c（1.5～2）H$　　（≥30～40mm）

式中　$b$——冲压件最大外形尺寸

　　　$K$——系数，考虑板材厚度的影响，其值可查表 8-1。

上述方法适用于确定普通工具钢经过正常热处理，并在平面支撑条件下工作的凹模尺寸。冲裁件形状简单时，壁厚系数取偏小值，形状复杂时取偏大值。用于大批量生产条件下的凹模，其高度应该在计算结果中增加总的修模量。

对于复合模或多刃口凹模，经常遇到刃口间相距很近的问题，此时凹模的强度是否足够，证明这点用理论方法十分复杂，许多工厂根据生产实践总结了一些模壁最小厚度的经验数据，只要凹模刃口间的距离不小于所列的侧壁最小厚度，凹模就有相当的使用寿命。模壁最小厚度的数值，可查阅有关冲压手册。

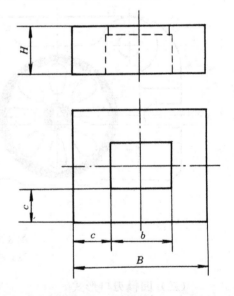

图 8-4　凹模尺寸

表 8-1　系数 K 值

| $b$（mm） | 料　厚　$t$　（mm） | | | | |
|---|---|---|---|---|---|
| | 0.5 | 1 | 2 | 3 | ＞3 |
| ＜50 | 0.3 | 0.35 | 0.42 | 0.5 | 0.6 |
| 50～100 | 0.2 | 0.22 | 0.28 | 0.35 | 0.42 |
| 100～200 | 0.15 | 0.18 | 0.2 | 0.24 | 0.3 |
| ＞200 | 0.1 | 0.12 | 0.15 | 0.18 | 0.22 |

（四）凸模长度确定及其强度核算

**1. 凸模长度计算** 凸模的长度一般是根据结构上的需要确定的，如图 8-5 所示。

凸模长度 $\qquad L = h_1 + h_2 + h_3 + a$

式中 $h_1$——固定板的厚度（mm）；

$\quad\quad h_2$——固定卸料板的厚度（mm）；

$\quad\quad h_3$——导尺厚度（mm）；

$\quad\quad a$——附加长度，它包括凸模的修磨量、凸模进入凹模的深度及凸模固定板与卸料板的安全距离等。这一尺寸如无特殊要求，可取 10～20mm。

凸模长度确定后一般不需作强度核算，只有当凸模特别细长时，才进行凸模的抗弯能力和承压能力的校核。

**2. 凸模抗弯能力校核** 图 8-6a 所示为凸模无导向的情况：

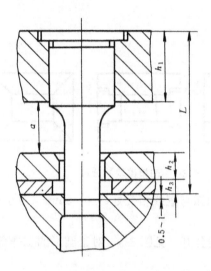

图 8-5 凸模长度

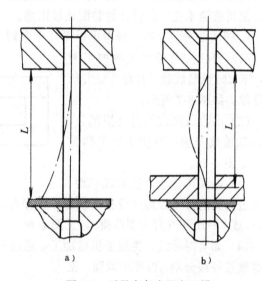

图 8-6 无导向与有导向凸模

对于非圆形凸模 $\qquad\qquad L_{max} \leqslant 135 \sqrt{\dfrac{I}{F}}$

对于圆形凸模 $\qquad\qquad L_{max} \leqslant 30 \dfrac{d^2}{\sqrt{F}}$

图 8-6b 所示为凸模有导向的情况：

对于非圆形凸模 $\qquad\qquad L_{max} \leqslant 380 \sqrt{\dfrac{I}{F}}$

对于圆形凸模 $\qquad\qquad L_{max} \leqslant 85 \dfrac{d^2}{\sqrt{F}}$

式中 $L_{max}$——凸模允许的最大自由长度（mm）；

$\quad\quad F$——该凸模的冲压力（N）；

$\quad\quad I$——凸模最小断面惯性矩（mm⁴）；

$\quad\quad d$——凸模最小直径（mm）。

**3. 凸模承压能力的校核**

非圆形凸模 $\qquad\qquad A_{min} \geqslant \dfrac{F}{[\sigma]}$

圆形凸模 $\qquad$ $d_{\min} \geqslant \dfrac{4t\tau}{[\sigma]}$

式中　$A_{\min}$——凸模的最小截面积（$mm^2$）；

$\qquad$ $d_{\min}$——凸模的最小直径（mm）；

$\qquad$ $F$——冲压力（N）；

$\qquad$ $t$——材料厚度（mm）；

$\qquad$ $\tau$——材料抗剪强度（MPa）；

$\qquad$ $[\sigma]$——凸模材料的许用应力（MPa）。

（五）凸模、凹模的镶块结构

对于大型和复杂形状的冲模，采用镶块结构是合理的，这不但可节约贵重的工具钢，使模具易损部位更换方便，且能解决无法锻造大钢料、热处理变形等问题，并便于采用成形磨削，使制造简单化。但模具的装配比较困难。

1. 镶块的分块原则　应考虑以下几个原则

（1）刃口尖角处因机械加工困难，淬火时也易破裂，因而可在尖角处分段，如图 8-7 所示。

（2）凸出或凹进的易磨损部分，应单独做成一块，以便于加工和更换，见图 8-8a。

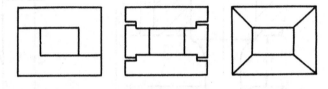

图 8-7　凹模镶块的分块

（3）圆弧部分应单独做成一块，对凹进圆弧的接合线最好设在直线部分，接合点离圆弧与直线相交处约 4～5mm（对小型冲模），或 5～7mm（对大型冲模），见图 8-8a。

（4）如有对称线，为便于机械加工，应沿对称线分开，见图 8-9，对于圆形的工作部分，应尽量按径线分割，以便于紧固，见图 8-10。

（5）如果凹模和凸模都采用镶块，为避免产生毛刺，凹模镶块接合线与凸模镶块接合线应错开，错开距离为 3～5mm。

（6）为使镶块间良好接合，也减少磨削量，接合线不宜太长，一般约为 12～15mm，其余留 2mm 空隙。见图 8-8。

2. 镶块的紧固　常用的有如下几种方法：

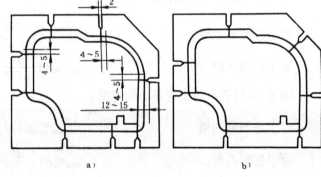

图 8-8　复杂件的镶块

a）正确分段　b）不正确分段

（1）框套热压法：多用于圆形镶块模，见图 8-11。框套与镶块采用基轴制 IT6 过盈配合，过盈量为镶块拼合后外径的千分之一。装配时框套加热至 400～500℃。

（2）框套螺钉紧固法：多用于中小镶块模。螺钉通过框套将镶块拉紧或顶紧，使镶块间获得紧密配合，见图 8-12。

（3）斜楔紧固法：多用于两半对合的镶块模，见图 8-13。

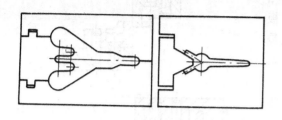

图 8-9　对称件的镶块

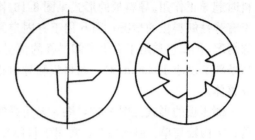

图 8-10　圆形件镶块

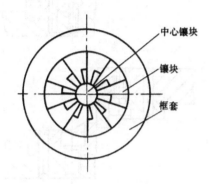

图 8-11　镶块热压紧固

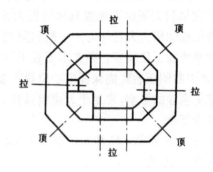

图 8-12　镶块的螺钉紧固

（4）直接以螺钉、销钉紧固：一般用于中、大型镶块模上。这种固定的常用形式见图 8-14。图 a 为只靠螺钉、销钉紧固，用于冲压料厚 $t < 1.5mm$ 的零件；当 $t = 1.5 \sim 2.5mm$ 时，水平推力较大，需加止推键，见图 b；当 $t > 2.5mm$ 时，水平推力更大，应采用窝槽形式，见图 c。

## 二、定位零件

定位部分零件的作用是使毛坯（条料或块料）送料时有准确的位置，保证冲出合格制件，不致冲缺而造成浪费。

### （一）定位件

主要指定位板或定位销，一般用于对单个毛坯的定位，其主要形式如图 8-15 所示。

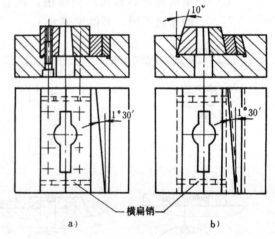

图 8-13　用斜楔紧固镶块

定位板厚度或定位销头部高度 $h$ 值，可按表 8-2 的数值选取。

**表 8-2　$h$ 的取值**

| 材料厚度 $t$（mm） | $<1$ | $1 \sim 3$ | $3 \sim 5$ |
|---|---|---|---|
| $h$（mm） | $t + 2$ | $t - 1$ | $t$ |

（二）导料件

主要指导料板和侧压板，它对条料或带料送料时起导正作用。导料板的形式见图8-16。图a用于有弹性卸料板的情况；图b用于有固定卸料板的情况；图c也是用于有固定卸料板的情况，只是当条料宽度小于60mm时，卸料板和导料板可做成整体。

侧压板的形式见图8-17，图a采用弹簧片侧压，结构较简单，但压力小，常用于料厚在1mm以下的薄料，弹簧片的数量视具体情况而定。图b采用的侧压板，侧压力较大，冲裁厚料时使用，侧压板的数量和安置位置也视具体情况而定。图c中的侧压板侧压力大且均匀，一般只限用在进料口，如果冲裁工位较多，则在末端起不到压料作用。图d中的侧压装置能保证中心位置不变，不受条料宽度误差的影响，常用于无废料排样上，但此结构较为复杂。

如图8-18所示，$H$ 和 $h$ 按表8-3选取，导料板间的宽度 $B_0$ 为

$$B_0 = B + C$$

式中　$B$——条料（带料）的宽度；

　　　$C$——条料与导料板间的间隙值，视有无侧压而不同，其值见表8-3。

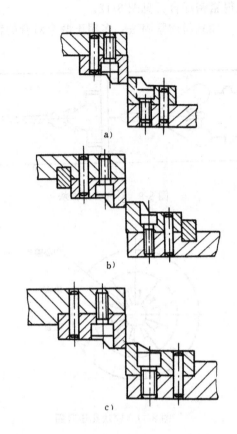

a)

b)

c)

图8-14　用螺钉与销钉紧固镶块

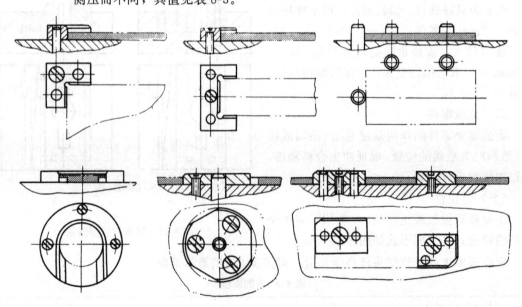

图8-15　定位形式

（三）挡料件

其作用是给予条料或带料送料时以确定进距。主要有固定挡料销、活动挡料销、自动挡料销、始用挡料销和定距侧刀等。

1. 固定挡料销　结构简单，常用的为圆头形式，见图8-19a。当挡料销孔离凹模刃口太近时，挡料销可移离一个进距，以免削弱凹模强度；也可以采用钩形挡料销，见图8-19b。

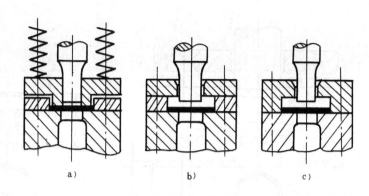

图 8-16　导料板的形式

2. 活动挡料销　这种挡料销后端带有弹簧或弹簧片，挡料销能自由活动，见图8-20a、b。这种挡料销常用在带弹性卸料板的结构中，复合模中最常见。

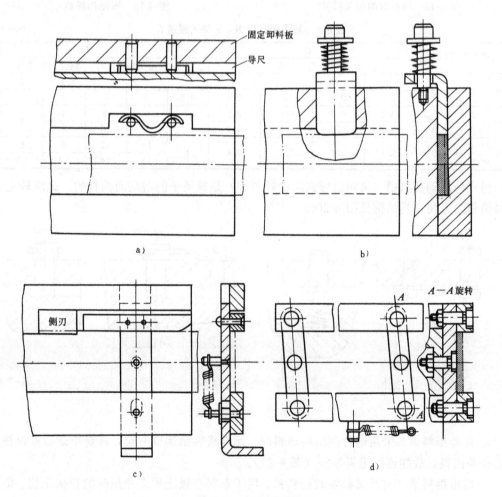

图 8-17　侧压板的形式

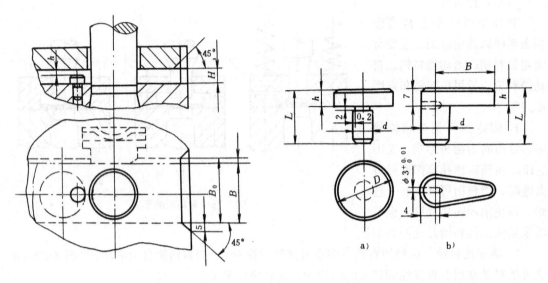

图 8-18　导料板的相关尺寸　　　　　　　　图 8-19　固定挡料销

**表 8-3　侧压板高度 $H$、$h$ 与间隙值 $C$**　　　　　　　　　　（mm）

| 条料宽度 条料厚度 | $C$ | | | | | | $H$ | | | | $h$ |
|---|---|---|---|---|---|---|---|---|---|---|---|
| | 不　带　侧　压 | | | | | 带侧压 | 用挡料销挡料 | | 侧刃、自动挡料 | | |
| | 50 | 50~100 | 100~150 | 150~220 | 220~300 | | <200 | >200 | <200 | >200 | |
| <1 | 0.1 | 0.1 | 0.2 | 0.2 | 0.3 | 0.5 | 4 | 6 | 3 | 4 | 2 |
| 1~2 | 0.2 | 0.2 | 0.3 | 0.3 | 0.4 | 2 | 6 | 8 | 4 | 6 | 3 |
| 2~3 | 0.4 | 0.4 | 0.5 | 0.5 | 0.6 | | 8 | 10 | 6 | | |
| 3~4 | 0.6 | 0.6 | 0.7 | 0.7 | 0.8 | 3 | 10 | 12 | 8 | 8 | 4 |
| 4~6 | | | | | | | 12 | 14 | 10 | 10 | |

　　另一种活动挡料销（又叫回带式活动挡料销）是靠销子的后端面挡料的，送料较之固定挡料销稍为方便，其结构见图 8-20c。

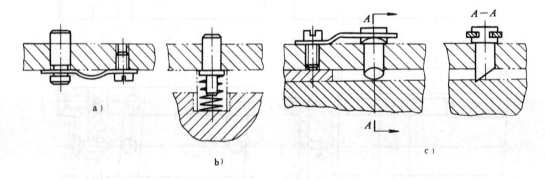

图 8-20　活动挡料销

　　3. 自动挡料销　采用这种挡料销送料时，无需将料抬起或后拉，只要冲裁后将料往前推便能自动挡料，故能连续送料冲压（图 8-21）。

　　4. 始用挡料销　有时又称临时挡料销，用于条料在级进模上冲压时的首次定位。级进模有数个工位，数个工位时往往就需用始用挡料销挡料。始用挡料销的数目视级进模的工位数而定。始用挡料销的结构形式见图 8-22。

5．定距侧刀　这种装置是以切去条料旁侧少量材料而达到挡料目的。定距侧刀挡料的缺点是浪费材料，只有在冲制窄而长的制件（进距小于 6～8mm）和某些少、无废料排样，而用别的挡料形式有困难时才采用。冲压厚度较薄（$t<0.5mm$）的材料而采用级进模时，也经常使用定距侧刀。见图 8-23。

图 a 的侧刀做成矩形，制造简单，但当侧刀尖角磨钝后，条料边缘处便出现毛刺，影响送料。

图 b 把侧刀两端做成凸部，当条料边缘连接处出现毛刺时也处在凹槽内不影响送料，但制造稍复杂些。

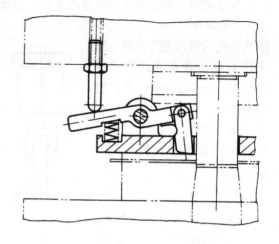

图 8-21　自动挡料销

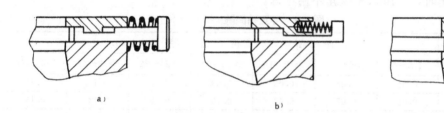

a)　　　　　　　b)　　　　　　　c)

图 8-22　始用挡料销

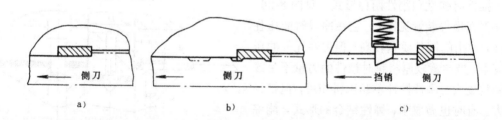

a)　　　　　　　b)　　　　　　　c)

图 8-23　定距侧刀

图 c 的优点是不浪费材料，但每一进距需把条料往后拉，以后端定距，操作不如前者方便。

（四）导正销

导正销多用于级进模中，装在第二工位以后的凸模上。冲压时它先插进已冲好的孔中，以保证内孔与外形相对位置的精度，消除由于送料而引起的误差。但对于薄料（$t<0.3mm$），导正销插入孔内会使孔边弯曲，不能起到正确的定料作用，此外孔的直径太小（$d<1.5mm$）时导正销易折断，也不宜采用，此时可考虑采用侧刀。

导正销的形式及适用情况见图 8-24。

导正销的头部分直线与圆弧两部分，直线部分高 $h$ 不宜太大，否则不易脱件，也不能太小，一般取 $h=(0.5\sim1)\,t$。考虑到冲孔后弹性变形收缩，导正销直径比冲孔的凸模直径要小 $0.04\sim0.20$ mm，具体值见表 8-4。

冲孔凸模、导正销及挡料销之间的相互位置关系见图 8-25。

$$h=D+a$$

$$c=\frac{D}{2}+a+\frac{d}{2}+0.1\text{mm}$$

$$c'=\frac{3D}{2}+a-\frac{d}{2}-0.1\text{mm}$$

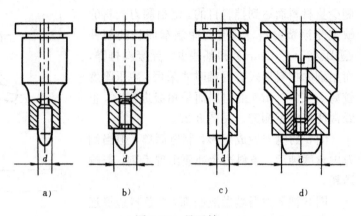

图 8-24　导正销

a) $d<5$mm　b) $d>5$mm　c) $d<12$mm　d) $d>12$mm

上式中尺寸 "0.1mm" 做为导正销往后拉（图 8-25a）或往前推（图 8-25b）的活动余量。当没有导正销时，0.1mm 的余量不用考虑。

**表 8-4　导正销间隙**

| 料厚 $t$ (mm) | 冲 孔 凸 模 直 径 $d$ (mm) | | | | | | |
|---|---|---|---|---|---|---|---|
| | 1.5~6 | >6~10 | >10~16 | >16~24 | >24~32 | >32~42 | >42~60 |
| <1.5 | 0.04 | 0.06 | 0.06 | 0.08 | 0.09 | 0.10 | 0.12 |
| 1.5~3 | 0.05 | 0.07 | 0.08 | 0.10 | 0.12 | 0.14 | 0.16 |
| 3~5 | 0.06 | 0.08 | 0.10 | 0.12 | 0.16 | 0.18 | 0.20 |

### 三、压料及卸料零件

（一）推件装置

推件有弹性和刚性两种形式，见图 8-26。

弹性推件装置见图 c，它在冲裁时能压住制件，冲出的制件质量较高，但弹性元件的压力有限，当冲裁较厚材料时推件的力量不足或使结构庞大。刚性推件不起压料作用，但推件力大。有时也做成刚、弹性结合的形式，能综合两者的优点。

刚性推件装置见图 a、b。推件是靠压力机的横梁作用，见图 8-27。

推杆的长度根据压力机相应尺寸来确定，一般在推件位置时（即滑块在上死点时），推杆要超出滑块孔的高度 5~10mm，推件的行程即为横梁的行程。

刚性推件要考虑不应过多地削弱上模板的强度，推件力尽可能分布均匀，因此推板有

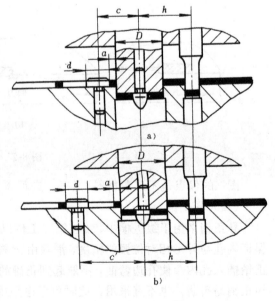

图 8-25　导正销位置尺寸

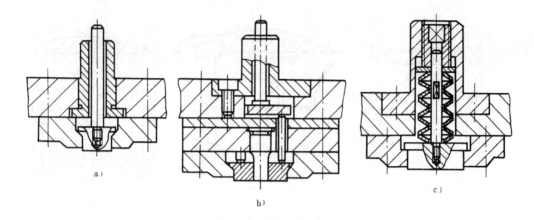

图 8-26　推件装置

如图 8-28 所示的几种形式。

（二）卸料装置

卸料装置也有刚性（即固定卸料板）和弹性两种形式，见图 8-29。此外废料切刀也是卸料的一种形式。

固定卸料板见图 8-29c，此形式卸料力大，但无压料作用，毛坯材料厚度大于 0.8mm 以上时多采用。

弹性卸料板见图 8-29a，此形式卸料力量小，但有压料作用，冲裁质量较好，多用于薄料。

对于卸料力要求较大、卸料板与凹模间又要求有较大的空间位置时，可采用刚弹性相结合的卸料装置，见图 8-29b。

卸料板和凹模的单边间隙一般取 0.1～0.5mm，但不小于 0.05mm。

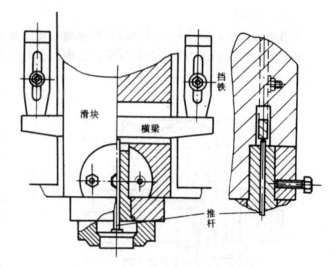

图 8-27　推件横梁

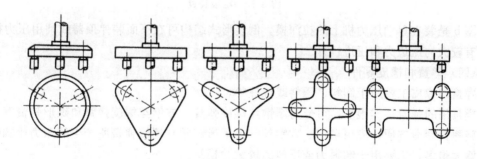

图 8-28　推板的形式

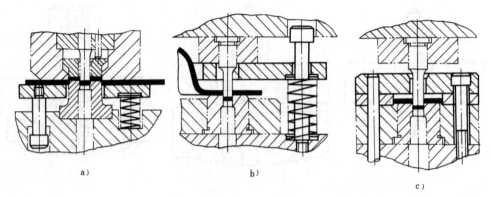

图 8-29　卸料板的形式

a）弹性卸料板　b）刚弹性卸料板　c）刚性卸料板

**（三）压边圈**

采用压边圈可以防止拉深件凸缘部分起皱，见图 8-30。

图 a 为装在双动压力机上的拉深模，凸模装在内滑块上，压边圈装在外滑块上。

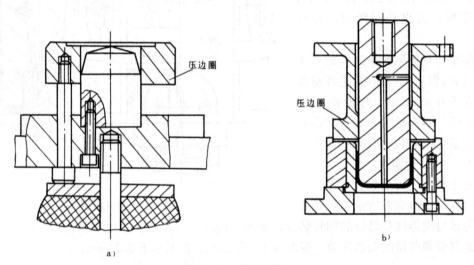

图 8-30　压边装置

图 b 是装在单动压力机上的拉深模。倒装形式结构可在下面装弹顶器或利用压力机的气垫，有较大的压边力和压边行程。

**（四）弹簧和橡皮零件**

弹簧和橡皮主要用于卸料、压料或推件等。

模具用的弹簧形式很多，可分为圆钢丝螺旋弹簧、方钢丝螺旋弹簧和碟形弹簧等。圆钢丝螺旋弹簧制造方便，应用最广。方钢丝（或矩形钢丝）螺旋弹簧所产生的压力比圆钢丝螺旋弹簧大得多，主要用于卸料力或压料力较大的模具。

在中小工厂，冲模的弹性零件广泛使用橡皮，其优点是使用十分方便，价格便宜。但橡皮和油接触，容易被腐蚀损坏。

近年来又有使用聚氨脂橡胶作弹性零件的，它比橡皮的压力大，寿命也长，但价格较贵。有关弹簧和橡皮的计算与选用，可参考有关标准及设计资料。

### 四、固定与紧固零件

#### （一）固定板

对于小型的凸、凹模零件，一般通过固定板间接固定在模板上，以节约贵重的模具钢，固定形式见前图 8-1。固定板固定凸模（凹模）要求固紧牢靠并有良好的垂直度。因此固定板必须有足够的厚度。可按下列经验公式计算。

对于凹模固定板　$H = （0.6 \sim 0.8）H_0$

对于凸模固定板　$H = （1 \sim 1.5）D$

式中符号见图 8-31。

#### （二）垫板

当零件的料厚较大而外形尺寸又较小时，冲压中凸模上端面或凹模下端面对模板作用有较大的单位压力，有时可能超过模板的允许抗压应力。此时就应采用垫板。采用刚性推件装置时上模板被挖空，也需采用垫板。

对于第一种情况，可用下式检验

$$p = \frac{F}{A}$$

当 $p > [\sigma]_压$ 时需采用垫板。

式中　$F$——凸（凹）模所承受的压力（N）；

$A$——凸（凹）模与上、下模板的接触面积（mm²）；

$[\sigma]_压$——模板的允许抗压强度（MPa）。

这种垫板厚度一般采用 $4 \sim 8mm$。

对第二种情况，垫板承受较大甚至全部凸（凹）模压力，因而厚度较大，应按具体情况选择。

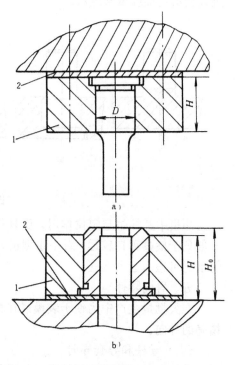

图 8-31　固定板和垫板
1—固定板　2—垫板

#### （三）模板

模板分带导柱和不带导柱两种情况，按其形状有适用于圆形、正方形或长方形模具的，可按冷冲模国家标准或工厂标准，选择合适的形式和尺寸，或参照标准进行设计。

#### （四）模柄

模柄对中小型模具是用于固定上模用的，其形式主要有图 8-32 所示的几种。

图 a 所示模柄与上模板做成整体，用于小型模具上。

图 b 所示模柄采用压入式。

图 c 所示模柄采用螺纹旋入，图 b、c 均适用于中小型模具。

图 d 所示模柄带法兰以螺钉固定，适用于较大的模具或有刚性推件装置不能采用其他形式时采用。

图 e 称浮动式模柄，适用于模具有精确导向，导向装置始终不脱开的情况。采用此形式可免除压力机导向不精确的影响。

（五）螺钉和销钉

螺钉是紧固模具零件用的，冲模中多采用内六角头或圆头螺钉。螺钉主要承受拉应力，其尺寸及数量一般根据经验确定，小型和中型模具采用M6mm、M8mm、M10mm或M12mm等，选用4～6个，要按位置具体布置而定。大型模具可选M12mm、M16mm或更大规格，选用过大会给攻螺纹带来困难。

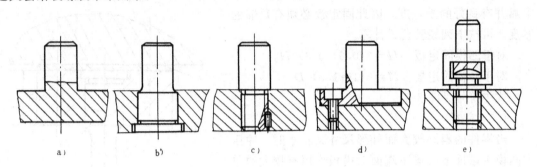

图 8-32　模柄的形式

冲模中圆柱销起定位作用，圆柱销承受一般的错移力。一般圆柱销用两个以上，布置时一般离于模具刃口较远，对中小型模具一般选用$d=6$、8、10、12mm几种尺寸，错移力较大的情况可适当选大一些。

**五、导向零件**

在大批量生产中为便于装模或在精度要求较高的情况下，模具都采用导向装置，以保证精确的导向。

（一）导柱和导套导向

导柱和导套的布置形式常见的有如图 8-33 所示的几种。

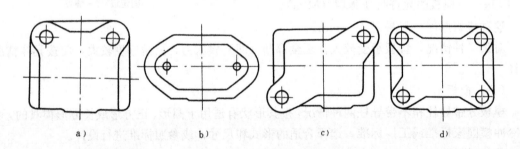

图 8-33　导柱和导套的布置形式

图 a 所示两导柱置于后侧，导向情况较差，但它能从三个方向送料，操作方便，对导向要求不太严格且偏移力不大的情况广泛采用这种形式。

图 b 所示两导柱在中部两侧布置，图 c 所示两导柱对角布置。这两种形式的导柱中心连线都通过压力中心，导向情况较图 a 为好，但操作不如图 a 方便。

图 d 为四导柱导向，导向效果最好，但结构复杂，只有导向要求高、偏移力大和大型冲模才采用。

由于导柱模广泛应用，故导柱、导套已标准化，它和上、下模板组成了标准模架，设计时可参考冷冲模标准选用。

一般导柱导套的配合精度为 $\dfrac{H6}{h5}$ 或 $\dfrac{H7}{H6}$，这对一般的冲压工作是能够保证导向精度的，但对于冲裁薄料（$t \approx 0.1\mathrm{mm}$）或精密冲裁模、硬质合金模或高速冲模等要求无间隙导向时，需要用滚珠导柱导向。

滚珠导柱导向如图 8-34 所示。导柱、滚珠、导套间不但没有间隙而且有 $0.01 \sim 0.02\mathrm{mm}$ 的过盈量，即 $d_{导柱} + 2d_{滚珠} = D_{导套} - (0.01 \sim 0.02)$ mm。滚珠装在保持架内，为了减少磨损，保持架的滚珠做成倾角 $\alpha$（一般取 $5°$、$6°54'$ 和 $26°$ 几种）。为了保证均匀接触，滚珠要求严格，应挑选同一直径、公差不超过 $0.003\mathrm{mm}$ 的滚珠。

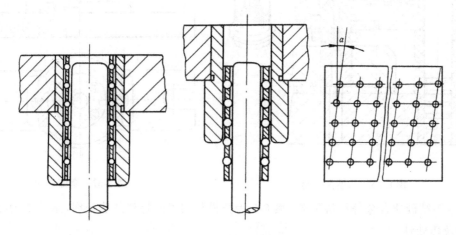

图 8-34　滚珠导柱导向

（二）导板导向

如图 8-35 所示，固定卸料板又起凸模导向作用，导板与凸模采用 $\dfrac{H7}{h6}$ 配合。用特别细长的凸模冲孔时，为了更好地保护凸模不易折断，应增加凸模保护套，使凸模在整个工作过程中始终有导向，不致弯曲折断。如图 8-36 所示。该模具还采用了导板、导柱联合导向的形式。

（三）套筒式导向

如图 8-37 所示，这种导向十分精确，导柱和套筒有很大的接触面，磨损较慢，使用时间长，但结构较复杂，且工作空间太小操作不便，只有在冲制钟表等精密小零件时才使用。

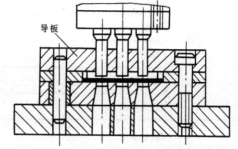

图 8-35　导板导向

**六、冲模零件的材料选用**

应根据模具的工作特性、受力情况、冲压件材料性能、冲压件精度以及生产批量等因素，合理选用模具材料。凸、凹模材料的选用原则为：对于形状简单、冲压件尺寸不大的模具，常用碳素工具钢（如 T8A、T10A 等）制造；对于形状较复杂、冲压件尺寸较大的模具，选用合金钢或高速钢制造；而冲压件精度要求较高、产量又大的高速冲压或精密冲压模具，常选用硬质

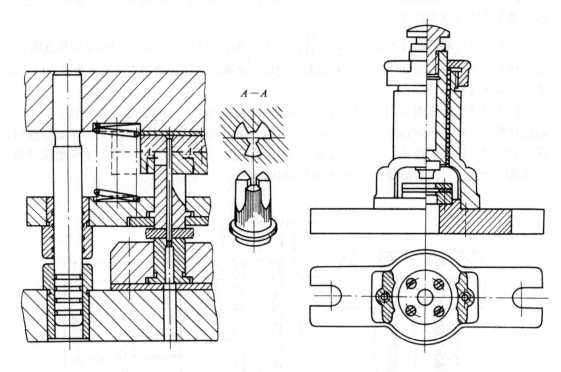

图 8-36  凸模保护套 　　　　　　　　　　　　　图 8-37  套筒导向

合金、或钢结硬质合金等材料制造。表 8-5 为凸模与凹模的材料及热处理，表 8-6 为冲模零件的材料及热处理。

**表 8-5  凸模与凹模的材料及热处理**

| 模具名称和用途 | | 凸、凹模材料 | 热处理 HRC |
|---|---|---|---|
| 冲裁模 | 模具工作刃口形状简单且尺寸小 | T10A、9Mn2V、CrWMn | 58～62 |
| | 模具工作刃口形状复杂且尺寸较大 | CrWMn、Cr12、Cr12MoV、Cr6WV、YG15、YG20 | 58～62 |
| | 硅钢片冲裁 | Cr12MoV、12Cr4W2MoW、YG15、YG20 | 60～62 |
| | 精密冲裁 | Cr12MoV、W18Cr4V | 58～62 |
| | 镶块组合 | T10A、9Mn2V、Cr12MoV | 58～62 |
| | 加热冲裁 | 3Cr2W8、5CrNiMo、5CrMnMo | 48～52 |
| 弯曲模、成形模 | 板材冷压 | T10A、Cr12、9Mn2V、CrWMn、Cr12MoV、Cr16WV | 58～62 |
| | 板材加热弯曲或成形 | 5CrNiMo、5CrMnMo | 48～52 |
| 拉深模、翻边、胀形模 | 板材冷压 | CrWMn、Cr12MoV、Cr6WV、YG8、YG15 | 58～62 |
| | 板材加热成形 | 5CrNiMo、5CrMnMo | 48～52 |

**表 8-6　冲模零件材料和热处理**

| 零件名称 | 材料 | 热处理 |
|---|---|---|
| 上、下模座（板） | HT20、Q235、45 | 调质处理 28～32HRC |
| 导柱、导套（滑动）（滚动） | 20　　导柱渗碳淬火<br>GCr15　导套渗碳淬火 | 60～64HRC<br>58～62HRC |
| 模柄 | Q235、45 | |
| 固定板、卸料板、侧压板、推料板、顶板、承料板等 | Q235、45 | |
| 垫板 | 45<br>T8A | 43～48HRC<br>54～58HRC |
| 定位板 | T8A | 54～58HRC |
| 顶杆、推杆、打杆、挡料板、挡料钉等 | 45 | 43～48HRC |
| 压边圈 | 45、T8A、T10A | 48～52HRC |
| 侧刀、废料切刀、斜楔、滑块、导向块、导正销（导头）等 | T8、T8A<br>T10、T10A | 58～62HRC<br>52～56HRC |
| 护套、衬板 | Q235、20 | |
| 弹簧、簧片 | 65Mn、60Si2Mn | 43～48HRC |
| 螺母、垫圈 | Q235 | |
| 销、螺钉、螺栓 | 45、Q235 | (45) 43～48HRC |

# 第三节　复　合　模

## 一、概述

复合模结构紧凑，冲出的制件精度较高，生产率也高，适合大批量生产，特别是孔与制件外形的同心度容易保证。但模具结构复杂，制造较困难。

按照落料凹模安装的位置，复合模可分为正装与倒装两种形式。

### （一）正装式复合模

如图 8-38 所示，正装复合模冲裁时的冲孔废料由上模向下推出，如多孔件，而孔的废料落在下模表面，需要及时清除，操作不如倒装式复合模方便，且不太安全。在冲裁过程中，板料被凸凹模与下模的弹性顶件器压紧，故冲出的制件较平整，尺寸精度也高，适合于薄料冲裁。

本模具结构紧凑，也较简单。凹模 2 被螺钉紧固后，凸模 5 通过凸模固定板 3 亦被紧固，这样易保证同轴度。靠弹性卸料板 6 卸料。冲孔废料由推杆 8 推出，上模通过模柄 9 固定在压力机滑块上。

该模具采用后侧导柱模架，条料由右向左送入，操作方便，安装调试也简便。

### （二）倒装式复合模

倒装复合模工作时所产生的冲孔废料直接由下模部分漏出，故操作方便，且安全。制件

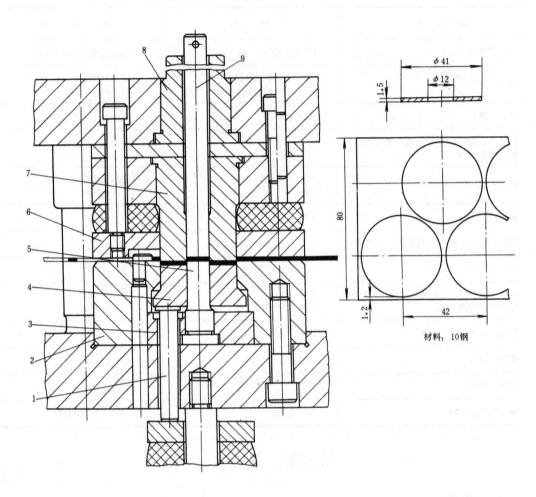

图 8-38 正装复合模

1—顶件杆  2—落料凹模  3—冲孔凸模固定板  4—推件块  5—冲孔凸模

6—卸料板  7—凸凹模  8—推件杆  9—模柄

被嵌在上模部分的落料凹模内，回程时由刚性推件装置将制件推下。冲裁过程中对制件不起压紧作用。

　　如图 8-51 所示，件 4 既是落料的凸模又是冲孔的凹模，常称凸凹模（凹凸模），它直接固定在下模板 1 上。凹模 8 及凸模 13 通过固定板 11 固定在上模板 7 上。模具的卸料采用弹性卸料装置，即件 3、6、22。推件采用刚性推件装置，即件 12、15、17、18 等。三角坯料靠两个活动挡料销 5 定位。冲孔废料从压力机台面孔中落下，故模具周围清洁。

　　**二、典型结构**

　　（一）落料、拉深、冲孔复合模

　　如图 8-39 所示，拉深凸模 3 的刃面稍低于落料凹模 12 刃面约一个料厚，使落料完毕后才进行拉深。同样凸模 10 的刃面也应设计成使拉深完毕后才进行冲孔。条料送进由左边的挡料销 4 定距，由后面的挡料销及两导向螺栓 1 导向。拉深时由压力机气垫通过四根托杆 14 和压料板 2 进行压边，拉深完毕后靠它顶件。由弹性卸料板 11 进行卸料。冲孔废料则落在下模槽中的盖板 13 上，需经常把废料从槽中清出。当上模上行时，由推杆 9、顶板 8 和三根顶销 7 及顶出器 6，把制件从凸凹模 5 中推出。

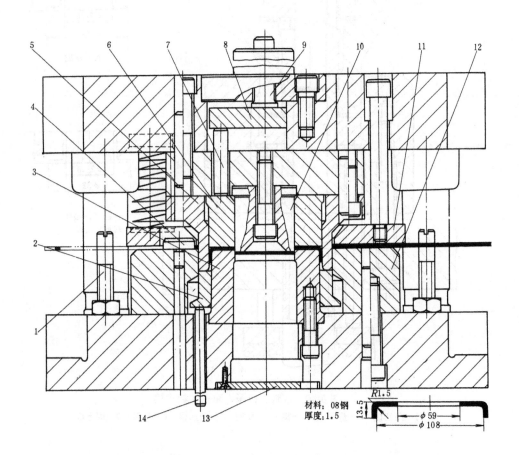

图 8-39　落料、拉深、冲孔复合模

1—导向螺栓　2—压料板（卸料板）　3—拉深凸模（冲孔凹模）　4—挡料销
5—拉深凹模（落料凸模）　6—顶出器　7—顶销　8—顶板　9—推杆　10—冲孔凸模
11—弹性卸料板　12—落料凹模　13—盖板　14—托杆

### （二）落料、拉深、冲孔、翻边模

如图 8-40 所示，凸凹模 5 与凹模 6 由固定板 7 固定并保证它们的同轴度。凸模 3 轻轻压合在凸凹模 1 内以螺纹拧紧在模柄 4 上。这样不仅装拆容易，而且易于保证它们的同轴度。翻边前的拉深高度由垫片 2 调整控制，以保证翻出合格的制件高度。

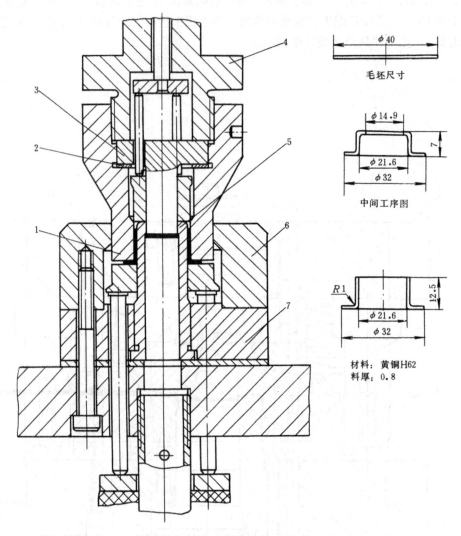

毛坯尺寸

中间工序图

材料：黄铜H62
料厚：0.8

图 8-40 落料、拉深、冲孔、翻边模

1—凸凹模 2—垫片 3—凸模 4—模柄 5—凸凹模 6—凹模 7—固定板

# 第四节 级 进 模

## 一、概述

在一副级进模上可对形状十分复杂的冲压件进行冲裁、弯曲、拉深成形等工序，故生产率高，便于实现机械化和自动化，适于大批量生产。由于采用条料（或带料）进行连续冲压，所以操作方便安全。级进模的主要缺点是结构复杂，制造精度高，周期较长，成本高。设计时应注意以下几个方面：

（一）工位数的确定

（1）应保证冲件的精度要求和零件几何形状的正确性。对要求零件精度比较高的部位，应尽量集中在一个工位一次冲压完成。在一个工位完成确有困难，需分解为两个工位时，最好放在两个相邻工位上。

（2）对于复杂的形孔与外形分断切除时，只要不受精度要求和模具周界尺寸的限制，应力求做到各段形孔以简单、规则、容易加工为基本原则。

（3）在普通低速压力机上冲压的级进模，为了使模具简单、实用、缩小模具体积、减少步距的累积误差，凡是能合并的工位，只要模具本身有足够的强度，就不要轻易分解，增加工位。

（4）多次拉深时，拉深系数的选取应以安全稳定为原则。如计算在三次和四次拉深之间，应用四次拉深，必要时再加整形工序，以保证冲压件的质量。

（5）复杂弯曲件，凡能分几次弯曲的零件，切不可强行一次弯曲成形。

（二）空工位的设置原则

级进模中增设空工位是为了保证模具有足够的强度，确保模具的使用寿命，或是为了便于模具设置特殊结构。

（1）用导正销做精确定距的条料，可适当地多设置空工位，因步距累积误差较小，对产品精度影响不大。反之，定距精度差的，不应轻易增设空工位。

（2）当模具步距较大（一般步距＞16mm）时，不宜多设置空工位。当步距大于 30mm 以上时，更不能轻易设置多个空工位。

（3）一般地说，精度高、形状复杂的零件，应少设置空工位。反之，可适当地增加空工位。

（三）安排冲压工序顺序的原则

（1）对于纯冲裁级进模，原则上先冲孔，随后再冲切外形余料，最后再从条料上冲下完整的冲压零件。应保持条料载体的足够强度，能准确无误地送进。

（2）属于冲裁弯曲级进模，应先冲切掉孔和弯曲部分的外形余料，再进行弯曲，最后再冲靠近弯边的孔和侧面有孔位精度要求的侧壁孔。最后分离冲下零件。

（3）属于冲裁拉深级进模，先安排切口工序，再进行拉深，最后从条料上冲下零件。

（4）对于带有拉深、弯曲加工的冲压零件，先拉深，再冲切周边的余料，随后进行弯曲加工。

（5）带有压印的冲压零件，为了便于金属流动和减少压印力，压印部位周边余料要适当切除，然后再安排压印。最后再精确冲切余料。若压印部位上还有孔，原则上应在压印后再冲孔。

（6）对有压印、弯曲的冲压零件，原则上是先压印，然后冲切余料，再进行弯曲加工。

**二、带料连续拉深**

图 8-41 所示为带料级进拉深模，采用正装式结构。其工作顺序是切口、首次拉深、二次拉深、三次拉深、整形，最后将制件分离，从下模中漏落。

该模具第一工位的切口凸模 13 和第六工位的落料凸模 2 与上模板均以球面接触。考虑到凸模磨钝修磨后会变短，分别装有螺塞 11、12 和螺塞 1、3，以便于调节凸模高度，不影响拉深高度。凹模 23 磨钝修磨后也可由螺塞 20、21 调节（但必须把垫圈 24 与凹模磨等量高度）。

第二、三工位的拉深凸模 10、8 顶面分别有斜楔 6 能调节凸模高度，便于调节首次和二次拉深件的高度，以便压出合格的制件。

该模具采用手工送料，开始由目测预定位，然后分别由压边圈 9、凸模 4 及导正销 22 插

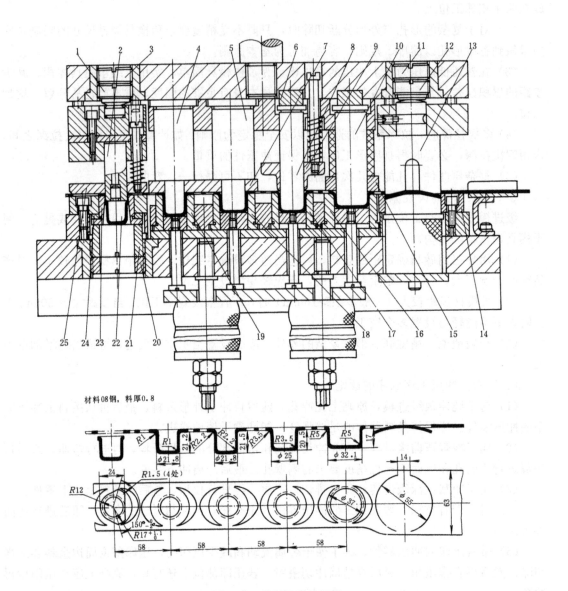

材料08钢，料厚0.8

图 8-41　带料级进拉深模

1、3、11、12、20、21—螺塞　2、4、5、8、10、13—凸模　6—斜楔　7、25—卸料板　9、15—压边圈

14、16、17、18、19、23—凹模　22—导正销　24—垫块

入毛坯中定位。

### 三、其他典型结构

#### （一）落料、冲孔级进模

图 8-42 所示为落料、冲孔级进模，两侧压块 12 在弹簧片 11 作用下把条料压向一边，挡料杆 1 挡料，使送料更为准确。

开始进行第一工位冲孔，第二工位落料时，用第一、第二临时挡料销 9 挡料，以后即由挡料杆 1 挡料。挡料杆装在冲搭边的凸模 3 下面且较长，当上模在上死点时，挡料杆仍不离开凹模刃面，故条料往左送进即被挡料杆挡住。在冲裁的同时，凸模 3 将搭边冲开一个缺口，

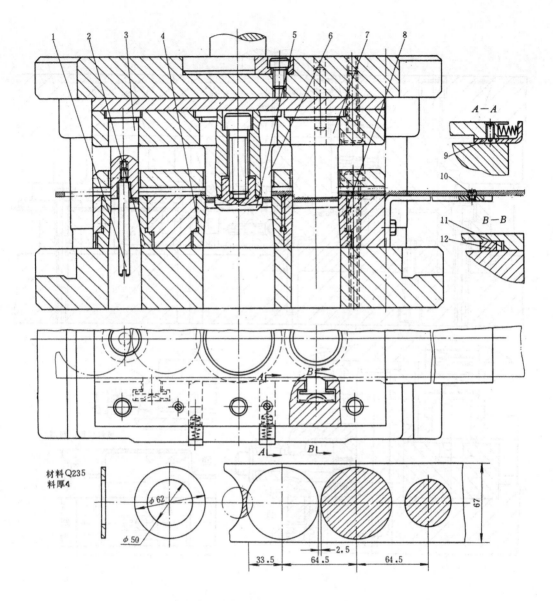

图 8-42　落料、冲孔级进模

1—挡料杆　2—凹模　3—凸模　4—凹模　5—导正销　6—凸模　7—凸模　8—凹模

9—始用挡料销　10—螺钉　11—弹簧片　12—侧压块

条料可顺利（不用抬料）继续向左送料，实现连续冲裁。

在第二工位落料时，由导正销 5 精确定位，这样可保证垫圈孔与外圆同心。此结构适于用在行程不大的压力机上，否则挡料杆过长。结构的缺点是多一副冲切废料缺口的凸模 3 和凹模 2。

（二）冲孔、切断、弯曲级进模

这是一套采用无废料排样的冲孔、切断、压弯级进模（图 8-43）。

侧压板 16 将条料压靠到后托架 9 上，第二工位由导正销 3 定位。

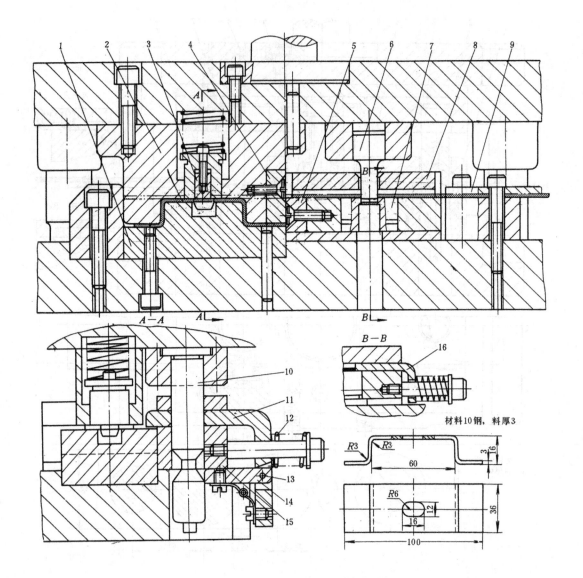

图 8-43 冲孔、切断、弯曲级进模

1、6—凸模 2、7—凹模 3—导正销 4、5—切断器 8—卸料板 9—后托架 10—凸轮轴

11—退件器 12—弹簧 13—销轴 14—滑板 15—支座 16—侧压板

自动退料装置的结构与动作大致如下：

上模装有一凸轮轴 10，插在下模的支座 15 内。支座内有一退件器 11，其上有一圆孔，孔缘做成斜面与凸轮轴啮合。退件器上装有弹簧 12，且还以销轴 13 铰接一滑板 14，与凸轮轴配合以控制退件器弹簧动作。

冲压时，凸轮轴下行，其下端将滑板 14 推下，中部由于凸轮槽的作用使退件器 11 右移，此时滑板又在扭簧作用下马上复位。冲压完毕，凸轮轴随上模上行，当凸轮轴的凸轮槽行至退件器的位置，而且滑板也到了凸轮轴下端的凹槽位置时，退件器在弹簧 12 作用下瞬时弹出，将弯件排出。

## 第五节　冲模设计要点

### 一、模具结构形式的确定

要正确选用模具的结构形式,必须根据冲压件的形状、尺寸、精度要求、材料性能、生产批量、冲压设备、模具加工条件等多方面的因素进行考虑。在满足冲压件质量要求的前提下,最大限度地降低冲压件的生产成本。确定模具的结构形式时,必须解决以下几个方面的问题:

1. **模具类型的确定**　简单模、级进模、复合模等。

2. **操作方式的确定**　手工操作、自动化操作、半自动化操作。

3. **进出料方式的确定**　根据原材料的形式确定进料方法、取出和整理零件的方法、原材料的定位方法。

4. **压料与卸料方式的确定**　压料或不压料、弹性或刚性卸料等。

5. **模具精度的确定**　根据冲压件的精度确定合理的模具加工精度,选取合理的导向方式或模具固定方式等。

表 8-7 和表 8-8 的内容可供选定模具种类时参考。

**表 8-7　冲压件生产批量与合理模具形式**

| 批量<br>项目 | 单　件 | 小　批 | 中　批 | 大　批 | 大　量 |
|---|---|---|---|---|---|
| 大　件 | <1 | 1～2 | 2～10 | 20～300 | >300 |
| 中　件 | <1 | 1～5 | 5～50 | 50～1000 | >1000 |
| 小　件 | <1 | 1～10 | 10～100 | 100～5000 | >5000 |
| 模具形式 | 简易模<br>组合模<br>简单模 | 简单模<br>组合模<br>简易模 | 级进模、复合模<br>简单模<br>半自动模 | 级进模、复合模<br>简单模<br>自动模 | 级进模<br><br>复合模 |
| 设备形式 | 通用压力机 | 通用压力机 | 高速压力机<br>自动和半自动机<br>通用压力机 | 机械化高速压力机、自动机 | 专用压力机<br><br>自动机 |

注:表内数字为每年(单班)产量的概略数值(千件),供参考。

**表 8-8　级进模与复合模性能比较**

| 比较项目 | 复　合　模 | 级　进　模 |
|---|---|---|
| 冲压精度 | 高级和中级精度(3～5级) | 中级和低级精度(5～8级) |
| 制件形状特点 | 零件的几何形状与尺寸受到模具结构与强度方面的限制 | 可以加工复杂、特殊形状的零件,如宽度很小的异形件等 |
| 制件质量 | 由于压料冲裁同时得到校平,制件平正(不弯曲)且有较好的剪切断面 | 中、小件不平正(弯曲),高质量件需校平 |
| 生产效率 | 制件被顶到模具工作面上,必须用手工或机械排除,生产效率稍低 | 工序间自动送料,可以自动排除制件,生产效率高 |
| 使用高速自动压力机 | 操作时出件困难,可能损坏弹簧缓冲机构,不作推荐 | 可在行程次数为每分钟 400 次或更多的高速压力机上工作 |
| 工作安全性 | 手需伸入模具的工作区,不安全,需采用技术安全措施 | 手不需伸入模具工作区,比较安全 |
| 多排冲压法的应用 | 很少采用 | 广泛用于尺寸较小的制件 |
| 模具制造工作量和成本 | 冲裁复杂形状零件比级进模低 | 冲裁简单形状零件比复合模低 |

在设计冲模时还必须对其维护性能、操作方便、安全性等方面予以充分的注意。例如：

(1) 模具结构应保证磨损后修磨方便；尽量做到不拆卸即可修磨工作零件；影响修磨而必须去掉的零件（如模柄等），可做成易拆卸的结构等。

(2) 冲模的工作零件较多，而且使用寿命相差较大时，应将易损坏及易磨损的工作零件做成快换结构的形式，而且应尽量做到可以分制调整和补偿易磨损件的尺寸。

(3) 需要经常修磨和调整的部分应尽量放在模具的下部。

(4) 质量较大的模具应有方便的起重孔或钩环等。

(5) 模具的结构应保证操作者的手不必进入危险区，而且各活动零件（如卸料板等）的结构尺寸，在其运动范围不致压伤操作者的手指等。

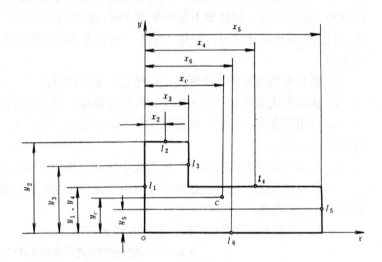

图 8-44 用解析法求压力中心

## 二、压力中心的计算

冲裁时的合力作用点或多工序模各工序冲压力的合力作用点，称为模具压力中心。如果模具压力中心与压力机滑块中心不一致，冲压时会产生偏载，导致模具以及滑块与导轨的急剧磨损，降低模具和压力机的使用寿命。通常利用求平行力系合力作用点的方法（解析法或图解法）确定模具的压力中心。

（一）解析法

如图 8-44 所示的角尺形制件。为减少计算，坐标可设在 $l_6$ 和 $l_1$ 上，此时 $x_1=0$，$y_6=0$，可少算两个数。

根据力学定理，诸分力对某轴力矩之和等于其合力对同轴之矩，则有

$$x_c = \frac{F_1 x_1 + F_2 x_2 + \cdots + F_n x_n}{F_1 + F_2 + \cdots + F_n} = \frac{\sum\limits_{i=1}^{n} F_i x_i}{\sum\limits_{i=1}^{n} F_i}$$

$$y_c = \frac{F_1 y_1 + F_2 y_2 + \cdots + F_n y_n}{F_1 + F_2 + \cdots + F_n} = \frac{\sum\limits_{i=1}^{n} F_i y_i}{\sum\limits_{i=1}^{n} F_i}$$

因为 $F_1 = l_1 t \sigma_b$，$F_2 = l_2 t \sigma_b$，$\cdots$，$F_n = l_n t \sigma_b$，所以

$$x_c = \frac{l_1 x_1 + l_2 x_2 + \cdots + l_n x_n}{l_1 + l_2 + \cdots + l_n} = \frac{\sum\limits_{i=1}^{n} l_i x_i}{\sum\limits_{i=1}^{n} l_i}$$

$$y_c = \frac{l_1 y_1 + l_2 y_2 + \cdots + l_n y_n}{l_1 + l_2 + \cdots + l_n} = \frac{\sum\limits_{i=1}^{n} l_i y_i}{\sum\limits_{i=1}^{n} l_i}$$

式中　$F_1$、$F_2$、$\cdots$、$F_n$——各图形的冲裁力（N）；

　　　　$x_1$、$x_2$、$\cdots$、$x_n$——各图形冲裁力的 $x$ 轴坐标（mm）；

　　　　$y_1$、$y_2$、$\cdots$、$y_n$——各图形冲裁力的 $y$ 轴坐标（mm）；

　　　　$l_1$、$l_2$、$\cdots$、$l_n$——各图形冲裁周边长度（mm）；

　　　　$t$——板材厚度（mm）；

　　　　$\sigma_b$——材料抗拉强度（MPa）。

（二）作图法

如图 8-45 所示，因制件对称，将对称中心线做为 $x$ 轴，这样只需求压力中心对 $y$ 轴的距离，即只需做一个索多边形就可以了。方法具体如下：

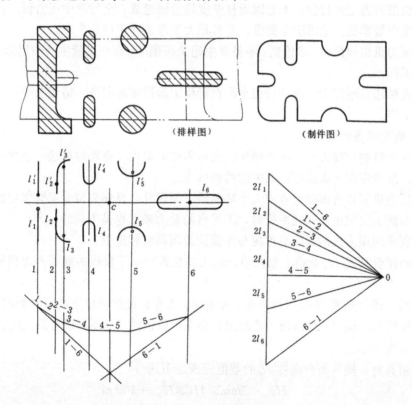

图 8-45　用作图法求压力中心

作每一个凸模压力（或所切的边长）的垂直连线（$2l_1$、$2l_2$、$2l_3$、$\cdots$首尾连接），在此连线外任取一点 $o$，过 $o$ 与连线的各点相连（1-6、1-2、2-3、3-4、$\cdots$），又在各凸模的压力中心上分别作垂线并编号（1、2、3、$\cdots$），过垂线上任意点，连续作与（1-6、1-2、2-3、$\cdots$）等线相平行的线段。最后，1-6 与 6-1 两线的交点便是该连续模的压力中心在 $x$ 轴的位置。

用作图法求压力中心比较简单，特别对形状复杂或多凸模的情况尤其显著。但是作图法受作图误差影响较大，因而误差也较大。

在实际生产中，可能出现冲模压力中心在加工过程中发生变化的情况，或者由于零件的形状特殊，从模具结构考虑不宜使压力中心与压力机滑块中心一致的情况，这时应注意使压力中心的偏差不致超出所选用压力机允许的范围。

**三、冲压设备的选用**

**(一)冲压设备类型的选择**

根据所要完成的冲压工艺的性质、生产批量的大小、冲压件的几何尺寸和精度要求等来选定设备类型。

开式曲柄压力机虽然刚度差，降低了模具寿命和冲件的质量。但是它成本低，且有三个方向可以操作的优点，故广泛应用于中小型冲裁件、弯曲件或拉深件的生产中。

闭式曲柄压力机刚度好、精度高，只能两个方向操作，适于大中型冲压件的生产。

双动曲柄压力机有两个滑块，压边可靠易调，适用于较复杂的大中型拉深件的生产。

高速压力机或多工位自动压力机适于大批量生产。

液压机没有固定的行程，不会因板材厚度超差而过载，全行程中压力恒定，但压力机的速度低、生产效率低。适用于小批量，尤其是大型厚板冲压件的生产。

摩擦压力机结构简单、造价低、不易发生超负荷损坏。在小批量生产中用来完成弯曲、成形等冲压工作。

肘杆式精压机刚度大、滑块行程小，在行程末端停留时间长，适用于校正、校平和整形等类冲压工序。

**(二)确定设备的规格**

(1) 压力机的行程大小，应该能保证成形零件的取出与毛坯的放进，例如拉深所用压力机的行程，至少应大于成品零件高度的两倍以上。

(2) 压力机工作台面的尺寸应大于冲模的平面尺寸，且还需留有安装固定的余地，但过大的工作台面上安装小尺寸的冲模时，工作台的受力条件也是不利的。

(3) 所选的压力机的封闭高度应与冲模的封闭高度相适应。

模具的闭合高度 $H_0$ 是指上模在最低的工作位置时，下模板的底面到上模板的顶面的距离。

压力机的闭合高度 $H$ 是指滑块在下死点时，工作台面到滑块下端面的距离。大多数压力机，其连杆长短能调节，也即压力机的闭合高度可以调整，故压力机有最大闭合高度 $H_{max}$ 和最小闭合高度 $H_{min}$。

设计模具时，模具闭合高度 $H_0$ 的数值应满足下式

$$H_{max} - 5mm \geqslant H_0 \geqslant H_{min} + 10mm$$

无特殊情况 $H_0$ 应取上限值，即最好取在：$H_0 \geqslant H_{min} + \frac{1}{3}L$（$L$ 见图 8-46），这是为了避免连杆调节过长，螺纹接触面积过小而被压坏。如果模具闭合高度实在太小，可以在压床台面上加垫板。见图 8-46。

(4) 冲压力与压力机力能的配合关系：当进行冲裁等冲压加工时，由于其施力行程较小，近于板材的厚度，所以可按冲压过程中作用于压力机滑块上所有力的总和 $F_总$ 选取压力机。通常取压力机的名义吨位比 $F_总$ 大 10%～20%。

当拉深行程较大，特别是采用落料拉深复合冲压时，不能简单地将落料力与拉深力叠加

去选择压力机。因为曲轴压力机的标称压力是指滑块在下死点（或接近下死点）时发生的。因此，应该注意曲轴压力机的允许压力曲线。否则，很可能会由于过早地出现最大冲压力而使压力机超载损坏。见图 8-47。

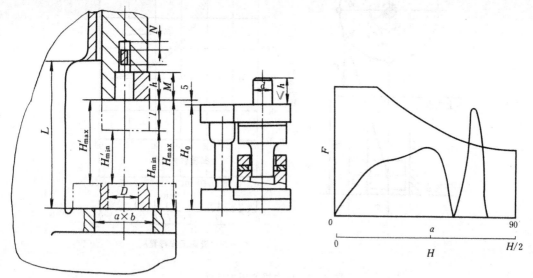

图 8-46　压力机和模具的闭合高度　　　　　图 8-47　压力曲线

比较完整的压力机说明书都载有压力曲线，如果没有，可以粗略地估算：对一般单面传动的曲轴压力机，其标称压力 $F_{max}$ 一般取在曲轴转角 $\alpha = 20° \sim 30°$ 处产生的压力（转角从下死点算起，见图 8-48a）。大于这个角度，压力就要减少，可按 $F = \dfrac{F_{max}}{2\sin\alpha}$ 计算，由 $F_{max}$ 和 $F = \dfrac{F_{max}}{2\sin\alpha}$ 所组成的曲线见图 8-48b，它即为粗略的压力曲线。冲压力不应超出这个压力曲线以外。

由于拉深的工作行程大，消耗的功就多。因此拉深工序还要审核压力机的电动机功率。

拉深功（J）

$$A = \frac{CFh}{1000}$$

拉深所需压力机的电动机功率（kW）

$$P = \frac{KAn}{60 \times 75 \eta_1 \eta_2 \times 1.36}$$

式中　$F$——拉深力（N）；

　　　$h$——拉深高度（mm）；

　　　$C$——修正系数，$C = 0.6 \sim 0.8$；

　　　$K$——不均衡系数，$K = 1.2 \sim 1.4$；

　　　$n$——压力机每分钟行程次数；

　　　$\eta_1$——压力机效率，$\eta_1 = 0.6 \sim 0.8$；

　　　$\eta_2$——电动机传动效率，$\eta_2 = 0.9 \sim 0.95$。

若所选的压力机的电动机功率小于计算值，则应另选功率较大的压力机。

**四、冲模零部件的技术要求**

模具零件的尺寸、精度、表面粗糙度和模架的技术要求等可按 GB2870—81《冷冲模零件技术条件》和 GB2854—81《冷冲模模架技术条件》中的规定执行。

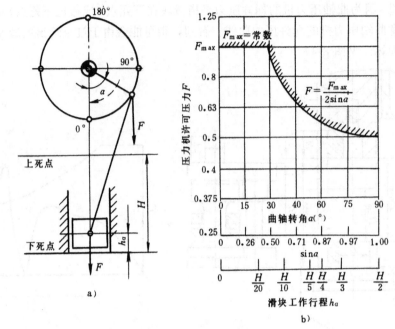

图 8-48　压力机的压力曲线

**五、冲模设计中应采取的安全措施**

（一）模具设计的安全要点

设计模具时应把保证人身安全的问题放在首位，它优先于对工序数量、制作费用等方面的考虑。一般应注意以下几点：

（1）尽量避免操作者的手部或身体的其他部位伸入模具的危险区。

（2）手必须进入模内操作的模具，在其结构设计时应尽量提供操作的方便；尽可能缩小模具闭合的危险区域；尽可能缩短操作者手在模内操作的时间。

（3）设计时就应明确指示该模具的危险部位，并解决好防护措施。

（4）保证模具的零件及附件不因设计原因而损坏。其主要零件应有必要的强度和刚度，防止在使用时断裂和变形。

（5）防止操作者的手部伸触到模具的可动部位，以免受到夹击和弹伤。

（6）不应要求操作者做过多、过难的动作，不应要求操作者的脚步有过大的移动，以免身体失去平衡，出现失误。

（7）应尽量避免因出件、清除废料而影响送料操作。

（8）从上模打落的工件或废料不影响正常操作，最好采用接料器接出。

（9）避免模具上的凸出物、尖棱处伤人或妨碍操作。

（10）20kg 以上的零件及模具应有起重措施，起重及运输时应注意安全。

（二）选择模具结构时的注意事项

（1）尽量采用机械化、自动化送、出料。

（2）运动部件上可能伤人之处应设防护罩，如压料板的下部、气缸活塞、钩爪等处。

（3）在模具上送进和取出坯件的部位要制出空手槽。

（4）模具中的压料圈、卸料板、斜楔滑板等弹性运动件要有终极位置限制器，防止弹出伤人。

(5) 防止上模顶板、导正销等可动件坠落。

(6) 防止零件因振动而出现松动和脱落。

(7) 应使操作者清晰地观察到下模的表面状况，便于送料和定料。

(8) 涂漆。危险部位应采用醒目的警戒色涂漆，以便引起操作者的注意。

## 六、总图、零件图及技术要求

1. 总图　总图应有足够说明模具构造的投影图及必要的剖面图、剖视图，一般主视图和俯视图应对应绘制。还要注明必要尺寸，如闭合高度、轮廓尺寸、压力中心以及靠装配保证的有关尺寸和精度。画出工件图、排样图，填写详细的零件明细表和技术要求等。

2. 模具零件图　按设计的模具总图，拆绘模具零件图。零件图也应有足够的投影和必要的剖面、剖视图，以便将零件结构表达清楚。另外，还要标注出零件的详细尺寸、制造公差、形位公差、表面粗糙度、材料热处理、技术要求等。计算工作零件刃口尺寸及公差，并标在零件图上。

## 七、冲模设计举例

垫圈零件，生产性质属大批量生产，采用 10 钢废料，如图 8-51 右上角所示。

(一) 模具结构形式的选择

由于是大批量生产，故可以考虑级进模或复合模，但因坯料来源是废料，对级进模来说送料不方便，因此尽管垫圈的精度和同轴度要求都不高，在这里采用复合模仍是合适的。复合模的结构形式可采用典型的倒装结构。此时垫圈孔的废料可从台面孔漏下；制件采用刚性推件装置推出；卸料采用弹簧卸料板；采用带导柱后侧式模架。

(二) 有关工艺计算

1. 冲裁力、卸料力、推件力计算及初选压力机　采用复合模的结构形式，见图 8-51 的主视图，由表 8-5[一]，查得 10 钢的 $\sigma_b=294\sim432\text{MPa}$，取 $\sigma_b=400\text{MPa}$。

垫圈外圆落料力

$$F_1=\pi Dt\sigma_b=\pi\times38\times2.5\times400\text{N}=120000\text{N}$$

垫圈冲孔力

$$F_2=\pi dt\sigma_b=\pi\times21\times2.5\times400\text{N}=66000\text{N}$$

由表 2-37 查得 $K_{卸}=0.04$，$K_{推}=0.055$；由表 2-38 取凹模刃口高度 $h=8\text{mm}$，故在凹模口内同时存有冲孔废料的个数 $n=\dfrac{n}{t}=\dfrac{8}{2.5}=3$ 个

卸料力

$$F_{Q1}=K_{卸}\,F_1=0.04\times120000\text{N}=4800\text{N}$$

推料力

$$F_{Q2}=nK_{推}\,F_2=3\times0.055\times66000\text{N}=10890\text{N}$$

总力

$$\begin{aligned}F_{总}&=F_1+F_2+F_{Q1}+F_{Q2}=（120000+66000+10890+4800）\text{N}\\&=201690\text{N}\end{aligned}$$

初选 250kN 压力机，压力机的技术参数见表 9-3。

2. 计算排样　由表 2-18 取搭边值 $a=a_1=2$，排样由作图确定，每料 6 个。

---

[一]　例题中各表号均摘自王孝培主编的《冲压手册》(第 2 版)，由机械工业出版社 1990 年 10 月出版。

3. 冲裁模间隙及凹模、凸模刃口尺寸公差计算  由表 2-23 查得 $Z_{min}=0.36mm$，$Z_{max}=0.5mm$；由表 2-28 查得对落料 $\delta_p=0.02mm$，$\delta_d=0.03mm$，对冲孔 $\delta_p=0.02mm$，$\delta_d=0.025mm$；由表 2-30 查得 $x=0.5$。

$$\delta_p+\delta_d=(0.02+0.03)mm=0.05mm$$
$$Z_{max}-Z_{min}=0.5-0.36=0.14$$

满足
$$Z_{max}-Z_{min}\geqslant\delta_凸+\delta_凹$$

故凸、凹模采取分别制造的方法。按表 2-27 公式计算：

落料凸、凹模

$$D_d=(D-x\Delta)^{+\delta_凹}_0=(38-0.5\times0.62)^{+0.03}_0mm=37.69^{+0.03}_0mm$$
$$D_p=(D_d-Z_{min})^0_{-\delta_凸}=(37.69-0.36)^0_{-0.02}mm=37.33^0_{-0.02}mm$$

冲孔凸、凹模

$$d_p=(d+x\Delta)^0_{-\delta_凹}=(21+0.5\times0.52)^0_{-0.02}mm=21.26^0_{-0.02}mm$$
$$d_d=(d_p+Z_{min})^{+\delta_凹}_0=(21.26+0.36)^{+0.025}_0mm=21.62^{+0.025}_0mm$$

(三)有关模具设计计算

(1)卸料弹簧选择：根据卸料力 4800N 采用 8 个弹簧，此时每个弹簧担负的卸料力为 600N。

冲裁时卸料板的工作行程 $h_2=(t+1)mm=3.5mm$；考虑凸模的修磨量 $h_3=5mm$；弹簧的预压量为 $h_1$；故弹簧总压缩量为

$$H_总=h_1+h_2+h_3=h_1+(3.5+5)mm=h_1+8.5mm$$

考虑卸料的可靠性，取弹簧在预压量为 $h_1$ 时就应有 600N 的压力。初选弹簧钢丝直径 $d=6mm$，弹簧中径 $D_2=32mm$；工作极限负荷 $F_j=1390N$；自由高度 $h_0=65mm$；工作极限负荷下变形量 $h_j=19.3mm$。

该弹簧在预压量 $h_1$ 时，卸压力达 600N，即

$$h_1=\frac{F_1}{F_j}h_j=\frac{600}{1390}\times19.3mm=8.3mm$$

故  $H_总=(8.3+8.5)mm=16.8mm<h_j$ 能满足要求。

弹簧装配高度 $h_装=h_0-h_1=(65-8.3)mm=56.7mm$

根据凸凹模及弹簧、卸料螺钉等的布置，取卸料板的平面尺寸为 156mm×142mm；厚度为 12mm。

(2)选择上、下模板及模柄：采用 GB2855.6—81 后侧带导柱形式模板。根据最大轮廓尺寸 156mm×142mm 选相近规格标准模板，$L\times B$ 为 160mm×160mm，上模板厚 45mm，下模板厚 55mm。

按 GB2862.3—81 选 B50×100 带凸缘形式的模柄。

(3)凹模、凸模、凸凹模尺寸：取凹模厚 26mm，外圆直径 $\phi110mm$。凸模采用固定板固定，固定部分厚度取为 25mm。采用落料与冲孔同时进行(便于修磨刃口)，故凸模全长 $l=(25+26)mm=51mm$。凸凹模采用直接固定方法，取其高度为 41mm，固定部分凸缘高度为 20mm，凸缘直径为 76mm，为减小模具尺寸，在凸缘外铣去四个缺口以放置卸料弹簧。

(4)垫板、凸模固定板：考虑推件装置在上模内挖窝，采用垫板加固，垫板厚度取 10mm，固定板厚度取 25mm，固定板与垫板直径均取 110mm(与凹模直径相同)。

(5)闭合高度：模具闭合高度应为上模板、下模板、凸凹模、凹模、固定板、垫板等厚度的总

和。即

$$H_0 = (45+55+41+26+25+10-0.5)\text{mm} = 201.5\text{mm}$$

"$-0.5\text{mm}$"是考虑凸模进入凹模的深度。根据生产现场调整，可略有增减，以制件完全分离为准。

所选压力机闭合高度 $H_{max} = 250\text{mm}$，$H_{min} = (250-70)\text{mm} = 180\text{mm}$。满足

$$H_{max} - 5\text{mm} \geqslant H_0 \geqslant H_{min} + 10\text{mm}$$

（6）导柱、导套：按 GB2861.2—81 选 $d = 25\text{mm}$，其中导柱长度有 $110\sim180\text{mm}$，模具闭合高度 $H_0 = 201.5\text{mm}$，选最长导柱 $l = 180\text{mm}$。

按 GB2861.6—81 选 $d = 25\text{mm}$ 导套，其中长度有 80、85、90、95mm，可选较大的 90mm。

（7）卸料螺钉：按 GB2867.6—81 选 $d = 10\text{mm}$ 的带肩卸料螺钉，螺柱长 $l = 60\text{mm}$。

卸料螺钉窝深应满足

$h \geqslant$ 卸料板行程＋螺钉头高度＋修磨量（5mm）＋安全间隙（2～6mm）＝〔3.5＋10＋5＋（2～6）〕mm＝20.5～24.5mm。

对螺钉进行验算，见图 8-49。

$$h = (\text{下模板厚} + \text{凸凹模厚} + 0.5\text{mm}) - \text{卸料板厚} - \text{螺钉杆长}$$
$$= 〔(55+41+0.5) - 12 - 60〕\text{mm} = 24.5\text{mm}$$

故所选螺钉长度满足要求，定卸料螺钉窝深 $h = 24.5\text{mm}$。

（8）推杆：如图 8-50 所示，当推杆结束（即压力机滑块在上死点时），推杆应高出滑块

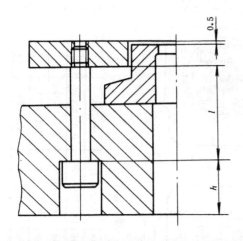

图 8-49 卸料螺钉长度

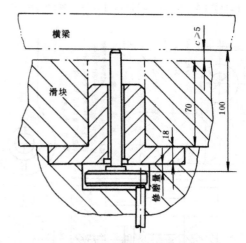

图 8-50 推杆尺寸设计

模柄孔一定距离 $c \approx 5\sim10\text{mm}$。

按 GB2867.1—81 选推杆 $d = 12\text{mm}$，$L = 100\text{mm}$。

验算：

$$L \geqslant \text{滑块模柄孔深} + \text{模柄法兰厚} + \text{修磨量} + c$$
$$= (70+18+5)\text{mm} + c = 93\text{mm} + c$$

当 $c$ 取 7mm 时，选所推杆长度合适。

（四）绘制模具总图及零件图。

模具总图见图 8-51。零件图略。

256

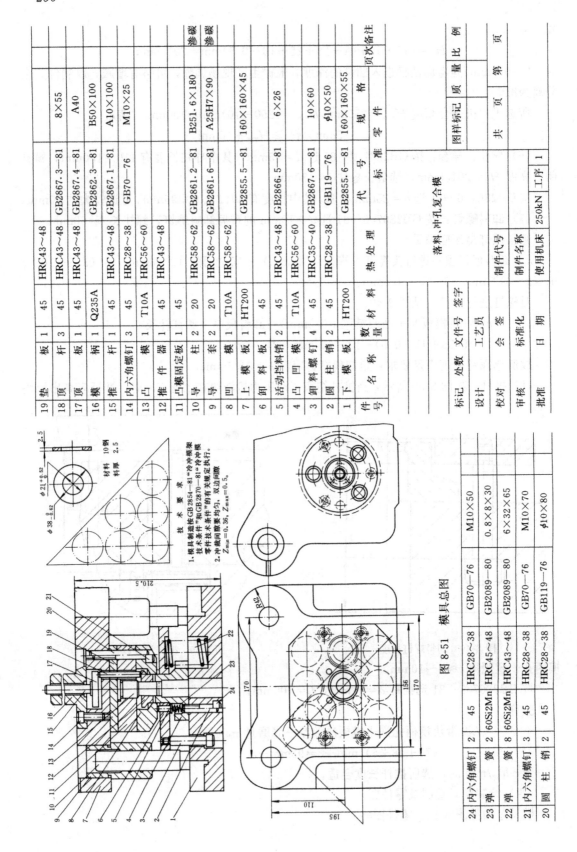

图8-51 模具总图

技术要求
1. 模具制造按GB2854-81"冷冲模架技术条件"和GB2870-81"冷冲模零件技术条件"的有关规定执行。
2. 冲裁间隙要均匀，双边间隙 $Z_{min}=0.36$，$Z_{max}=0.5$。

材料 10钢
料厚 2.5

$\phi21^{+0.52}_{0}$  $\phi38^{0}_{-0.62}$

| 件号 | 名 称 | 数量 | 材料 | 热处理 | 标准号 | 规 格 | 页次备注 |
|---|---|---|---|---|---|---|---|
| 19 | 垫板 | 1 | 45 | HRC43~48 | GB2867.3-81 | 8×55 | |
| 18 | 顶杆 | 3 | 45 | HRC43~48 | GB2867.4-81 | A40 | |
| 17 | 顶板 | 1 | 45 | HRC43~48 | GB2862.3-81 | B50×100 | |
| 16 | 模柄 | 1 | Q235A | | GB2867.1-81 | A10×100 | |
| 15 | 推杆 | 1 | 45 | HRC43~48 | GB70-76 | M10×25 | |
| 14 | 内六角螺钉 | 3 | 45 | HRC28~38 | | | |
| 13 | 凸模 | 1 | T10A | HRC56~60 | | | |
| 12 | 推件器 | 1 | 45 | HRC43~48 | | | |
| 11 | 凸模固定板 | 1 | 45 | | | | |
| 10 | 导柱 | 2 | 20 | HRC58~62 | GB2861.2-81 | B25l.6×180 | 渗碳 |
| 9 | 导套 | 2 | 20 | HRC58~62 | GB2861.6-81 | A25H7×90 | 渗碳 |
| 8 | 凹模 | 1 | T10A | HRC58~62 | | | |
| 7 | 上模板 | 1 | HT200 | | GB2855.5-81 | 160×160×45 | |
| 6 | 卸料板 | 1 | 45 | HRC43~48 | | | |
| 5 | 活动挡料销 | 2 | 45 | HRC43~48 | GB2866.5-81 | 6×26 | |
| 4 | 凸模 | 1 | T10A | HRC56~60 | | | |
| 3 | 卸料螺钉 | 4 | 45 | HRC35~40 | GB2867.6-81 | 10×60 | |
| 2 | 圆柱销 | 2 | 45 | HRC28~38 | GB119-76 | φ10×50 | |
| 1 | 下模板 | 1 | HT200 | HRC28~38 | GB2855.6-81 | 160×160×55 | |

| 24 | 内六角螺钉 | 2 | 45 | HRC28~38 | GB70-76 | M10×50 | |
| 23 | 弹簧 | 2 | 60Si2Mn | HRC45~48 | GB2089-80 | 0.8×8×30 | |
| 22 | 弹簧 | 8 | 60Si2Mn | HRC43~48 | GB2089-80 | 6×32×65 | |
| 21 | 内六角螺钉 | 3 | 45 | HRC28~38 | GB70-76 | M10×70 | |
| 20 | 圆柱销 | 2 | 45 | HRC28~38 | GB119-76 | φ10×80 | |

落料、冲孔复合模

| 图样标记 | | 质量 | 比例 |
|---|---|---|---|
| | | 共 页 | 第 页 |

| 标记 | 处数 | 文件号 | 签字 | | |
| 设计 | | | | 制件代号 | |
| 校对 | | 会签 | | 制件名称 | |
| 审核 | | 标准化 | | | |
| 批准 | | 日期 | | 使用机床 250kN | 工序 1 |

# 第九章 特种冲压模具设计

在冲压件生产实践中，由于各行各业对冲压件的质量要求以及所需冲压件的批量大小不同，因而在进行模具的结构设计以及选用模具材料时，应根据冲压件的质量要求以及批量大小而定，在保证冲压件质量的前提下，尽量缩短制模周期、降低制模成本，以获得更好的技术-经济指标。

为达到此目的，各国学者以及各行各业的工程技术人员都在不断地进行研究和试验，目前在生产实践中已获得广泛应用的特种模具主要有：铋锡低熔点合金模、锌基合金模、聚氨酯橡胶模、钢带冲模、板模以及组合冲模等。

## 第一节 铋-锡低熔点合金模

以铋、锡低熔点合金元素为主要元素、熔点约在 70～150℃ 的低熔点合金特别适用于成形大、中形尺寸的各种覆盖件。其制模工时约为 6～8h（不包括样件的制模时间）；制模成本比钢模低 60%～90%；低熔点合金材料软，可以进行表面无损成形；合金材料可以反复利用；样件存放空间极小；对制模工人的技术水平要求低。对于一个中型的汽车改装厂或汽车大修厂只要制备一个适当的合金容框，基本上就可以满足各种覆盖件的成形加工需要。

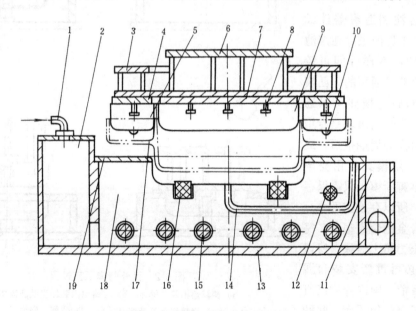

图 9-1 低熔点合金覆盖件成形模

1—进气管 2—副熔池 3—压边圈框架 4—压边圈连接板 5—压边圈 6—凸模架 7—凸模板
8—螺钉 9—凸模 10—拉深肋 11—冷却水室 12—测温装置 13—主熔池 14—排气管
15—电加热器 16—顶出器 17—样件 18—凹模 19—凹模板

图 9-1 所示为一个典型的内热气压水冷拉深覆盖件的成形模结构示意图。图中双点划线部分(17 号件)为样件,也称为样模。这是制模的依据,它的形状和欲成形的工件大致相同,只是其厚度应等于成形模的模具间隙,在其四周附加有用于分离成形凸模、凹模和压边圈用的内挡墙和外挡墙。样件上有小孔,以便铸模时,可以容许熔化的合金由样模外侧流入样模的内腔形成凸模。样件可以用钢板敲制、用玻璃布糊制,甚至用纸浆糊制好后再涂上耐高温胶即可。

这种模具通常放置在专用压力机上,因合金的熔点很低,通过模具主熔池内的加热管即可将合金熔化。主熔池的作用是熔化、凝固合金并形成凹模,副熔池的作用是当主熔池内合金表面凝固后,由气压装置加压,向主熔池补充合金用的。副熔池的合金向主熔池流动,可以提高铸模的精度,提高模具内部组织的致密性。另外在熔化的合金由样件外侧向内腔流动时,通过加压还可以提高流入的速度,以减少铸模时间。主熔池的四周设置有冷却水室。冷却水室的作用是在合金凝固时,加快合金的凝固时间,以减少制模工时,同时亦有使合金急冷,以提高合金硬度的作用。在凸模板和压边圈板上装有螺钉,其作用是紧固合金。排气管要在铸模时一同铸入,而顶出器则是在铸模后放置上去的。

这付模具的凹模口加添了钢板,这是因为在成形覆盖件时,此凹模口处的板材剧烈变形,板料对凹模口产生严重的磨损,加上钢板后可以提高模具的使用寿命。在模具磨损比较严重的部位,亦可以加添钢制镶块,以提高寿命。

对于带有曲面凸缘的覆盖件,此凹模口不必加添钢板,直接由低熔点合金铸出。这样可以减少制模成本,但使用寿命较低。

使用熔池制造覆盖件成形模,只要工件的尺寸在熔池尺寸范围内,有样件即可铸出,所以熔池是通用的,凸模和压边圈的固定板亦可以通用,只有必要的钢镶块是专用的。所以制模的周期很短,成本很低,一副模具使用完毕后,即可再铸新模,只需保存样件即可,所以存放空间小。

由于合金的熔点很低,完全可以在压力机上铸模,所以铸模后不必再重新安装和调整模具。目前,国内外均已研制并使用了自铸模压床,此种

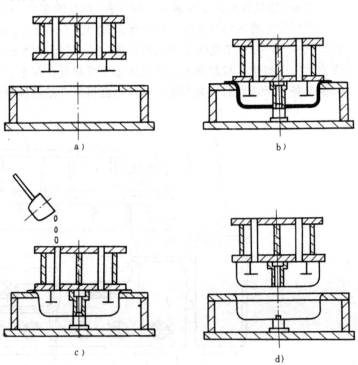

图 9-2  机外制模工艺过程
a) 铸模熔池及凸模体   b) 在熔池内装样模及凸模体
c) 浇铸熔化的低熔点合金   d) 分模、修模

压力机本身配上了低熔点合金的熔池。对于个别磨损的模具部位或铸模不太理想的部位,用普通的电熔铁即可进行修补工作。合金很软,所以成形覆盖件时,不会划伤工件的表面。

当没有图 9-1 所示的大型覆盖件低熔点合金熔框时,亦可以采用图 9-2 所示的简易容框

和机外铸模工艺进行铸模。这种铸模方式因没有副熔池的补偿作用，铸模精度和质量稍低，制模周期也长一些，但是熔池结构简单，造价成本低，且熔化合金的热量不会传递到压力机上，因而不会影响压力机的精度。

目前所用铋锡低熔点二元合金在铋元素含量高于47%时，合金冷凝时体积会产生膨胀。这是因为铋元素在由液体转化为固体时，体积会产生3.3%的膨胀率所致。这种冷胀性可以保证模具的尺寸精度和轮廓形状的清晰度以及模具的内在质量。但是由于铋元素在自然界中储量很少，因而价格很高，所以目前各国学者正在研究其替代金属，或用更好的补缩制模法，以保证在少铋的情况下，铸造出高质量的成形模具。低熔点合金模由于熔点低，材质软，故其使用寿命不高，只能用于试制和小批量生产。

# 第二节 锌基合金模

## 一、锌基合金冲模用材料、力学性能及其熔炼方法

对于薄料冲裁以及板材成形工艺可采用来源广泛、价格便宜、制作方便的锌基合金做模具的工作元件。

锌基合金一般采用纯度为99.95%的锌、99.7%的铝、99.95%的电解铜和99.95%的镁按比例配制而成。使用高纯度的金属元素配制合金，可以获得性能良好的锌基合金模具材料。

表9-1是国内外目前使用的几种锌基合金配方。表9-2是数种锌基合金的物理力学性能，仅供参考。

**表9-1 锌基合金配方**

| 锌基合金牌号 | 质 量 分 数 （%） | | | |
| --- | --- | --- | --- | --- |
| | 锌（Zn） | 铜（Cu） | 铝（Al） | 镁（Mg） |
| ZAS（日本） | 其余 | 2.85~3.35 | 3.9~4.2 | 0.03~0.06 |
| KirKsite（美国） | 其余 | 3.09 | 3.95 | 0.049 |
| （北京农业工程大学） | 其余 | 2.96 | 3.96 | 0.034 |
| （南京机械研究所） | 其余 | 3~3.5 | 4~4.5 | 0.04~0.07 |
| 62-1（62所） | 92.12 | 3.42 | 3.56 | 0.04 |
| 62-2（62所） | 91.97 | 3.64 | 3.53 | 0.04 |
| ALL13-1（前苏联） | 87.4~84.9 | 11~13 | 1.5~2 | 0.1 |
| ALL13-2（前苏联） | 90.7~89.3 | 7~8 | 1.8~2.2 | 0.5 |

由表9-1配方比例可见：锌基合金的主要成分是锌、铜、铝、镁，其余杂质有铅、镉、铁、锡等。纵观国内外各生产厂家所用合金配方，铅的质量分数要控制在0.003%以下，镉控制在0.001%左右，铁控制在0.02%以下，锡微量。各种配方略有不同，但大同小异。

**表9-2 国内外冲压模具用锌基合金性能**

| 性能\种类 | ZAS（日本） | Crmop-die（美国） | Kayem-2（英国） | Z-430（德） | 南京机械研究所（中国） | 62-1（中国） | ALL13-1（前苏联） | ALL13-2（前苏联） |
| --- | --- | --- | --- | --- | --- | --- | --- | --- |
| 密度(g/cm³) | 6.7 | 6.7 | 6.6 | 6.7 | 6.7 | 6.7 | | |
| 熔点(℃) | 380 | 399~403 | 358 | 390 | 380 | 380 | 373 | 378 |
| 凝固收缩率(%) | 1.1~1.2 | 0.01 | 1.1 | 1.1 | 1~1.1 | 1.1~1.2 | | |
| 抗拉强度(MPa) | 240~290 | 260~300 | 249 | 220~240 | 297.5 | 268 | | |
| 硬度 HBS | 100~115 | 130~150 | 140 | — | 123~131 | 124 | 250~280 | 200~250 |
| 抗压强度(MPa) | 550~600 | — | 685 | 600~700 | 600~700 | 550~600 | 110~125 | 110~125 |

（续）

| 性 能 \ 种 类 | ZAS（日本） | Crmop-die（美国） | Kayem-2（英国） | Z-430（德） | 南京机械研究所（中国） | 62-1（中国） | ALL13-1（前苏联） | ALL13-2（前苏联） |
|---|---|---|---|---|---|---|---|---|
| 抗剪强度（MPa） | 240 | — | — | 300 | — | 240 | | |
| 热膨胀系数（$10^{-6}$/℃） | 26 | — | 28 | 27 | | 26 | | |
| 热导率（W/m·K） | 0.367 | — | | | | 0.367 | | |
| 伸长率（%）（50mm试件） | 1.2～3.4 | 3.0 | — | 1.0 | | 1.6 | | |

由表中可见,这四种元素配成的四元合金,其熔点在380℃左右,故常称之为中熔点合金。其强度和硬度低于普通碳钢而高于以铋锡为主的低熔点合金。这些合金元素在自然界中含量丰富,价格便宜,熔点低,硬度低,所以加工方便,制模周期短。由于薄板冲裁模经常采用凸模冲制凹模型腔的方法,故冲裁间隙易于保证。其模具成本较钢模大大降低,同时用其做成形模具时,使用寿命又大大高于低熔点合金模。

目前锌基合金的熔炼工艺有两种方法,即直接熔炼法和中间合金熔炼法。

直接熔炼法即将锌、铝、铜、镁四种元素按比例一次熔炼成所需要的锌基合金。这种方法适用于小批量生产锌基合金模具的工厂。中间合金熔炼法即将铝和铜先熔炼成中间合金,使用时再加入锌、镁,熔炼成最终制模用合金。这种方法可以有效地减少合金元素的氧化、挥发、烧损和过热,便于控制合金的化学成分、节省能源、缩短制模周期。故适用于合金用量较多的工厂。

常用的Al-Cu合金,按其比例不同,又分为Al-Cu33和Al-Cu50两种,其物理性能见表9-3。

**表9-3 中间合金成分及物理性能**

| 名 称 | 质量分数 | 熔炉温度（℃） | 熔 点（℃） | 性 质 |
|---|---|---|---|---|
| AL-Cu33 | Cu33% | 548 | 1083 | 脆 |
| AL-Cu50 | Cu50% | 590 | 1083 | 脆 |

中间合金的熔炼目前有三种方法：①将固态的铜熔于液态铝中；②将固态的铝熔于液态铜中；③将分别熔化的液态铝、液态铜混合而成。第一和第三种方法适用于大批量生产中间合金,但要防止合金过热而氧化。第二种方法在熔炼过程中通常不会产生过热现象。

熔炼锌基合金时,要特别注意如下几点：

（1）原料要清洁,要除油、除锈、预热。所用工具需涂上涂料,以避免铁污染。常用的涂料为：锌质量分数30%,水玻璃质量分数3%～5%,其余为水。

（2）凡与溶剂接触的工具,均要保持清洁、无油、无锈、无石粒杂质等,并要烘干,保证无水分。

（3）严防合金中混入铁屑、铁锈等杂物,以免影响合金的性能。

（4）熔炼中的合金在炉中静止的时间不能过长,溶液要上下不停的轻微搅拌,以防合金偏析。

（5）熔炼与浇注过程中要注意安全,以免溶液飞溅伤人。

合金锭的浇口、冒口以及废模,均可直接重熔使用,炉温在500℃即可。合金锭等要碎成小块,以便于熔化。由于熔化温度不高,氧化损失很少,合金成分变化微小,故不需重新调整,加入氧化锌去渣后即可使用。

**二、锌基合金冲裁模**

对于薄板件的试制和小批量生产，可采用锌基合金制作冲裁用的凸模或凹模，这种模具称为锌基合金冲裁模。

由上述四种合金元素组成的四元合金，其熔点在380℃左右，常称之为中熔点合金。其强度和硬度低于普通碳钢而高于铋锡低熔点合金。合金元素在自然界中含量丰富，价格便宜；熔点低，硬度低，所以加工简便，制模周期短；冲模间隙易于保证，其模具成本较钢模大大降低了。对于这种模具，由于其刃口材料硬度低于所冲工件的材料硬度，所以冲裁变形过程与常规冲裁不同，各国学者对此做了大量的理论分析和试验研究，先后提出了"单向裂纹扩展分离理论"、"动态间隙"和"自动补偿理论"。

在新产品试制阶段或批量小于1000件的薄板小批量生产，可以用锌基合金做冲裁用的凸模和凹模；对于批量小于2000件，有一定质量要求的落料件，通常采用锌基合金凹模和钢制凸模的结构形式，这种结构形式是目前生产中用的最为广泛的一种结构形式；对于批量小于2000件，有一定质量要求的冲孔件，生产中常采用锌基合金凸模和钢制凹模的结构形式。这是因为冲孔件的毛刺取决于凹模刃口，落料件的毛刺取决于凸模刃口，钢制凸模或凹模硬度高于所冲板料，刃口锋利，易于使板材产生应力集中和裂纹，从而使所需工件毛刺高度较低，而锌基合金材料硬度低于所冲板料，在冲裁时刃口出现塌角，板材处于面支撑状态，不易产生裂纹，故在锌基合金模具刃口的一侧，毛刺高度较高。

锌基合金模具的结构和普通钢制冲裁模类似，在生产中有单工序模（通常用锌基合金做凹模）、复合模（通常用锌基合金做落料凹模，如图9-3所示）和级进模（通常用锌基合金做落料凹模，如图9-4所示）。

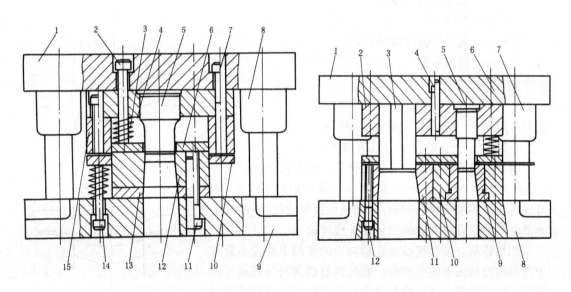

图9-3　锌基合金复合模　　　　　　　　图9-4　锌基合金级进模
1—上模座　2—螺钉　3—弹簧　4—凸模固定板　　　1—上模座　2—凸模固定板　3—凸模　4—螺钉、销钉
5—冲孔凸模　6—顶件器　7—螺钉、销钉　8—导柱、导套　　5—冲孔凸模　6—卸料螺钉、弹簧　7—导柱、导套
9—下模座　10—卸料板　11—螺钉　12—凸凹模　　　8—下模座　9—冲孔凹模　10—凹模固定板
13—垫板　14—卸料螺钉　15—锌基合金凹模　　　11—锌基合金凹模　12—螺钉

用锌基合金做凹模，碳钢做凸模，形成一硬一软两种冲模刃口，用其冲裁板料时的变形

过程如图 9-5 所示。

在板材的弹性变形（冲裁初期）过程中，凸、凹模端面受到很大的轴向压力，使凸模的径向尺寸变大，而凹模型腔的径向尺寸变小。凸模采用碳钢制造所以变形量很小，通常可忽略不计，而锌基合金较软，屈服强度低，所以变形量较大，很容易出现塌角（如图 9-5b 所示），从而对板料呈现环带面支撑。在所冲板材被挤入凹模型腔后，板材对凹模型腔施加侧向力，从而使型腔尺寸变大。这种在板材的冲裁过程中，凹、凸模之间的实际间隙值不断变化，这一间隙称之为"动态间隙"。

在冲裁过程中，由于凸模采用钢料制造，刃口锋利，板材容易产生应力集中，随着凸模的下行，在凸模刃口处的板材出现裂纹，并沿刃口连线向板材内扩展。而在锌基合金凹模一侧的板材，由于模具刃口出现塌角，板材处于三向受压状态，较晚才会产生裂纹，或在产生裂纹前，板材上表面的裂纹就扩展完成了板材的分离过程。这种现象就称之为"单向裂纹扩展分离理论"或"双向差异裂纹扩展分离理论"。

另外在冲裁过程中，轴向力使凹模型腔尺寸变小，而侧向力使凹模型腔尺寸变大，如图 9-6 所示，轴向方向板材受力平衡，应有

$$pBL + \mu F_1 = F$$

$$F = Lt\tau_{冲}$$

$$\therefore \quad p = t/B\tau_{冲} - (\mu F_1)/(BL)$$

式中　$L$ —— 冲裁轮廓线长度；

　　　$B$ —— 凹模承压环宽度；

　　　$t$ —— 被冲板材的厚度；

　　　$F$ —— 冲裁力；

　　　$\tau_{冲}$ —— 板材的抗冲裁强度；

　　　$\mu$ —— 摩擦系数。

在冲裁时，通常有

$$[\sigma_s] < p < [\sigma_y]$$

式中　$[\sigma_s]$ —— 锌基合金的屈服强度；

　　　$[\sigma_y]$ —— 锌基合金的抗压强度。

满足左边的不等式，可以使锌基合金凹模在轴向压力 $p$ 的作用下产生流动，形成塌角。而满足右边的不等式，则可保证凹模不被压坏。锌基合金凹模型腔尺寸变化，改变了冲模的间隙，称为间隙的"自动补偿理论"。

如果锌基合金凹模型腔在轴向力的作用下的变小量大于在侧向力作用下的变大量，则分离后的落料件在通过凹模型腔时要刮削一部分锌基合金，这时的落料件剪切断面上将有一些白色的颗粒物质。冲裁完毕后的锌基合金凹模刃口会出现圆角或增大已有圆角。如果变小量小于变大量，则工件处于撕裂状态，使工件毛刺高且不平整。如果变小量等于变大量，模具的磨损极小，模具使用寿命高。实践证明，$p$、$B$、$F_1$ 与所冲板料的厚度、机械强度以及锌基合金模本身的强度有关，而且关系很复杂。这说明一定成分的锌基合金模

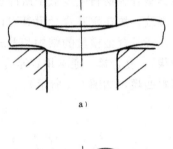

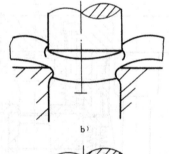

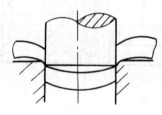

图 9-5　锌基合金冲裁模的冲裁过程
a）弹性变形阶段　b）塑性挤压变形阶段
c）断裂分离阶段

具，要实现自动补偿间隙，以提高模具的使用寿命，必须对所冲裁的板材材质和厚度有一定的限制。这也是一个有待深入研究的课题。

锌基合金凹模由于熔点低、硬度低，可以采用铸造法制出略小于实际尺寸的型腔，或采用凸模压印后用机械加工方法粗加工出略小于实际尺寸的型腔，通常每边留 0.2～0.3mm 的加工余量，然后用凸模挤切凹模型腔，这样可以很容易地保证冲裁间隙的均匀性。这种模具的初始间隙为零，在实际冲裁时，通过工件不断地刮削锌基合金而得到合理的间隙值。

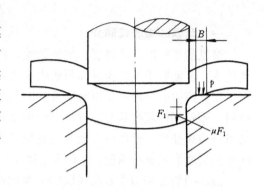

图 9-6　锌基合金凹模受力状态

为提高模具寿命，在凹模上表面覆盖一层贝氏体薄钢片，称为第二代锌基合金冲裁模，详见板模一节。

### 三、锌基合金成形模

上述锌基合金，亦可用于制作各种弯曲模、拉深模、局部成形模以及塑料成形的注射模、吹塑模等。这种成形模的模具结构和普通钢模结构相同，其特点是通常可以采用有色金属铸造法进行铸造制模，减少了普通钢模的大量的机械加工工作量。这是因为锌基合金材质软；用锉刀和砂轮就可以修整模具，对于损坏的部位或收缩的部位，用普通气焊即可进行修补。因而缩短了制模周期，降低了制模成本，其成本约为钢模的 1/6～1/8。但寿命低于钢模。

与低熔点合金模相比，锌基元素在自然界中含量丰富，来源广，价格便宜，其成本约为铋锡低熔点合金的 1/4～1/5。其熔点约为 380℃左右，因而比低熔点合金成形模的使用寿命高。其缺点是铸模方法比低熔点合金复杂，没有冷胀性，因而铸模精度稍低。

对于需要带型腔的成形凸模、凹模和各种塑料模，可以采用图 9-7 所示的半熔化加压制模法。将型砂预热到 200～250℃，将 450℃左右的锌基合金溶液倒入模框内，待溶液降温成半熔糊状时，将模体压入。当锌基合金液面冷却成浅白色时，缓慢加压，压力约 4～20MPa 保压 1～3min 即可脱模。如果脱模后发现精度不高，可以趁热再压下，加压到 60MPa，即可提高铸模精度。铸模前，可在样件上涂高岭土或石墨粉溶液，或用喷灯喷镀碳黑作脱模剂。

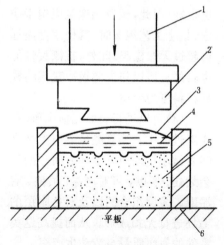

图 9-7　半熔化加压制模工艺
1—滑块　2—凸模体　3—样件
4—锌合金溶液　5—砂　6—平板

此外，亦可以利用锌铝合金的超塑性性能进行超塑性制模工艺。锌铝合金在细小晶粒（其晶粒直径小于 5μm）状态下，加热到 0.4～0.5 倍的熔点温度（约 200℃左右），采用 $10^{-1}$～$10^{-3}s^{-1}$ 的应变速率，即可以很容易地制出所需的模具型腔。模具成形后，再进行热处理，增大合金的晶粒尺寸，使之脱离超塑性状态后，即可用于成形工件。

## 第三节  聚氨酯橡胶模

### 一、聚氨酯橡胶模简介

聚氨酯橡胶以其高强度、抗撕裂性、耐油、耐磨、耐老化和良好的机械加工性能等一系列优点，重新赋予橡胶模具以新的生命力，使之具有较高的经济-技术效益。

聚氨酯橡胶是聚氨基甲酸酯橡胶的简称，它是介于橡胶和塑料之间的一种高分子弹性体材料。聚氨酯橡胶按其加工方法可分为浇注型、热塑型以及混炼型三种；按其主要原料不同又可分为聚酯型、聚醚型以及聚酰氨型三种。目前在冲压生产中，作为模具材料的通常是浇注型的聚酯型聚氨酯橡胶。也有采用浇注型聚醚型聚氨酯橡胶的，但其抗冲击强度不如前者。

浇注型的聚酯型聚氨酯橡胶的主要优点如下：

（1）具有较高的强度、单位压力和剪切力。国产的各种硬度（邵氏 60A、70A、80A、90A 和 95A）聚氨酯橡胶的压缩性能曲线如图 9-8 所示。由图可见，硬度为 95A 的聚氨酯橡胶，在压缩应变 $\varepsilon \leqslant 5\%$ 时，其弹性模量图中为曲线的斜率、压缩力远远大于天然橡胶（邵氏 70A）。

（2）硬度低的 60A 聚氨酯橡胶具有比天然橡胶更好的流动性。

（3）耐磨、耐油、耐老化以及抗撕裂性能较好。聚氨酯橡胶的耐磨性能约为天然橡胶的 5～10 倍，故有耐磨橡胶之称。耐油性约为天然橡胶的 5～6 倍。耐大气老化的性能也很好。因此，聚氨酯橡胶应用于冲压、板金工艺装备时，其使用性能远远超过天然橡胶。此外，抗撕裂性能也较好。所以作为薄板冲裁模的模具材料更为合适。

（4）可以进行表面无损成形。在成形过程中，聚氨酯橡胶与毛坯之间有微小错动时，零件表面一般不会划伤。所以，可对电镀、喷漆、有浮雕、多层组合的以及有色附层的毛坯进行无损成形。从而提高这类零件的表面质量与劳动生产率。

（5）聚氨酯橡胶模结构简单，制

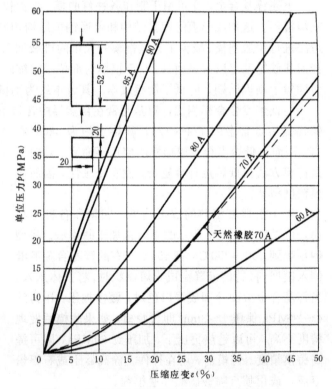

图 9-8  国产聚酯型聚氨酯橡胶的压缩性能曲线

造容易。这种模具由一个钢模与一个装有聚氨酯橡胶模垫的容框所组成。前者可采用软钢制造，后者结构简单，制造周期短、成本低，而且模具安装方便。

（6）切削性能好。较硬的聚氨酯橡胶可以象金属一样，能对它进行各种机械加工，所以极易加工成各种模具零件。

表 9-4 列出了南京橡胶厂生产的聚酯型浇注型聚氨酯橡胶与丁腈橡胶性能的比较情况，

供参考。

目前，广泛使用聚氨酯橡胶作冲裁模、弯曲模、胀形模、拉深模和局部成形模工作零件以及其他一些弹顶模具零件。

应当指出，聚氨酯橡胶虽具有上述优点，但也存在一些缺点，例如，对气温的敏感性较高，耐高、低温性能差，耐水解性也较差。此外，目前橡胶价格较高。

表9-4　南京橡胶厂的聚酯浇注型聚氨酯橡胶与丁腈橡胶性能的比较

| 项目 指标 胶种与牌号 | 聚酯浇注型聚氨酯橡胶 | | | | | 丁腈橡胶 | |
|---|---|---|---|---|---|---|---|
| | 8295 | 8290 | 8280 | 8270 | 8260 | B14 | B14-1 |
| 硬度邵氏A | 93 | 90 | 85 | 75 | 67 | 70～77 | 82～73 |
| 伸长率（%） | 484 | 492.3 | 533 | 797 | 714 | 160 | 100 |
| 强度极限（MPa） | 59.65 | 55.23 | 49.6 | 30.95 | 22.4 | 10 | 12 |
| 300%伸长时应力（MPa） | 22.13 | 15.74 | | 4.61 | 2.53 | | |
| 断裂永久变形（%） | 16 | 10 | | 8 | 12 | 8 | 8 |
| 磨耗减量（cm³/1.61km） | | 0.12 | 磨不下来 | 0.0859 | | | |
| 抗撕强度（MPa） | 10.75 | 9.53 | | 7.66 | | | |
| 脆性温度（℃） | | | | −60未断 | −70未断 | −50 | −50 |
| 老化系数（100℃，72h） | | 1.144 | | 大于0.9 | | 0.6 | 0.6 |
| 耐油性 卡+苯（室温，24h）增重率（%） | 3.11 | 3.62 | 3.643 | | | +35 | +35 |
| 耐油性 煤温（室温，72h）增重率（%） | | 2.527 | 3.250 | | | +8～−1 | +10～−1 |
| 耐油性 N32机械油（70℃，72h）增重率（%） | | 变压器油 0.766 | −0.1515 | | | 润滑油 −12 | 润滑油 −12 |

在板材的冲压生产中，主要选用硬度高的95A、90A聚氨酯橡胶作冲裁薄料的凹模或凸模；选用硬度较低的70A、60A橡胶作变形量较大的弯曲、拉深、及胀形模以及各种卸料、顶件用弹性元件；选用硬度适中的75A～90A橡胶作深拉深、弯曲件、局部成形的带有一定型腔的凹模。

**二、聚氨酯橡胶薄板冲裁模**

对于材料厚度小于0.3mm的薄板冲裁件，由于冲裁模的绝对间隙值很小，使常规钢模很难保证均匀的合理间隙值，尤其是非圆形轮廓的复杂形状冲裁件，其钢模制造十分困难。生产中过去有人就尝试过以天然橡胶模垫作凸模（或凹模），以钢制凹模（或凸模）进行薄板的冲裁加工，但由于天然橡胶耐磨、耐油、抗撕裂性差和弹性模量小，而限制了其应用。自60年代聚氨酯橡胶问世，重新给予橡胶薄板冲裁模以新的生命力。处于封闭状态的聚氨酯橡胶弹性模量很大，以小的应变可以提供很大的压力，其耐磨、耐油、抗撕裂性和机械加工性能较好，故在用于薄板冲裁时，可以获得很大的经济效益。

图9-9所示为一个聚氨酯橡胶落料模典型结构。件5为钢制凸模，其形状与冲裁件形状相同，凸模与聚氨酯模垫7共同完成落料加工。由图可见，作为凹模的聚氨酯模垫是装在容框内的整体聚氨酯橡胶平板，容框尺寸比凸模5每边大0.5～1.5mm，对于复杂形状的落料件，容框与凸模仿形即可。聚氨酯橡胶垫应比容框大0.5mm，以利于模垫的安装固定。这种模具结构形式不存在修配凸、凹模的间隙问题，从而使模具制造工时大大下降。这种无间隙的冲裁模加工出的冲件剪切断面无毛刺，冲压件平整。

聚氨酯橡胶也可以做冲孔模或落料-冲孔复合模。在做冲孔模时，为使冲压件平整，应使用钢制凹模，聚氨酯模垫作凸模。同样为使冲压件平整，复合模应使用钢制的凸凹模，而使用聚氨酯橡胶模垫做冲孔的凸模和落料的凹模，此模垫也只是一块与钢制凸凹模外形仿形的平板聚氨酯橡胶。

在冲孔模和复合模设计中，钢制凹模型腔内应设置顶杆，如图 9-10 所示。图中所示为各种顶杆的下死点位置，冲裁完毕后，向上顶出冲孔的废料。此顶杆设置的原因如图 9-11 所示。如不设置顶杆，板材在 A 点处会受到较大的弯矩和压力，容易在 A 点断裂，从而影响冲裁件的质量。当加置顶杆后，由于顶杆在 C 处带有小圆角半径，且在 A 点其弯矩值比不设顶杆时大大下降，同时由于钢制凹模刃口锋利，会使板料产生应力集中，所以将在 B 处分离，从而可以获得高质量的冲裁件。

常用顶杆的几何参数可参考表 9-5 选取。

在设计聚氨酯橡胶冲裁模时，作为工作元件的橡胶模垫，一定要选用硬度在 95A 以上的聚氨酯橡胶，目前国内已有工厂开始研制硬度更高的 D73 聚氨酯橡胶。硬度高才能提供大

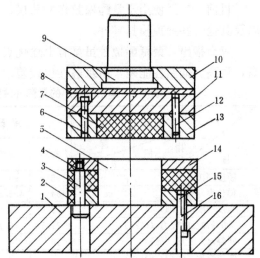

图 9-9 聚氨脂橡胶落料模

1—底座 2—凸模固定板 3、6、16—螺钉
4—橡胶 5—凸模 7—聚氨脂橡胶模垫
8—垫板 9—模柄 10—上模座 11—容框垫板
12、15—销钉 13—容框 14—卸料板

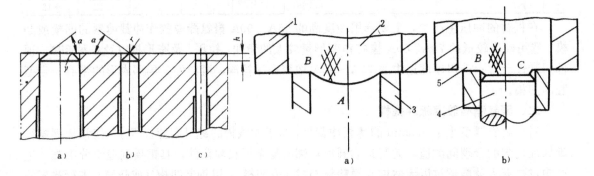

图 9-10 顶杆的形式及其参数

a) $d \geqslant 5$ b) $2.5 \leqslant d \leqslant 5$ c) $d < 2.5$

图 9-11 聚氨酯橡胶凸模冲孔变形过程

a) 无顶杆 b) 有顶杆

1—容框 2—橡胶模垫 3—凹模 4—顶杆 5—板料

的冲裁力和获得较高的使用寿命。

表 9-5 顶杆的几何参数

| 被冲材料厚度（mm） | 0.2~0.3 | 0.1~0.2 | <0.1 |
| --- | --- | --- | --- |
| 冲孔直径（mm） | >5 | 2.5~5 | <2.5 |
| 材料硬度 | 硬 | 半 硬 | |
| 顶 杆 类 型 | | | |
| | A | B | C |
| 角度 α（°） | 70~25 | 60~70 | — |
| 高度 h（mm） | 0.6~1 | 0.4~0.6 | 0.4 |
| 半径 r（mm） | 0.5 | 0.5 | |

### 三、聚氨酯橡胶成形模

聚氨酯橡胶可以有效地用于各种形状的弯曲成形。如图 9-12 所示的 U 形弯曲模。这种模具属于半模的结构形式，弯曲凸模是专用的（亦可通用于各种不同厚度的板材），而凹模只是一个橡胶模垫。此橡胶模垫可以用于弯曲一定尺寸范围内的各种形式的弯曲件。在橡胶模垫的下方两侧，放置不同尺寸和形状的成形棒，使模垫下方产生一个成形空间，这种成形空间有利于橡胶模垫的流动变形，增加对弯曲变形区的单位压力，减少工件的回弹。在其上方加有盖板，使凸模、容框和盖板组成一个封闭的容框，提高橡胶模垫对直壁部分的压力，亦可减少弯曲件的回弹变形。

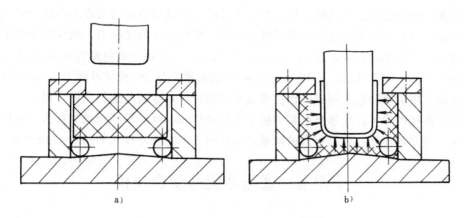

图 9-12　聚氨酯橡胶 U 形弯曲模
a）模具构造　b）弯曲零件

对于弯曲深度较浅的弯曲模，其橡胶模垫下方可以不放置成形棒，上方亦可以不加盖板。此时只要注意加大凸模的压下量，即可以达到校形、减少回弹的目的。

对于成形深度较深，板材厚度较大的 U 形件、闭斜角的凵形件、ぴ形件等，橡胶模垫应加工出成形型腔，如图 9-13 所示。

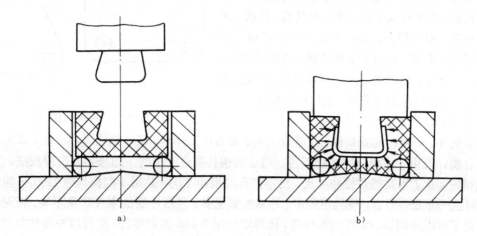

图 9-13　凵形弯曲模
a）模具构造　b）弯曲零件

众所周知，弯曲成形这种闭斜角的工件，采用常规钢模时，凹模块要设计成活动式的，否则凸模和坯料无法进入凹模型腔，成形后的工件也无法从凹模型腔内取出。这样的模具结构形式是很复杂的，其设计与制造均有一定的难度，模具成本很高。而采用如图 9-12 所示的聚氨酯橡胶模垫作成形凹模,由于橡胶本身的可流动性,从而使模具结构大大简化,成本大大下降。

对于这种闭斜角弯曲模,设计时一定要使凸模和模垫容框形成一个封闭的容框,以提高橡胶模垫对成形工件的单位压力,减少回弹,提高工件的精度。

对于平板式模垫,为提高模垫的流动性,通常选用硬度较低的 80A 和 75A 聚氨酯橡胶,而对于带有型腔的模垫,为提高单位压力,通常要选用硬度较高的 85A、90A 的聚氨酯橡胶。

聚氨酯橡胶亦可以广泛用于拉深工艺、局部成形工艺、翻边工艺和管材的胀形工艺等,以及在拉深或胀形后期,对于已成形的立体零件进行局部压印、冲孔复合工艺。

采用聚氨酯橡胶作拉深凸模,拉深成形锥形件、半球形或抛物线形工件时,聚氨酯橡胶可以有效地改变板材的受力状态,利用橡胶凸模与板材之间的摩擦力,减少拉深件中间胀形区的减薄量,从而提高工件的成形高度。目前已有工厂成功地用聚氨酯橡胶(85A)作凸模拉深出长约 350mm、宽 250mm、高度为 150mm 的曲面形状灯壳,板材厚度为 1.2mm 的 08 钢。聚氨酯橡胶凸模采用铸造法制成,已拉深成形达数百件,橡胶凸模仍完好无损。

用聚氨酯橡胶棒可以成形自行车中接头和直径达 50mm 的等径三通管接头。这种成形模结构简单,劳动环境好,可以有效的降低成形件的成本,获得较大的技术-经济效益。

## 第四节  通用冲模与组合冲模

### 一、逐次冲裁法和通用冲裁模

对于质量要求不高,生产批量不大,而产品更新换代频繁,冲压件的形状、尺寸和厚度又相近时,除了采用上述的各类专用简易模具外,为了进一步节省制模成本,缩短制模周期,亦可以采用逐次冲压法和各种通用模具。

任何冲压件,尽管其形状和尺寸各异,但其冲裁轮廓线大多数是由直线、不同半径的圆弧、圆孔等所组成。在冲压加工时,将各段直线、圆弧、圆孔分别用一些专门设计的、可以在一定应用范围内通用的冲孔模、切边模、切角模、圆弧冲模等,逐次一一冲出,这就是"逐次冲裁法"。冲裁出的半成品件,再用通用弯曲模、通用拉深模加工,这一全过程就是"逐次冲压法"。

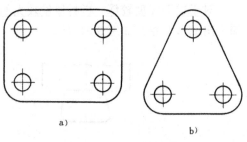

图 9-14  盖板件示意图

如图 9-14a 所示的盖板件,按常规工艺,采用单工序模,需 2 副模具冲 2 次;采用级进模或复合模,仅用 1 副模具冲 1 次即可,但这些模具都是专用的。如采用逐次冲裁法,则需用切边模冲 4 次,用切圆弧模冲 4 次,用小圆孔冲模冲 4 次,共用 3 副模具冲 12 次才能加工完毕。对这一冲裁件而言,模具用的多,冲裁次数也多,且所冲制的零件质量不高。但是这 3 副模具除了可以冲图 9-14a 所示零件外,还可以冲图 9-14b 所示零件,更可以冲各种类似的冲裁件,其经济效益就在于此。

逐次冲裁法使用通用冲模,即每一副模具的冲裁间隙可调整,凸、凹模亦可以快速调换。其可调范围以及所需的通用冲模种类,均应根据本厂的实际冲压产品的规格、尺寸和形状而定。范围太小,不能满足本单位生产需要,就失去了可调的意义;而调整范围太大,又必然使模具的结构复杂、制模困难,从而提高了模具的成本。所以一定要认真分类、归纳、研究,提出适当的可调加工范围和可调模的种类、规格,一般中型工厂用十几副这种模具应能满足大部分冲裁件的加工任务。

必须指出,这种模具和加工方法仅适用于质量要求不高的、批量不大的冲裁件。对质量要求高和所需批量大的冲裁件应设计专用模具。

逐次冲裁法的加工顺序十分重要,要针对每一个具体的待加工冲裁件,认真严格地制定加工顺序,这样才能保证冲裁件的质量,否则不仅不能保证质量,甚至不能顺利地进行加工。

另外,通用冲裁模多承受侧向力作用,所以在模具结构上通常要设置反侧块。各模具零件由于要经常更换和调整,所以要有严格的高精度定位基准,要有良好的强度和刚度以及较高的耐磨性,即应有较高的使用寿命。

一个单位进行一次投资,加工出一组通用冲模后,再上类似的新产品时,就可以不再投产,或少投产新的模具了,这不但降低了新产品的成本,而且也缩短了新产品投放市场的周期,及时了解市场的反馈情况,这对一个企业无疑是很有经济价值的。

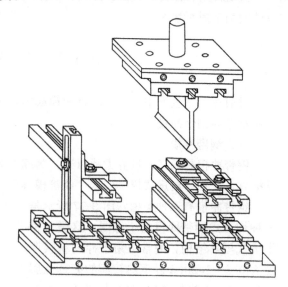

图 9-15　积木式组合弯曲模

## 二、组合冲模

组合冲模类似于儿童玩的积木,它是由许多标准的模具零件或组合机床夹具零件,根据待冲裁件或其他加工件的具体形状和尺寸,再加上少量的专用模具零件,临时组合而成的冲模。适用于新产品的试制和小批量生产。

组合冲模有两种类型,一种称之为"积木式组合冲模"。这是完全在机床组合夹具的基础上发展起来的,如图 9-15 所示。它以标准的机床夹具零件为主,配上适当的专用模具零件组装而成。这类组合模具主要适用于以机械加工为主,冲压加工为辅的工厂。

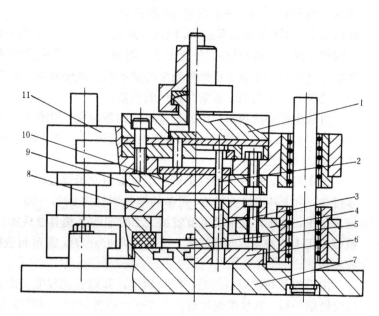

图 9-16　组合式复合冲裁模
1—浮动模柄　2—凸模　3—凸凹模　4—下模板　5—压板
6—支承板　7—底板　8—导向板　9—凹模　10—顶芯　11—上模板

另一类组合冲模称之为配套式组合冲模,如图 9-16 所示。这类冲模是以标准的模具零件为主，加上必要的专用模具零件组装而成的。专用零件只有凸模、凹模等工作零件和部分卸料零件。有时连凸模、凹模、卸料板以及定位板均由标准模块组装而成。这类组合冲模适用于以冲压加工为主的工厂。

这两种组合冲模一旦组装成功，其使用性能和普通常规冲模一样，完全可以达到一般冲压件的加工质量要求。

# 第五节 简易冲裁模

目前在实际生产中，为了降低冲模成本，缩短制模周期，还常采用一些结构极为简单且容易制造的钢带冲模与板模。

## 一、钢带冲模

钢带冲模是第二次世界大战以来，为缩短制模周期，节省制模成本而发展起来的一种简易模具，又称"厨房式模具"或"经济模具"。

钢带冲模有三种类型，图 9-17 所示是一种切刀式钢带冲模的示意图。这是一种半模式模具结构，通常适用于冲制材料厚度为 0.8～1.2mm 以下的较薄的有色金属板料。由于是半模结构，这种模具不存在修配凸、凹模间隙的问题，不需要设置导向机构，为保证切刀钢带有足够的强度及能顺利地分离板料，切刀通常带有 45°的斜角。此斜角太大时，钢带的强度高，但其分离板材困难（因是半模结构）。角度太小，则钢带的强度太差。平板 1 可采用光滑的硬木板、硬塑料板、硬橡胶或废铝板，冲几次需要移动一下位置，否则切痕会影响冲裁件的质量。

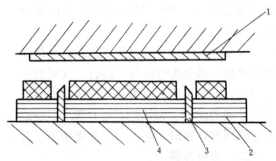

图 9-17 切刀式钢带冲模
1—平板 2—外模板 3—压入式切刀 4—内模板

目前生产中应用最广泛的是常规式钢带冲模，如图 9-18 所示。这副模具可以冲制尺寸为 408mm×336mm、厚度为 4mm 的 Q235 钢板，一次刃磨寿命已达 4000～5000 件。与国外资料相比已达到相当水平。

由图可见，这种冲模以钢带与层压板为专用模芯，采用通用模架，模具结构简单，专用零件少。由于其刃口为钢带，可节约模具钢材约 90%～95%。又由于主要专用零件为层压板，容易加工，故比常规钢模可节省加工工时 80%。模具总成本比常规钢模降低 80%。同时对制模技术工人的技术水平要求低，一般培训 6～8 周，既可制造模具，一部分模具零件还可以回收利用。

由于作为冲裁刃口的凸、凹模钢带，其刚度比较低，固定钢带的层压板通常为木质层压板或硬塑料板，其强度也很低，当实际冲裁板料时，钢带在受到板料的侧向力时会产生退让，从而使实际冲裁间隙值变大。为了防止和克服退让的影响，通常可采用如下措施：

（1）将钢带用螺钉或螺栓固定在内模板上，从而使内模板也分担一部分侧向力。

（2）在层压板的四周用带斜面的挡铁将层压板紧固，可有效地防止层压板开裂和退让。

（3）增大外层压板的宽度，一般取 100～150mm 左右，用双排螺钉，将其紧固在下模板

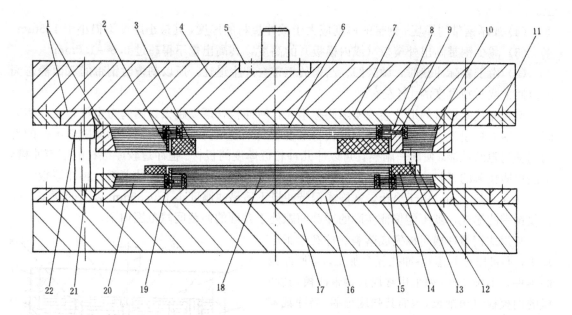

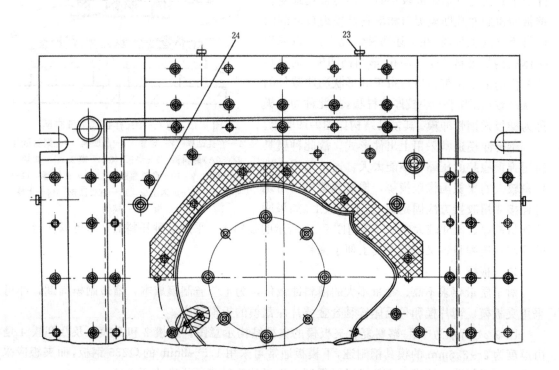

图 9-18　大型厚钢板常规式钢带冲模

1—压板　2—钢带凹模　3—聚氨酯橡胶（80A）顶件器　4—上模板　5—模柄　6—上-内模板

7—上垫板　8—凹模刃口镶块　9—紧固螺钉　10—上-外模板　11—挡铁　12、22—导套

13、21—导柱　14—聚氨酯橡胶（80A）卸料器　15—钢带凸模　16—下垫板　17—模座　18—下-内模板

19—低熔点合金填料　20—下-外模板　23—调节螺钉　24—托料器

上。

（4）加厚钢带的厚度，钢带的厚度应大于被冲板材的厚度，其最小厚度不得小于1.5mm。

（5）减少钢带高出外模板（或内模板）的高度，其高出量不得超过0.5～1.0mm。

（6）由于实际冲裁时，做为凹、凸模的钢带会产生退让，所以制模时钢带的双面静态间隙值通常取材料厚度的1%左右。

实际冲裁时钢带的退让会使实际间隙增大，所冲板材厚度越大，侧向力也就越大，实际间隙的增大量也就大，这种随着冲裁板材厚度不同，侧压力不同，因而实际间隙值不同的自动调整间隙的性能，使同一副模具可以冲几种相近厚度的板材。但冲过较厚板材的钢带冲模，不能再冲较薄的板材，因为此时的间隙可能已经变大了。所以通常先冲薄板，再冲厚板。

在此必须说明，由于退让，常规式钢带冲模不适易冲厚度小于0.35mm以下的薄料。因为仅钢带的退让，就不能保证实际的冲裁间隙处于合理的冲裁间隙范围内了。

常规式钢带冲模可以完成落料、冲孔单工序加工，亦可以进行落料-冲孔复合加工。当所冲裁的零件外形细长时，如采用常规式钢带冲模，其凸模的内模板也很细长，因而其强度很弱。当冲裁零件的中心孔与外形距离较小时，作为常规式复合钢带冲模的冲孔凹模刃口和落料凸模刃口之间的内模板强度也很弱。在上述两种情况下，可以采用整体式钢制落料凸模和冲孔-落料凸凹模，而落料的凹模仍采用钢带刃口，由于其形状和冲裁件的形状一致，相当于一块较厚的样板，故此种冲裁模称为样板式钢带冲模。其模具结构如图9-19所示。

钢带冲模通常采用上出件形式，故此种模具所用弹顶橡胶的压缩量不能太大，通常采用弹性模量较大的聚氨酯橡胶模垫，橡胶模垫可以用螺钉连接或用胶接方法固定到上、下模板上。如果所

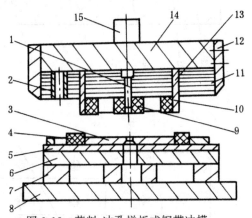

图9-19 落料-冲孔样板式钢带冲模
1—冲孔凸模 2—导套 3—凸凹模 4—聚氨酯橡胶（80A）卸料器 5—垫板 6—下模板 7—垫块 8—模座 9、10—聚氨酯橡胶（80A）顶件器 11—外模板 12—加强压板 13—钢带凹模 14—上模板 15—模柄

冲板材较厚、尺寸较大，可以采用图9-20所示的托料器。采用这种托料器，即可以获得一定的橡胶预压缩量，又可以在其上便于拖料。

## 二、板模

对于质量要求不高、批量不大的薄料冲裁件，为了节省制模成本，缩短制模周期，亦可采用夹板模、薄片模和贝氏体锌基合金叠片冲裁模的板模结构。

图9-21所示为冲孔-落料复合夹板模的典型结构示意图。凸模2和凹模3及凸凹模4是由厚度为2～3.5mm的模具钢制造，下模板通常可采用1.5～3mm的Q235钢板，而夹板应采用弹簧钢板制造。该模具的关键是要保证上夹板的旋转半径不得小于200mm。

该种模具可固定到压力机的工作台面上，由压力机滑块直接打击上夹板，从而完成冲裁加工工序。目前该种模具加工的最大工件尺寸可达500mm×700mm。

其优点是模具结构非常简单、成本很低，但由于加工时，上夹板的夹角由大变小，凸模刃口不是同时接触板材，故凸模和板材都受到偏载侧向力，即不宜保证冲裁间隙，板材也容易偏离正常送料位置，所以夹板模冲件质量不高，有毛刺，也不平整，通常只用于为后序工

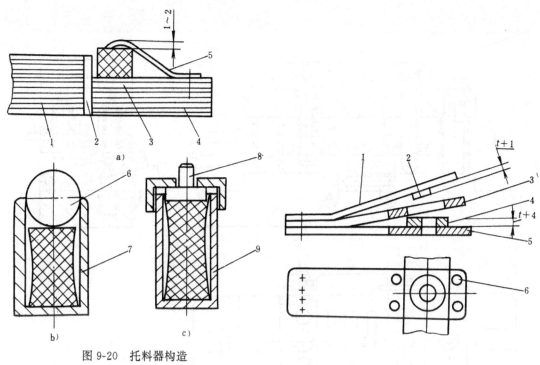

图 9-20　托料器构造

a）簧片式（适于冲裁厚度小于 2mm 的零件）

b）、c）弹子式和顶销式（适于冲裁较厚的零件）

1—内模板　2—钢带刀刃　3—聚氨酯橡胶卸料器

4—外模板　5—簧片　6—弹子　7、9—聚氨酯橡胶　8—顶销

图 9-21　冲孔-落料复合夹板模

1—上夹板（凸模固定板）　2—凸模　3—凹模

4—凸凹模　5—下模板　6—挡料销

艺准备毛坯或冲制精度要求不高的冲裁件。夹板模寿命不高，冲厚度 3mm 以下的有色金属板约为 1000 件左右，冲 2mm 以下的软钢板，寿命可达到 500 件左右。

图 9-22 所示为一副撞击式薄片冲裁模。此模架采用浮动模柄结构形式，可以避免压力机精度对冲裁间隙的影响。上模部分和下模部分通过导柱 1 相连，冲裁时压力机带动上模座 6，上模座 6 压缩支承弹簧 2 下行，凹模板 12 不是固定在下模座上，而是和导板 10、导料板 11、垫板 13 共同组成凹模组件，由小导柱 3 进行导向，以保证和凸模 9 的相对位置关系，由卸料螺钉 7 吊装在上模座 6 上。上模座 6 在压力机下行时，凹模组件随之下行，当垫板 13 接触到垫块 15 时，凹模组件停止下行。凸模继续下行时，压缩卸料弹簧 8，由凸模与凹模完成冲裁分离加工。冲裁时垫块 15 可以帮助提高凹模板的强度，当冲裁完毕凸模上行时，垫块 15 倾斜，落料件可沿其斜面滑出模具。

由图可见，这种薄片模的凹模板很薄，通常只有 0.5～0.8mm。凹模板的型腔不采用常规的机械加工方法制造，通常是由凸模冲制而成的，故可以很方便地保证冲裁间隙的均匀性。凹模板是一次性使用的，即不需进行刃磨。由于凹模板很薄，强度比较差，冲裁板材时会由于侧向力的作用产生 0.02～0.05mm 的弹胀量，故冲薄板时，不必再考虑冲裁间隙。设计模具时，无论落料模还是冲孔模，均只设计凸模刃口的尺寸。该种模具亦可以设计成冲孔-落料复

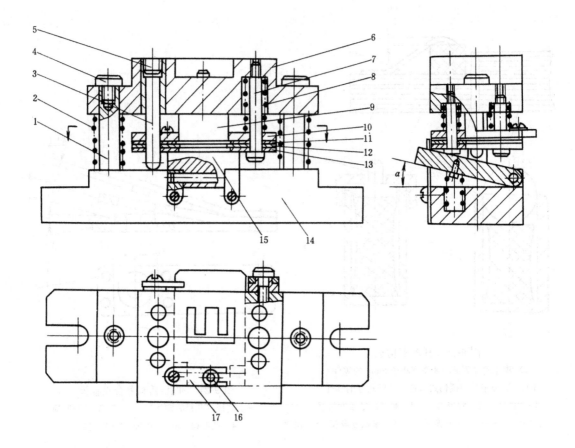

图 9-22　撞击式薄片冲裁模

1—导柱　2—支承弹簧　3—小导柱　4—螺钉　5—螺塞　6—上模座
7—卸料螺钉　8—卸料弹簧　9—凸模　10—导板　11—导料板　12—凹模板
13—垫板　14—底板　15—垫块　16—挡料销　17—弹簧片

合模和级进模。该种模具由于采用通用模架加专用模芯的结构形式，以及用凸模冲制凹模型腔的加工方法，因而大大节省了模具钢材，缩短了制模周期，从而具有很大的技术-经济效益。

生产中常用的贝氏体锌基合金叠片冲裁模结构如图 9-23 所示。这种薄片模不采用撞击式的通用模架，通用零件也不多，和常规冲裁模结构相似，只是由于凹模板 4 很薄，可以用螺钉或胶接法固定到垫块 3 上，用凸模冲制出凹模型腔。垫块 3 可以用机械加工性能好、可以回收利用的锌基合金粗加工制出漏料孔，亦可采用价格低廉的低碳钢制造。凹模板不需进行刃磨，一块磨损后再换一块即可。某电容器厂采用此种模具结构，冲制 0.05mm 厚的铝箔，解决了过去修配钢模间隙的困难，获得了高质量、无毛刺的冲裁件。

生产中除上述的几种板模结构形式外，还有采用通用模架和快换装置的薄板模、厚板模以及具有多层叠片的薄片模，还有薄钢板与薄片组合使用的薄片-薄板模等需要时，可看有关资料。

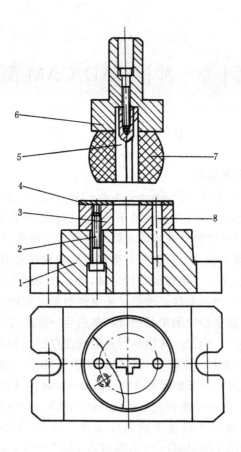

图 9-23　简易叠片冲孔模

1—下模座　2—螺栓　3—垫块（锌基合金或低碳钢）　4—凹模板

5—凸模　6—模柄　7—橡皮　8—销钉

# 第十章　冲模 CAD/CAM 简介

## 第一节　概　述

### 一、冲模 CAD 的发展与现状

模具计算机辅助设计与制造（Computer Aided Die Design and Manufacturing），简称模具 CAD/CAM，是指以计算机作为主要技术手段来生成和运用各种数字信息和图象信息，以进行模具的设计和制造。它可以将远非单纯人脑所能承担的模具设计任务当作日常工作处理，其处理的复杂程度，将随着一代又一代新的计算机硬件和软件的出现而不断提高。模具 CAD/CAM 系统为设计人员提供了一个高效的设计环境，使人的创造性获得完美的发挥，摆脱了大量繁琐的重复性绘图工作。更重要的是改变了传统的图纸、实物传递方式，从而大幅度地提高了模具设计制造质量，对于传统的模具设计和制造是一次重大变革。它是自电力革命以来最具有生产潜力的工具之一，也是未来模具行业继续生存和发展的战略前提。

CAD/CAM 技术源于航空工业和汽车工业。50 年代初期，美国麻省理工学院（MIT）研制成功了第一台三坐标铣床，并开始研究 APT（Automatiedly Programmed Tools）系统，50 年代末美国 CALCOMP 公司制成滚筒式绘图机，GERBER 公司则制成平台式绘图机，这些都为发展 CAD/CAM 技术提供了最基本的物质条件。60 年代初，麻省理工学院萨瑟兰德（Sutherland）发表了"SKETCHPAD——人机对话系统"一文，这是一篇世界公认的计算机辅助设计方面的处女作，为发展 CAD/CAM 技术提供了理论基础。1963 年，在实验室实现了该论文提出的很多技术思想；1966 年，出现了第一台实用的图形显示装置。60 年代实验室的研究阶段，使计算机图形学得到长足发展。70 年代初期，CAD/CAM 技术进入早期实用阶段，美国洛克希德公司（Lockhead）推出了 CADAM 系统，通用汽车公司研制成功了 DAC-1 自动设计系统，分别适用于飞机机身和汽车车身的设计。随着复杂曲面设计方法的不断完善，CAD 技术也随之引入冲压模具的设计（至 70 年代中后期已陆续推出了一些商品化的模具 CAD/CAM 系统）。1973 年美国 DIECOMP 公司研制成功了 PDDC 级进模 CAD 系统。1977 年捷克金属加工工业研究院研制成功了 AKT 系统，用于简单、复合和级进冲裁模的设计制造。1978 年日本机械工程实验室建立了 MEL 级进模设计系统。1980 年日本丰田汽车公司开始采用覆盖件冷冲模 CAD/CAM 系统，此系统包括设计覆盖件的 NTDFB 软件、CADETT 软件和加工凸凹模的 TINCA 软件。1983 年日本山本制造公司采用了精冲模 CAD/CAM 系统，其大致流程为设计模具草图，选择模具类型，选择工作零件，选择标准件，输出模具图，零件清单和 NC 程序。1985 年日本日新精密机器公司采用了冷冲模 CAD/CAM 系统，该系统是在 UNIC 软件基础上，加上该公司专利建成，它具有建立几何模型、设计级进模、生成 NC 纸带等功能。此外，美国通用汽车公司采用非接触描述器对泥塑模型进行点线测量，然后将测量数据输入数据库，经计算机软件对测量数据进行平滑处理后，输出车身的轮廓线图、部件图、模具图和 NC 纸带，以加工模具和主模型。英国 SALFORD 大学以及前苏联科学院综合技术研究所都进行了冲模 CAD/CAM 系统的研究。英国著名的 DELTACAM 公司和美国 CAMAX 公司还分别推出了 DUCT 和 CAMAND 系统，它们均具有极强的复杂曲面造型功能和智能化的数控加工能力。随着日益加剧的全球性竞争，计算机集成制造（Computer Integrated Manufacture，简称 CIM）已成为强有力竞争的途径，而法国五大工业集团之一的 Matra-Datavision 公司的 EUCLID-IS 软件正是以 CIM 为目标的一体化系统。它源于 1970 年法国科学院研究中心，后经法国 Matra-Datavision 公司加以商品化，特别是合并法国雷诺汽车公司的著名曲面设计与制造软件，使之成为全世界以实体造型技术为基础的最先进的面向汽车和模具行业的一体化系统。该软件高度集成于统一对象的三维数据库，尤其在曲面设计、实体设计、自适应设计、实时消隐和数控加工方面处于领先地位。法国著名的 Renault、Matra 公司，日本 Nissan 公司、德国 Audi、Bosch、Agfa 公司以及意大利 Fiat 公司均采用了 EUCLID-IS 系统，用于汽车设计、模具设计与制造。

80 年代，一些工业发达国家在冷冲模设计制造中，已有20%～30%采用了 CAD/CAM 系统。国际生产研究协会曾经预测，到1990年工业发达国家将有50%的模具由 CAD/CAM 系统完成。模具 CAD/CAM 一体化系统将使设计和制造成为完整的信息流通过程。信息数据化已经打破了两者之间的界限，其发展趋势是完全取消图纸和实现无人化加工。预计到2000年，作为设计和制造之间的联系手段——图纸，将失去作用，而由模具 CAD/CAM 一体化系统所代替。

我国 CAD/CAM 技术的研究工作始于 60 年代中期，而模具 CAD/CAM 系统的开发研究始于 70 年代末。据不完全统计，我国自行开发的模具 CAD/CAM 大型软件系统有：清华大学的 GEMS 系统；北京航空航天大学的 PANDA 系统；南京航空航天大学的 B-SURF-3D 系统；浙江大学的 Message 系统；大连理工大学的 DSM-3 系统；上海交通大学的 JID-02 系统等。先后通过国家有关部门鉴定的冲模 CAD/CAM 系统有 1984 年华中理工大学开发的精冲模 CAD/CAM 系统，1985 年北京机电研究所开发的冲裁模 CAD/CAM 系统，1986 年上海交通大学开发的微机冲裁模 CAD/CAM 系统。此外，航空航天部三〇三研究所、东南大学、南京模具中心，北京自动化研究所等单位也完成了一系列冲裁模 CAD/CAM 系统。一些单位正在开发多工位精密级进模 CAD/CAM 系统。90 年代是 CAD/CAM 技术发展的黄金年代，模具设计和制造将是应用最为活跃的一个领域。目前，我国已有许多单位引进成套的 CAD/CAM 系统，广泛应用于模具行业，并取得了可喜成绩。

**二、模具 CAD/CAM 系统的功能及内容**

1973 年，CAD/CAM 技术尚处于初期实用阶段时，国际信息处理联合会 IFIP（International Federation of Information Processing）曾给 CAD 下了一个广义的、并未得到公认的定义："CAD 是将人和计算机混编在专业解题组中的一种技术，从而将人和计算机的最优特点结合起来。"人具有逻辑推理、判断、图形识别、学习、联想、思维、表达和自适应的特点和能力，计算机则以运算速度快、存储量大、精度高、不疲劳、不忘记、不易出错以及能迅速显示数据、曲线和图形见长。所谓最优特点"结合"，即通过人机交互技术，让人和计算机进行信息交流和分析，取长补短，使人和计算机的最优特性都得到充分发挥，从而获得最佳的综合效果。

一个比较完善的模具 CAD/CAM 系统，是由产品及模具设计制造的数值计算和数据处理程序包、图形信息交换（输入、输出）和处理的交互式图形显示程序包、存储和管理设计制造信息的工程数据库等三大部分构成。这种系统的主要功能包括：

（1）雕塑曲面造型（Surface Modeling）功能：系统应具有根据给定的离散数据和工程问题的边界条件，来定义、生成、控制和处理过渡曲面与非矩形域曲面的拼合能力，提供汽车、飞机、船舶以及其他复杂形状产品的模具设计和制造所需要的曲面造型技术。

（2）实体造型功能（Solid Modeling）：系统应具有定义和生成体素（Primitive）的能力以及用几何体素构造法 CSG（Contructive Solid Geometry）或边界表示法 B-rep（Boundary representation）构造实体模型的能力，并且能提供用规则几何形体构造模具总装图、零件图所需的实体造型技术。

（3）物体质量特性计算功能。

（4）三维运动机构的分析和仿真功能。

（5）二、三维图形的转换功能。

设计过程是一个反复修改、逐步逼近的过程。总体设计需要三维图形，而结构设计主要用二维图形。因此，从图形系统角度分析，设计过程也是一个三维图形变二维图形，二维图形变三维图形的变换过程。所以，模具 CAD/CAM 系统应具有二、三维图形的转换功能。

（6）三维几何模型的显示处理功能：系统应具有动态显示图形、消除隐藏线（面），彩色浓淡处理（Shading）的能力，以便使设计人员通过观察、构思和检验，解决三维几何模型设计的复杂空间布局问题。

（7）有限元法 FEM（Finite Element Method）网格自动生成的功能。

系统应具有用有限元法对产品及模具结构的静、动态特性、强度、振动、热变形、磁场强度、流场等进行分析的能力，以及自动生成有限元网格的能力，以便为用户精确研究产品结构受力、成形过程及用深浅不同的颜色描述应力、磁力、温度分布等提供分析技术。有限元网格，特别是复杂三维模型有限元网格的自动划分能力是十分重要的。

（8）优化设计功能：系统最低限度应具有用参数优化法进行方案优选的功能。这是因为优化设计是保证模具具有高速度、高质量和低成本的主要技术手段之一。

（9）数控加工的功能：系统应具有三、四、五坐标机床加工模具零件的能力，并能在图形显示终端上识别、校核刀具轨迹和刀具干涉，以及对加工过程的模态进行仿真。

（10）信息处理和信息管理功能：系统应具有统一处理和管理设计、制造以及生产计划等全部信息（包括相应软件）的能力。或者说，应该建立一个与系统规模匹配的统一数据库，以实现设计、制造、管理的信息共享，并达到自动检索、快速存取和不同系统间交换和传输的目的。

### 三、冲模 CAD 系统的硬件

（一）冲模 CAD 系统的硬件组成

冲模 CAD 系统的硬件由主机、输入设备、输出设备和存储设备组成，如图 10-1 所示。

1. 主机　主机是冲模 CAD 系统的中心，执行运算和逻辑分析功能，并控制和指挥系统的所有活动。主机有大型机、中型机、小型机、工作站和微型机五种类型。其中，以大、中、小型计算机为基础的 CAD 系统，多用于飞机和

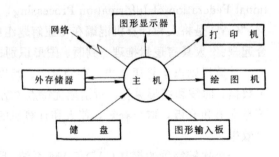

图 10-1　冲模 CAD 系统硬件组成

汽车制造等大型企业。以微型机为基础的 CAD 系统，多用于二维领域的辅助设计。80 年代以

来，以工作站、服务器和局部网络组成的分布式系统逐渐取代了原来以大、中、小型机为基础的集中式系统，是当前 CAD 系统的主要运行环境。CAD 工作站又称图形工作站或工程工作站、它集高性能计算能力和图形功能于一体，提供极强的交互设计能力。生产计算机工作站的著名厂家有 SUN、DEC、SGI、HP 等。

2. 输入设备　输入设备包括键盘、鼠标器、操纵杆、轨迹球、光笔、数字化仪、图形输入板、磁带机和纸带读入机等。此外，语音输入装置已在一定范围内获得应用，视觉跟踪技术正在发展，人们正探索利用脑电波信号使设计人员与计算机之间实现更为直接的联系。

3. 输出设备　输出设备包括字符终端、图形终端、绘图机、打印机、磁带记录器、纸带穿孔机等。

图形终端是设计者与计算机会话的媒介装置，通常与图形输入设备配合使用。

绘图机大致分为笔式和静电式两种。笔式绘图又分为鼓型和平板型。静电绘图比笔式绘图速度高一个数量级。此外，针式打印机、激光打印机和彩色喷墨打印机也常用作图形输出设备。

4. 存储设备　存储设备包括主存储器和辅助存储器。主存储器是服务于 CPU 的存储装置，它与 CPU 关系密切。当主存储器容量受到限制时，可利用辅助存储器增加存储空间。辅助存储器包括磁盘、磁鼓、磁带和光盘等。

（二）冲模 CAD 系统的一般配置

根据 CAD 系统的运行环境，按所用计算机的类型和规模，可归纳为主机系统（Mainframe based sgystem）、小型成套系统（Turnkey system）、分布式工程工作站系统（Distributed workstation system）和 PC 机系统等四种配置形式。

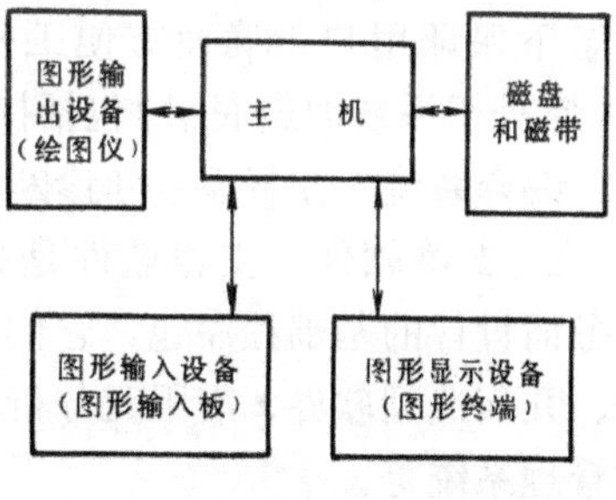

早期冲模 CAD 系统硬件配置的典型形式如图 10-2
所示，每一个图形设备直接与主机通信，其外存设备为磁
盘和磁带。这种配置形式的优点是简单和直接，但它不能充分发挥系统的整体性能，而且由
于系统中只有一台计算机，不能支持更多的外部
设备。此外，由于图形功能要求输入/输出操作非
常频繁，以至计算机难以支持。

图 10-2　普通冲模 CAD 系统的硬件配置

当前倾向于采用工作站作为冲模 CAD 系统
的硬件，图 10-3 是一个分布式系统配置方案。工
作站实际上是一个硬件集合，也是各类硬件各自
能力的结合，从而形成了一个完成特定任务的独
立系统。工作站拥有自己的计算机和辅助存储器，
是一个具有基本处理功能的实体，它通过数据通
信线路同主机相连。主机具有中央数据库的作用，
用以存储设计、绘图和其他用户工作站生成的数
据。此外，主机还能运行某些工作站不能运行的分
析程序，也可作为工作站之间通信的中间体。

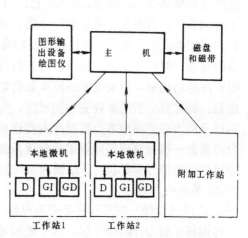

图 10-3　目前 CAD 系统的硬件配置

工作站按分布式配置有很多优点，例如，如果冲模 CAD 系统需要扩大并容纳更多的用

户，只要在网络中插入更多的工作站即可。工作站可以通过网络系统支持所有图形显示功能。用户之间不必争夺系统资源，并保证一致的响应时间。随着网络技术的完善和硬件价格的降低，未来冲模 CAD 系统的发展趋势是：工作站中的微机功能越来越强，所有 CAD/CAM 系统的工作都将在 32 位微机上完成，主机只是起一个中间中央数据库的角色，仅用来存储 CAD/CAM 系统的有关信息。

### 四、冲模 CAD 系统的软件

软件是指命令计算机执行指定任务的程序。没有软件的计算机是什么也不会干的。所以，一旦系统的硬件确定后，紧接着就要选择与硬件系统相匹配的软件系统。只有这样，才能使冲模 CAD 系统发挥作用。系统的形式和规模不同，需要配置的软件也有差异。因此，在评价冲模 CAD 系统的优、劣时，必须综合硬件、软件两方面的质量，从整个系统最终所表现出来的一系列指标加以综合。实践证明，在研制和开发一个冲模 CAD 系统时，软件花费的投资和人力已超过硬件。

（一）冲模 CAD 系统的软件组成

冲模 CAD 系统涉及三类软件：系统软件、支撑软件和应用软件，其层次关系如图 10-4 所示。

1. 系统软件　系统软件是指计算机在运行状态下保证用户正确而方便工作的那一部分软件，它处于系统的最底层，包括操作系统、汇编系统、编译系统、监督系统和诊断系统等。

2. 支撑软件　支撑软件是指为完成某一类任务而设计的基础程序包，它们包括图形处理软件、几何造型软件、有限元分析软件、优化设计软件、动态仿真软件、数控加工软件和数据库管理系统等。

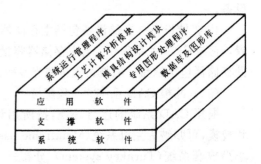

图 10-4　冲模 CAD 系统的软件组成

图形软件是冲模 CAD 系统中最基础、最重要的软件，它用来完成图形的输入、输出和编辑等基本功能，有二维、三维之分。几何造型软件是冲模 CAD 系统中关键性软件，它用来构造产品和模具的几何模型，近几年已经有动态造型软件问世，这为冲模 CAD 系统的仿真提供了有利条件。有限元软件是进行辅助设计和工程分析的重要工具，它包括前置处理、计算分析和后置处理三大部分。前置处理的功能是：几何建模，模型分割，自动生成有限之网格，网格的连接、修改、变换、加密，有关机械特性、载荷、约束等的处理以及输入功能。计算分析程序的功能是：形成刚度矩阵和载荷矩阵，求解方程组，计算应力、应变。后置处理的功能是：将计算分析结果转变为变形图、变形动态显示图、应力等高线图、应力应变彩色浓淡图以及应力应变曲线等。数据库主要收集有关产品外形结构定义和相应属性的有关信息，用户可借助一组控制程序即数据库管理系统（DBMS）提供的存取路径对数据库进行操作，这样即可方便地进行模具设计、绘图和编写加工程序。图 10-5 给出了数据管理系统与冲模 CAD/CAM 系统的关系。

3. 应用软件　应用软件是指用户针对某一特定任务而设计的程序包，用于处理冲模设计的各种具体问题，它处于系统的最外层。一般由系统运行管理程序、工艺计算分析软件、模具结构设计软件、专用图形处理软件、模具专用数据库和图形库组成。

（二）选择软件的原则

冲模 CAD 系统的支撑软件多已商品化，从简单的二维绘图系统到具有集成水平的 CAD/CAM 成套系统。对于一个企业、院校和研究单位来说，如何根据自己的需要，既考虑当前的水平又考虑以后的发展，指定或选择恰当的支撑软件，对用户来说是至关重要的。

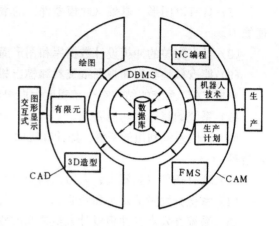

图 10-5　冲模 CAD/CAM 数据库

选择 CAD/CAM 软件时，必须考虑下列因素：

（1）供应厂商——弄清 CAD/CAM 软件包供应商的声誉：供应商是谁？从哪年开始开发 CAD/CAM 软件？现有多少用户？是否有试用期？交货时间如何？用户对该软件的反应以及厂商对软件的维护能力等。

（2）软件包本身——大部分软件包是为通用目的而开发的。可能与用户应用的面向、原则、方法有矛盾。因此，必须查明是否有二次开发的可能性，是否满足本单位的具体要求，作为商品出售的时间，以及近期在功能上的改善。

（3）培训与支持——必须了解厂商提供正规培训的方式和深度，以及在培训完毕后用户对工作的胜任程度。支持有多种形式，如对维修要求的响应快慢程度，是否出版了相应的业务通讯，有没有建立起一个用户群体。

（4）用户界面水平——用户对软件的好感往往是评价 CAD/CAM 软件综合性能的重要标准。一个好的软件，应能使工程师在使用中获得事半功倍的效果。对于交互式软件包，必须经常提供 HELP 功能。

（5）技术说明——如同时选用计算机和 CAD 系统，则选择不会感到棘手，因为这时可以选取相互兼容的软、硬件。如果一个 CAD/CAM 系统必须在已经配置好的硬件上运行，则必须考虑最小的存储需求量和最低限度的硬件配置内容。一般技术上的因素有：软件的可移植性，交互的方便性，开发软件所用语言，以及提供用户的技术文件和文档是否完善。

（6）选用——应选择性能价格比高的软件。且软件以三维为基础、二次开发量少而又有开发工具并且易于修改，同时能兼顾三、五年发展的需要。

# 第二节　冲模 CAD 系统

## 一、冲模 CAD 系统的结构

概括起来，冲模 CAD 系统应具有以下功能：

（1）交互式图形输入功能，能方便地输入工件图。

（2）进行工件的工艺性判断、工艺方案选择、工艺分析计算、输出毛坯图和各种工艺图。

（3）具有冲模结构形式的自动或半自动选择功能。

（4）具有冲模零件设计及主要零件的强度校核功能，并绘制全套模具图。

（5）正确选择压力机的型号及规格。

（6）具有冲模结构的运动学仿真功能，用以检查各运动部件之间的干涉情况。

（7）具有以图形为基础（冲模零件）的数控加工辅助编程功能、刀具轨迹仿真及后置处理能力。

（8）具有完整的冲模设计数据库和图形库，应具备较强的独立性和可维护性。

（9）能有效地管理冲模图纸资料和输出相关的技术文档。

冲模CAD系统的结构在一定程度上取决于以下五个方面：

（1）系统的目标及功能要求。

（2）可供系统利用的资源，如计算机软、硬件资源和现有手工设计的经验、参数、公式、表格等。

（3）现有条件（如资金、人力、物力等）对系统开发者的限制。

（4）系统开发者的水平和经验。

（5）系统开发者与冲模设计人员之间的联系程度。

由于上述五点因人因地而异，导致冲模CAD系统的结构也随之变化。图10-6所示为典型的冲裁模CAD系统的结构框图。图中简要说明了系统的结构组成以及各模块的相互联系和走向，并标明了模块对各种数据的调用关系。各功能模块在系统总控模块的集中管理下工作，功能模块可以是一个单一处理程度，也可能由若干完成某项子功能的子模块构成，子模块又由主程序和若干个子程序组成。

系统总控模块主要完成冲模CAD系统的运行管理和随时调用各功能模块，或访问操作系统和调用其他应用程序，以建立相应的作业和过程。同时，还完成程序的批处理和覆盖技术。系统总控模块可建立在数据库管理系统或交互式图形系统的基础上。

工件图形输入模块主要完成工件图形的输入，以建立工件的几何模型，并完成几何构形信息的存储、供工艺设计分析模块和模具结构设计模块调用。此外，还提供图形修改编辑和尺寸标注等功能。

工艺设计分析模块以工件几何构形信息为基础，并调用设计参数数据（工程文件），为模具结构设计模块提供原始数据。该模块由以下子模块组成：工艺可行性分析、工艺方案选择（单工序、复合或级进模）、排样优化设计、压力中心及冲裁力计算、压力机初步选择、毛坯图和各种工艺图输出、工艺设计分析技术文档生成等。

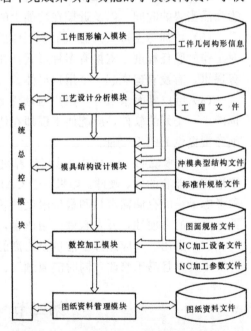

图10-6 冲裁模CAD系统的结构框图

模具结构设计模块根据工艺设计分析模块提供的结果以及工件几何构形信息，并调用相关的设计参考数据（工程文件）、冲模典型结构文件、标准件规格文件等模具信息，完成模具结构设计。该模块由以下子模块组成：冲模典型结构选取、冲模标准件和半标准件的形式及规格选取、冲模零件详细设计、强度校核、装配关系确定及装配图生成。冲模运动学仿真、模具图绘制。模具专用图形处理程序。

数控加工模块主要由 NC 前处理和后置处理两部分组成。NC 前处理程序以刃口图形几何信息为基础，完成增加过渡圆弧（刃口尖角部位）、刃口间隙选取、穿丝孔选择、图形等距缩放、几何元素排序工作；NC 后置处理程序根据钼丝运动轨迹生成加工指令，调用打印机和穿孔机输出程序清单和 NC 纸带。此外，该模块还完成钼丝运动轨迹仿真以及 NC 纸带的检查工作。

图纸资料管理模块主要完成图纸资料的存放、检索工作。同时，还生成供信息管理使用的报表。报表中包括模具代号、模具名称、图纸数量、设计者、完成日期和用户消耗时间等信息。该模块主要由图纸资料发放程序，报表程序以及供图纸资料检索的专用菜单模块组成。

## 二、建立冲模 CAD 系统的步骤

（1）明确建立系统的目标与要求，确定合适的 CAD 系统类型。由于冲模类型较多，一个冲模 CAD 系统不可能包罗万象，只有首先明确系统的用途和使用要求，然后确定 CAD 系统的类型。例如：建立一个变压器硅钢片的冲裁模 CAD 系统，由于产品形状、工艺特点和模具结构均已定型，属标准化和系列化产品，故可建立以信息检索为主，辅以交互设计的系统；若建立一个通用冲裁模 CAD 系统，由于其产品形状、工艺、模具结构千变万化，不可能建立一个统一的数学模型，故只能采用交互式设计方法，以增加系统的适应能力。即建立一个以交互式设计为主的系统。这样，由于目标与要求明确，不仅可以减少开发量，而且还可以提高系统的运行效率。

（2）根据对 CAD 系统的要求，选择合适的硬件配置和软件系统。对于冲裁模 CAD 系统，主机可选用微机，如 AST、COMPAQ、IBM 等高档机型，再配上一定的外设，如图形输入板、绘图机、打印机以及大屏幕图形显示器，便构成了一个微机冲裁模 CAD 系统的硬件环境。图形软件可选择最为流行的 Auto CAD 绘图软件包。此外，还应选择一种合适的数据库管理系统。同时，要注意收集现有的计算机分析软件包，引进一些成熟的软件模块。这样，可以加快二次开发的进程，减少低水平重复。对于弯曲模和拉深模 CAD 系统，一般都要用到三维造型，故应选择超级微机工作站，并配以功能强大的三维图形软件。

（3）确定模具标准结构，整理工艺设计和模具设计资料。手工设计中，设计人员往往是根据经验决定模具结构。在冲模 CAD 系统中，模具标准结构按一定的方式预先存放在计算机中，供设计时调用。因此，必须建立模具结构标准。建立模具标准时，不仅应满足模具设计的要求，而且还应考虑到 CAD 系统的特点，便于查询和调用。模具标准包括典型结构组合以及模具标准零件两大类。

整理工艺与模具设计资料，包括整理设计计算公式、方法以及设计中用到的曲线、数据、表格等，供程序设计时建立数学模型之用。

（4）制定系统程序流程图与数据流程图。系统程序流程图不仅说明系统的基本构成与内容，还用箭头标明了各程序模块间的联系与走向，为各模块的程序设计和联机调试运行带来极大的方便。数据流程图说明系统中各程序模块数据的流向和相互关系。

（5）建立模具专用图形库和数据库，编制分析计算程序。最后，将各程序模块联机调试，对系统进行运行测试。

（6）交付使用。收集系统在使用过程中存在的各种问题，进行软件维护，使系统进一步完善和成熟。

## 三、冲模 CAD 系统的关键技术

1. 图形描述及处理技术　图形输入是冲模 CAD 系统的关键，它直接影响到整个系统的工作效率，甚至关系到系统的成败。计算机将输入的几何图形转换成几何模型并存入数据库中，供工艺设计，模具结构设计和数控加工调用。其次，是零件图示尺寸标注及装配图的生成等图形处理技术。新一代的三维图形系统是以工程数据库（服务于工程应用的数据库）为核心的设计、分析、制造一体化系统，提供极强的图形描述及处理功能。

2. 模具结构的标准化　模具结构的标准化包括制订冲模典型结构组合以及标准化的冲模零件，其中还包括模具图样的绘制标准等。目前，我国的模具行业尚未实现真正的模具结构标准化，冲模 CAD 系统往往受到行业和区域的限制，这给冲模 CAD 的开发和推广应用带来了极大的困难。可以说，没有模具标准化，就无法实现模具 CAD。

3. 设计方法的规范化、设计经验的程序化以及专家系统的研究　在冲模 CAD 技术迅速发展的同时，在继续深入的道路上仍然面临着严重的困难。问题的核心是"智能化"，即把人工智能技术引入到 CAD 系统中，形成智能型冲模 CAD 系统。模具设计的经验和方法往往表现为非数值问题，即不是以数学公式为核心，而是依靠思考、推理、判断来解决。以上特征在设计的初始阶段表现得最为明显。现行的 CAD 策略，是无法有效解决这个问题的，而计算机专家系统则是解决这类问题的根本出路。所谓专家系统，是一种计算机程序，具有使计算机能够在专家级水平上工作的知识能力，规范化的设计方法和经验是专家系统推理的依据。

4. 图形库及专用工程数据库的建立。

5. 人-机接口技术　人-机接口是用户与 CAD 之间的接合点。一个好的用户接口，将用一种直接而有效的方法导引设计人员完成复杂的设计任务。理想的人-机接口应能起到使设计人员的设计思想自然延伸的作用。目前的图像系统已非常复杂，它能根据数据库中的信息建立彩色的三维图形，但大部分已有的人-机接口水平是比较低的，解决问题的能力尚有限，或者说，每当一个偶然的用户在工作站前坐下时，他们都面临着学习和取得使用工作站的经验问题。又因为现有的冲模 CAD/CAM 系统还处于低效能的初期实用阶段，故需要研究与模具设计、制造相关的认识过程的仿真，需采用专家概念的智能化模具 CAD/CAM 系统，以导引工程师连续检验他的作业情况，并以个人的感性经验为基础加以归纳，用交互技术完成设计和制造任务。

6. 冲压基础理论的研究　为了提高系统的先进性和可靠性，必须提供足够的塑性成形理论数据和最新的模具技术研究成果，必须加强塑性成形理论和模拟实验技术研究，为塑性成形 CAE(Computer Aided Engineering)打下基础，使系统建立在较高的理论与实践经验水平上。

## 四、微机冲裁模 CAD/CAM 系统——HPC 系统简介

HPC 系统是一个以交互式进行的冲裁模 CAD/CAM 系统，可用于简单模、复合模和级进模的设计制造。将产品零件图按规定格式输入计算后，系统可完成模具设计所需的全部工艺分析计算及模具结构设计，并绘制模具零件图和装配图，输出数控线切割纸带。

HPC 系统是在 IBM PC/XT 计算机上开发的。除主机外，硬件包括 10 兆硬盘、图形终端、绘图仪、打印机、图形板和穿孔机。

系统的软件主要由应用程序、数据库和图形库三部分组成（图 10-7）。数据库采用了DBASE-Ⅱ关系数据库管理系统。库内存有工艺设计参数、模具结构参数、标准零件尺寸、公差和材料性能等方面的数万个数据。图形软件可根据工艺设计程序的运行结果自动绘制模具图。工艺与模具设计应用程序包括简单模、复合模和级进模的工艺设计计算与模具结构设计

等部分。

HPC 系统为模块化结构，整个系统由 23 个模块组成，系统的流程框图示于图 10-8。

其中图形输入采用编码方法，可将冲压件产品图上的几何信息及尺寸信息输入计算机，通过图形处理程序形状模型转换成相应的函数模型，并计算出图形节点坐标及其他几何信息。

工艺分析计算包括工艺性判断、毛坯排样、工艺方案的确定、工艺力计算、级进模工步数计算与条料排样等。

工艺性判断程序以自动搜索和判断的方式分析冲裁件的工艺性。如零件不适合冲裁，则绘出提示信息，要求修改零件图。

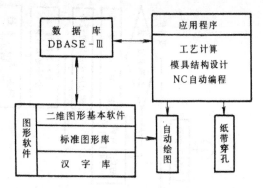

图 10-7　HPC 系统软件组成

毛坯排样程序以材料利用率为目标函数进行排样的优化设计。程序可完成单排、双排和调头双排等不同方式的排样，从近万种排样方案中选出材料利用率最高的方案。

工艺方案的选择，即决定采用简单模、复合模或级进模，通过交互方式实现。程序可以按照确定的设计准则自动确定工艺方案，用户也可以自行选择认为合适的工艺方案。这样，系统便可适应各种不同的情况。

模具结构设计包括模具结构形式的选择，如复合模的倒装或顺装，简单模的刚性卸料或弹性卸料，级进模的定位方式等；还包括模具零件的设计、如凸、凹模设计，顶料杆布置，挡料销确定，打板、推板以及上、下底板设计和其他非工作零件的设计。系统设计的模具符合国家标准（GB2851）。如图 10-8 所示，简单模和级进模为一个分支，复合模的设计为另一分支。在各分支内，程序完成从工艺计算到模具结构与模具零件设计的一系列工作。凸模和凹模形状的设计可通过屏幕上显示的图形菜单选择确定。凹模内顶杆的优化布置，使顶杆分布合理，顶杆合力中心与压力中心尽量接近。在设计挡料装置时，用户可以用光标键移动屏幕上的圆销，以选定合适的位置。

模具设计完毕后，绘图程序可根据设计结果自动绘出模具零件图和装配图。系统的绘图软件包括绘图基本软件、零件图库和装配图绘制程序等。绘图基本软件包括几何计算子程序、数图转换子程序、尺寸标注程序、剖面线程序、图形符号包和汉字包。零件图库由凸模、凹模、上下模座等零件的绘图程序组成。绘制凸模、凹模、固定板和卸料板等零件图的关键是将冲裁件的几何形状信息通过数图转换，生成冲裁件的图形。此外，还要恰当地处理剖面线和尺寸标注。所有这些均可调用基本软件中的有关程序完成。装配图绘制程序采用图形模块拼合法实现，即将产生的零件图的视图转换成图形文件，将各装配件的图形插入到适当的位置，拼合成模具装配图。

HPC 系统利用 AutoCAD 绘图软件包作为绘图的基础软件，将此软件包和高级语言结合使用，完成绘图程序的设计，绘图程序的流程图示于图 10-9。

该系统的特点是采用交互式与自动化设计相结合的方法，具有一定的智能化与优化功能，使用该系统时不仅操作直观灵活，而且保证了设计质量，绘制的图样与输出的纸带均能直接用于生产。

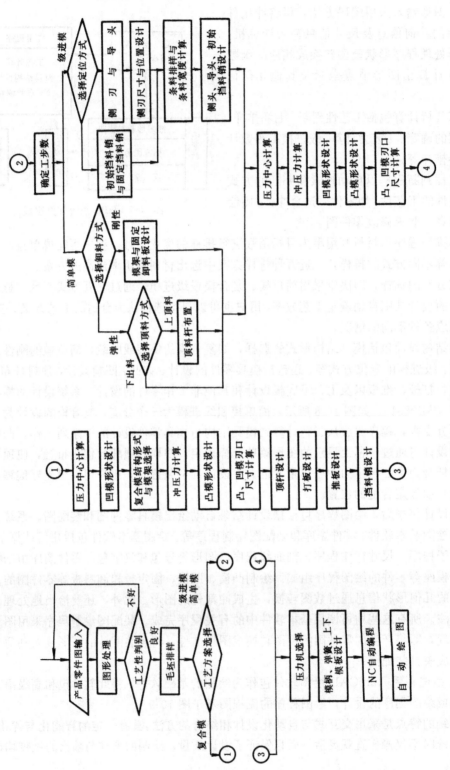

图 10-8 HPC 系统流程图

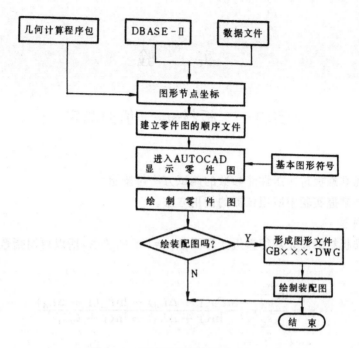

图 10-9　HPC 系统绘图程序流程图

# 实　验

## 实验一　板材 $n$、$r$ 值的测定

### 一、实验目的

(1) 了解和掌握板材冲压性能参数的测试方法与技能。

(2) 学习并掌握实验中所用仪器的使用方法。

### 二、实验原理

大多数金属板材的硬化规律接近于幂函数 $\sigma = K\varepsilon^n$ 的关系，所以可用指数 $n$ 表示其硬化性能。$n$ 值为

$$n = \frac{\ln\dfrac{\sigma_B}{\sigma_A}}{\ln\dfrac{\varepsilon_B}{\varepsilon_A}} = \frac{\ln F_B(1 + \Delta L_B) - \ln F_A(1 + \Delta L_A)}{\ln(1 + \Delta L_B) - \ln(1 + \Delta L_A)} \tag{1}$$

式中 $\sigma_A$、$\varepsilon_A$（或 $F_A$、$\Delta L_A$）和 $\sigma_B$、$\varepsilon_B$（或 $F_B$、$\Delta L_B$）分别为 $\sigma \sim \varepsilon$（或 $F \sim \Delta L$）曲线上的两点。

板厚方向性系数（也叫塑性应变比）$r$ 是拉伸过程中板材试片的宽度应变 $\varepsilon_b$ 与厚度应变 $\varepsilon_t$ 的比值，即

$$r = \frac{\varepsilon_b}{\varepsilon_t} = \frac{\ln\dfrac{b}{b_0}}{\ln\dfrac{t}{t_0}} \tag{2}$$

式中 $b_0$、$t_0$ 和 $b$、$t$ 是拉伸前后试片宽度与厚度尺寸。

对板材进行单向拉伸，记录 $F \sim \Delta L$ 曲线，测量并计算出轴向应力及试片长度、宽度和厚度方向的应变，代入相应公式，求得板料的 $n$ 值和 $r$ 值。

### 三、实验设备及用具

(1) 实验设备：材料试验机、拉力传感器、位移传感器、函数记录仪。

(2) 试片：标准拉伸试片。

(3) 工具：千分尺。

### 四、实验方法和步骤。

(1) 测量变形前试片的宽度 $b_0$ 和厚度 $t_0$。

2. 将试片夹在材料试验机上，装夹好位移传感器，并调好函数记录仪零点位置。

(3) 启动材料试验机。将试片拉伸到 20% 的变形量。同时记录 $F \sim \Delta L$ 曲线。

(4) 取下试片测量变形后的宽度 $b$ 和厚度 $t$。

(5) 重复上述过程，直至实验完全部试片。每种材料试验不少于 3 片试片。

### 五、实验报告要求

(1) 分析实验结果，讨论 $n$ 值和 $r$ 值对板材冲压性能的影响。

(2) 分析并讨论影响 $n$ 值和 $r$ 值实验结果的因素。

实 验 记 录 表

| 材 料 | 1 | 2 | 3 | 1 | 2 | 3 | 1 | 2 | 3 |
|---|---|---|---|---|---|---|---|---|---|
| $b_0$ | | | | | | | | | |
| $t_0$ | | | | | | | | | |
| $b$ | | | | | | | | | |
| $t$ | | | | | | | | | |
| $r$ | | | | | | | | | |
| $F_A$ | | | | | | | | | |
| $\Delta L_A$ | | | | | | | | | |
| $F_B$ | | | | | | | | | |
| $\Delta L_B$ | | | | | | | | | |
| $\sigma_A$ | | | | | | | | | |
| $\varepsilon_A$ | | | | | | | | | |
| $\sigma_B$ | | | | | | | | | |
| $\varepsilon_B$ | | | | | | | | | |
| $n$ | | | | | | | | | |

# 实验二　冲杯实验

## 一、实验目的

(1) 掌握冲杯实验方法及技能。

(2) 能用本实验结果说明板材拉深成形性能。

## 二、实验原理

测定板料拉深成形性能时，常用圆柱形平底凸模冲杯实验（也叫 Swift 实验）。实验图 1 是冲杯实验示意图，它是用不同直径的圆形毛坯试片，在图示的装置中进行拉深成形，取试片侧壁不被拉破时可能拉深成功的最大毛坯直径 $D_{\max}$ 与冲头直径 $d_p$ 之比值，即

$$LDR = \frac{D_{\max}}{d_p}$$

作为评价板材拉深成形性能指标。LDR 越大，冲杯高度越高，板材拉深成形性能就越好。

冲杯实验时，相邻两级试片之间的直径差一般为 1.25mm，压边力 $F_Q$ 应能防止试片起皱，同时还允许法兰材料向凹模内流动。

## 三、实验设备及用具

(1) 材料试验机

(2) 实验模具：凸模直径 $d_p = 50^0_{-0.05}$mm

凹模直径 $D_d = 52.8 \sim 54$mm

(3) 试样：$t_0 = 0.8 \sim 1.2$mm 的钢板、铝板等。

(4) 工具：卡尺、圆规和铁剪等。

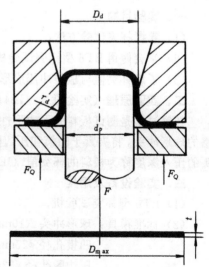

实验图 1　冲杯实验（JB4409.3—88）

### 四、实验方法和步骤

（1）将剪下的圆形试片夹紧在凹模与压边圈之间，并保证试片与凹模中心重合。

（2）放入凸模，然后将整个实验模具放置在材料试验机的工作台面上。

（3）启动试验机慢慢加压。注意观察压力指针的移动，当指针从最大压力值开始回转时，应立即关闭电源，打开回程阀门。

（4）取下实验模具，取出试片检查。

（5）若试片侧壁无拉破现象，应加大试样直径，否则，应减小试片直径。

（6）重复上述步骤，直至取得试片侧壁无拉破时可以拉深成功的最大毛坯直径 $D_{max}$。

（7）按上述方法和步骤，对其他材料进行实验。

### 实 验 记 录 表

| 材　　料 | | 1 | 2 | 3 | 4 | 5 | 6 |
|---|---|---|---|---|---|---|---|
| | $D_0$ | | | | | | |
| | 破裂否 | | | | | | |
| | $\dfrac{D_0}{d_p}$ | | | | | | |
| | $D_0$ | | | | | | |
| | 破裂否 | | | | | | |
| | $\dfrac{D_0}{d_p}$ | | | | | | |

### 五、实验报告要求

（1）简述实验原理及方法。

（2）分析实验材料的冲压性能。

（3）分析影响冲杯实验结果的因素。

# 实验三　杯　突　实　验

### 一、实验目的

（1）掌握杯突试验方法。

（2）学会使用 BT6 型杯突试验机。

（3）了解杯突值与板料冲压成形性能的关系，学会分析试验现象和结果。

### 二、实验原理（实验图 2，GB4156—84）

杯突试验是测试板料胀形成形性能的一种直接模拟试验方法。试验时，用端部为一定规格的球形冲头，将夹紧于凹模和压边圈之间的试片压入凹模内，直到出现缩颈现象时为止。冲头的压入深度称为板料的杯突值（IE）值。IE 值越大，胀形成形性能就越好。

### 三、实验设备及用具

（1）BT6 型杯突试验机。

（2）标准模具：球形冲头 $R10mm$；

　　　　　　　　凹模孔径 $\phi27mm$；

　　　　　　　　压边圈孔径 $\phi33mm$。

（3）试片：$90mm \times 90mm \times t$ 的低碳钢板和铝板。

#### 四、实验方法和步骤

（1）由实验指导教师讲解 BT6 型杯突试验机结构、工作原理和操作方法。

（2）将冲头安装在冲头座中。

（3）将活塞上升到最高位置，装上冲头座、凹模及压边圈。

（4）将试片与冲头接触的一面及冲头球面上涂上无腐蚀性的润滑油。

（5）将试片夹紧在凹模与压边圈之间，旋紧压紧帽使压边力表指针指到 1000kgf （10kN）。

（6）开机试验。试验时，冲头前进速度在 5～20mm/min 内，在接近缩颈时速度应降到下限值。

（7）试片产生收缩时，迅速按下停止按钮，使冲头停下。试片缩颈可以直接观察到，也可以从冲压力表的压力值变化来判断。

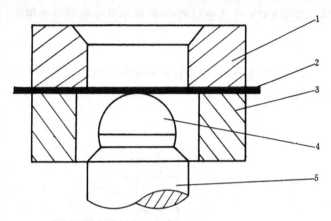

实验图 2　杯突实验（GB4156—84）
1—凹模　2—试片　3—压边圈　4—球头　5—冲头座

（8）从深度表和冲压力表上记录下深度值（IE 值）和冲压力。

（9）启动试验机，取出试片。

（10）每种材料反复做五次，数据记入表中。

（11）全部试验完毕，拆下模具，涂油保护。

（12）按要求写出实验报告。

#### 实 验 记 录 表

| | | 1 | 2 | 3 | 4 | 5 | 平　均 |
|---|---|---|---|---|---|---|---|
| 钢　板 | 冲压力（N） | | | | | | |
| $t=$　mm | IE（mm） | | | | | | |
| 铝　板 | 冲压力（N） | | | | | | |
| $t=$　mm | IE（mm） | | | | | | |

#### 五、实验报告要求

（1）简述杯突值与板材冲压成形性能的关系。

（2）杯突值反映了板材的什么性能？

（3）杯突实验有何实用意义？

## 实验四　锥 杯 实 验

#### 一、实验目的

（1）了解并掌握锥杯实验方法。

（2）能用本实验结果对板材的拉深-胀形复合冲压性能给出评价。

#### 二、实验原理

　　锥杯实验是板材的拉深变形和胀形变形的复合性能实验。实验装置如实验图3所示，用球形凸模与60°角锥形凹模，在无压边条件下对毛坯进行拉深；凸模下降到凹模的直壁部分以后为胀形变形．测出锥杯件底部破裂时上口的最大直径 $D_{max}$ 与最小直径 $D_{min}$，并用下式计算锥杯实验值 CCV 作为板材的拉深-胀形复合成形性能指标。

$$CCV = \frac{1}{2}(D_{max} + D_{min})$$

　　CCV 值越小，反映板材在曲面零件成形时可能产生的变形程度越大，所以拉深-胀形复合成形性能越好。

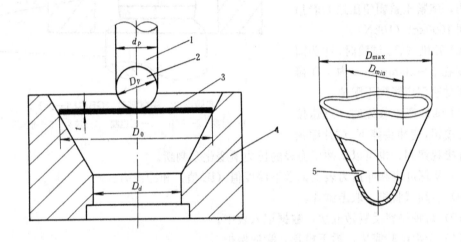

实验图 3　锥杯实验（JB4409.6—88）
1—凸模杆　2—钢球　3—试片　4—凹模

### 三、实验设备及用具

（1）BT6 型杯突试验机。

（2）标准模具：　凸模钢球直径 $D_p$＝20.64mm。

　　　　　　　　凹模孔径 $D_d$＝24.40mm。

（3）试片：　直径 $D_0$＝60mm，厚度 $t_0$＝1mm 的钢板圆形试片。

### 四、实验方法和步骤

（1）将凸模和凹模安装在试验机上。

（2）测量试片厚度 $t_0$，精确到 0.01mm 并记录在表中。

（3）将试片两平面涂上锭子油。

（4）将试片平放在凹模孔内，开动试验机使凸模运动，压制试片。注意观察试片，发现杯底侧壁出现裂纹时，立即停机。

（5）取下试片，测量锥杯口最大直径 $D_{max}$ 和最小直径 $D_{min}$，精确到 0.01mm 并填入表中。

（6）用同一种材料进行五次重复试验并记录数据于表中。

（7）实验完毕，卸下模具，涂油保护。清理实验现场，擦拭实验设备。

（8）计算实验结果并填入表中。

实 验 记 录 表

| 试样序号 | 料厚 $t_0$（mm） | $D_{max}$（mm） | $D_{min}$（mm） | CCV（mm） | $\overline{CCV}$（mm） |
|---|---|---|---|---|---|
| 1 | | | | | |
| 2 | | | | | |
| 3 | | | | | |
| 4 | | | | | |
| 5 | | | | | |

锥杯值　$CCV = (D_{max} + D_{min})/2$

平均锥杯值　$\overline{CCV} = \dfrac{1}{n} \sum\limits_{i=1}^{n} CCV_i$；

### 五、实验报告要求

（1）简述实验原理及方法。

（2）锥杯值反映了板材的哪些冲压成形性能？如何用锥杯值来衡量这些冲压成形性能？

（3）锥杯实验方法有何实用意义？

## 实验五　胀形主应变曲线的测定

### 一、实验目的

通过对胀形主应变曲线的测定来研究双向拉应力状态下的板材变形情况，了解和掌握板料应变的基本测试知识，学会用网格分析板材冲压变形。

### 二、实验原理

采用在钢板上复制网格并对其变形前后进行测量的方法，计算出胀形后各点的应变值并作出主应变曲线和应变状态图，以此来研究板材的变形情况。实验装置如实验图 4 所示。

### 三、实验设备及用具

（1）60kN 万能材料试验机。

（2）胀形模一副。

（3）工具显微镜、扳手、电动剪等。

（4）低碳钢板试片。

### 四、实验方法和步骤

（1）制作试片：

1）用 1mm 厚低碳钢板按 130mm×130mm 下料，下料前将轧制方向在试片上作上记号。

2）利用光刻原理在试片上制作网格。

（2）利用工具显微镜测量网格直径并记入表中。

（3）利用胀形模在 60kN 材料试验机上对试片胀形。

（4）用工具显微镜测量胀形后的试片上与轧制方向平行，垂直和成 45°方向的网格切向和径向尺寸并记入表中。

（5）计算各点的应变数值并填入表中。

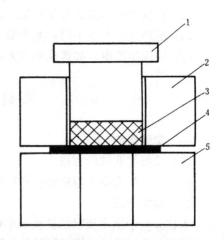

实验图 4　实验装置示意图
1—凸模　2—套圈　3—橡皮　4—试片　5—凹模

$$径向应变 \quad \varepsilon_r = \ln(d_r/d_0)$$
$$切向应变 \quad \varepsilon_\theta = \ln(d_\theta/d_0)$$

式中　　$d_0$——胀形前网格直径；

$\quad\quad d_r$——胀形后网格径向尺寸；

$\quad\quad d_\theta$——胀形后网格切向尺寸。

（6）整理实验现场，模具涂油保护。

### 实 验 记 录 表

| 测量点的位置 | 网　格　尺　寸　（mm） | | | | | | | | 应　变　（%） | | |
|---|---|---|---|---|---|---|---|---|---|---|---|
| | 胀形前 | 胀　形　后 | | | | | | | 径向应变 | 切向应变 | 厚向应变 |
| | | 平行于轧制方向 | | 垂直于轧制方向 | | 与轧制方向成45°角 | | 平 均 值 | | | |
| | $d_0$ | $d_r$ | $d_\theta$ | $d_r$ | $d_\theta$ | $d_r$ | $d_\theta$ | $\overline{d_r}$ | $\overline{d_\theta}$ | $\varepsilon_r$ | $\varepsilon_\theta$ | $\varepsilon_t$ |
| 1 | | | | | | | | | | | | |
| 2 | | | | | | | | | | | | |
| 3 | | | | | | | | | | | | |
| 4 | | | | | | | | | | | | |
| 5 | | | | | | | | | | | | |
| 6 | | | | | | | | | | | | |

### 五、实验报告要求

（1）整理实验数据并由此作出胀形主应变曲线图。

（2）根据胀形主应变曲线图作出胀形应变状态图。

（3）根据实验结果分析双向拉应力状态下板材的变形情况。

（4）毛坯直径大小不同，变形量不同时，$\varepsilon_r$ 是否总为正值？

（5）冲压生产中，如遇成形件大批破裂报废，你将如何处置？

# 实验六　扩孔实验

### 一、实验目的

（1）掌握扩孔试验方法。

（2）了解扩孔率 $\lambda$ 与板材扩孔成形性能的关系，学会一种分析问题的方法和技能。

### 二、实验原理

本试验用于测定板材的扩孔成形性能。如实验图 5 所示，试验时，将试片置于凹模与压边圈之间压住，通过凸模压制试片，使其预制孔直径 $d_0$ 扩大，测定孔缘局部发生开裂时的预制孔的最大直径 $d_{f\max}$ 和最小直径 $d_{f\min}$，然后计算扩孔率 $\lambda$ 作为板材的扩孔成形性能指标。

### 三、实验设备和用具

（1）$BT6$ 型杯突试验机。

（2）标准模具：　凸模直径 $d_p = 25\text{mm}$

$\quad\quad\quad\quad\quad\quad\quad$ 凹模直径 $D_d = 27\text{mm}$

（3）试片：预制孔直径 $d_0 = 7.5\text{mm}$ 的 $65\text{mm} \times 65\text{mm} \times 1\text{mm}$ 的低碳钢板。

### 四、实验方法和步骤

（1）将凸模、凹模和压边圈装到试验机上。

(2) 测量试片预制孔初始直径 $d_0$ 并填入表中，同时测量试片厚度 $t_0$，精确到 0.01mm。

(3) 将试片夹紧于模具中，压边力调到 1000kgf（10kN）。

(4) 开动试验机，使凸模以 5～20mm/min 的速度压制试片，并逐渐降低速度，在试片接近破裂时速度应降到下限值。

(5) 观察试片预制孔孔缘，当其发生局部开裂时立即停机。

(6) 取下试片，测量出预制孔最大直径 $d_{fmax}$ 和最小直径 $d_{fmin}$，精确到 0.01mm，并填入表中。测量时应避开孔缘周围的局部裂纹。

(7) 同一种材料进行五次实验，并记录数据于表中。

(8) 实验完毕，卸下模具，涂油保护。

(9) 清理实验现场，擦拭实验设备。

(10) 计算实验结果并填入表中：

平均直径　$\overline{d_f} = (d_{fmax} + d_{fmin})/2$

扩孔率　$\lambda = [(\overline{d_f} - d_0)/d_0] \times 100\%$

平均扩孔率　$\overline{\lambda} = \dfrac{1}{n}\sum_{i=1}^{n}\lambda_i$

式中　$\lambda_i$——各次实验所测得的扩孔率。

　　　$n$——重复实验次数。

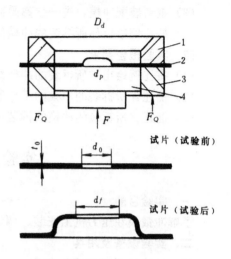

实验图 5　扩孔实验（JB4409.4—88）

1—凹模　2—试片　3—压边圈　4—凸模

### 实 验 记 录 表

| 试件序号 | 料厚 $t_0$（mm） | $d_0$（mm） | $d_{fmax}$（mm） | $d_{fmin}$（mm） | $\overline{d_f}$（mm） | $\lambda$（%） | $\overline{\lambda}$（%） |
|---|---|---|---|---|---|---|---|
| 1 | | | | | | | |
| 2 | | | | | | | |
| 3 | | | | | | | |
| 4 | | | | | | | |
| 5 | | | | | | | |

**五、实验报告要求**

(1) 简述实验原理及方法。

(2) 简述扩孔率 $\lambda$ 与板材冲压成形性能的关系。

(3) 本实验方法有何实用意义？

(4) 你对本实验还有什么建议要求？

# 实验七　冲模拆装

**一、实验目的**

(1) 了解冲模的类型、结构、工作原理以及各零件的名称和作用。

(2) 了解冲模各零件之间的装配关系及装配过程。

**二、实验用具**

(1) 手锤、木锤、螺丝刀、活动扳手及内六角扳手等。

（2）不同类型的冲模若干副。

### 三、实验步骤

（1）在教师指导下，了解冲模类型和总体结构。

（2）拆卸冲模，详细了解冲模每个零件的名称、结构和作用。

（3）重新装配冲模，进一步熟悉冲模的结构、工作原理及装配过程。

（4）按比例绘出你所拆装的冲模的结构草图。

### 四、实验报告要求

（1）按比例绘出你所拆装的冲模结构图并标出模具各个零件的名称。

（2）简述你所拆装的冲模的工作原理及各零件的作用。

（3）简述你所拆装的冲模的拆装过程及有关注意事项。

# 实验八　冲　模　调　试

### 一、实验目的

了解冲裁模在压力机上安装、调试的过程和方法。

### 二、实验设备及用具

（1）100kN 开式曲柄压力机。

（2）无导向冲裁模一副。

（3）手锤、扳手、白纸等。

（4）1mm 厚钢板条料若干。

### 三、实验方法和步骤

（1）由实验指导教师讲解压力机的结构和工作过程，检查设备是否工作正常。

（2）清理压力机工作台面，将冲模放在工作台上，分开上、下模，并垫一块铁板以使凸模不进入凹模。

（3）调节滑块连杆到最短位置，搬动飞轮，使滑块降到下死点（滑块下降时，若模柄能导入滑块下平面的模柄孔中，则应使其导入）。

（4）调节滑块连杆使滑块下行，直到滑块下平面与冲模上模板的上平面接触，将上模紧固在滑块上。

（5）搬动飞轮，分开上、下模，取出垫铁。

（6）搬动飞轮，使滑块下降到下死点，调节滑块连杆使滑块缓慢下降并移动下模，使凸模进入凹模 0.5mm 左右。

（7）观察上、下模刃口间的间隙是否均匀，若不均匀，则用木锤轻击下模，直到间隙均匀为止，压紧下模。

（8）搬动飞轮，试冲白纸，观察断面情况，判断间隙是否均匀，若不均匀，则再调整，直到均匀为止。

（9）调整好后，清除模具和工作台上的杂物，开动压力机，空冲一次后再试冲钢板。

（10）观察冲裁件断面情况，若周边毛刺不均匀，则再次调整间隙并试冲，直到周边均匀为止。

（11）根据试冲钢板情况，调节滑块连杆，使凸模进入凹模的深度最小（只要能冲下钢板即可，以延长模具寿命）。

（12）调整完毕后，开动压力机，进行冲裁。

（13）实验完毕后，卸下模具，涂油保护，清理现场。

**四、实验报告要求**

（1）简述冲模安装调试的方法和过程。

（2）为什么要对冲裁间隙进行调整？怎样知道冲裁间隙调整好了？

（3）冲裁时，凸模进入凹模的深度应为多少？为什么？

（4）若为有导向装置的冲模，是否也要这样调整间隙？为什么？

（5）你对本实验还有什么建议要求？

# 参 考 文 献

1　肖景容，姜奎华主编．冲压工艺学．北京：机械工业出版社，1990

2　李硕本主编．冲压工艺学．北京：机械工业出版社，1982

3　肖景容，周士能，肖祥芷编．板料冲压．武汉：华中理工大学出版社，1986

4　吴诗惇主编．冲压工艺学．西安：西北工业大学出版社，1987

5　湖南省机械工程学会锻压分会编．冲压工艺学．长沙：湖南科学技术出版社，1984

6　〔日〕中川威雄等著．板料冲压加工郭青山等译．天津：天津科学技术出版社，1982

7　梁炳文，胡世光．板料成形塑性理论．北京：机械工业出版社，1987

8　〔苏〕斯德洛日夫，М В，波波夫 Е А．金属压力加工原理（中译本）．哈尔滨工业大学，吉林工业大学合译．北京：机械工业出版社，1980

9　王祖唐等编著．金属塑性成形理论．北京：机械工业出版社，1989

10　汪大年主编．金属塑性成形原理（修订本）．北京：机械工业出版社，1986

11　王孝培主编．冲压手册（修订本）．北京：机械工业出版社，1990

12　中国机械工程学会锻压学会编．锻压手册（第 2 卷·冲压）．北京：机械工业出版社，1993

13　《机械工程手册》编辑委员会．机械工程手册（补充本（一）·板料冲压）．北京：机械工业出版社，1988

14　武汉工学院编．中华人民共和国国家机械工业委员会标准．薄钢板的成形性能和试验方法（JB4409.1～8—88），1988

15　日本塑性加工学会编．プレス加工便览，丸善株式会社．昭和 50 年

16　《冲模设计手册》编写组编．冲模设计手册．北京：机械工业出版社，1988

17　〔德〕罗特尔·F 著．厚板精冲．齐翔宪译．北京：机械工业出版社，1990

18　涂光祺编著．精冲技术．北京：机械工业出版社，1990

19　周开华等编．简明精冲手册．北京：国防工业出版社，1993

20　李天佑主编．冲模图册．北京：机械工业出版社，1988

21　余同希，章亮炽著．塑性弯曲理论及其应用，北京：科学出版社，1992

22　吕　炎等编著．锻压成形理论与工艺．北京：机械工业出版社，1991

23　陈炎嗣，郭景仪主编．冲压模具设计与制造．北京：北京出版社，1991

24　〔日〕松野建一等著．新冲压技术 100 例．陈文丽，刘景顺译．长春：吉林人民出版社，1983

25　郭　成等．冲压件废次品的产生与防止 200 例．北京：机械工业出版社，1994

26　吕雪山，王先进，苗延达．薄板成形与制造．北京：中国物资出版社，1990

27　陈毓勋，赵振铎，王同海编．特种冲压模具与成形技术．济南：现代出版社，1989

28　姜奎华．应力主轴与各向异性主轴不重合时的板材成形极限．世界塑性加工最新技术译文集（第一届国际塑性加工会议论文集）．北京：机械工业出版社，1978

29　常志华，姜奎华．非旋转体拉伸件的合理毛坯．锻压机械．1993（4）

30　常志华，黄尚宇，姜奎华．方盒形件冲压拉深比的物理概念及成形极限的计算，中国有色金属学报．3（2）

31　常志华，吕亚清，姜奎华．确定方盒形件毛坯合理形状的原理与方法．武汉工学院学报．12（2）

32　常志华，吕亚清，姜奎华．方盒形件毛坯展开尺寸的计算方法．武汉工学院学报．12（4）

33　姜奎华，刘翌辉．板材拉伸试验与拉伸类冲压成形试验间的相关性．模具技术．1984（1）

34　李硕本等．盒形件的冲压变行分析．电子工艺技术．1983（4）

35　杨玉英等．低椭圆筒形件成形工艺的研究．电子工艺技术．1983（9）

36　于连仲等．高方盒形件多次拉深工艺过程的确定，全国第二届冲压学术会议论文集．1985，（9）

37 杨玉英等. 高矩形盒多次成形工艺的研究. 模具技术. 1985，(1)

38 陈鹤峥. 坐标网应变分析法和成形极限图的应用. 锻压技术. 1985，(6)

39 Yoshida K，Classification and Systematization of Sheet Metal Press Forming Process. Sci. Pap. IPCR. Vol42, No. 1514，1959，142~159

40 Swift H M. Plastic Instability under Plane Stress. J. Mech. and Phys of Solids，1952 Vol. 1，No. 1

41 Hill. R. On Discontinuous Plastic States with Specal Reference to Localized Necking in the Sheet，J. Mech. and Phys of Solids，1952 Vol. 1

42 Keeler S P. Determination of Forming Limit in Automotive Stamping. Sheet Metal Industries，1965 Vol. 42，

43 Goodwing G. M. Applications of Strain Analysis to Sheet Metal Forming Problems in Press Shop，La Metallurgia Italiana，1968，Vol. 60